中国
水利水电工程

ZHONGGUO
SHUILI SHUIDIAN GONGCHENG

陈家远◎主编

四川大学出版社

特邀编辑：唐　飞
责任编辑：毕　潜
责任校对：李思莹
封面设计：墨创文化
责任印制：李　平

图书在版编目(CIP)数据

中国水利水电工程 / 陈家远主编. 一成都：四川
大学出版社，2012.5
ISBN 978－7－5614－5791－7

Ⅰ.①中…　Ⅱ.①陈…　Ⅲ.①水利水电工程－中国
Ⅳ.①TV

中国版本图书馆 CIP 数据核字（2012）第 079319 号

书　名	中国水利水电工程
主　编	陈家远
出　版	四川大学出版社
地　址	成都市一环路南一段 24 号 (610065)
发　行	四川大学出版社
书　号	ISBN 978－7－5614－5791－7
印　刷	郫县犀浦印刷厂
成品尺寸	185 mm×260 mm
印　张	17.75
字　数	468 千字
版　次	2012 年 6 月第 1 版
印　次	2012 年 6 月第 1 次印刷
定　价	48.00 元

◆读者邮购本书,请与本社发行科
联系。电话:85408408/85401670/
85408023　邮政编码:610065
◆本社图书如有印装质量问题,请
寄回出版社调换。
◆网址:http://www.scup.cn

前　言

　　水是人类赖以生存和发展的基本物质条件，人类起源、生存和繁衍后代都离不开水。水不仅是人类生存的第一物质需要，人类社会生产、生活以及物质文化等也同样离不开水。原始社会时，以游牧为生的人类就知道"逐水草而居"。当人类社会进入农耕社会，农、林、牧、副、渔等生产方式都依赖于水源，与水的关系更为密切。人类生存必须有合适的水源，如江河、湖泊、沼泽、湿地、泉水和冰雪等。人类根据地域条件建立和发展自己的生产、生活方式，解决衣、食、住、行等问题。我们的祖先很早就明白"一方水土养一方人"的道理。正是由于中华大地存在良好的水源条件，有黄河、长江、淮河、海河、珠江等水系，中华民族才在这块土地上繁衍形成和发展成为世界四个文明古国之一。就世界而论，其他三个文明古国的形成和发展都依托相应的河流：古印度的恒河，古埃及的尼罗河，古巴比伦（现位于伊拉克一带）的幼发拉底河和底格里斯河。人群集居的城镇因水而建、因水而兴，早期兴建的城市很多都选择在两江交汇的地点。人类生存和发展既离不开水，但又必须与水保持一定距离，以免受洪水灾害。早在五千年前的农耕时期，我们的祖先为发展农业选择群居在河流或湖泊岸边的土地上，这里虽然土地肥沃，取水灌溉和生活方便，但也是洪水容易泛滥的地方。人们为保护自己，在和洪水作斗争的实践中学会了筑堤挡水，出现了最早的防洪工程，这已为现代考古发掘所证实。中国是一个古老的农业大国，发展农业离不开兴修水利，为抵御洪水、发展农业灌溉和航运交通修建的水利工程遍布全国。最著名的水利工程除都江堰、灵渠、郑国渠三大古老水利工程外，还有始建于秦朝，经历朝历代维修改建沿用至今的大运河。

　　我们的祖先很早就知道利用水的力量，并制造出了筒车来提水灌溉农田、磨面以及进行农产品加工。虽然利用水能灌溉农田的历史久远，但用水能来发电还是18世纪末的事。18世纪英国人瓦特发明蒸汽机以及后来美国人富兰克林发明了发电技术后，法国人于1875年在巴黎修建了世界上最早的火力发电厂——巴黎北车站电厂（仅供弧光灯照明使用）。美国在威斯康星州福克斯河上修建的亚普尔敦水电站（装机容量105 kW，1882年建成），是世界上最早修建的水电站。它的建成时间仅比最早修建的火力发电厂晚了7年。我国最早修建的火力发电厂是1882年在上海修建的乍浦路电灯厂。1912年在昆明郊外滇池出口螳螂川上建造的石龙坝水电站是我国自己修建的第一座水电站。

　　我国水能资源丰富，水能蕴藏量居世界第一。然而，在新中国成立前，很少开发利用水能，全国水电装机容量仅36万kW（最大的水电站装机容量3.6万kW），居世界第20位。新中国成立后，党和国家对水利水电建设十分重视，开始了淮河、海河、黄河的治理，随后又开始治理长江、珠江等大江大河。在大江大河治理中，开发利用丰富的水能资源，修建了大量的水利水电工程，这些水利水电工程除害兴利，在防洪、灌溉、发电、航运、供水等方面发挥了综合利用效益。同时，水利水电工程设计、施工及设备制造水平不断提高，并在

21 世纪初建成了世界上装机容量最大的水电站——长江三峡水利枢纽。随着云南小湾水电站最后一台机组在 2010 年投入运行，我国水电装机容量突破了 2 亿 kW，已成为世界第一水电大国。

笔者收集相关资料编写《中国水利水电工程》，是为了使水利水电工程专业及相关专业学生了解中国水利工程建设的悠久历史和新中国成立 60 年来在水利水电工程建设所取得的辉煌成就。本书的编写，按流域或地区分章，淮河、海河、黄河、珠江等四大水系治理分别各编一章，长江防洪与河道整治和长江水能开发利用各编一章。把已建的水利工程和界河上修建的大型水电工程纳入其中介绍。河川水电站建设，按地区分章介绍，主要介绍大型水电站和部分中型水电站。书中简略介绍了水利水电工程相关基础知识和专业术语，以便学生阅读。

水电站包括河川上修建的常规水电站、潮汐电站和抽水蓄能电站。潮汐电站和抽水蓄能电站各编一章介绍。现今的水电站，除少数小水电站外，均参加电力系统与其他类型电站并列运行，以提高供电的安全可靠性、供电质量和经济效益。为使学生了解电力系统各类电站的特点及电力生产过程、电力用户的用电要求，书中编入电力系统一章，概略介绍这方面的一些知识。

全书共 26 章。第 1 章（古老的水利工程），主要内容包括都江堰、灵渠、郑国渠及大运河。第 2 章（水资源及其综合利用），主要内容包括我国水资源及其分布、河川水能资源、水资源综合利用与河流规划及其相关计算。第 3 章（水利枢纽及其水工建筑物），主要内容包括水利枢纽及其一般水工建筑物（拦河闸坝、泄水建筑物、通航过坝建筑物）的一般知识、新中国成立以来修建的各类闸坝、泄水建筑物及通航过坝建筑物。第 4 章（防洪排涝与灌溉供水工程），主要内容包括防洪排涝与灌溉供水工程的一般知识、新中国成立后修建的一些防洪排涝与灌溉供水工程。第 5 章（河川水能利用与水电站），主要内容包括河川水能利用及水轮发电机组、水电站开发方式及类型、水电站建筑物。第 6 章（淮河治理），主要内容包括淮河流域概况、淮河治理规划与实施概况、淮河治理修建的水利工程。第 7 章（海河治理），主要内容包括海河流域概况、海河治理规划与实施概况、海河治理修建的水利工程。第 8 章（黄河治理与水能开发利用），主要内容包括黄河流域概况、黄河综合治理规划与实施概况、黄河治理在两省（区）界河上修建的大型水利水电工程。第 9 章（长江防洪与河道整治），主要内容包括长江流域概况、长江流域水资源、长江综合治理规划、长江防洪与河道整治修建的工程。第 10 章（长江水能资源与水能开发利用），主要内容包括长江流域水能资源、长江干流水能利用规划、规划实施概况及金沙江在建巨型水电站。第 11 章（珠江治理与水能开发利用），主要内容包括珠江流域概况、珠江流域治理规划与实施概况、珠江流域水能开发利用在界河上修建的大型水电站。第 12 章（南水北调工程），主要内容包括南水北调东、中、西三条线路，南水北调工程实施概况。第 13 章（水电能源基地与西电东送），主要内容包括我国能源构成、十二大水电基地概况、水电能源基地建设与西电东送。第 14 章（河川水电站建设），主要内容包括我国水电建设历史、新中国水电建设历程、新中国水电建设取得的辉煌成就。第 15 章至第 23 章，采用按相邻省（区）编章，分别介绍各省（区）的水能资源、河流水能开发利用规划及其实施概况，已建、在建大型水利水电工程和部分中型水电站的装机容量及发电量。第 24 章（潮汐电站），主要内容包括我国潮汐资源及其分布、潮汐电站运行方式与枢纽布置、潮汐电站建设概况。第 25 章（抽水蓄能电站），主要内容包括抽水蓄能电站及其在电力系统中的作用、抽水蓄能电站类型与机组形式、抽水蓄能电站枢纽及其建筑物、抽水蓄能电站建设概况。第 26 章（电力系统），主要内容包括电力系统概述、火力发电厂、核电厂、新能源发电站以及电力系统电力电量平衡。

　　书中编入的大量水利水电工程资料，主要取材于中国水力发电工程学会编写的《中国水力发电年鉴》，部分资料取材于《长江大辞典》和《中国水电 100 年》，有的内容来源于网上，在此向本书引用资料的作者表示感谢。本书第 1 章至第 25 章由四川大学水利水电学院陈家远编写，第 26 章由西南电力设计院教授级高级工程师陈道宏收集资料并编写。书中不足和错误之处，敬请读者批评指正。

编　者

2012 年 3 月

目　　录

第 1 章 古老的水利工程

中华民族是一个有着悠久历史文化的民族，自远古时代就开始与洪水灾害作斗争，现存史料中就有大禹导江治水的记载。出于农业灌溉，航运或防洪、灌溉、航运综合利用的目的，早在秦朝，我国就修建了世界上最古老的三大水利工程，即都江堰、灵渠和郑国渠。

1.1 都江堰

都江堰（Dujiang Dam）水利枢纽工程位于四川省都江堰市城西的岷江上，修建于公元前 256 年的秦昭襄王时期，是秦蜀郡太守李冰率领民众所建。它以历史悠久、布局合理、经久不衰、效益巨大而闻名于世，是全世界迄今为止，年代最久、唯一留存、以无坝引水为特征的宏大水利枢纽工程，属全国重点文物保护单位。2000 年联合国教科文组织世界遗产委员会第 24 届大会上，都江堰被确定为世界文化遗产。修建初期，都江堰叫做"湔堋"，这是因为都江堰旁的玉垒山，秦汉以前叫"湔山"，那时都江堰周围的主要居住民族是氐羌人，他们把堰叫做"堋"，故把都江堰取水枢纽工程叫做"湔堋"。都江堰取水枢纽只是整个工程的重要组成部分，都江堰灌溉工程还包括主要由内江总干渠、沙黑总干渠、金马河干渠等组成的渠系工程。直到宋代，人们才把都江堰整个水利系统工程概括起来，叫做"都江堰"。这个名称更能反映都江堰这个以灌溉为主，兼有防洪、航运功能的水利系统工程的全貌和宏大规模，故这个名称一直沿用至今。

1.1.1 工程兴建原由

成都平原北部为高山地区，岷江进入灌县（都江堰市的旧称）前流经峡谷地区。岷江在灌县以下的地形呈西北高、东南低，由于灌县被岷江东岸的玉垒山阻碍，江水不能东流进入成都平原。成都平原虽土地肥沃，但缺水灌溉，每当春夏山洪暴发的时候，洪水又从灌县境内低处进入成都平原，常常引起洪涝灾害。只要打通玉垒山，就既能将岷江河水引入，自流灌溉川西平原，又能使岷江分流，减轻洪水灾害。

1.1.2 工程概况与取水枢纽

（1）工程概况

秦昭襄王 51 年（公元前 256 年），秦国蜀郡太守李冰和他的儿子在对当地地形、水情进行实地勘察和总结前人治水经验的基础上，制订出了治水方案，决心凿开玉垒山，兴建都江堰水利工程。当时还未发明火药，要凿开玉垒山修建一条人工引水渠，并非易事。李冰父子将民间用火烧石开山的方法用于修建都江堰水利工程，率领民众在玉垒山凿出了一条宽 20 m，高 40 m，长 80 m 的人工引水道，因它形似瓶口且功能奇特，故称为"宝瓶口"。虽然宝瓶口能起到岷江分流引水灌溉的作用，但因江东地势较高，江水难以流入宝瓶口。为了使岷江水能顺畅流入宝瓶口，李冰父子又率领民众在离玉垒山不远的岷江上游江心，用装满卵石的大竹笼砌筑了一道分水堰，因其头部形如鱼嘴，故称为"鱼嘴"。鱼嘴把岷江分隔成外江和内江，外江用于排洪，进入内江的水流通过宝瓶口流入成都平原灌溉农田。为防止大量洪水进入宝瓶口对成都平原造成洪水灾害，又在鱼嘴分水堤与离堆之间，用卵石砌筑了一道长 200 m 的溢流堰，使进入内江的洪水和泥砂能够再排到外江，称为"飞沙堰"。李冰父子修建的都江堰水利工程还包括内江引水灌溉渠系工程。都江堰水利工程建成后，不仅消除了水患，而且使川西平原成为"水旱从人"的"天府之国"。

（2）都江堰取水枢纽

都江堰取水枢纽是一座无坝取水枢纽。取水枢纽工程由鱼嘴、飞沙堰和宝瓶口三大主体建筑物和百丈堤（位于鱼嘴以上岷江左岸）、人字堤等附属建筑物组成，枢纽布置见图1—1。枢纽布置上充分利用地形条件，使三大建筑物功能互补，巧妙配合，联合发挥自动引水分流、泄洪排石输砂、控制进水流量的作用。枯水期，能自动将岷江 60% 的水引入内江，40% 的水排入外江；洪水期，能自动将 60% 的水排入外江，40% 的水引入内江。都江堰建在岷江弯道处，由于弯道环流作用（表层水流向凹岸，底层水流向凸岸），使洪水期含砂量少的表层水流向凹岸的宝瓶口，含砂量大的底层水流向凸岸，洪水所夹带的砂卵石经飞沙堰、人字堤排入外江，使宝瓶口引水道和灌区干渠免遭泥砂淤塞。

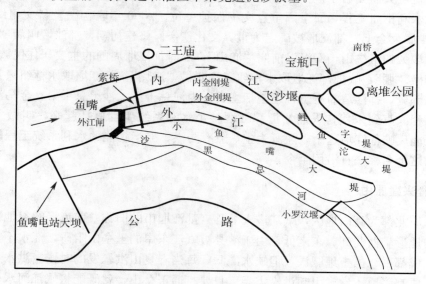

图1—1　都江堰取水枢纽布置示意

宝瓶口：宝瓶口是都江堰取水枢纽的取水口，是在玉垒山人工开凿而成的引水道，宽 20 m，长 80 m，高 40 m。留在宝瓶口右边的山丘，因与其山体相离，故名"离堆"。宝瓶口是控制内江进水的咽喉，其功能是起"节制闸"作用，能自动控制由内江进入的水量。宝瓶口位于岷江由陡变缓的河段和河流弯道的凹岸，对取水防砂十分有利。宝瓶口正好处在呈扇形分布的川西平原的顶端位置，由宝瓶口取水能够引岷江水自流灌溉川西平原。

鱼嘴：修建在岷江河中心的鱼嘴和连接其后的金刚堤是一道分水堤坝，其功能是把岷江水流分为两支。西边的一支叫外江，俗称"金马河"，是岷江正流，主要用于排洪。东边沿山脚的一支叫内江，内江使岷江水能够顺利东流进入宝瓶口，主要用于引水灌溉川西平原。

岷江江心水深、流急，堰堤要很坚固才不会被洪水冲走。开始采用抛石块筑堤的办法没有成功，后改为抛投内装鹅卵石的竹笼施工方法才获得成功。李冰修建都江堰时，鱼嘴分水堤是采用竹子编成的长 3 丈、宽 2 尺①，里面装满鹅卵石的大竹笼堆筑，周围再用大石头加固而成。鱼嘴的位置对分流比例和宝瓶口取水影响很大，是通过不断实践总结才找到今天的最佳位置。

飞沙堰：飞沙堰布置在鱼嘴分水堤的尾部与靠着宝瓶口的离堆之间，是一道长 200 m 的溢流堰，起进一步控制流入宝瓶口的水量和分洪、排砂的作用。飞沙堰的高度对分洪、排砂和控制宝瓶口的进水量至关重要，经过长期实践不断总结才找到比较合适的高度（2.1 m 左右）。当内江水位过高的时候，受宝瓶口的节制作用，洪水就漫过飞沙堰流入外江，既保证了灌溉取水需要，又使灌区免遭洪水灾害。

李冰主持修建的都江堰取水枢纽，由于地理位置选择优越，工程布置科学、巧妙，三大建筑物共为一体，相互配合充分地发挥了水利枢纽排洪、取水防砂、控制流量的功能。2 000多年前就知道利用河流弯道环流排砂的道理，足见我们先辈的聪明才智。

1.1.3　工程维修与管理

都江堰水利工程自李冰父子修建以来，历经 2 260 余年，经久不衰，仍然发挥作用，效益有增无减，这与长期以来对工程的科学管理和维修分不开。早在汉代，就开始设立专职官吏，主办都江堰工程维修与管理。最突出的人物有文翁、崔瑗、廉范等。汉景帝末年，派遣文翁为郡守。文翁为郡守期间，重视兴修水利，发展农业，他穿湔江口，灌溉繁田七千顷，把都江堰灌区向成都平原扩大。汉代的湔江治迹已不复存在，但文翁所穿湔江口即今都江堰市境内的三泊洞，仍引水灌浦阳以北地区。东汉设专职官吏治水已为出土文物所证实，1974 年，先后在都江堰附近外江中发现的两尊石人，一尊是李冰石像，石像的两袖和衣襟上用隶书题刻三行字，记有李冰名字、造像年代、造像者姓名。原刻文"故蜀郡李府君讳冰。建宁元年闰月戊申三月二十五日，都水掾尹龙、长陈壹造三石人珍水万世焉。""都水掾尹龙"和"都水长陈壹"是主管水利的官员，"珍水万世焉"说明对水利的重视以及对李冰治水的崇敬。

其后，从唐朝开始，唐、宋、元、明、清各个朝代，除平时每年都要进行维修管理外，还对都江堰水利工程由于战争或自然灾害造成的破坏进行过恢复或重建。这里对突出业绩列举一二。唐太宗李世民重视水利，首先设立了全国性的水利机构都水监，由五品以上官员担任，掌管全国川泽、津梁、渠堰、陂池之政。宋朝比较重视水利，都江堰得到整治和发展，并建立了岁修制度。宋朝整治都江堰，疏浚了内江三条干渠、14 条支渠和 9 个分堰，确立了飞沙堰（古称侍郎堰）的高度，把都江堰灌区扩大到十几个县。宋末元初，都江堰遭到严重损害。元朝建立后，曾对都江堰进行多次整治。最著名的一次是元朝末年，主持人是四川肃政廉访使吉当普。他整治都江堰的贡献有三：①将原来岁修工程由 133 处精减到 32 处，节省了民力，且所整治的都是要害之地；②铸 6 万斤②的大铁龟加固鱼嘴；③贷款于民，岁取其息，作淘滩修堰的费用。明太祖朱元璋很重视水利，明朝对都江堰的维修整治方法与业绩包括：①设立专职机构，负责都江堰的维修；②重铸铁牛加固鱼嘴；③在淘滩疏浚河道时

---

① 中国市制长度单位，1 丈＝3.33 m，1 尺＝0.333 m。

② 中国市制质量单位，1 斤＝0.5 kg。

挖得李冰所刻三字经"深淘滩，低作堰"，将其复制置于疏江亭。清朝在治理都江堰上主要做了以下三方面工作：①为使都江堰岁修时淘滩有据可寻，疏浚后在河底埋置铁柱铁桩，后又加铁链使其固定，鉴于旧水则（水尺）已模糊不清，经校对后在其旁边新立水则；②准确丈量灌溉面积，留下了较准确的资料；③发展灌区，到雍正时期，都江堰灌区已发展到灌县、郫县、温江、崇宁、新繁、新都、金堂、成都、华阳等九县，共灌田 76.539 万亩①；④总结治水经验，重刊"深淘滩、低作堰"六字诀于二王庙侧。原灌县县令胡圻在治水实践中，注意总结群众治水经验，他在总结"遇湾截角，逢正抽心"的八字格言基础上，把六字诀发展成《三字经》，即"六字经，千秋传；挖河沙，堆堤岸；分四六，平潦旱；水画符，铁桩见；笼编密，石装健；砌鱼嘴，安羊圈；立湃阙，留漏罐；遵旧制，复古堰"。光绪三十二年（1906 年），成都知府文焕在这个基础上，又进行了加工整理，并刻成石碑，这就是今天在二王庙侧墙上看到的《三字经》，即"深淘滩，低作堰；六字旨，千秋鉴；挖河沙，堆堤岸；砌鱼嘴，安羊圈；立湃阙，留漏罐；笼编密，石装健；分四六，平潦旱；水画符，铁桩见；岁修勤，预防患；遵旧制，毋嬗变"。这比胡圻的《三字经》更加精确完善。新中国成立前都江堰长达 40 多年都没有大修，灌区面积不断减少，灾害不断。1933 年 8 月 25 日，岷江上游茂县境叠溪发生里氏 7.5 级地震，山岩崩塌，横断岷江及其支流。10 月 9 日，岷江干流被堵塞所形成的小海子溃决，溃坝洪峰流量达到 10 000 m^3/s，洪水淹没了整个都江堰市，也冲毁了都江堰金刚堤、平水槽、飞沙堰、人字堤等水利工程，造成 16 个乡镇受灾，冲毁农田 1 000 公顷②，死亡 5 000 余人。都江堰水利工程直到 1936 年才进行修复。

新中国成立后，除了对都江堰工程每年进行整治维修外，还对都江堰工程进行了始无前例的整治改造和扩建。整治改造和扩建工程主要包括以下几个部分。

（1）老灌区旧渠系整治改造

从 20 世纪 50 年代初到 60 年代初，将原来的 8 条干渠合并为 6 条，对旧渠系进行改造，并新开支渠 124 条，支斗渠总长 5 200 余千米。同时，在各个渠道分水口兴建了新型节制闸，1975 年又在鱼嘴右侧修建了外江闸。在都江堰水利枢纽低闸取水情况下，对岷江水流能实现最佳调控，增加了枯水期引灌流量。

（2）扩大平原灌区

从 20 世纪 50 年代初到 60 年代初，完成了人民渠和东风渠一、二、三、四期扩建工程，扩建了三合堰和牧马山两个灌区，扩大平原灌区面积达 353 万亩。

（3）穿越龙泉山

向丘陵地区引水灌田：由人民渠、东风渠继续延伸，分三路穿过龙泉山，采取"以蓄为主，引蓄结合，长藤结瓜"的办法，利用岷江丰水期的弃水，通过都江堰输送到丘陵区水库囤蓄起来，秋蓄春用，灌溉农田。为此，先后兴建了人民渠五、六、七期和东风渠五、六期工程。这些工程包括鲁班、继光、黑龙滩、三岔、龙泉湖等大中型水库，扩灌龙泉山以东远达绵阳、射洪、简阳、资阳、仁寿、青神等地的 460 万亩农田。

（4）兴建城市供水工程

历史上都江堰城市供水很少，随着工业发展和城市人口增加，城市工业和生活用水的供水量每年已达 8.6 亿 m^3。为满足城市供水需要兴建了一批供水工程。

---

① 中国市制面积单位，1 亩＝666.67 m^2。
② 中国公制面积单位，1 公顷＝10 000 m^2。

（5）发展综合利用事业

都江堰水利工程除满足农业灌溉、漂木和城市供水需要外，已发展发电和水产养殖。修建水电站 368 座，装机容量 16 万 kW，年发电量 8 亿 kW·h。水产养殖，年产成鱼 30 余万斤。

1.1.4 工程发挥的作用

李冰父子修建的都江堰水利工程，经久不衰，长期发挥作用。新中国成立后，不仅加强了对都江堰水利工程的维修与管理，还对都江堰水利工程进行扩建和改建，使都江堰旧貌换新颜。都江堰水利工程已成为具有灌溉、防洪、发电、航运、养殖和旅游综合效益的水利工程，所发挥的作用越来越大。截至 1998 年，都江堰灌溉范围已达 40 余县，灌溉面积达到 66.87 万公顷。2008 年 5 月 12 日 14 时 28 分，在四川汶川县发生了里氏 8.0 级地震，都江堰取水枢纽工程未发现受损的迹象，表明经过维修和改建的都江堰水利工程是牢固安全的。都江堰不仅是举世闻名的古代水利工程，也是著名的风景名胜区，有二王庙、伏龙观、安澜索桥等名胜古迹。1982 年，都江堰作为四川青城山—都江堰风景名胜区的重要组成部分，被国务院列入第一批国家级风景名胜区名单。2007 年，成都市青城山—都江堰旅游景区经国家旅游局正式批准为国家 5A 级旅游景区。

1.2 灵渠

1.2.1 工程兴建原由

灵渠（Ling Channel）也称湘桂运河、兴安运河，于公元前 214 年建成，是我国最早修建的人工运河。灵渠位于广西壮族自治区东北部的兴安县境内，工程位置见图 1—2。公元前 211 年秦始皇并吞齐、楚、燕、赵、韩、魏等北方六国后，向现在的浙江、福建、广东、广西地区的南方诸国用兵，以统一中国。对浙江、福建诸国的征服都取得了胜利，而对地处两广地区的百越用兵很不顺利。当时向百越进军是通

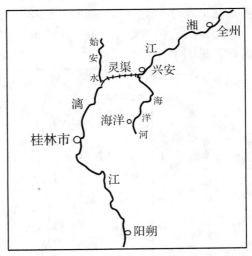

图 1—2 灵渠水系位置示意

过南岭山脉越城岭和都庞岭之间的湘桂走廊，然而那里山高林密，不但行军不便，而且粮草等军用物资运送更是十分困难。正是由于运输补给供应不上，使得三年向百越的攻伐都无功而返。长江水系和珠江水系的分水岭——南岭山脉虽山高林密，但在兴安县境内山势散乱，湘江、漓江的上源相距很近。分水岭在这里为一宽 300 m～500 m，相对高度仅 20 m～30 m 的土岭，两江水位差不到 6 m。如果凿开分水岭土山修一人工运河，并在湘江支流海洋河上筑坝壅高水位，就能将湘江水引入漓江，实现湘江和漓江直接通航，满足军队向南推进和粮草、军用装备运输的需要，于是秦始皇下令修建灵渠。

1.2.2 工程概况与取水枢纽

（1）工程概况

灵渠是我国最早开挖的人工运河，修建于秦始皇时期，由官职为秦监御史，史料中称他

为监禄或史禄的人主持修建。史禄率领民众劈山开渠，工程于公元前214年建成。整个工程包括灵渠首部枢纽（或称取水枢纽）和南渠、北渠三大部分。

（2）取水枢纽

首部枢纽由铧嘴，大、小天平和泄水天平组成。取水枢纽位置选择十分合理，工程布置十分巧妙。将工程选择在始安水与湘江最近和南岭山脉最低的海洋河上，工程量最小。主体工程大、小天平（又称铧堤）是拦断湘江的滚水坝，其作用是壅高湘江水位，将湘水引入漓江。大、小天平中间的铧嘴起分水作用，铧嘴置于湘江河心，其末端紧接大、小天平，北侧的大天平比南侧的小天平略高，大、小天平夹角呈95°，与铧嘴合呈"人"字形布置。大、小天平不仅起到壅高水位引湘入漓，还起到平衡水量和向南、北渠进水口导航的作用。由于灵渠工程的枢纽采取了这样巧妙的布置，使铧嘴能将湘水七分顺大天平回流到湘江，三分水经小天平和南渠流入漓江，实现所谓灵渠工程的"湘七漓三"分流。位于小天平南面紧靠岸边布置的南渠是引湘入漓的渠道；位于大天平北面小湘江的北渠则是一条引航河道，通过它湘江的船只可顺利到达大、小天平的上游，然后转往漓江，而漓江的船只也可到达湘江。为确保灵渠工程的安全，在南、北二渠上修建了泄水天平，即建在两渠上的溢流堰。水大时渠水可漫过泄水天平石堤流入不远处的湘江故道。灵渠有的河段水浅、流急，船只通航困难，为了通航，便在渠道上设陡门（即水闸），将渠道分为若干段，并在陡门处装上闸门，用闸门控制河道水位，便于船只航行。灵渠工程是一条体现了我国古代科学技术成就的人工运河，枢纽建筑物包括铧嘴，大、小天平，南、北渠，泄水天平和陡门等。灵渠工程枢纽建筑物的布置见图1-3。

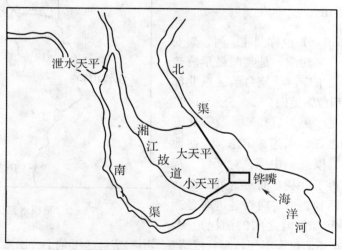

图1-3　灵渠工程示意

铧嘴：铧嘴是灵渠水利枢纽的分水工程，高6 m，宽23 m，长90 m，头部为三角形，后为矩形，前锐后钝状似铧犁以减小水的阻力。铧嘴四周用长条石砌筑，中间用砂卵石回填而成。

大、小天平：与铧嘴末端紧接着的大、小天平是拦截湘江的滚水堤坝，因其作用是自动调节水量，故称"天平"。北侧的大天平长380 m，南侧的小天平长120 m。天平为内高外低的斜坡堤坝，最高4 m，底宽25 m，顶宽2 m。天平的建筑是以松木为桩，用长条石直插叠砌，层层相扣，顶部用巨石平铺护面，并凿穴灌铁锭卡牢。

南、北渠：灵渠南渠是人工开凿的运河，长 33.25 km，绕山婉姹，为湘江入漓的主航道。其与湘江故道间筑有秦堤，堤长 3.7 km，用青石砌筑，以防南渠水回流到湘江，也阻拦湘江洪水漫入南渠。北渠是为通航而开凿的引航河道，长 4 km。因大、小天平隔断了湘江，船只无法通行。为了通航，平行于湘江开凿了这段渠道。因渠长 4 km 就有 4 m 的落差，为降低流速，故将渠道建成"S"形。在南北渠上设有 4 处专为溢洪用的泄水天平。

泄水天平：泄水天平是设在南渠上的溢流堰。洪水期渠道水位漫顶会对渠道造成危害，设置泄水天平可使多余的水从泄水天平溢出，从而确保渠道的安全。

陡门：灵渠河道较狭窄且多弯道，还有部分河道水位较浅不利通航，于是在水浅、流急处设置了陡门。陡门的宽度为 5.5 m～5.9 m，用长方形石块砌筑而成。两岸的陡堤呈弧形，中留航道可安闸门，插上闸门使上游水位壅高通航。陡门实际上是一种简易船闸，是世界上最早的通航设施。据记载，唐代设陡门 18 座，明代增加为 36 座，清代为 32 座，这些陡门大都分布在南渠上。

1.2.3　工程维修与管理

灵渠工程能留存至今，长久发挥作用，除了它的建造者史禄建造时设计科学，精心施工，使得工程十分牢固之外，还与后人对灵渠的保护修补分不开。如汉代马援、唐代李渤和鱼孟威都主持修补过灵渠。灵渠南渠岸边修建的四贤祠内，至今还供奉着史禄和他们的塑像。

1.2.4　工程发挥的作用

灵渠的修建是为了秦始皇向南方百越用兵，它的建成推动了战争的发展，使秦军很快就征服了南岭百越，把岭南诸国的广大地区纳入秦王朝的版图，为秦始皇统一中国起了重要作用。秦始皇征服岭南诸国后，很快就在该地区设立了桂林、象郡和南海三郡，加上在福建建立的闽中郡，使秦朝郡级建制达到 40 个之多，形成了中国历史上第一个统一的中央集权的大帝国。灵渠的建成沟通了长江和珠江两大水系，成为内地通往岭南地区的主要航运通道，直到粤汉、湘桂两条铁路建成通车后，灵渠才被改造为以灌溉为主的渠道，航运功能才逐渐停止。灵渠引湘入漓增加了漓江水量，灌溉了大片田地，2 000 多年来一直发挥作用。

1.3　郑国渠

1.3.1　工程兴建原由

著名的关中平原东西长数百里，南北宽数十里，是秦国农业生产重要基地，由于缺水限制了农业的发展。平原地形特点是西北略高，东南略低。只要在礼泉县东北谷口修一条渠道，便能引泾水自流灌溉关中平原，发展关中地区农业。当时兴建郑国渠（Zheng Guo Channel）的目的，除了引水灌溉农田发展农业这一因素之外，另一个因素是政治军事的需要。战国时期，秦、齐、楚、燕、赵、韩、魏战国七雄，都想以自己为中心，统一全国，兼并战争十分剧烈。关中是当时强大秦国的农业生产基地，由于缺水限制了农业的发展，很需要发展关中的农田水利，以提高产量来增强经济力量，从而实现统一全国的目标。韩国是秦国的东邻。战国末期，韩国是七国中最弱的一个，秦国兼并六国，首当其冲的便是韩国，韩国却屡弱到不堪一击的地步，随时都有可能被秦国并吞。公元前 246 年，韩桓王在走投无路的情况下，采取了一个非常拙劣的所谓"疲秦"的策略。他以著名的水利工程人员郑国为间谍，派其入秦，游说秦国在泾水和洛水（北洛水，渭水支流）间开凿一条大型灌溉渠道。表面上说是可以发展秦国农业，但其真实目的是要耗竭秦国实力。秦王嬴政元年（公元前246年），本来就想发展水利的秦国采纳了这一诱人的建议，并立即征集大量的人力和物力，任命郑国主持兴建这一工程。在施工过程中，韩国"疲秦"的阴谋败露，秦王大怒，要杀郑国。郑国说："始臣为间，然渠成亦秦之利也。臣为韩延数岁之命，而为秦建万世之功。"秦王嬴政是位很有远见卓识的政治家，认为郑国说得很有道理，同时，秦国的水利工程技术还比较落后，在技术上也需要郑国，所以一如既往，仍然加以重用。经过十年的努力，全渠完工，人称"郑国渠"。

1.3.2　工程概况

郑国渠位于今陕西省境内，是公元前246年（秦王嬴政元年）秦王嬴政采纳韩国人郑国的建议所修建的大型有坝引水灌溉工程。工程西引泾水东注洛水，长达150余千米，灌溉农田4万余顷[①]，工程规模十分宏大，是我国古代修建的最大的灌溉水利工程。关中平原的地形特点是西北略高，东南略低。郑国渠充分利用地形条件，在礼泉县东北的谷口修建干渠，干渠沿北面山脚向东伸展，将干渠布置在灌溉区最高地带，能全部自流灌溉面积4万余顷。郑国渠以泾水为水源。泾水是著名的多砂河流，古代有"泾水一石，其泥数斗"的说法，据现代实测，含砂量达到171 kg/m³。河流泥砂含量高、比降小、流速慢，渠道易被泥砂淤积堵塞。由于泥砂淤积，郑国当时所修建的郑国渠取水枢纽早已不复存在，只有谷口以下的干渠渠道始终不变。1985年，考古工作者秦建明等对郑国渠渠首工程进行了实地调查，通过勘测和钻探，发现了当年拦截泾水的大坝残余。它东起距泾水东岸1 800 m名叫尖嘴的高坡，西讫泾水西岸100余米王里湾村南边的山头，全长2 300余米。其中河床上的350 m早已被洪水冲毁，无迹可寻，而其他残存部分历历可见。经测定，这些残部，底宽尚有100余米，顶宽1 m～20 m不等，残高6 m。由此可见，当年这一工程是非常宏伟的。富平郑国渠遗址显示，流经富平的郑国渠，全长约150 km，可灌溉18万余公顷农田。其引水口至干渠段，修有宽15 m～20 m，高3 m～5 m，长达6 km的引水渠堤。现存郑国渠口、郑国渠古道和郑国渠拦河坝，附近有秦以后历代重修、增修的渠首、干道遗址，并有大量的碑石遗存。郑国渠首遗址，目前发现有三个南北排列的暗洞，即郑国渠引泾的进水口。每个暗洞宽3 m、深2 m，南边洞口外还有白灰砌石的明显痕迹。地面上开始出现由西北向东南斜行一字排列的七个大土坑，土坑之间原有地下干渠相通，故称为"井渠"。郑国渠工程之浩大、设计之合理、技术之先进、实效之显著，在我国古代水利史上是少有的，在世界水利史上也是少有的。

1.3.3　工程发挥的作用

郑国渠建成后，灌溉田地达40万余顷，对发展关中地区农业，提高农作物产量，增强秦国实力，为秦始皇统一中国有很大贡献，对后来该地区的社会经济发展也有很大作用。

---

①　中国市制面积单位，1顷=66 666.67 m²。

1.4　大运河

举世闻名的大运河（the Grand Canal）始凿于周朝春秋时期，经隋朝用 23 年时间才开挖成了以东都洛阳为中心，北通北京，南达杭州，全长 2 700 余千米的大运河。现在的大运河又名京杭大运河，是元代所修建的大运河，北起北京，南达杭州，全长 1 747 km。大运河源远流长、历史悠久，属全国重点文物。

1.4.1　大运河概况

举世闻名、源远流长、历史悠久的大运河，始凿于周朝春秋时期。吴王夫差于公元前 485 年开挖的邗沟（现在的里运河）长 170 km，是大运河最早开挖的一段河道。秦及两汉时期虽在全国各地也开凿了一些运河，但尚未形成全国性的大运河。直到隋朝，于公元 587 年开挖山阳渎、公元 605 年开挖通济渠、公元 608 年开挖永济渠和公元 610 年开挖江南运河后，才建成以东都洛阳为中心，由永济渠、通济渠、山阳渎和江南运河连成北通北京（当时称大都）、南达杭州、全长 2 700 余千米的大运河。元朝建都北京，为了使大运河不绕道洛阳又重开大运河。元代所建的大运河北起北京，南达浙江钱塘江，途经北京、天津、河北、山东、江苏、浙江 4 省 2 市，全长 1 794 km，沟通海河、黄河、淮河、长江、钱塘江五大水系。现在的大运河全长 1 747 km，只通航到杭州，故又名京杭大运河。现在的京杭大运河分为 7 段：北京至通县称通惠河，通县至天津称北运河，天津至临清称南运河（或卫运河），临清至台儿庄称鲁运河，台儿庄至清江称中运河，清江至六圩称里运河，镇江至杭州称江南运河。1949 年新中国成立时，京杭大运河由于河道淤塞和水量不够，大部分河段已不能通航。新中国成立后，人民政府组织人力对京杭大运河进行了整治，疏浚河道和兴建大型船闸。现大运河除从北京到天津和临清到黄河两段因水量不够不能通航外，其余河段都已通航，同时大运河的通航能力也得到了显著提高。21 世纪实施的南水北调东线工程完工后，不仅可解决华北地区缺水问题，也可使江北的大运河全部通航。大运河兴建与历朝历代的战争有关，大运河建成后对发展农业、沟通南北地区的经济文化发挥了巨大作用。

1.4.2　历史沿革

大运河，从吴王夫差公元前 485 年开挖的邗沟开始，随后经过历朝历代不断扩建、延伸、连通，形成了一条全国性的人工大运河，前后共持续了 1 779 年。在漫长的岁月里，大运河主要经历了以下一些较大规模修建的历史时期。

（1）周秦汉时期的大运河

大运河始凿于春秋末期。当时统治长江下游一带的吴王夫差；为了北上伐齐，争夺中原霸主地位，利用长江三角洲的天然河湖港汊，调集民夫疏通了由今苏州经无锡至常州北入长江到扬州的“古故水道”，并在公元前 486 年开凿自今扬州向东北，经射阳湖到淮安入淮河的运河（即今里运河）。因途经邗城，故得名“邗沟”。邗沟全长 170 km，把长江水引入淮河，成为大运河最早开挖的一段河道。

（2）隋唐宋时期的大运河

隋文帝杨坚结束魏晋南北朝的分裂局面，定都长安后，立即决定开挖北引渭水，经大兴城（长安城）北，东至潼关的河渠，于公元 581 年动工兴建，当年完成。因仓促成渠，渠道浅窄，航运能力有限，难以满足日益增加的东粮西运的需要。于公元584年，再次动工改建，当年竣工。新渠仍以引渭水为主要水源，自大兴城（长安城）至潼关，长150余千米，命名为广通渠。经改建的河渠开挖得深宽顺直，可通"方舟巨舫"。从潼关以东运粮入关，因广通渠以下一段水路是黄河。黄河运输有三门"砥柱"之险（砥柱为两个立于河心的石岛），因石岛堵塞航道，形成神门、鬼门、人门三条险道，神、鬼二门无法通航，人门虽可勉强航行，但风险很大，经常船毁人亡。三门砥柱是当时东粮西运的"瓶颈"。于是，又在公元595年，动工凿砥柱。不过，在当时的技术条件下，凿砥柱的工程进展缓慢，只好半途而废。隋文帝为兴兵伐陈，于公元587年对古邗沟进行了初步整治，开挖了从今淮安到扬州的山阳渎。公元604年，隋炀帝杨广即位后，将京城由长安迁到洛阳。他为了加强对河北、江淮这些主要经济区的联系和控制，决定开挖修建以东都洛阳为中心，通向江淮、河北等地的运河。最先开挖的是沟通淮河的通济渠（又名汴渠），于公元605年完成。通济渠全长近1 000 km，分为西、中、东三段：西段以东都洛阳为起点，以洛水及其支流谷水为水源，在旧有阳渠和自然水道洛水的基础上扩建而成，到洛口与黄河会合；中段以黄河边上的板渚（今河南荥阳市西）为起点，引黄河水作水源，向东到浚仪（今河南开封市）；东段指浚仪以下，与汴渠分流，沿东南方向，经宋城（今河南商丘市南）、永城、夏丘（今安徽泗县）等地，到睢眙流入淮河前的一段河渠，该段河渠多由自然水道拓展而成。通济渠工程浩大，施工时间仅用半年，可以说是古今中外运河史上的奇迹，当然付出的代价也是非常惊人的。由于凿渠和造船劳累过度，有40~50万人为此献出了宝贵的生命。通济渠开挖成后，它与邗沟便成为沟通黄河、海河、淮河和长江几大流域的漕运干道，对当时交通运输和南粮北运起了很大作用。原来的山阳渎水道曲折浅涩，只通小舟，不能行大船。隋炀帝为了提高山阳渎的航运能力，与通济渠配套，对这条古运河作了较为彻底的治理。公元605年，在开挖通济渠的同时，他又征调淮南10余万人投入这一工程。当时按照通济渠的标准，浚深加宽渠道。由于长江沙洲的淤涨，原来山阳渎的入江渠口堵塞严重，又新开挖了入江渠口。这次扩建，将南段河渠折而向西，开凿了几十里的新渠，使其改为从扬子（今江苏仪征市东南）入长江。山阳渎经过这次改造后，全线畅通无阻，即使像龙舟那样的庞然大物，也可进退自如。为了满足钱粮南运入京都和向辽东用兵的需要，隋炀帝动工修建了北通涿郡（今北京市）的永济渠。全长约1 000 km的永济渠于公元608年动工开挖，不到一年便完工。永济渠也分成三段：南段起于沁水入黄河处，北到卫县（今河南浚县西），是当时新开挖的河道；中段从卫县起，经馆陶、东光等地，到达今天津市境与沽河会合处，这段河道是以曹操时的开挖的水道为基础，逐渐扩展而成；北段由今天津市到古涿郡（今北京市），系改造两条自然河道而成（一条是古潞河下游，另一条是桑干水下游）。永济渠大体上是与通济渠相当的运河，它的宽度虽然不及通济渠，但也可通行庞大的龙舟。公元611年，隋炀帝伐辽东，出动军队100多万人，后勤供应运输量极大，主要就是通过这条水道北运的。公元610年，隋炀帝还对从今镇江引长江水经无锡、苏州、嘉兴至杭州通钱塘江，长约400 km的原江南运河进行了拓宽浚深，这样可使洛阳与杭州之间全长1 700余千米的河道直通船舶。至此，隋朝建成了由永济渠、通济渠、山阳渎和江南运河连接而成，南通杭州，北达北京，全长2 700余千米的大运河。广通渠、通济渠、山阳渎、江南运河、永济渠，虽然是五条运河，但由于它们的规格大体一致，组成了一个由长安—洛阳两都为中轴、呈扇形分布、东南通余杭、东北到涿郡的完整运河网，这个运河网把我国当时经济、政治、文化最发达的区域紧密地连在一起，对统一国家的巩固和繁荣，起着难以估量的作用。正因为如此，隋炀帝兴建这些工程，虽然多从他本人需要出发，并给当时广大群众造成严重灾难，但后人还是给予了很高的评价。唐末著名诗人皮日休在《汴河怀古》中说："尽道隋亡为此河，至今千里赖通波。若无龙舟水殿事，与禹论功不较多。"

唐朝运河建设，主要是维修、完善隋朝建立的大运河体系。同时，为了更好地发挥运河的作用，对旧有的漕运制度还作了重要改革。隋文帝时开凿的广通渠，原是长安的主要粮道。隋炀帝迁都洛阳后，广通渠失修，逐渐淤废。公元 742 年，唐朝重开广通渠工程，新水道名叫漕渠。漕渠东到潼关西面的永丰仓与渭水会合，长 300 多里[①]。梁、晋、汉、周、北宋都定都汴州（今河南开封市），称汴京。北宋历时较长，为解决汴河（通济渠）引黄河水所引起的淤积问题，进行了清汴工程，开渠 50 里，直接引伊洛水入汴河，不再与黄河相连。唐、宋两代对大运河继续进行疏浚整治。唐时浚河培堤筑岸，以利漕运拉纤，将自晋以来在运河上兴建的通航堤堰，相继改建为既能调节运河通航水深，又能使漕船往返通过的单插板门船闸。宋时将运河土岸改建为石驳岸纤道，并改单插板门船闸为有上、下两道闸门的复式插板门船闸（现代船闸的雏形），使船舶能安全过闸，运河的通航能力也因此而得到了提高。

（3）元明清时期的大运河

公元 13 世纪末，元朝定都北京（当时称大都）。初期的漕运路线，是由江淮溯黄河向西北至封丘县（今河南开封市北）中砾镇，转陆运 180 里至新乡入卫河，经天津水运至通县，再陆运至大都。这条运输路线不仅绕道过远，而且要水陆转运。为了使南北相连，且不再绕道洛阳，元朝于公元 1283 年动工，经十年时间开挖成了济州河，自今济宁引洸、汶、泗三水为水源，向北开河 150 里接济水（相当于后来的大清河位置）。济州河开通后，漕船可由江淮溯黄河、泗水和济州河直达济水。从济水向北至天津的路线有两条：一条是由济水入海，经渤海湾至天津；另一条是由东阿旱站（东平北）向北陆运 200 里至临清入今卫河。沿前一路线，漕船常遭海涛风浪之险；沿后一路线，夏秋雨季粮车跋涉艰难。于是在公元 1289 年，自济州河向北经寿张，聊城至临清又开挖了长 250 里的会通河，把天津至江苏清江之间的天然河道和湖泊连接起来，清江以南接邗沟和江南运河，直达杭州。因为会通河位于海河和淮河之间的分水脊上，所以在会通河上修建了插板门船闸 26 座，并在济宁设水柜，南北分流，以调节航运用水，控制运河水位。会通河建成后，漕船可由济州河、会通河、卫河，再溯白河至通县。因北京与天津之间原有运河已废，因此元朝于公元 1291—1293 年，从通县到北京又开挖了通惠河，并建闸坝，渠化河道。从此，漕船可由通县入通惠河，直达今北京城内的积水潭。至此，元代大运河初步形成，使航程缩短为 1 794 km。

明、清两代均建都北京，对元朝大运河进行了扩建。明代整修通惠河闸坝，恢复通航。公元 1411 年扩建改造会通河，引汶水入南旺湖，利用南旺湖地势高的有利地形，修建南旺水柜，70%的水北流，30%的水南流，解决了会通河的水源问题，并增建船闸至 51 座。为使运河免受黄河泛滥的影响和避开 360 里的黄河航程，明朝先后于公元 1528—1567 年和 1595—1605 年，在今山东济宁南阳镇以南的南四湖东相继开河 440 里，使原经沛县、徐州入黄河的原泗水运河路线（今南四湖西线）改道为经夏镇、韩庄、台儿庄到邳县入黄河的今南四湖东线（即韩庄运河线）。此外，为保障运河通航安全，还修建了洪泽湖大堤和高邮湖一带的运河西堤，并在运河东堤建平水闸，以调节运河水位。清朝于公元 1681—1688 年，在黄河东侧，大约由今骆马湖以北至淮阴开中河、皂河近 200 里，北接韩庄运河，南接今里

---

①　中国市制长度单位，1 里=500 m。

运河，从而使运河路线完全与黄河河道分开。至此，由元朝完建，并经明、清两代整治扩建的京杭大运河，由人工河道和部分河流、湖泊共同组成，全长 1 974 km。京杭大运河全程分为七段：通惠河，从北京市区至通县，连接温榆河、昆明湖、白河，并加以疏通而成；北运河，从通县至天津市，利用潮白河的下游挖成；南运河，从天津至临清，利用卫河的下游挖成，故又称卫运河；鲁运河，从临清至台儿庄，利用汶水、泗水的水源，沿途经东平湖、南阳湖、昭阳湖、微山湖等天然湖泊；中运河，从台儿庄至清江；里运河，从清江至扬州六坞，入长江；江南运河，从镇江至杭州。

（4）新中国成立后的大运河

新中国成立时，京杭大运河由于河道淤塞，山东境内河段和中运河已不能通航。里运河水位不稳，时常决堤成灾。新中国成立后，开始对大运河的部分河段进行恢复和扩建，并于1953 年和 1957 年修建了江阴、杨柳青和宿迁几座千吨级船闸。对里运河进行了全面整治，兴建船闸和节制闸，并开辟新河道使河湖分开。在里运河的南段开辟瓦铺至六坞港间的入长江新航道，缩短了与江南运河间的航程。中运河也经过了拓浚和改建。为便利徐州煤炭南运，沿微山湖西侧开辟了新航道。江南运河原由镇江市区入江，由于河道狭窄淤浅，已改由谏壁口入长江，并在谏壁建有大型船闸控制水位。整个大运河，除北京到天津、临清到黄河两段，其余河段均已通航。20 世纪 50 年代末，为发展苏北地区农业，确保里下河地区1 500 万亩农田和 800 万人民的生命财产安全，结合对淮河的治理，开始实施南水北调的初步规划，重点扩建了徐州至长江段 400 余千米的运河河段，并在江都修建了包括三座大型抽水站的江都水利枢纽。它既可抽长江水灌溉苏北地区大片农田，又可抽排里下河地区洪涝积水，也使运河单向年通过能力达到近 2 000 万 t。大运河是现在南水北调东线工程的输水线路，工程分三期建设，一、二期工程已建成送水，大大改善了大运河通航条件，提高了通航能力。

1.4.3 大运河所发挥的作用

隋朝兴建的大运河和元朝改建的江南大运河，沟通海河、黄河、淮河和长江四大水系，成为我国南北交通运输的大动脉，对中华民族统一国家疆域的形成、经济和文化的发展都起到了巨大的作用。地处黄河流域的中原地区是我国最早形成的经济文化发达地区。总体上说，北方政局动荡，改朝换代频繁，加之气候变化，雨量减少，影响了农业生产的发展。南方政局比较稳定，农业生产得到持续发展。从隋唐以来，建都北方的历朝历代，都要依靠江淮和江南地区的钱粮。隋炀帝建都洛阳后，就在洛阳附近修建了许多粮仓囤积粮食，如洛口仓、回洛仓、河阳仓等。仅洛口和回洛二仓储粮就达 2 600 多万石[1]，绝大部分粮食就是经通济河运输。唐、宋时期，为了发挥大运河的作用，都专设有转运使和发运使，统管全国运河和漕运。大运河对南粮北运入京发挥了巨大作用。随着运河通航条件的改善和运输管理的加强，运河每年的漕运量由唐初的 20 万石，逐渐增大到 400 万石，最高达 700 万石。从元朝开始，元、明、清三朝都建都北京，同样钱粮都依靠江南富饶的地区。为使钱粮北运不绕道洛阳，元朝重开了北京到江南杭州的江南大运河，充当钱粮北运进京的重要漕运河道。直到公元 1825 年，山东北运河淤塞，江南粮食才改由海运至天津，再转运北京。大运河的通航，促进了沿岸城市的繁荣和迅速发展。大运河沿岸的楚州（今江苏淮安市）、汴州（今河

---

[1] 中国市制容量单位，1 石＝1 斗，1 斗＝10 L。

南开封市)、宋州 (今河南商丘市) 和南端的扬州市都发展成为商业城市。扬州更是南来北往的货运集散地,在全国州级城市中位居第一,超过了当时的成都和广州。

新中国成立后,经过整治的运河水道是我国南北交通运输的大动脉,徐州以南的运河年通过船舶吨位已达 1 370 余万 t,年货运量达 5 500 万 t,不仅对江苏境内的运输作用很大,对北煤南运也发挥着很大作用。大运河是中华民族的智慧结晶,是劳动人民的伟大创举,是宝贵的文化遗产,不仅在历史上作为南北水运交通大动脉发挥着很大作用,而且在今天对南水北调和南北交通运输仍然发挥了不可替代的作用。

1.5　其他古老水利工程

我国历史上建造最多的水利工程是用于灌溉引水的壅水坝,古代文献中称为堰或遏。在古代文献记载中,最早的堰是今山西太原境内建于公元前 453 年的"智伯渠"。这类古老水利工程中,除都江堰、灵渠、郑国渠等著名水利工程外,还有下列诸堰。

（1）安徽芍陂

芍陂今称安丰塘,位于安徽省寿县境内,为春秋楚国人孙叔敖率领民众修建,至今已有2 000 多年历史。该堰是在淮水支流淠、淝二水之间的大片洼地上的北、西两面筑堤挡水,拦蓄南面诸水源来水,并与淠、淝二水相通。历史资料表明,该堰所形成的水库规模历经多次变化,周长在 60 km~160 km 之间,灌溉面积从数千顷到数万顷。1959 年,安徽省文化局文物工作队在芍陂曾发掘出一座汉代草土堰坝遗址,当时堰坝修建是在生土层上先铺一层砂礓石,并用栗木桩打入生土层,然后用成层的草和土在砂礓石层上筑成。

（2）鸿隙陂

鸿隙陂位于今河南省境内的淮河干流与汝河间的正阳、息县一带,建于汉朝时期。据《水经注·淮水》记载,该工程堰坝长达 200 km,受益地区因有鸿隙陂的灌溉而富足。可见当时这项水利工程规模之大,可惜这项水利工程早已荡然无存。

（3）胥　溪

位于今江苏省境内的胥溪 (又名堰渎),始建于战国时期,是吴王阖闾采纳大夫伍子胥的建议,征调军民所开挖的一条河流,东起宜兴,经溧阳、高淳入水阳江,出芜湖通长江,是连接太湖与长江的一条水运通道。公元 1432 年,明朝对胥溪进行较大规模修浚,并建石闸,后又改闸为坝,从此这条河运不再全线通航,当地人称此坝为东坝。20 世纪 70 年代,曾规划利用这条运河改建成一条西起芜湖、东至黄浦江的战备运河,并在东坝修建水电站,装机容量约 10 万 kW,后由于工程占用土地过多,未能实施。

（4）浮山堰

浮山堰位于今江苏省泗洪县和安徽省五河、嘉山县交界的淮河干流上,始建于公元516 年南朝梁武帝时期,修建目的是为了水淹北魏驻寿阳军队。据文献记载,第一次筑堰失败,第二次坝体合龙时抛下大量铁器才获得成功。这座堰坝长约 4.5 km,顶宽 108 m,底宽约 336 m,高约 48 m,坝前水深约 46.8 m,现仅在泗洪县潼河山下残留着浮山堰一段名为铁锁岭的土体。

（5）高家堰

我国现存五大淡水湖泊之一的洪泽湖,并非天然湖泊。在北宋以前原本是淮河岸边的一些洼地和湖塘,宋末金初黄河南徙,夺泗淮入海,使淮河出路不畅,淮河溢水使得这片低洼地的小湖逐渐连接扩大形成今天的洪泽湖。为防止洪泽湖在淮河洪水时泛滥成灾，于是开始在低洼地段筑堤挡水，明代已有堰坝修筑，这便是洪泽湖大堤的由来。公元 1578 年，治河专家潘季驯系统修筑了长达 30 km（南段越城至周桥一段地面较高，未筑堤坝，留作溢洪用）的高家堰后，洪泽湖才开始成为完整的人工水库。现今的洪泽湖，大堤全长 67.25 km，承受淮河上、中游 15.8 万 km² 流域面积的来水，入湖洪水总量超过 800 亿 m³，蓄水总容量达 130 亿 m³，至今仍是淮河下游重要的调节控制水库。

(6) 四川地区诸堰

远济堰位于今四川新津县西南，公元 740 年始建于唐朝，堰分 4 支，修渠灌眉州市（今四川眉山市）、通义、彭山之田。通济堰位于今四川彭山县，由 1 座大堰和 10 个小堰组成。自新津中江口引水修渠 120 余里，南下至眉州西南入岷江，灌田 1 600 顷。于公元 713—743 年，由唐益州长史章仇兼琼所开。五代时重修，并将此堰与远济堰合二为一。公元 1432 年明朝进行大修，分 16 渠，灌田 2.5 万余亩。蟆颐堰位于四川眉州（今四川眉山市）东 7 里，唐开元中期修建，可灌眉山、青神农田 7.2 万亩。

(7) 汉中地区诸堰

汉中地区位于陕西省南部，地处秦岭与巴山之间，为汉江上游一狭长盆地，河流众多，有利于灌溉发展农业生产。兴修的著名水利工程有山河堰（又名萧何堰），位于汉中西北褒城镇。相传为西汉萧何所建，引褒河水灌田。在褒城（今陕西汉中）附近还有铁桩堰、柳边堰等几座堰，与山河堰组成一个灌溉系统。在湑水流域的灌溉工程有三处：高堰位于湑水出山口的上游约 5 里，堰长 100 余米，用块石堆积而成，在湑水西岸三角处凿石修渠，可灌城固县农田 1 800 亩；杨填堰在城固县东北 15 里，洋县西 50 里，与周围几个堰一起可灌洋县农田 5 000 余亩；五门堰位于高堰与杨填堰之间，建于西汉，经元代整修，可灌田 4 万～5 万亩。

(8) 南阳地区诸堰

南阳地区位于河南省西南部，是一扇形盆地。边缘山区水流注入盆地中央，形成唐白河水系。唐白河是汉江最大支流，为发展农业灌溉提供了优越条件。兴修的水利工程中最著名的有六门陂和钳卢陂。六门陂又名六门堰，位于今河南邓州市西，于公元前 34 年由西汉南阳太守召信臣主持兴建。初设 3 水门，公元前 5 年又增设 3 水门，共 6 个水门，利用湍河水灌溉农田 5 000 余亩。钳卢陂，位于今河南邓州市东南。西汉元帝时，由南阳太守召信臣主持兴建，引湍河水灌溉农田 3 万顷。南阳地区还有许多堰，诸如马杜堰、上石堰、唐河堰、黑龙堰、白马堰等。

(9) 湖北地区诸渠

木渠又名木里沟，位于今湖北省宜城市。战国时期楚国初建，汉代南郡太守王宠又主持开凿。自今南漳县东引蛮河北源，东至今宜城市东南入汉江，灌田 700 顷。长渠又名白起渠，也称百里长渠，为秦昭王命白起攻楚时所建。堰址位于距今湖北省宜城市数十千米的南漳县武镇附近。筑堰拦蛮河北源之水，修渠向东引水至宜城市南汇木里沟入汉江，可灌南漳县东部和宜城市西部农田 3 000 余顷。

第 2 章　水资源及其综合利用

2.1　我国水资源及其分布

水资源是人类赖以生存的环境生态资源和物质文明建设的基础资源。与水相关的资源有冰川资源、湿地资源、河川水能资源、河川航运与水产养殖资源、湖泊航运与水产养殖资源等。

2.1.1　水资源

水资源由地表水资源和地下水资源构成。地表水资源包括江河、冰川、湖泊、湿地等，通常用河川径流量代表地表水资源量。地区的水资源总量等于地表水资源量加地下水资源量减去相互转化的重复水量。地区的水资源量主要取决于降水量。我国全国多年平均降水总量约为 6.188 万亿 m^3，折合平均年降水深度为 648 mm，其数值小于全球陆地平均年降水深度 800 mm，是年降水量偏少的国家。按河川径流量计，全国河川多年平均年径流量约 2.712 万亿 m^3，与美国河川多年平均年径流量 2.970 2 万亿 m^3 相接近。全国河川年径流量折合年径流深为 284 mm，全球陆地平均年径流深为 315 mm，低于全球陆地平均值。若按人均天然河川径流量计算，按 2000 年资料计算，我国人均天然河川径流量为 2 100 m^3，约为世界人均天然河川径流量的 1/4，约为美国人均天然河川年径流量的 1/4。统计数字表明，我国水资源人均占有量是世界上较少的国家，在水资源开发利用上应十分重视水资源保护和节约用水。

2.1.2　水资源分布

地表水资源主要来源于降水（包括雨和雪）。由于降水受大气环流影响，各地区河流的水资源量差别很大，长江流域年降水量在 1 000 mm 以上，淮河流域年降水量为 800 mm 左右，黄河流域年降水量不到 500 mm。我国各大流域及分区水资源量统计见表 2-1。

表 2-1　中国各大流域及分区水资源量统计

分区名称	计算面积（万 km^2）	降水量		河川径流量		地下水资源量（亿 m^3）	水资源总量（亿 m^3）
		（亿 m^3）	（mm）	（亿 m^3）	（mm）		
东北诸河	124.85	6 377	511	1 653	132	625	1 928
海滦河流域	31.82	1 781	560	288	91	265	421
淮河和山东半岛	32.92	2 830	860	741	225	393	961
黄河流域	79.47	3 691	464	661	83	406	744

分区名称	计算面积（万 km²）	降水量		河川径流量		地下水资源量（亿 m³）	水资源总量（亿 m³）
		（亿 m³）	（mm）	（亿 m³）	（mm）		
长江流域	180.85	19 360	1 071	9 513	526	2 464	9 613
华南诸河	58.08	8 967	1 544	4 685	807	1 116	4 708
东南诸河	23.98	4 216	1 758	2 557	1 066	613	2 592
西南诸河	98.14	9 346	952	5 853	596	1 544	5 853
内陆诸河	337.44	5 321	158	1 164	34	862	1 304

我国 20 条主要河流流域特征及水资源量统计见表 2—2。

表 2—2　中国 20 条主要河流流域特征及水资源量统计

序号	河流名称	河道长度（km）	流域面积（km²）	计算面积（km²）	年降水量（mm）	年降水总量（亿 m³）
1	长 江	6 300	1 808 500	1 808 500	1 070.5	19 360
2	黄 河	5 464	752 443	794 712	464.4	3 691
3	黑龙江	3 420	1 620 170	903 418	495.5	4 476
4	松花江	2 308	557 180	557 180	526.8	2 935
5	珠 江	2 214	453 690	444 304	1 469.3	6 528
6	雅鲁藏布江	2 057	240 480	240 480	949.4	2 283
7	塔里木河	2 046	194 210	1 074 810	102.0	1 096
8	澜沧江	1 826	167 486	164 376	984.9	1 619
9	怒 江	1 659	137 818	135 984	922.2	1 254
10	辽 河	1 390	228 960	228 960	472.6	1 082
11	海 河	1 090	263 631	263 631	558.7	1 473
12	淮 河	1 000	269 283	269 283	888.7	2 390
13	滦 河	877	44 100	54 530	927.1	301
14	鸭绿江	790	61 889	32 466	927.1	301
15	额尔齐斯河	633	57 290	52 730	394.5	208
16	伊犁河	601	61 640	—	495.5	299
17	元 江	565	39 768	76 276	1 346.4	1 027
18	闽 江	541	60 992	60 992	1 710.1	1 043
19	钱塘江	428	42 156	42 156	1 587.0	669
20	浊水溪	186	3 155	—	—	—

　　注：①流入邻国河流流域面积算至国境线，入境河流流域面积包括流入我国或界河的国外面积；
　　　　②黄河不含黄河流域内闭流区面积；
　　　　③以上资料来源于水利电力部水文局，《中国水资源评价》，水利电力出版社，1987 年。

2.2　河川水能资源

2.2.1　河川水能资源理论蕴藏量

我国幅员辽阔，河川众多，水能资源十分丰富。新中国成立后，分别于 1953—1955 年、1958 年和 1980 年进行过三次大规模的全国水能资源普查。1953—1958 年普查全国水能资源理论蕴藏量为 5.4 亿 kW，1958 年复查得出全国水能资源理论蕴藏量为 5.8 亿 kW。第三次普查统计了大陆 3 019 条河流，对各条河流按下列公式计算出力，分河段列表进行统计，得出大陆水能资源蕴藏量为 67 753.2 万 kW。

$$N = \frac{9.8(Q_1 + Q_2)H}{2}$$

式中　　N——河段出力，以 kW 计；

　　　　Q——流量，Q_1 和 Q_2 分别为河段上游和下游断面的流量，以 m^3/s 计；

　　　　H——河段落差，以 m 计。

计入台湾省水能资源蕴藏量 1 173 万 kW，全国水能资源蕴藏量为 68 926.2 万 kW。全国年总发电量为 6.025 万亿 kW·h（其中台湾省为 1 028 亿 kW·h），居世界第 1 位。我国各主要河流流域水能资源理论蕴藏量统计见表 2—3。

表 2—3　中国各主要河流流域水能资源理论蕴藏量统计

序号	水　系	水能资源理论蕴藏量（万 kW）	占全国比例（%）	装机容量（万 kW）	年发电量（亿 kW·h）	占全国比例（%）
1	长江	26 801.77	38.96	19 724.33	23 478.4	38.97
2	黄河	4 054.80	5.89	2 800.39	3 552.0	5.90
3	珠江	3 348.37	4.87	2 485.02	2 933.2	4.87
4	海河及滦河	294.40	0.40	213.48	257.9	0.42
5	淮河	144.96	0.20	66.01	127.0	0.21
6	东北诸河	1 530.60	2.20	1 370.75	1 340.8	2.23
7	东南沿海诸河	2 066.78	3.00	1 389.68	1 810.5	3.00
8	西南国际河流	9 690.15	14.08	3 768.41	8 488.6	14.10
9	雅鲁藏布江及西藏其他河流	15 974.33	23.22	5 038.23	13 993.5	23.22
10	北方内陆及新疆诸河流	3 698.55	5.37	996.94	3 239.9	5.38
11	台湾省诸河流	1 173.00	1.71	—	1 028.0	1.71
	全国	68 777.71	100.00	37 853.24	60 249.8	100.00

2.2.2　河川水能资源技术可开发与经济可开发装机容量

根据全国河流综合利用开发规划成果，全国技术可开发水电站 11 000 多座。中国水利电力信息中心陆钦侃教授对全国技术可开发水能资源中已建和在建的大型水电站（装机容量大于或等于 25 万 kW)、中型水电站（2.5 万 kW~25 万 kW）和小型水电站（小于 2.5 万 kW）进行了系统的统计，对不久的将来可开发的水电站的技术经济指标和环境条件逐个地进行了分析，并与其他能源的发电成本进行比较后，得出大陆河流经济可开发的水能资源，加上台湾省 1994 年的水能规划成果，得出全国技术可开发装机容量为 44 732 万 kW，经济可开发装机容量为 29 640 万 kW，年发电量为 1.28 亿 kW·h。我国各主要河流流域经济可开发大型水电站座数、装机容量及年发电量统计见表 2-4。

表 2-4　中国各主要河流流域经济可开发大型水电站统计

流域名称或地区	水电站座数（座）	装机容量（万 kW）	年发电量（亿 kW·h）	流域名称或地区	水电站座数（座）	装机容量（万 kW）	年发电量（亿 kW·h）
金沙江	10	5 858	2 754	闽、浙、赣	12	620	155
雅砻江	11	2 430	1 173	珠江流域	17	1 662	745
大渡河	17	1 772	989	澜沧江	8	1 496	758
岷江	6	301	170	黄河	18~19	2 158	723
嘉陵江	5	340	117	东北地区	6+10/2	903	239
乌江	9	844	422	新疆	2	73	34
长江上游	5	2 175	1 135	西藏	2	80	42
清江	2	270	75	台湾	1	36	15
湘资沅澧	11	656	213				
汉江	7	364	113	全国合计	154~155	22 038	9 872

我国各省（区）水能资源理论蕴藏量、技术可开发及经济可开发装机容量统计见表2-5。

表 2-5　中国各省（区）水能资源理论蕴藏量、技术可开发及经济可开发装机容量统计

序号	省、市、区	水能资源理论蕴藏量（万 kW）	技术可开发装机容量（万 kW）	经济可开发装机容量			
				总容量（万 kW）	大型水电站（万 kW）	中型水电站（万 kW）	小型水电站（万 kW）
	全国	68 926.20	44 732	29 640	22 002	4 471	2 767
	西南地区	47 331.02	30 244	17 173	14 990	1 420	763
1	四川、重庆	15 036.52	12 638	9 553	8 438	710	405
2	云南	10 364.15	9 070	5 746	5 180	340	226
3	贵州	1 874.42	1 805	1 633	1 292	231	110
4	西藏	20 055.93	6 731	241	80	139	22
	西北地区	8 418.24	4 628	2 975	1 961	836	155
5	陕西	1 275.11	616	491	346	111	31
6	甘肃	1 426.94	968	705	504	168	33
7	宁夏	207.06	91	82	75	6	1
8	青海	2 154.11	2 099	1 170	963	194	13
9	新疆	3 355.02	854	527	73	377	77
	东北地区	1 212.33	1 386	1 257	890	304	63

序号	省、市、区	水能资源理论蕴藏量（万 kW）	技术可开发装机容量（万 kW）	经济可开发装机容量			
				总容量（万 kW）	大型水电站（万 kW）	中型水电站（万 kW）	小型水电站（万 kW）
10	辽宁	174.66	172	172	45	108	19
11	吉林	297.94	493	461	342	89	30
12	黑龙江	739.73	721	624	503	107	14
	华东地区	4 327.62	2 714	2 223	620	612	614
13	沪、苏、鲁	272.83	21	21	—	—	21
14	浙江	606.16	527	527	237	125	165
15	安徽	398.40	88	79	—	54	25
16	江西	682.65	511	405	88	172	145
17	福建	1 194.06	1 062	814	295	261	258
18	台湾	1 173.52	505	377	—	—	—
	华北地区	1 229.46	829	709	367	259	83
19	京、津、冀	220.32	200	200	—	145	55
20	山西	511.42	364	341	284	36	21
21	内蒙古	497.72	265	168	83	78	7
	中南地区	6 407.53	4 931	5 303	3 174	1 040	1 089
22	河南	477.17	331	309	197	63	49
23	湖北	1 823.06	1 220	1 819	1 455	188	176
24	湖南	1 531.96	1 174	1 031	485	289	257
25	广东	723.74	600	598	29	188	381
26	广西	1 752.28	1 523	1 463	1 008	268	187
27	海南	99.32	83	83	—	44	39

注：由于缺少资料，台湾省只列出了经济可开发总装机容量。

21 世纪初，国家发展与改革委员会（原国家计划委员会，简称国家计委，以下简称国家发改委）组织人力对全国十大流域及内陆诸河水能资源进行了复查，所得成果与以前第三次普查成果相比，水能资源理论蕴藏量、技术可开发装机容量和经济可开发装机容量都有所增加。全国第三次普查成果为：水能资源理论蕴藏量 68 926.2 万 kW，技术可开发装机容量 44 732 万 kW，经济可开发装机容量 29 640 万 kW。21 世纪初的最新复查成果为：水能资源理论蕴藏量 69 440 万 kW，技术可开发装机容量 54 164 万 kW，经济可开发装机容量 40 180 万 kW。台湾省 1995 年水能资源普查成果与以前的普查成果差别不大。

2.3　水资源综合利用

2.3.1　水资源的自然特性

水资源的自然特性如下：

①水资源是人类赖以生存、不可缺少的资源，属社会所公有，不属于私人或集体。

②水资源是一种可再生的资源，在水循环过程中能够得到恢复、更新和再生。

③水资源在时间和空间分布上很不均衡。在我国，空间分布上，南方水资源多，北方水资源少；时间分布上，降水主要集中在春、夏两季，秋、冬两季降水较少。

④水资源具有两重性：水既可为人类的生存和发展带来便利，也可带来洪涝灾害。

2.3.2 水资源综合利用要求

为了解决水资源与人类生产、生活不相适应的矛盾，在河流上修建水利工程，控制洪水，消除或减轻洪水灾害，并通过水库的调节，改变径流的分配，使其服从生产、生活的需要，以达到除害与兴利的双重目的。不仅如此，河流水资源的开发利用，应是不破坏生态环境条件下的多目标综合利用。河川水资源包括水能资源、航运资源、水产养殖和旅游等。水资源利用部门对水的要求各不相同，除城市供水和引水灌溉农田需消耗水外，其他用水部门如航运、水产养殖及旅游，只是要求河道保持一定水量，并不耗水。水力发电则是利用水作为载体所蕴藏的能量。兴建水利工程要综合利用，尽量考虑满足各用水部门的用水要求，以获得最大社会经济效益。

（1）发 电

水力发电是利用水作为载体所蕴藏的能量，发电本身不消耗水量，只是水库蒸发要损失部分水量，为维持河道的生态条件也需要一定的水量。

（2）灌 溉

水是农业生产的命脉，发展农业离不开水。自古以来，引水灌溉农田都是水资源利用的重要目标，兴修水利水电工程必须满足灌溉用水的需要。

（3）供 水

人类生产、生活都离不开水。对水的需求与社会经济发展有关。随着城镇的建设和发展，城镇用水量日益增加。城镇供水已成为水资源利用的重要目标。

（4）航 运

航运包括船运和筏运（木、竹浮运），是运费低廉的交通运输方式。通航河道，为使其维持航运必要的水深和宽度，需要一定的流量。根据航道等级标准及航道条件，由最低通航水深确定航运用水的控制流量。

（5）水产养殖

水产养殖是水资源综合利用目标之一，利用江、河、湖、库发展水产养殖，为人类提供所需的多样化的食物。

（6）旅 游

江、河、湖、库的优美环境可用来发展旅游业，满足人类精神文化的需要，利用江、河、湖、库来发展旅游业已成为水资源利用的重要目标之一。

应当指出，天然河流是一个完整的连续体，河流两岸自古以来都是人类繁衍生息之地，为维持必要的生存条件，满足生态需水要求，需要一定水量。发达国家 20 世纪 60 年代开始重视水资源的控制利用，对发电、航运、供水实施限制。

2.3.3 水资源综合利用原则

水利工程建设影响深远，水资源开发利用规划是一项十分复杂而细致的工作，规划制定应遵循如下原则：

①水资源开发利用要与社会经济协调发展，统筹全局，供与求达到综合平衡。

②水资源开发利用，要重视生态环境保护，重视回游性野生鱼类的繁殖，工程兴建不能破坏区域生态环境。工程建设所造成的环境破坏要及时得到恢复。

③水资源开发利用要全面规划、统筹兼顾、标本兼治、综合治理、除害兴利。

④工程建设因地制宜，因条件制宜，突出重点，照顾各部门用水需求。

⑤科学治水，节约用水，按经济规律治水和管好用水。

2.4　河流规划及其相关计算

2.4.1　河流综合利用规划

水资源开发利用，首先要做好河流规划。1954 年，来华工作的苏联专家所编写的《技术经济调查报告规程》，系统介绍了苏联河流水能规划的指导思想和工作经验，对我国河流规划工作的开展发挥了很大作用。1954 年 12 月完成的《黄河综合利用规划技术经济报告》，是我国第一个大江大河综合利用规划。在编制黄河综合利用规划的同时，对长江、珠江、黑龙江、汉江、沅水等大江大河以及龙溪河、以礼河、猫跳河、上犹江、古田溪、新安江、资水等也进行了规划。这些河流规划成果包括已编制完成的中小河流规划报告，虽多数未经正式审批，但对这些河流的开发和有关地区的水电建设都起了重要作用。我国最早形成梯级开发的古田溪、龙溪河、以礼河、猫跳河都是以 20 世纪 50 年代所完成的河流规划为基础进行的。

河流规划是水资源开发利用的第一步工作。河流规划一定要综合利用、综合治理、综合开发、综合平衡，其基本内容包括以下几个方面：

（1）确定河流规划方针及治理任务

通过现场查勘和社会调查，查明流域情况，摸清河流特点，弄清国民经济各部门对河流开发治理的要求，从而确定流域规划的方针及相应的开发治理任务，在此基础上编写出《河流技术经济调查报告》。

（2）制订河流梯级开发方案

根据对河流开发治理的要求，制订河流梯级开发方案，确定各级工程开发目标、任务及规模。综合利用目标一般包括防洪、发电、灌溉、航运等，各级工程有所不同。对水电工程还要确定水电站的开发方式，对任务、规模应作出近期和远景两种规划。

（3）选定河流梯级开发方案，并推荐近期工程

对各河流梯级开发方案分别进行水文、水利、水能和经济计算。通过技术经济比较，选定河流梯级开发方案。根据地区国民经济发展要求，推荐近期兴建的第一期（或第一批）工程。

2.4.2　水文、水利及水能计算

（1）水文计算

水文计算（包括径流调节和洪水调节计算）是水利、水能计算的基础和基本依据。对一条河流或河段进行水利水能规划，首先必须知道河川径流。河川径流是根据流域水文、气象资料进行径流计算得出兴建工程地点的年、旬、月以及日平均流量历时曲线，或各种保证率的年径流量及其年内分配等。径流计算方法，一般采用水文站实测流量资料（包括插补延长）直接得出。缺乏水文实测资料时，采用降雨量资料通过降雨径流相关间接得出。各种保

证率的年径流量一般采用频率法计算，径流年内分配用典型年资料按同倍比缩放。

（2）水利计算

水利计算（包括径流调节和洪水调节计算）是利用兴建工程水库的调节作用，根据水文计算成果对天然径流进行调节、控制与重分配，得到兴建工程（或不同方案）下的调节流量成果，从而得出发电、灌溉、航运、供水等综合利用效益，为选择水利水电工程主要参数（正常蓄水位、兴利库存、装机容量等）和论证工程效益提供依据。洪水调节计算是根据水文计算成果，进行径流调节计算，得到工程泄洪流量，为水工建筑物设计提供依据。不仅水利水电工程设计阶段需要进行径流调节计算，运行阶段也要进行径流调节计算，运行阶段径流调节计算是为了制订工程运行方案和绘制水库调度图。径流调节计算的方法主要有时历法和数理统计法两种。时历法是根据兴建工程地址水文计算得出的径流资料，采用列表或图解的方法得出兴利调节库容和调节流量。数理统计法是根据水文资料进行数理统计，从而绘制出水库蓄水频率稳定曲线（水库蓄水量与保证率的关系），即调节流量与供水保证率的关系。数理统计法的缺点是不能得出调节过程各项指标，故较少使用。

（3）水能计算

水能计算是在水利计算基础上，为发电所进行的专门计算。针对特定的水文年（丰、中、枯水年）计算水电站的出力、发电量等动能指标，采用的方法是时历法。设计阶段水能计算是为选择水电站的主要参变数（水库正常蓄水位、装机容量）提供依据，运行阶段计算是为制订水电站的运行方式。

2.4.3 经济计算与工程经济效益论证

（1）经济计算

经济计算包括工程经济计算与动能经济计算。工程经济计算是计算工程投资（包括水电站和综合利用部门投资）、水库淹没、移民费用。动能经济计算是在水电站水能计算和经济计算基础上，计算水电站动能经济指标单位千瓦投资、单位电能投资、年运行费和单位电能成本等。工程经济计算与动能经济计算是为工程参数选择和经济论证提供依据。

（2）工程经济效益论证

我国水电工程经济效益论证可分为两个阶段。第一阶段（20 世纪 50 年代至 70 年代），学习苏联的经济计算准则和方法，用抵偿年限法论证梯级电站方案经济效益和选择电站主要参数。水电站（或不同参数方案）的经济合理性是通过与替代火电站比较。水电与火电相比，投资大，年运行费少，多花费的投资可由节省的运行费偿还。新中国成立之初，价格与价值背离不严重，物价基本稳定，只要规定合理的抵偿年限，就可以反映出水电站的经济效益。第二阶段（20 世纪 80 年代以后），开始采用欧美和世界银行的经济计算办法，国家制定了《电力工程经济分析暂行条例》，其特点是参与比较方案具有可比性，对综合利用效益差异应采取补偿措施，并计入所需投资和年费用。

水文、水利、水能和经济计算贯穿河流开发利用的全过程。河流规划阶段，是为了初步确定各个电站的规模与效益，通过方案比较选择河流梯级开发方案和第一期工程。工程设计阶段，是为选择水电站主要参变数（水库正常蓄水位、水库容积、水电站装机容量）和论证水电站的规模。工程设计阶段计算内容还包括研究水库初期及正常运行方案、绘制水库运行调度图、阐明水电站运行特性及工程综合利用效益。应当特别指出，在河流开发利用规划和工程设计中，还有一项十分重要的工作就是环境影响评价。我国已颁发的《环境保护法》以及《基本建设项目环境保护管理办法》规定：在进行新建、改建工程时，建设单位及主管部门必须在基本建设项目可行性研究的基础上，编制基本建设项目环境影响报告书，经环境保护部门审查同意后，再编制建设项目的计划任务书；建设项目的初步设计，必须有环境保护篇章，保证环境影响报告书及其审批意见所规定的各项措施得到落实。工程环境影响评价内容包括建坝建库引起的流量变化、水库淹没损失、次生盐碱化、沼泽化、泥砂淤积、河道冲淤变化、地下水位变化、水温结构变化、诱发地震以及水产养殖等问题。

2.5　综合利用水库主要特征值

综合利用水库主要特征值是指水库特征水位、水库容积以及水电站装机容量等参变数，这些参变数决定工程规模、投资与效益。

2.5.1　水库特征水位

（1）正常蓄水位

水库正常运行情况下，为满足设计的兴利要求，在设计枯水年（或枯水段）开始供水时应蓄到的水位，称为正常蓄水位，或称为设计兴利水位。自由溢流滚水坝正常蓄水位与滚水坝坝顶吻合。设有控制下泄流量闸门时，正常蓄水位就是闸门关闭时长期维持的最高水位。有防洪任务的水库，水库拦蓄洪水时水库水位短时间会超过正常蓄水位。水库为了调节河川径流，供水时期水库水位会低于正常蓄水位。

（2）防洪限制水位

水库在汛期允许兴利蓄水的上限水位，称为防洪限制水位或汛前水位。为了增加水库的调洪能力，在汛期将水库水位降到正常蓄水位以下，防洪限制水位可根据洪水特性和防洪要求，在汛期控制在一个水位或对汛期不同时期分段制订。

（3）防洪高水位

遇下游防护对象设计洪水时，水库为控制下泄流量而拦蓄洪水，这时坝前达到的最高水位，称为防洪高水位。该水位与防洪限制水位之间的库容，称为防洪库容。

（4）设计洪水位

遇大坝设计洪水时，水库在坝前达到的最高水位，称为设计洪水位。该水位与防洪限制水位之间的库容，称为拦洪库容。

（5）校核洪水位

当水库遇大坝校核洪水时，水库在坝前达到的最高水位，称为校核洪水位。该水位与防洪限制水位之间的库容，称为调洪库容。

（6）死水位

水库正常运行情况下，允许水库消落的最低水位，称为水库死水位。水库死水位是水库主要参数之一，它的确定不仅受水库死库容的影响，还受发电水库最佳消落深度的影响以及灌溉取水高程和航运水深的限制。

2.5.2　水库容积

（1）死库容

水库不能利用的库容，即与水库死水位相对应的库容，称为死库容。水库死库容是水库拦砂或水库生态环境和水质要求的最小库容。

（2）总库容

在无防洪与兴利结合公共库容时，校核洪水位以下的库容（即水库死库容、兴利库容与调洪库容三者之和），称为总库容。有防洪与兴利结合公共库容时，则是校核洪水位以下的库容减去结合库容。

（3）有效库容

水库有效库容（或称调节库容、兴利库容）是水库总库容减去水库死库容。

应当指出，上述库容是按水平库水面（静水面）计算得出的，称为静库容。实际上洪水时期，水库库水面从坝址沿程上溯，呈上翘回水曲线。越向上游上翘越多，直至进库端与天然水面相交为止。坝前水位所相应的库容比静库容大，特别是山谷水库出现较大洪水时，由于"洪水翘尾巴"所产生的附加容积更大。一般来说，按静库容进行径流调节计算，精度已能满足要求。只是在研究水库淹没、浸没损失和梯级水库衔接时，才考虑水库回水影响。

2.5.3　水库调节能力

水库具有调节洪水和调节枯水的双重作用。通过水库调节，既可减小下游洪水流量，又可增加河流枯水期流量。水库调节能力取决于调节流量值、河川径流量变化和水库容积三者间的相互关系。三者关系不同，水库蓄水和放水的临界期的历时变化范围很大。根据水库放水和蓄水临界期的长短，可把径流调节分为季调节、年调节和多年调节。通常用库容系数（兴利库容与多年平均年径流量的比值）反映水库的调节能力。一般库容系数在 8% ~ 30% 可进行年调节。若年水量变差系数值较小，库容系数大于 30%，可进行多年调节。水库调节程度还与径流年内分配有关，若天然径流分配较均匀，即使库容系数为 2% ~ 8%，也可进行年调节。年调节水库可同时进行周调节和日调节。

2.5.4　综合利用部门灌溉用水量与航运流量

灌溉用水量：综合利用水库灌区设计引用水量称为灌溉用水量，水库必须有兴利库容保证。相应的灌溉引用流量是灌溉渠首设计的主要依据。

航运流量：通航河流为维持最小航运水深所必须的最小流量，下游无反调节水库的枢纽在枯水期所必须下放的最小流量。

2.5.5　水电站装机容量、保证出力及年发电量

装机容量：水电站装机容量是水电站所装机组容量的总和，是水电站主要的参变数之一，表示水电站的规模大小。

保证出力：水电站出力与河流天然来水有关，与设计保证率相应的水电站出力称为保证出力，是水电站主要动能指标之一。

年发电量（或称多年平均发电量）：年发电量是水电站在一年之内发电量的总和。各年发电量不同，多年平均值是水电站的动能指标之一。

水电站的出力和容量都表示水电站的发电功率，但具有不同的含义。前者表示水电站所能发出的功率，后者表示水电站在电力系统中所能担负任务的功率。对于有调节水库的水电站，通过水库调节可改变其发电流量，从而改变其出力，使其在电力系统中担负更多任务，如承担更多的系统工作容量或备用容量。

第 3 章　水利枢纽及其水工建筑物

3.1　水利枢纽

水利工程为了达到除害兴利的目的，通常需要修建挡水、泄水、输水、排砂等建筑物以及发电、灌溉、航运、供水、养殖等专用建筑物，这些建筑物统称"水工建筑物"。凡水利工程，无论是为除害修建的防洪工程，还是为兴利而建的灌溉工程，为实现其兴建目标都要修建若干水工建筑物。这些水工建筑物综合体称为"水利枢纽"，它们既各自发挥独特作用，又协同配合实现工程兴建目标。如古老的都江堰水利工程，整个工程由首部取水枢纽和灌溉渠系组成，其取水枢纽又包括起导流分流作用的鱼嘴、金刚堤，起分流排砂作用的飞沙堰以及起取水并控制进水流量作用的宝瓶口。现代水利水电工程，尤其是大中型水利工程，很少有为单一目标兴建的工程，通常都要结合当地需要，多目标开发，具有综合利用效益。如以防洪为主，兼有发电、航运任务的长江三峡水利枢纽，其水工建筑物包括混凝土重力坝溢流坝段及非溢流坝段、坝后地面厂房、通航建筑物（双线 5 级船闸和单线升船机）和高压开关站等。又如以发电为主，兼有漂木任务的二滩水电站，其水工建筑物包括混凝土双曲拱坝、泄洪设施、引水发电系统、地下厂房及开关站等。以防洪、灌溉为主的工程通常称为水利枢纽（或称为水利工程）。以发电为主的水利工程通常称为水力发电枢纽（或称为水力发电工程，简称水电站）。

3.2　水工建筑物

3.2.1　一般水工建筑物

为除害兴利修建的水利工程，除河道整治工程和防洪堤工程外，凡为实现水资源综合利用目标，达到既拦蓄洪水消除洪水灾害又通过径流调节实现发电、灌溉、供水和航运等兴利目的而修建的水利工程，一般都含有挡水建筑物和泄水建筑物。

（1）挡水建筑物

挡水建筑物用以拦截河流，形成水库或壅高水位，如各种坝、水闸以及为抗御洪水而修建的防洪堤等。

（2）泄水建筑物

泄水建筑物用以宣泄水库（或渠道）在洪水期或其他情况下的多余水量，以保证坝或渠道安全，如各种溢流坝、溢洪道、泄洪洞和泄洪涵管等。

（3）输水建筑物

输水建筑物是指为发电、灌溉、供水等，从水库向库外或下游输水用的建筑物，如引水隧洞、引水涵管、渠道和渡槽等。

（4）取水建筑物

取水建筑物是输水建筑物的首部建筑物，如发电、灌溉、供水用的进水闸等。

有些水工建筑物在枢纽中所起作用并不是单一的，如各种溢流坝既是挡水建筑物又是泄水建筑物，水闸既可挡水又能泄水。

3.2.2　专用水工建筑物

为实现水资源综合利用目标，如为发电、灌溉、航运、供水、养殖等而修建的各种水工建筑物，归为专用水工建筑物。专用水工建筑物包括：

（1）水电站建筑物

水电站建筑物除挡水、泄水建筑物外，一般还包括进水、引水、平水、尾水、发电厂房、变电和配电等建筑物。水电站输水建筑物与一般输水建筑物有不同特点和要求，故也可列为专有水工建筑物。平水建筑物包括有压引水道中的调压室和无压引水道中的压力前池。发电、变电和配电建筑物包括安装水轮发电机组及控制设备的电站厂房、安装变压器的变压器场及安装高压开关设备的开关站。

（2）通航、过木、过鱼建筑物

通航、过木、过鱼建筑物是指为通航修建的船闸和升船机，为竹、木材过坝修建的筏道，为鱼类过坝修建的鱼梯。

（3）整治建筑物

整治建筑物是指用以改善河流水流条件，调整水流对河床及河岸的作用以及保护水库、湖泊中的波浪和水流对岸坡的冲刷的建筑物，如丁坝、顺坝、导流堤、护底和护岸等。

3.2.3　水利工程分等与建筑物分级

大型水利水电工程的特点是工程量大、投资多、施工条件复杂、影响面大、需要考虑的因素多。在工程设计、施工中，为使工程安全和经济合理地统一起来，国家制定出了水利水电工程等别和水工建筑物级别划分标准。水利水电工程按其规模、效益及其在国民经济中的重要性分等。水工建筑物按其作用、性质（永久建筑物、临时建筑物）、影响大小分级。工程等级不同，设计、施工要求不同，选用设计洪水和校核洪水标准不同。工程等级越高，选用设计洪水和校核洪水频率越低（洪水重现期越长，洪水越大）；建筑物等级越高，采用的安全系数越大，设计中考虑的荷载组合越多。水利水电工程的分等指标见表3-1，水工建筑物级别划分见表3-2。

表3-1　水利水电工程的分等指标

工程等别	工程规模	分等指标				
		水库容积（亿 m³）	防洪		灌溉面积（万亩）	水电站装机容量（万 kW）
			保护城镇及工矿区	保护农田面积（万亩）		
一	大（1）型	>10	特别重要城市、工矿区	>500	>150	>75
二	大（2）型	1～10	重要城市、工矿区	100～500	50～150	25～75
三	中型	0.1～1	中等城市、工矿区	30～100	5～50	2.5～25
四	小（1）型	0.01～0.1	一般城市、工矿区	<30	0.5～5	0.05～2.5
五	小（2）型	0.001～0.01		<0.5		<0.05

表 3-2 水工建筑物级别划分

工程等别	永久建筑物级别		临时建筑物级别
	主要建筑物	次要建筑物	
一	1	3	4
二	2	3	4
三	3	4	5
四	4	5	5
五	5	5	5

3.3 拦河闸坝

坝是诸多水利水电工程不可缺少的主体水工建筑物。我国是世界上修建坝最早的国家之一，早在公元 833 年就在浙江省大溪上修建了一座高约 27 m 的砌石溢流坝。但过去建坝主要是为了壅水，坝的高度较低，不形成水库。1940 年在甘肃省金塔县讨赖河上为灌溉和防洪修建的鸳鸯池土坝，坝高仅 30.3 m，长 220 m，库容 5 345 万 m³。根据 1950 年国际大坝委员会统计资料，世界上已建 15 m 以上大坝 5 196 座，我国只有 22 座。新中国成立后，随着大江大河的治理与河流水能资源的开发利用，我国大坝建设发展迅速，1951—1977 年，平均每年建坝 420 座，超过世界平均水平（每年建坝 335 座）。1982 年国际大坝委员会统计，世界上已建 15 m 以上大坝 34 798 座，我国有 18 595 座，占总数的 53.4%。新中国成立以来，已建大小水库 86 000 多座，建坝座数居世界第 1 位。20 世纪 80 年代以前，我国大坝建设以数量多而突出，其后除建坝数量仍居世界首位外，坝高也明显增长。据 1996 年统计，世界上在建高于 100 m 的坝共 76 座，我国有 23 座，约占 30%，其中坝高 240 m 的四川二滩双曲拱坝，在拱坝高度上居第 4 位，大坝高度上居第 9 位。随着防洪与兴利对水库库容要求的增加和筑坝技术水平的提高，高坝建设发展迅速。1980—2000 年已建坝高 175 m 以上的高坝枢纽有 36 座。在这 36 座高坝中，重力坝占 30.6%，拱坝占 25%，土石坝占 44.4%。坝高已突破 200 m，如四川二滩拱坝高度达 240 m；贵州天生桥一级面板堆石坝最大高度为 178 m，已和国际同类坝相当；黄河小浪底心墙土石坝最大坝高达 154 m，为当前国内之最。在高坝中支墩坝数量不多，但其中湖南镇梯形支墩坝最大坝高已达 129 m。在水利水电工程建设中，根据地形地质和水文条件，因地制宜修建了各种类型的大坝，有常规的重力坝、拱坝、支墩坝、土石坝和砌石坝，也有具有我国特色的大宽缝重力坝、空腹坝、三心双曲拱坝、梯形坝、土石溢流坝等。

3.3.1 重力坝

重力坝是一种古老的坝型，早先的重力坝是用石灰浆一类的黏结料浆砌块石筑成的。有了水泥后，大型重力坝大多数改用混凝土浇筑。由于重力坝结构简单、工作可靠，至今仍是广泛使用的坝型。重力坝的特点是依靠坝自身重量在地基上产生的摩擦力以及坝与地基间的黏结力来抵抗坝前的水推力。当坝的上游面适当倾斜时，还可利用坝面上一部分水重来维持坝的抗滑稳定。采用重力坝的枢纽，一般无需在河岸另设溢洪道或其他泄水建筑物泄洪，枢纽布置紧凑，也便于施工导流，其缺点是材料强度未能充分发挥。重力坝在我国坝工建设中，特别是大中型水电站的坝工建设中占有很大比重。在已建38座100 m以上的高坝中，重力坝有18座，占47%以上。混凝土重力坝最大坝高达到183 m（长江三峡水利枢纽）。

重力坝按结构形式不同，可分为实体重力坝、宽缝重力坝和空腹重力坝三类。

（1）实体重力坝

实体重力坝通常用横缝将坝体分为若干段，成为悬臂式结构。某些特定情况下也有对坝体结构作特殊处理的。如高147 m的甘肃刘家峡重力坝，在横缝上设键槽，在大坝蓄水后再进行灌浆形成整体式重力坝。又如高165 m的贵州乌江渡重力坝，坝线布置成弧形，坝体下部为整体式，起部分拱的作用，上部为分段式，与一般悬臂重力坝相似。

（2）宽缝重力坝

为节约材料和降低基础的扬压力，将重力坝坝内的横向分缝加宽，于是形成宽缝重力坝这种新的坝型，其缺点是施工较复杂。我国最早建成的宽缝重力坝是坝高105 m的浙江新安江宽缝重力坝。

（3）空腹重力坝

空腹重力坝利用坝内空间布置水电站厂房，坝顶溢流泄洪，以解决狭窄河谷布置厂房和泄洪建筑物的困难。江西上犹江和广西拉浪水电站所采用的都是这种坝型。

采用重力坝的枢纽可利用坝身泄洪，溢流坝段的溢流有坝顶溢流、大孔口溢流和深式泄水孔三种溢流方式。坝顶溢流是直接从溢流坝坝顶闸孔溢流，溢流坝除宣泄洪水外，也能用于排除冰凌和其他漂浮物。大孔口溢流是为满足预泄调洪要求，将堰顶高程降低，利用胸墙挡水以降低闸门高度。深式泄水孔是将孔口布置在坝体内，按其孔内水流流态不同，分为有压泄水孔和无压泄水孔两种形式。采用坝顶泄洪枢纽的厂房布置形式有：坝顶泄洪，坝后式厂房布置形式（河南三门峡水电站）；坝顶泄洪，河床式挡水厂房布置形式（广西西津、浙江富春江等水电站）；坝顶泄洪，隧洞引水式厂房布置形式（贵州黄龙滩水电站）；坝顶泄洪，水舌经坝后厂房顶溢流形式（浙江新安江水电站）、水舌经厂前挑流形式（贵州乌江渡水电站）。我国所设计的重力坝，其基本断面均为三角形，上下游坝面为不同倾斜度的直平面或折面，具体尺寸则根据挡水、泄洪、消能、坝顶交通、坝与厂房等建筑物的连接等条件，在满足抗滑稳定要求和应力控制标准的前提下，优选确定。混凝土坝的设计理论和筑坝技术有很大发展，坝体结构的研究也取得不少成就，如重力坝优化理论、不同情况的坝体稳定和应力分析、结构模型试验、双曲拱坝的优化设计、空腹坝的应力分析、大孔口对拱坝坝体应力影响等。我国已建坝高70 m以上混凝土重力坝概况见表3-3。

3.3.2 拱　坝

拱坝是一个空间壳体结构，在平面上形成拱向上游的弧形拱圈，拱的两端与两岸基岩相连，坝体在横向外荷载作用下犹如一系列与基岩固接的悬背梁。坝体承受的水压力和泥沙压力等外荷载大部分通过拱的作用传到两岸基岩。坝体在水平方向外荷载作用下的稳定性，主要是依靠两岸拱端的反作用，并不全靠坝体自重来维持稳定，这是拱坝的一个主要工作特点。由于拱是一种推力结构，在外荷载作用下主要是承受轴向压力，有利于发挥混凝土或浆砌石材料的抗压强度。拱的作用利用得越充分，材料的强度特点就越能发挥，坝体厚度可以减薄，坝的体积可以减小，可以节省工程量，降低投资。左右对称的"V"形河谷最适于修建拱坝，这种地形有利于发挥拱的作用，靠近底部水压强度虽大而拱跨最短，底拱厚度仍可做得较薄。"U"形河谷，靠近底部拱的作用显著降低，大部分荷载由梁作用来承担，拱底

表 3-3　已建坝高 70 m 以上混凝土重力坝统计

序号	工程名称	建设地点	坝　型	最大坝高（m）	水库容积（亿 m³）	坝体工程量（百万 m³）	建设年份
1	三峡	湖北	混凝土重力坝	183.0	393.00	14.80	1993—2003
2	刘家峡	甘肃	混凝土重力坝	147.0	60.90	0.76	1964—1974
3	漫湾	云南	混凝土重力坝	132.0	11.10	1.53	1986—1993
4	宝珠寺	四川	混凝土重力坝	132.0	25.50	2.00	1985—1995
5	安康	陕西	混凝土重力坝	128.0	32.00	2.10	1976—1992
6	江垭	湖南	碾压混凝土重力坝	131.0	17.40	1.35	1995—1999
7	故县	河南	混凝土重力坝	121.0	12.00	1.34	1978—1990
8	大朝山	云南	碾压混凝土重力坝	118.0	8.90	1.50	1997—2001
9	云峰	吉林	宽缝混凝土重力坝	113.8	38.56	2.74	1958—1967
10	棉花滩	福建	碾压混凝土重力坝	111.0	2.00	0.55	1997—2001
11	岩滩	广西	碾压混凝土重力坝	111.0	24.30	1.72	1984—1992
12	潘家口	河北	宽缝混凝土重力坝	107.5	29.30	2.62	1975—1983
13	水丰	辽宁	混凝土重力坝	107.0	14.66	3.40	1937—1943
14	黄龙滩	湖北	混凝土重力坝	106.0	11.70	0.98	1969—1975
15	三门峡	河南	混凝土重力坝	106.0	16.20	0.98	1969—1975
16	新安江	浙江	宽缝混凝土重力坝	105.0	216.26	1.63	1957—1973
17	柘溪	湖南	混凝土大头坝	104.0	35.60	1.38	1957—1960
18	水口	福建	宽缝混凝土重力坝	101.0	26.00	0.86	1958—1962
19	丹江口	湖北	宽缝混凝土重力坝	97.0	208.90	1.81	1986—1993
20	枫树坝	广东	宽缝混凝土重力坝	95.3	19.40	2.93	1958—1973
21	安砂	福建	宽缝混凝土重力坝	92.0	7.40	0.73	1970—1975
22	丰满	吉林	混凝土重力坝	90.5	107.80	0.47	1970—1978
23	牛路岭	海南	空腹混凝土重力坝	90.5	7.79	1.94	1937—1954
24	龚嘴	四川	混凝土重力坝	85.5	3.30	0.47	1975—1982
25	铜街子	四川	混凝土重力坝	80.0	2.44	0.75	1966—1978
26	大化	广西	混凝土重力坝	78.5	3.54	2.71	1980—1989
27	池潭	福建	宽缝混凝土重力坝	78.1	8.53	1.36	1975—1981
28	古田溪	福建	宽缝混凝土重力坝	71.0	6.55	0.46	1975—1982
29	长潭	广东	空腹混凝土重力坝	71.0	1.69	0.37	1951—1959
30	普定	贵州	碾压混凝土重力坝	75.0	4.20	0.30	1978—1992

注：已建坝高 70 m 以上的水利工程，碾压混凝土重力坝还有南一、观音阁、高塘、石板水、碗窑、林口等水电站。

的厚度较大，一般不适宜修建拱坝。拱坝是一种既经济又安全的坝型，是我国水利水电工程建设中采用最多的坝型之一。我国最早修建的拱坝是 1927 年建在福建厦门的上里坝，最大坝高 27.3 m，用砌石修建。20 世纪 50 年代起开始修建混凝土拱坝，到 80 年代拱坝总数达到 160 座，其中坝高 20 m 以上供发电用的拱坝达 134 座。在全部拱坝中砌石拱坝约占80%，地区分布上浙江最多，有 40 多座，其次是湖南、广西、贵州、四川、安徽等省区。我国所建拱坝坝型新颖、结构多样，除了常规的重力拱坝外，新颖的坝型有如下几种形式：

（1）空腹混凝土重力拱坝

湖南修建的凤滩水电站空腹混凝土重力拱坝，坝高 112.5 m，是世界上同类坝型中目前最高的一座。

（2）三心拱坝

吉林白山水电站三心重力拱坝，坝高 149.5 m，在拱坝的底部采用小半径和大中心角以增加拱的作用，上部采用三心拱，以改善应力及稳定条件。

（3）边铰拱坝

以周边铰支承代替一般的弹性固定支承，以减小拱端弯矩及剪力，并减少工程量，如广西修建的坝高 35.1 m 的白云江双铰拱坝。

（4）多层圆拱坝

将拱坝分成若干层圆拱壳体，各层高度递减，且各层壳体之间充水，使每层壳体单独承受均匀静水压力。1979 年修建的广西火甲双层拱坝就是这种形式的拱坝，前一层壳高 27 m，厚 1.2 m，后一层壳高 17 m，厚 1 m。这种坝型具有设计简单、工程量少和可用滑模快速施工等优点。

（5）二心拱坝

为适应河谷不对称的地形，拱坝左右拱圈采用不同的半径进行布置，这样布置比单心布置节约开挖量及坝体工程量，也能改善坝座的稳定情况。贵州干河沟单曲拱坝就是这种坝型，坝高 39.5 m，左右拱圈分别按 80 m 和 60 m 的半径进行布置。

（6）拱上拱坝

当河床中有深坑或较深的覆盖层时，为减少坝基开挖和坝体工程量，可不开挖覆盖层而先建一座基础拱桥跨越河床，然后再在拱桥上建造拱坝，形成"拱上拱"坝。贵州猫跳河四级窄巷口拱坝就是这种布置形式，其基础拱桥净跨 40 m，矢高 11 m，顶厚 5 m，宽 14 m，桥顶离河床最深处约 32.5 m，覆盖层厚 27 m，用混凝土防渗墙止水。拱桥上建造高 39.5 m 的双曲拱坝，坝顶长 152 m，底宽 8.7 m。

近代拱坝的发展趋势是尽可能利用双向曲率的优点，把拱坝修成双曲形，使坝体更加经济和安全，这种拱坝称为双曲拱坝。浙江修建的坝高 87.6 m 的金坑砌石拱坝和湖南修建的坝高 82 m 的大江口砌石拱坝都是双曲拱坝。已建 100 m 以上的混凝土双曲拱坝有湖南东江水电站、浙江紧水滩水电站、四川二滩水电站等。拱坝的泄水形式有自由跌流、鼻坎挑流、滑雪道和坝身泄水孔 4 种形式。自由跌流式是将拱坝坝顶溢流头部做成非真空的标准堰型，溢流距离较近，坝下必须设有防护措施。鼻坎挑流式是在自由溢流式堰顶曲线的末端连接一反弧段，使水流落点远离坝脚，有利于坝体的安全。当泄洪量大、孔数较多时，可采用高低鼻坎互冲的消能方式，如湖南凤滩水电站。滑雪道式的溢流面由溢流坝顶和与之相连的挑流槽组成，挑流槽常为坝体轮廓以外的结构部分，滑雪道的底板可置于坝后厂房顶部（贵州猫跳河三级水电站）或专门的支承结构上。滑雪道对称布置，可互冲削能。坝身泄水孔式的泄水孔是布置在水面以下一定深度的中孔或坝体下半部的底孔，底孔用来放空水库，辅助泄洪和排砂，施工时期用以导流。泄水中孔一般布置在河床中部的坝段，以便消能防冲的处理。

　　拱坝枢纽水电工程厂房布置上，20 世纪 50 年代至 60 年代发电厂房通常采用引水式地面厂房，自 70 年代开始，适应高坝泄洪需要，将厂房建在地下（如吉林白山一期水电站）、坝后地面和地下厂房（如青海龙羊峡水电站）、坝后溢流厂房（如贵州修文水电站）及坝内厂房（如湖南凤滩水电站）等多种布置形式。我国所建的混凝土拱坝，体形多数为单心双曲拱坝，也有三心双曲薄拱坝。此外，还有空腹拱坝和几座带周边缝的拱坝及双铰拱坝等形式。砌石拱坝则以单心等厚重力拱坝和双曲拱坝为主。我国已建坝高 70 m 以上的混凝土拱坝概况见表 3－4。

表 3－4　已建坝高 70 m 以上混凝土拱坝统计

序号	工程名称	建设地点	坝　型	最大坝高（m）	水库容积（亿 m³）	坝体工程量（百万 m³）	建设年份
1	二滩	四川	混凝土双曲拱坝	240.0	61.70	4.25	1988—1998
2	龙羊峡	青海	混凝土重力拱坝	178.0	276.30	1.57	1976—1987
3	东风	贵州	混凝土双曲拱坝	173.0	10.25	0.44	1986—1995
4	李家峡	青海	混凝土双曲拱坝	165.0	17.28	1.15	1988—1998
5	乌江渡	贵州	混凝土重力拱坝	165.0	21.40	1.88	1974—1979
6	东江	湖南	混凝土双曲拱坝	157.0	95.30	0.90	1978—1986
7	隔河岩	湖北	混凝土重力拱坝	131.0	37.70	2.17	1986—1993
8	白山	吉林	混凝土重力拱坝	149.5	59.97	1.63	1976—1983
9	江口	重庆	混凝土双曲拱坝	142.0	4.97	0.75	1999—2003
10	沙牌	四川	碾压混凝土拱坝	132.0	0.78	0.42	1997—2001
11	石门子	新疆	混凝土双曲拱坝	118.0	0.50	—	
12	凤滩	湖南	空腹重力拱坝	112.5	0.17	1.17	1970—1978
13	紧水滩	浙江	三心混凝土双曲拱坝	102.0	13.93	0.30	1980—1987
14	石门	陕西	混凝土双曲拱坝	88.0	1.05	0.20	1978 年建成
15	响洪甸	安徽	混凝土重力拱坝	87.5	26.32	0.28	1956—1958
16	熊渡	湖北	混凝土双曲拱坝	82.0	1.80	0.25	1977—1990
17	泉水	广东	混凝土双曲拱坝	80.0	0.22	0.06	1970—1975
18	流溪河	广东	混凝土双曲拱坝	78.0	3.64	0.13	1956—1958
19	陈村	安徽	混凝土重力拱坝	76.3	24.70	0.70	1958—1972
20	雅溪	浙江	混凝土双曲拱坝	75.0	0.30	0.13	1977 年建成
21	里石门	浙江	混凝土双曲拱坝	74.3	2.00	0.12	1973—1979

3.3.3 支墩坝

（1）支墩坝特点与类型

支墩坝由一系列独立的支墩和挡水的盖板组成，挡水盖板形成挡水面，遮断河谷。水压力由盖板传给支墩，再由支墩传递到地基。支墩坝与重力坝相比具有下述特点：在抗滑稳定上由于坝基扬压力小，加之放缓上游边坡，利用水重帮助坝体稳定，因此支墩坝可比重力坝节省30%～50%的混凝土方量；由于支墩坝可随受力情况调整厚度，因此能充分利用混凝土材料的强度；由于支墩本身单薄又互相分立，侧向刚度比纵向（上下游方向）刚度低，顺坝轴方向抗震能力明显低于重力坝。支墩坝分为平板坝、连拱坝和大头坝三种类型。

平板坝：平板坝的盖板是简支在支墩上的钢筋混凝土盖板挡水，挡水面板与支墩组成整体结构承受水压力。

连拱坝：连拱坝是将平板坝的盖板做成拱形，盖板是一系列斜倚在支墩上的拱筒，与支墩组成整体结构，具有更充分发挥材料的强度的特点。

大头坝：大头坝不另设盖板，由支墩上游部分向两侧扩大，形成悬臂大头。支墩悬臂大头互相贴紧，起挡水作用。

（2）支墩坝的泄水方式

平板坝可利用设置在支墩上的溢流面板泄洪，我国20世纪50年代修建的坝高42 m的双江口水库平板坝就是采用这种泄流方式。连拱坝一般不考虑坝身泄洪。大头坝可直接宣泄洪水（如柘溪水电站的大头坝坝高96 m，将支墩做成封闭式支墩泄洪）。值得一提的是，泄水管或输水钢管可以穿过大头坝坝体布置，世界上第二大水电站——巴西的伊泰普水电站大坝为双支墩大头坝（最大坝高180 m），输水钢管就是这样布置的。我国已建坝高100 m以上的支墩坝（大头坝）概况见表3—5，支墩坝（连拱坝）概况见表3—6。

表3—5　已建坝高100 m以上支墩坝（大头坝）统计

电站名称	最大坝高（m）	支墩形式	支墩间距（m）	上游坝坡	下游坝坡	支墩顶厚（m）	支墩底厚（m）	大头顶厚（m）	大头底厚（m）
新丰江	105.0	单支墩	18.0	1：0.5	1：0.5	4.5	7.5	2.52	4.02
柘溪	104.0	单支墩	16.0	1：0 1：0.45	1：0.65		8.0 9.0		3.65
湖南镇	129.0	梯形	20.0	1：0.2	1：0.68				

表3—6　已建坝高70 m以上支墩坝（连拱坝）统计

电站名称	最大坝高（m）	坝顶长度（m）	支墩形式	上游坝坡	下游坝坡	支墩顶厚（m）	支墩底厚（m）	拱顶厚度（m）	拱底厚度（m）
梅山	88.2	545.0	空腹支墩	1：0.9	1：0.36	0.6	1.7～2.5	0.6	2.3
佛子岭	74.4	510.0	空腹支墩	1：0.9	1：0.36	0.6	1.3～1.9	0.6	2.0

注：支墩中心距均为20 m，支墩宽度均为6.5 m，拱中心角均为180°，拱直径均为13.5 m。

3.3.4　土石坝

土石坝是国内外广泛采用、发展较快的一种坝型。其原因是:筑坝可就地取材;能适应地基变形,对地基要求比其他形式的混凝土坝低;结构简单,工作可靠,便于维修、加高、扩建;施工技术较简单,便于组织机械化快速施工。土石坝的一般要求是:不允许水流漫顶,要满足渗透、稳定要求,坝体及坝基必须稳定可靠。根据筑坝施工方法的不同,土石坝主要分为碾压式土石坝、抛填式堆石坝、定向爆破堆石坝、水中倒土和水力冲填坝、水坠坝和土中倒水坝等。其中,现在使用较多的是碾压式土石坝。按土料在坝体内的配置和防渗体位置的不同,土石坝又可分为单质土坝、塑性心墙坝、多种土质坝、土石混合坝等。单质土坝的坝体全部或大部分由一种土料填筑而成,有较好的防渗性能,是中小型水库常用坝型。塑性心墙坝用透水性较好的砂或砂砾料作坝壳,以防渗性较好的黏土作防渗体设在坝体中间部位防渗。塑性斜墙坝的坝壳与塑性心墙坝相同,防渗改用斜墙防渗体。由于斜墙和坝壳施工干扰相对较小,且便于和水平防渗铺盖连接,下游坡的稳定性也比塑性心墙有利,故采用较多。斜墙防渗材料有黏土、沥青混凝土和钢筋混凝土几种。黏土和沥青混凝土多用于砂砾石坝,钢筋混凝土斜墙多用于堆石坝或碾压式土石混合坝。水力冲填坝、水坠坝、水中倒土坝和土中灌水坝的共同特点是土料的压实不依靠压实机械,而是靠土在水中崩解后,在土重和渗流作用下固结形成坝体。由于坝的填筑与土的崩解和固结过程密切相关,因而土料的性质,特别是粒径组成和渗透性能,对这类坝十分重要。我国已建坝高 70 m 以上土石坝概况见表 3-7。

表 3-7　已建坝高 70 m 以上土石坝统计

序号	建设地点	工程名称	坝型	最大坝高(m)	坝顶宽度(m)	上游坝坡	下游坝坡	防渗体特性
1	四川	紫坪铺	混凝土斜墙堆石坝	156.0		1:4	1:5	混凝土斜墙防渗
2	陕西	石头河	碾压式	105.0	10.0	1:2.2	1:1.75	砂质黏土心墙
3	甘肃	碧口	碾压式	101.8	8.0	1:1.8 1:2.3	1:1.7 1:2.2	黏土心墙
4	云南	鲁布革	掺合料直心墙堆石坝	101.0	10.0	1:1.8	1:1.8	红黏土掺风化砂砾
5	陕西	石砭峪	定向爆破	82.0	17.1	1:1.8 1:2.3	1:1.7 1:2.2	沥青混凝土斜墙
6	广东	南水	定向爆破	81.3	10.0	1:3 1:4	1:6 1:7	黏土斜墙
7	云南	毛家村	碾压式	80.5	8.0	1:2.75 1:3.25	1:2.25 1:2.5	黏土心墙
8	广东	松涛	均质土坝	80.1	6.0	1:2.75 1:3 1:4.5	1:2.2 1:2.75 1:3	均质土坝

序号	建设地点	工程名称	坝型	最大坝高(m)	坝顶宽度(m)	上游坝坡	下游坝坡	防渗体特性
9	河南	陈家院	浆砌堆石混合坝	80.0	4.7	1：0.2	1：1.2 1：1.15 1：1.1	上游有 2 m～8 m 浆砌料石防渗墙
10	河南	窄口	黏土心墙砂卵石外壳混合坝	77.0	8.0	1：4 1：2.5 1：2	1：1.8 1：2.5 1：2.25	黏土心墙干重度 1.65
11	福建	山美	黏土心墙坝	74.5	6.0	1：1.8 1：2	1：1.75 1：2.5	红黏土心墙干重度 1.55
12	甘肃	巴家嘴	黄土均质坝	74.0	6.0	1：2.5	1：2 1：2.5	均质土坝
13	陕西	冯家山	均质土坝	73.0	7.0	1：2.2 1：2.8 1：3.25	1：2.1 1：2.5 1：2.75	均质土坝
14	广西	澄碧河	黏土心墙坝	70.4	6.0	1：2.25 1：3 1：3.5	1：2 1：3 1：4	黏土心墙干重度 1.65，后加筑 0.8 m 厚混凝土心墙

3.3.5 砌石坝

砌石坝是一种古老的坝型，我国劳动人民利用石块筑坝有悠久历史。新中国成立后，由于砌石坝比混凝土坝节省水泥材料和施工设备，施工技术较简单，比土石坝易解决泄洪、导流、度汛等问题，砌石坝得到相当的发展，特别是在中小型水利、水电工程中采用较多。据20世纪80年代末不完全统计，已建坝高超过15 m的砌石坝总数在1 000座以上。现代的砌石坝是传统工艺与现代坝工技术结合的产物，一般是砌石体与混凝土体或堆石体的合理结合，形式多样且带有明显的地方色彩，坝的高度大大突破传统砌石坝的高度，最大坝高达到100 m。我国修建的砌石坝主要有砌石拱坝、砌石重力坝、砌石支墩坝和混合坝几种，以前两种坝型为主。

（1）砌石拱坝

1927年建造的厦门上里砌石拱坝（高27.3 m）是我国第一座砌石拱坝。据20世纪80年代末不完全统计，全国已建拱坝近500座，其中80％为砌石拱坝，最大坝高达到100 m（河南群英水库砌石拱坝最大坝高100.5 m）。砌石拱坝的体形从单曲厚拱发展到双曲薄拱，如浙江1972年建造的桐坑溪砌石双曲拱坝，坝高48 m，厚高比0.11。设计上采用了现代计算技术，施工上解决了倒悬砌石的困难。我国已建坝高70 m以上的砌石拱坝见表3-8。

表 3-8　已建坝高 70 m 以上砌石拱坝统计

序号	工程名称	建设地点	坝型	最大坝高 (m)	坝顶长度 (m)	厚度 (m)	坝体积 (万 m³)	坝址地质	建设年份
1	群英	河南	重力拱坝	100.5	130.0		19.2	石灰岩	1968
2	锦潭	广东	重力拱坝	87.0		34.0	14.6		1971
3	索溪	湖南	双曲拱坝	86.0	157.8	22.5	8.0	石英砂岩	
4	东风	山东	双曲拱坝	83.0	243.0	13.6	17.0	花岗岩	1976
5	大江口	湖南	双曲拱坝	82.0	224.0	25.0		石灰岩	1978
6	熊渡	湖北	双曲拱坝	82.0	231.0			石灰岩	1974
7	青石岭	河北	重力拱坝	81.0	229.0	40.0			1971
8	施家谷	湖南	单曲拱坝	80.0		6.0	0.2	石英砂岩	
9	青年	湖南	单曲拱坝	80.0	60.0	15.0	1.5	石灰岩	1975
10	石城子	新疆		78.0	71.9	32.0	3.8	花岗岩	
11	峡沟	河北	重力拱坝	78.0	55.0	34.0			1958
12	方坑	浙江	双曲拱坝	75.0	150.0	10.0	4.0	流纹岩	1966
13	三郊口	河南	重力拱坝	73.0		57.0		花岗岩	1974
14	柿圆	河南	重力拱坝	72.0		32.0	2.8	石英砂岩	1970
15	大山口	新疆	重力拱坝	70.6					

（2）砌石重力坝

20 世纪 50 年代至 60 年代修建的浆砌块石重力坝，主要是实体重力坝，坝高 30 m 左右，如湖南省修建的水府庙浆砌块石重力坝，坝高 35.4 m。这一时期修建的砌石重力坝，其特点是：坝体分区采用不同的胶结材料，坝体应力较低部位采用水泥石灰砂浆，在迎水面及坝体应力较高部位采用水泥砂浆；坝身防渗采用混凝土面板，坝体一般不设伸缩缝，只是在基础较差和相邻建筑连接处设置沉陷缝；坝内一般未设灌浆、排水及观测廊道。20 世纪 70 年代以后修建的浆砌块石重力坝，坝高增加到 60 m～90 m，河北朱庄水库浆砌石重力坝坝高达到 95 m。砌石重力坝的特点是：放宽了对块石形状和尺寸的要求，产生了多种胶结材料及砌体结构，如四川的水泥砂浆砌条石，陕西的砂浆砌毛石，浙江、福建等省的细骨料混凝土砌毛石等；坝体防渗除较高坝用混凝土面板外，中小工程普遍采用混凝土心墙、钢丝网水泥喷浆护面及坝体灌浆等形式；坝内一般均设置灌浆、排水及观测廊道；坝体一般设置伸缩缝，缝距 20 m～40 m。我国已建坝高 70 m 以上砌石重力坝概况见表 3-9。

表 3-9　已建坝高 70 m 以上砌石重力坝统计

序号	工程名称	建设地点	最大坝高 (m)	坝顶长度 (m)	顶宽 (m)	底宽 (m)	坝体防渗	砌体材料	建成年份
1	朱庄	河北	95.0	544.0	6.0	111.0	150 号混凝土面板	水泥砂浆砌石	1979
2	石门	河南	90.5		5.0	79.0			
3	口上	河北	84.9		6.0	62.0	水泥砂浆勾缝	水泥砂浆砌石	1969
4	大圳	湖南	79.3			67.0	混凝土面板	水泥砂浆砌石	1979
5	青天河	河南	72.0	154.0	6.0	67.0	150 号混凝土面板	水泥砂浆砌石	1979
6	葫芦口	四川	72.0	215.0	7.0	69.2	混凝土面板	水泥砂浆砌石	1979
7	南告	广东	78.0						1982

（3）砌石支墩坝

已建砌石支墩坝，如坝高 45 m 的河北野沟门浆砌石溢流连拱坝，坝高 60 m 的四川丰岩浆砌石连拱坝。已建浆砌石大头坝，由浆砌石支墩和混凝土头部两种材料组成，如坝高 62 m 的湖南沅口单支墩溢流大头坝和坝高 47 m 的广西拉岸双支墩溢流大头坝。

3.4　泄水建筑物与消能防冲

泄水建筑物的功能是宣泄水库在洪水期多余水量，确保大坝和整个枢纽的安全。泄水建筑物的特点是能承担泄洪、排砂、放木、供水和放空水库等多方面任务。泄水建筑物宣泄洪水时能量大，为防止对下游的冲刷破坏需设置消能工。

3.4.1　泄水建筑物

泄水建筑物分为坝顶泄洪、坝体泄水孔、岸边溢洪道和泄洪洞形式。据 20 世纪 80 年代不完全统计，在已建的 104 个工程中：溢流坝有 64 座，占泄水建筑物总数的 36%；岸边溢洪道 31 座，占 17%；坝体泄水孔 36 座，占 20%；泄洪洞 40 座，占 23%；溃坝溢洪道 8 座，占 4%。20 世纪 70 年代前，单宽流量一般不超过 100 $m^3/(s \cdot m)$。20 世纪 70 年代后建成的工程中：单宽流量超过 150 $m^3/(s \cdot m)$ 的有丹江口、潘家口、乌江渡、黄龙滩、凤滩、碧口、桓仁、龚嘴等水电站；单宽流量在 150 $m^3/(s \cdot m)$ ～200 $m^3/(s \cdot m)$ 之间的有安康和龙羊峡水电站；单宽流量超过 200 $m^3/(s \cdot m)$ 的有葛洲坝水利枢纽和大化水电站；三门峡水利枢纽大坝二期改造后，双层孔的最大单宽流量达到 384 $m^3/(s \cdot m)$。已建葛洲坝水利枢纽设计总泄量超过 110 000 m^3/s；潘家口、水丰水电站和丹江口水利枢纽的总泄量超过 50 000 m^3/s；凤滩水电站空腹重力拱坝的总泄量超过 32 600 m^3/s，是世界上拱坝泄量最大的工程。20 世纪 80 年代后，高速水流的原型观测与研究发展很快，在探索气蚀与混凝土表面不平整度关系、高速水流掺气减蚀效果、高坝泄洪挑流消能的鼻坎布置形式（包括伸缩式和宽尾墩式消能工）、挑流消能下游局部冲刷的估算等方面都取得了一批研究成果，对高坝建设中消能工的发展起了很大作用。

（1）坝顶泄洪

我国已建混凝土坝和砌石坝中，一般都在河床中布置溢流坝，由坝顶泄洪。溢流坝坝顶泄流的布置方式,有开敞式溢洪道和设有胸墙的孔口式溢洪道两种,以前者居多。溢流坝的坝型有 20 世纪 50 年代建成的流溪河拱坝、古田溪二级平板坝以及众多的实体或宽缝重力坝。坝顶和坝面溢流的 64 个工程中,100 m 以上高坝有 13 座,大部分单宽流量超过 100 $m^3/(s \cdot m)$。对于溢流坝堰面曲线,我国从 20 世纪 50 年代开始,工程上多采用苏联克里格尔-奥菲采洛夫曲线(简称克-奥曲线),后发展为抛物线形曲线,并获得较广泛应用。自 20 世纪 70 年代以后则逐步应用美国陆军工程师团水道实验站研制的堰面曲线 (Waterways Experiment Station),简称 WES 剖面曲线。由于 WES 曲线具有流量系数大、泄流平稳,坝剖面比克-奥曲线剖面瘦窄、经济,加之 WES 曲线是用方程表示的,施工放样方便,且精度高,世界各国新颁布的混凝土及浆砌石坝设计规范、规程均推荐采用 WES 曲线。

(2) 坝体泄水孔

坝体泄水孔分为表孔、中孔和底孔三种。表孔和中孔用于泄洪;底孔主要用于放空水库,也有泄洪作用。坝体泄水孔有有压泄水孔和无压泄水孔两类,无压泄水孔使用较多。有压泄水孔通常用于坝身厚度不大的混凝土坝或拱坝,其孔口尺寸不大。已建混凝土坝内深孔泄水道有 36 条(不包括 10 m^2 以下孔口)。20 世纪 50 年代修建的梅山、佛子岭等水库的泄水孔为管道式,面积一般为 10 m^2～20 m^2,孔口水头在 50 m 以下。20 世纪 60 年代以后,随着峡谷高坝的兴建,特别是在拱坝枢纽中,坝体设置泄洪孔的增多,孔口尺寸逐渐扩大到 20 m^2～70 m^2,单孔泄量达到 1 000 m^3/s～2 000 m^3/s。在已建泄洪孔中,设计水头在 70 m 以上的有乌江渡、湖南镇、白山、安康、刘家峡、龙羊峡等工程。其中,龙羊峡设计水头达到 120 m,孔口尺寸 5 m×7 m(宽×高),代表了深孔泄水道的设计水平。由于泄水建筑物承担泄洪、排砂、供水、过木及放空水库等多方面任务,出现了三门峡、葠窝、天桥等双层泄水孔的布置形式。

(3) 岸边溢洪道

岸边溢洪道主要用于土石坝枢纽宣泄洪水。在已建 27 座大中型土石坝中,有 24 座采用岸边溢洪道,最大泄流能力达到 13 992 m^3/s。多数是建在基岩上,其进口大部分为正槽开敞式溢流堰。为了降低闸门高度以及满足溢洪的需要,也有采用带胸墙的潜孔溢流堰,如刘家峡右岸岸边溢洪道。20 世纪 70 年代前修建的岸边溢洪道有官厅、梅山、岗南、密云、碧口等工程。碧口最大单宽流量达到 202 $m^3/(s \cdot m)$,泄槽最大流速达到 40 m/s。20 世纪 80 年代修建的龙羊峡岸边溢洪道泄槽流速达 45 m/s,反映了我国现代的设计水平。

(4) 泄洪洞

泄洪洞在土石坝和混凝土坝枢纽中均有采用,但作为主要泄洪措施的较少。按泄洪洞的泄流流态不同,可分为表孔明流、深孔明流、有压流和明流与满流结合等四种类型,常见的大泄量泄洪洞多为无压明流。我国已建泄洪洞有 40 余条,其中单洞泄洪能力大于 1 500 m^3/s 的有 13 条。单洞泄洪能力超过 2 000 m^3/s 的有碧口、乌江渡、刘家峡、东江等工程。其中,刘家峡、碧口的流速都超过 35 m/s,东江右岸放空洞设计水头 115 m。泄洪洞有时要与施工导流洞结合,形成所谓"龙抬头"布置。这种布置方式的流态属深孔明流泄洪洞,采用斜洞与导流洞衔接。已建"龙抬头"式的泄洪洞有南水、冯家山、石头河、碧口、刘家峡等工程,其中以碧口和刘家峡工程规模最大。

3.4.2　泄水建筑物的消能防冲

泄水建筑物所宣泄的洪水含有极大的能量,对枢纽建筑物和下游河道会造成危害,必须采取措施加以消除。消能工就是为消除能量所采取的措施。泄水建筑物的消能工的选择一般结合坝体泄洪工程布置一并进行。高坝较多选用挑流消能，中低混凝土坝多采用底流和面流消能。我国已建坝高 30 m 以上的 104 座工程中，挑流消能占 78.2%，面流消能占 14.5%，底流消能占 7.3%。

（1）底流消能

底流消能是一种历史悠久的消能形式，它是借助于一定的工程措施控制水跃位置，通过水跃表面旋滚和强烈紊动来消能。它具有流态稳定、能适应多种水头和不同地质情况的优点，特别是雾化影响很小，是中小水利水电工程采用较多的一种消能形式。采用消力池底流消能形式的水电站有盐锅峡（多级消力池）、蒲圻、葛洲坝二江泄水闸和三江泄水闸（三级消力池）等。其中，葛洲坝二江泄水闸的单宽流量为 202 m³/(s·m)，能经受洪峰流量 70 800 m³/s 的泄洪考验。

（2）面流消能

面流消能是利用设置在泄水建筑物（溢流坝、水闸）末端的垂直鼻坎，将坝顶下泄的高速水流导至下游水流表层，主要通过底部和表面旋滚作用消能。由于主流在一定距离保持在水流表层，从而大大减轻了水流对坝下河床的冲刷。面流流态与鼻坎布置形式、单宽流量、下游水深及河床形态有关。为了控制面流流态对重要工程的消力池设计，需进行水工模型试验。这种消能形式是苏联研究提出的，并应用到德聂伯、卡霍夫等水电站。20 世纪 50 年代引入我国，并在 60 年代修建的西津、富春江、龚嘴等水电站中得到应用。当泄水建筑物末端的垂直鼻坎具有较大挑角（45°）和反弧半径时，鼻坎顶部形成一个较大体积的空腔，该空腔称为"戽斗"。在下游水流淹没鼻坎条件下，下泄的高速水流在戽斗内产生激烈的表面旋滚，离开鼻坎的水流则形成涌浪，涌浪的底部存在一强烈的底部旋滚，有时涌浪下游顶部还存在一个微弱的表面旋滚。这就是典型的"三滚一浪"戽流流态。与面流消能相比，戽流消能率较高，流态相对稳定，对下游冲刷较轻。戽流消能始应用于美国大苦力电站大坝消能，随后日本、印度也较多应用。我国 20 世纪 70 年代修建的石泉水电站采用戽流消能，以后有大黑汀、大化水电站采用。

（3）挑流消能

挑流消能是在泄水建筑物下游端修建有一定仰角的挑流鼻坎，利用下泄水流的巨大动能，将水流挑入空中，然后降落在远离建筑物的下游河道与下游水流相衔接。挑入空中的水舌，由于失去固体边界约束，在紊动及空气阻力的作用下掺气及分散，失去一部分动能，其余大部分动能则在水舌落入下游水流时与下游水体碰撞后被消除。挑流消能是应用最多的消能工，如 1952 年丰满水电站改建运用了低鼻坎挑流，1953 年修建的佛子岭泄洪洞出口使用的是扩散式挑流鼻坎。挑流坎形式较多，常用的有连续式、差动式、扩散式（转向扭曲鼻坎）等。随着狭谷建坝和大流量泄水建筑物的增多，新型挑流消能工不断地出现和采用。其特点是通过不同方式，强迫能量集中的水流发生纵向、横向和竖向的扩散和冲击，促进紊动掺气、扩大射流入水面积，减小河床单位面积上承受的冲击力，以减轻对下游河道的冲刷。如已建的凤滩水电站采用了高低坎间隔布置，使抛射水流在空中对冲消能。白山水电站坝高 149.5 m，最大泄量 12 910 m³/s，7 个高、深孔间隔布置，抛射水流纵向分层入水，同时也使水舌横向扩散充满河床。乌江渡水电站的溢流坝和滑雪道也利用了挑坎控制水舌落点，使之沿河纵向拉开。潘家口和五强溪水电站表孔、安康水电站中孔采用的宽尾墩，即把溢流坝上的闸墩尾部逐渐扩大，使溢流水舌成为一股窄而高的收缩射流。此外，还有用在小浪底水利枢纽泄洪洞的孔板消能工，使水流通过孔板收缩和扩散消耗能量。

3.5　通航过坝建筑物

由于在河流上建坝截断了水流，要维持河道通航就需设置船闸或升船机，为使竹木及货物过坝转运需设置筏道，为使鱼类回流到上游产卵需设置鱼道（或称鱼梯），这些过坝设施统称为通航过坝建筑物。

3.5.1　船　闸

船闸是河道或人工河道上修建的通航建筑物，船闸由闸室、上下闸首闸门、输水廊道和上下游引航道组成。船只进出船闸（单厢船闸）必须船闸水位和上游水库水位或下游河道水位齐平。船只通过船闸过坝时，首先在关闭上下闸首闸门条件下，利用冲水廊道向闸室冲水，待闸室水位与库水位齐平后，打开上闸首闸门让船驶进闸室。然后关闭上闸首闸门，并打开放水廊道泄放闸室中的水，待闸室水位与下游河道水位齐平后，再打开下闸首闸门让船驶出船闸。上下闸首闸门和输水廊道阀门均由船闸管理人员控制。由于技术和经济的原因，单厢船闸的提升高度一般不超过 40 m，对于高坝枢纽，需设置多厢船闸（称为多级船闸）。对于航运任务繁重的河道，一条航道（称为一线船闸）不能满足航运需要时，需设置两条航道（称为双线船闸）。我国已建三峡工程的通航船闸是双线五级船闸。我国是世界上最早修建通航建筑物的国家，早在公元 987 年乔维岳在广西灵渠上修建的二陡门就是船闸的雏形。我国不仅建设船闸有着悠久历史，而且建造升船机的历史更长，利用拉纤和斜坡升高重物的古代升船机，更是可追溯到三国时期。过去修建的船闸规模较小，技术也较落后。新中国成立后，通航船闸有很大发展，至今已建有大小船闸约 900 座。20 世纪 50 年代在京航运河整治扩建中修建了多座 1 000 t～3 000 t 级的船闸，这些船闸所克服的落差较小。20 世纪 60 年代开始，随着综合利用水利枢纽的兴建，适应高坝通航需要，才开始建造落差较大的船闸。如 20 世纪 60 年代在湖南先后建成总水头 43 m 的双牌和总水头 28 m 的水府庙两座设中间渠道的二级船闸，以及总水头为 43 m 的九埠江电站连续二级船闸。但这些船闸的规模较小，技术水平也不高。1965 年在广西建成总水头 21.7 m 的西津水电站连续二级船闸，把我国高坝通航建筑物规模推向 1 000 t 级。1970 年建成的富春江水电站的船闸是我国首座具有较高技术水平的船闸。20 世纪 80 年代建成的葛洲坝水利枢纽 1、2、3 号船闸是我国具有世界水平的高水头船闸，其中 1、2 号船闸有效长度 280 m，宽 34 m，设计水头 27 m，是我国最大的船闸，也是世界上最大的内河船闸之一。这两座船闸的冲水时间分别为 9.5 min 和 10 min，冲泄水体积 28.7 万 m³，最大流量分别为 852 m³/s 和 800 m³/s，均为世界之最。葛洲坝水利枢纽 3 号船闸的闸室虽稍小，但闸室水面平均上升速度为 4.4 m/min，与目前世界上闸室水面上升速度最快的法国东泽雷船闸（4.64 m/min）相近。1988 年建成的江西万安水电站船闸的水头达到 32.5 m，不但是我国水头最高的单级船闸，也是世界上为数不多水头超过 30 m 的单级船闸之一。三峡水利枢纽连续五级船闸的总水头高达 113 m，中间级水头 45.2 m，是世界上规模最大和克服落差最高的船闸。我国已建水头 20 m 以上的船闸见表3-10。

表 3-10　已建总水头 20 m 以上的船闸统计

序号	船闸名称	河流	船闸形式	总水头 (m)	闸室尺寸		
					长度 (m)	宽度 (m)	最小水深 (m)
1	麻石	融江	单级	22.0	40.0	8.0	1.2
2	西津	西江	连续二级	21.5	191.0	15.0	4.5
3	水府庙	涟水	双级带中间渠道	28.0	142.0	15.0	5.2
4	双牌	潇水	双级带中间渠道	43.0	56.0	8.0	2
5	酒埠江	三汶江	连续二级	38.5	29.0	9.2	1.5
6	万安	赣江	单级	32.4	175.0	14.0	3.0
7	葛洲坝 1 号	长江	单级	27.0	280.0	34.0	5.5
8	葛洲坝 1 号	长江	单级	27.0	280.0	34.0	5.0
9	葛洲坝 1 号	长江	单级	27.0	120.0	18.0	3.5
10	水口	闽江	连续三级	59.0	130.0	12.0	2.5
11	沙溪口	沙溪	单级	24.2	130.0	12.0	2.5
12	五强溪	沅江	连续三级	60.9	130.0	12.0	2.5
13	昭平	桂江	单级	20.0	60.0	8.0	1.5
14	东西关	嘉陵江	单级	24.5	120.0	16.0	3.5
15	三峡	长江	双线连续五级	113.0	280.0	34.0	5.0

3.5.2　升船机

升船机是一种机械过坝设施，是将船装入一个大的厢体中用动力将船拖动过坝。由于利用机械拖动，以前只能将较小的船只拖动过坝。我国升船机的发展相对较缓慢，据 20 世纪 80 年代不完全统计，已建升船机（包括简易升船机）65 座，只能将较小的船只拖动过坝。1966 年在安徽寿县建造的湿运斜面升船机是我国第一座湿运升船机，仅能运载 30 t 的小型船舶。早期建造的升船机中，规模较大的是湖北丹江口水利枢纽升船机，最大干运 150 t 铁驳船或湿运 50 t 船舶。早期建造的升船机由于没有平衡系统，运行功率大、费用高，其提升重量仅为国外大型升船机的十几分之一。随着大型水利水电工程的兴建，为适应高坝通航的需要，对大型升船机的设计进行了大量的试验研究工作，并在广西岩滩、湖北隔河岩、福建水口等水电站上建成具有世界水平的升船机。其中，水口电站垂直平衡重式升船机，主体建筑物由上游导航段、上闸首段、上工作门段、塔楼上下游提升段、上下游平衡重段、下闸首（含下工作门）段及下游导航段组成。上工作门段顺水流方向长 15 m，垂直水流方向最大宽度 33 m。上工作门段口门宽 12 m，帷墙顶面高程 52.5 m，其上设置定轮支承下沉式平面钢闸门。升船机主体部分全部荷载由塔楼支承。塔楼提升段、平衡重段平面尺寸分别宽 8 m、高 25 m 和宽 8 m、高 22 m。塔楼为薄壁结构，总高度 79.5 m，在塔楼顶设有主机房、控制室，安装提升机构和重力平衡滑轮装置。升船机形式为钢丝绳卷扬机提升、全平衡式湿运垂直升船机，最大升程 59 m，船厢有效尺寸为长 114 m、宽 12 m、水深 2.5 m，船厢重量加水体重量为 530 t，平衡重量为 530 t。21 世纪初建成的长江三峡垂直平衡重式（五级）升船机，提升高度达到 113 m，提升重量达到 11 500 t，提升高度和提升重量均居世界之最。我国已建部分升船机概况见表 3-11。

表 3-11　已建部分升船机统计

序号	工程名称	升船机形式	提升高度 (m)	标准船吨位 (t)	标准船尺寸 长×宽×吃水 (m×m×m)	年通过能力 (万 t)
1	欧阳海	斜面转盘车	53.3	30	22×3×1.2	20
2	柘溪	斜面自行式平车	80.0	50	24×5×1	40
3	白莲河	斜面转轮、导槽	54.1	10	15×3×0.8	11~13
4	陆水	垂直桥式提升机	40.0	20	20×3.2×0.8	12
5	丹江口	坝上垂直桥式提升机 坝下斜面提升机	45.0 83.5	150 150	36.9×7.94×0.9	82
6	陈村	斜面惯性过坝	70.6	30	18×3.3×1	27
7	合面狮	斜面惯性过坝	39.5	30	24×5.5×1	10 (货) 木材 8 万 m³
8	柘林	斜面转盘车	50.3	50	27×5.3×0.9	
9	大化	平衡重式垂直升船机	36.6	250	37×9.33×1.27	180 (上 40, 下 140)
10	乌江渡	垂直自行式平车	132.0	100	32×6×1.2	56.1 (预留位置)
11	黄龙滩	垂直自行式平车		30	19×4×0.8	19.1
12	凤滩	垂直桥吊	107.8	50	23×3.5×0.952 4×5×1.2	14.5 (货) 木材 10 万 m³
13	安康	垂直自行式平车	105.0	50	26×5.4×1	25~30
14	水口	垂直平衡重式	57.4		114×12×2.5	
15	隔河岩	垂直平衡重式	一级 42.0 二级 40.0		42×10.2×1.7	
16	三峡	垂直平衡重式（五级）	113.0		120×18×3.5	
17	龙滩	垂直平衡重式（二级）	88.5	500	70×12×2.2	

3.5.3　竹木过坝设施

竹木过坝设施分为水力过坝设施和机械过坝设施两类。水力过坝设施又有漂木道和筏闸两种类型。机械过坝设施有纵向链式运输机和斜坡道升排机等。我国已建部分各种竹木过坝设施见表 3-12。

表 3-12　已建部分各种竹木过坝设施统计

序号	工程名称	过坝方式	升降高度（m）	年过坝能力（万 m³）	备　注
1	映秀湾	水力：漂木道		100	
2	双牌	水力：筏闸	43	100	船闸兼筏闸
3	铜街子	水力：筏闸	40	130	四级船闸兼筏闸
4	碧口	机械：纵向链式运输机	50		
5	池潭	机械：斜坡道升船机	72	14	
6	上游江	机械：斜坡道升排机		10	
7	柘溪	机械：斜坡道与坝顶门机			

3.5.4　过鱼设施

为了使野生鱼类回流过坝产卵繁殖，在水电工程枢纽建筑物中修建过鱼设施，如 20 世纪 60 年代在浙江钱塘江修建的富春江水电站，为使鲥鱼等鱼类回流过坝，在大坝设有"之"字形斜坡式鱼梯，并设有观察窗。该鱼梯修建后，未观察到鱼回流过坝。长江三峡水利枢纽为保护鲟鱼，采取在宜昌和上游金沙江分别设置鲟鱼繁殖基地，将人工繁殖的鲟鱼分别投放到长江和金沙江中。野生鱼类过坝繁殖问题是尚待研究解决的问题。

第 4 章　防洪排涝与灌溉供水工程

4.1　防洪与治涝

4.1.1　洪涝灾害

我国河流集中在中东部地区，主要受暴雨影响形成洪水灾害，东部沿海地区受台风影响也会造成涝灾。洪涝灾害皆因暴雨造成，一般来说，在河流上游发生的洪灾时间相对较短，暴雨使河水迅猛上涨造成对沿河两岸的淹没和冲刷成灾。河流中下游地区，不仅因河道排洪能力不够，洪水漫堤或毁堤造成洪水泛滥成灾，还会因排水不畅而形成内涝灾害。

4.1.2　防洪工程措施

防洪工程措施主要有以下几个方面：

（1）修建蓄洪水库

在河流上中游修建蓄洪水库拦蓄洪水，减小下泄流量，使河道流量控制在允许范围内。

（2）水土保持

高原及山丘地区水土流失破坏了生态环境，造成河流淤塞从而加剧了洪水灾害，进行水土保持是治水的根本措施，包括在荒山荒地植树种草，退耕还林，修筑梯田、塘坝、小水库等拦砂蓄水工程。

（3）修建防洪堤

修建防洪堤抵御洪水，使沿江城市和低洼地带免受洪水灾害。

（4）疏浚整治河道

疏浚整治河道的目的在于拓宽和浚深河槽，对阻水弯道裁弯取直使水流顺畅，从而加大河道行洪能力。

（5）修建分洪滞洪工程

修建分洪滞洪工程的目的在于减少下游河段洪水流量。

上述防洪措施，常因地制宜地兼施并用，对全河流统一规划，蓄泄兼筹，综合治理，并尽可能兼顾兴利部门的需要。

4.1.3　治涝工程措施

治涝工程措施主要有以下几个方面：

（1）修筑围堤保护低洼地

用围堤圈围低洼地，形成圩或垸，以免外水侵入。修筑围堤必须服从河道排洪需要，不能妨碍防洪。

（2）开渠撇洪

沿山开渠，拦截地表径流，将水引入外河或外湖，使水不流入圩垸区。

（3）修建排水系统

修建排水系统包括开挖排水渠和修建排水闸，在自排不能满足要求时，修建排涝泵站。

4.2　蓄洪水库与排涝工程

4.2.1　蓄洪水库

（1）水库调洪作用

水库承担下游防洪任务时，水库的作用是通过水库调蓄洪水，削减下泄洪水流量，使河道通过流量不超过河床的安全泄量。若水库修建仅是为了防洪，没有其他兴利调节任务时，水库只是起滞洪作用。即在一次洪水到来时，将超过下游安全泄量的那部分洪水拦蓄在库中，洪峰过后再将拦蓄的洪水泄掉，及时腾空库容以迎接下一次洪水到来。工程兴建，总是尽可能地实现多种兴利目标，综合利用水资源，很少有为单一目标兴建的工程。凡防洪与兴利结合的综合利用水库，则水库除了滞洪作用外还起蓄洪作用，在确保下游防洪条件下，将拦蓄部分洪水水量供兴利部门使用。这时水库既调节河道洪水径流，也调节枯水径流，通过水库调节削减洪峰流量和提高枯水期的兴利供水流量。

（2）洪水调节与防洪标准

在水库工程设计中，洪水调节计算是水库设计的重要内容，水库不承担下游防洪任务时，调洪计算的目的在于确定水工建筑物的合理尺寸及水库特征水位。先按照水工建筑物设计标准规定，选择设计洪水和校核洪水频率及相应的洪水过程线，并通过洪水调节计算得出水库设计和校核洪水位，为水工建筑物设计提供依据。水库承担下游防洪任务时，除了按照水工建筑物设计标准规定，选择设计洪水和校核洪水频率及相应的洪水过程线外，还要根据国家按防护对象的重要性制定出的防洪标准，选定下游防护对象的防洪标准，即下游防护对象抵御的设计洪水和校核洪水频率。据此进行调洪计算，得出水库设计和校核洪水位，为水工建筑物设计提供依据。水库是否承担下游防洪任务的调洪计算方法相同，差别在于承担下游防洪任务时，下泄流量要按下游防洪要求控制。除此之外，两者起调水位不同，无防洪任务时，从水库正常蓄水位开始进行洪水调节计算；有防洪任务时，通常要考虑一部分防洪与兴利相结合的库容，即在汛期把水库水位从正常蓄水位降到汛期限制水位，腾出部分库容蓄洪，从而降低蓄洪水位。这时的起调水位不是正常蓄水位而是汛期限制水位。水库运行中，汛期水库水位不得超过汛期限制水位。

4.2.2　排涝工程

河流中下游平原地区，特别是下游平原地区，由于排水不畅，洪涝灾害发生较为普遍。各地区的暴雨强度、河道水系排水条件及排涝时间各不相同，治涝应根据地区特点，因地制宜地采取措施。当暴雨洪水后不能通过水闸将集水自流排入河道时，需修建排涝泵站抽排集水以消除涝灾。我国已建排涝泵站按其功能不同，可分为排涝泵站和排涝灌溉结合的泵站两类。

（1）排涝泵站

排涝泵站是为抽排圩或垸内集水而修建的泵站。排涝泵站的特点是流量大、扬程低，通常排涝泵站装设的水泵是大功率的轴流式水泵。

（2）排涝灌溉结合的泵站

排涝灌溉结合的泵站具有引江水灌溉农田和抽排内涝集水双重功能。我国江苏省苏北地区修建的江都水利枢纽就是这类泵站。

4.2.3　我国已建部分大型泵站

洞庭湖区湖南省部分电排站：洞庭湖区湖南省部分圩垸保护面积 10 991.5 km²。1963 年以前，基本上依靠自流排涝、人工排涝和内湖调蓄相结合的治涝措施。1964—1968 年开展电排，纯排和排灌结合泵站装机容量已达 43.89 万 kW。其中，外排 33.7 万 kW，内排 5.93 万 kW，纯灌溉 4.15 万 kW。排涝受益面积达 724.6 万亩。到 1987 年年底，湖区共建电力排灌站 8 800 处，11 009 台，装机容量 45.68 万 kW，排灌面积 682.5 万亩。

仙桃排湖泵站：泵站位于湖北省仙桃市以西 4 km 的袁市地段，是提排、提灌、自排、自流灌溉相结合并兼顾通航、公路交通、水产养殖的综合利用水利枢纽。泵站装设 9 台单机容量 1 600 kW 的水泵。排水流量 180 m³/s，灌溉流量 20 180 m³/s。枢纽主要建筑物包括泵房，1、2、3 号节制闸，欧庙临江闸，袁家口闸，王市口闸及渡槽涵闸交叉建筑等。排水既可排入汉江，也可经泛区排洪道排入长江；灌溉水源既可取内湖水，又可取汉江水。工程于 1980 年建成投入运行，可保证排湖地区 762 km² 内 70 万亩农田不受渍灾，排涝标准 10 年一遇，并使排湖下游 50 万亩耕地免除了旱灾。

洪湖高潭口泵站：泵站位于湖北省洪湖市高潭口闸下游 200 m 处的东荆河右岸堤线上，是洪湖分蓄工程主要配套工程之一，其作用是提排四湖中区部分来水入东荆河，灌溉 40 万亩农田，是排灌结合的大型泵站。泵站装设 10 台单机容量 1 600 kW 的水泵，设计排水流量 240 m³/s，灌溉流量 40 m³/s。工程主要建筑物有泵房枢纽、东西灌溉闸、浮体闸、公路桥及变电站等。泵站为堤身虹吸式出流，提排、提灌、自流灌溉结合的控制建筑。主要特点是采用浮体闸，不需中间闸墩，不需工作桥，主闸操纵不需启闭机，运用灵活，投资少。该工程于 1975 年建成投入运行。

洪湖新滩口泵站：泵站位于湖北省洪湖市新滩口。通过小港闸、张大口闸排洪湖涝水，与高潭口泵站联合运用，以提高四湖中下区的排涝标准，属流域性排水泵站。泵站装设 10 台单机容量 1 600 kW 的水泵，排水流量 220 m³/s。枢纽布置为堤身式，钟形流道进水，低驼峰虹吸管道出流，出口装有拍门。该工程于 1986 年建成投入运行。

鄱阳湖区机电排水泵站：泵站位于江西省鄱阳湖区。全区有排灌机械约 51 万 kW，排涝面积约 280 万亩。其中电力排水泵站装机容量 25.54 万 kW，排涝面积 229 万亩。

神塘河排灌站：泵站位于安徽省无为县。该排灌站是一座抽排、抽引、自排、自引结合的两用泵站。站身采用双向流道形式，安装 5 台单机容量为 1 600 kW 的水泵。设计抽水流量 100 m³/s，最大排洪流量 150 m³/s。工程主要包括泵站厂房、通江引河（长 1 500 m，底宽 45 m）、西河侧引河（长 5 375 m，底宽 30 m）和 35 kV 变电站。

凤凰颈排灌站：泵站位于安徽省无为县。该排灌站是一座抽排、抽引、自排、自引结合的两用泵站。站身采用双向流道形式，安装 6 台单机容量为 3 000 kW 的水泵。设计抽水流量 200 m³/s，最大排洪流量 240 m³/s。工程主要包括泵站厂房、通江引河（长 1 040 m，底宽 60 m）、西河侧引河（长 3 740 m，底宽 60 m）和 35 kV 变电站。与神塘河排灌站联合运行，可使西河流域约 6.67 万公顷圩区农田防洪标准提高到 10～20 年一遇，并为巢湖流域

26.7 万公顷农田提供可靠的灌溉水量。

汤逊湖泵站：泵站位于湖北省武汉市江夏区白沙洲自来水厂下游 600 m 的长港河床上。其作用是控制和降低汤逊湖水位，使湖田分开，确保沿湖 18 万亩农田不受涝灾。泵站装设 15 台单机容量 800 kW 的水泵，排水流量为 112.5 m³/s。该工程于 1980 年建成投入运行。

阳新富池口泵站：泵站位于湖北省阳新县富池大闸右侧，富池镇后背山和官山之间的鞍部，是富水下游灭螺、治水网湖水系工程之一。工程可降低和稳定内湖水位，彻底消灭虹螺，同时减轻汛期围堤防汛压力。工程包括泵站、引水港、出水港、公路桥、变电站等。泵站装机 10 台，总装机容量 1.6 万 kW，排水流量 240 m³/s，受益面积 25 万亩。

螺山电排站：泵站位于湖北省长江左岸干堤监利县境内，为四湖地区骨干电排站之一，受益地区主要是监利县城东南长干堤以内，800 km² 面积范围区域。泵站装设 6 台单机容量为 1 600 kW 的水泵，总装机容量为 9 600 kW，排水流量 88.5 m³/s，直接排水入长江。电排站与其他调蓄排涝措施结合，可使排水区达到或接近 10 年一遇的治涝标准。

4.3 水泵与水泵站

4.3.1 水泵及其工作参数

（1）水　泵

水泵是提水灌溉和排涝工程的核心机械，其功能是将水提升到需要高度，满足灌溉、排涝的需要。最早应用的是水轮泵，现代水利工程中应用最多的是离心泵和轴流泵，与其配套的动力是电动机。

离心泵：离心泵由叶轮、泵轴、泵壳和泵座四部分组成，蜗牛壳状泵壳的吸水口与水泵吸水管相连，出水口与水泵的压水管（出水管）连接。水泵叶轮是将由泵轴输入的能量传递给由吸水管进入的水，并送入泵壳。叶轮一般由两个圆形盖板组成，盖板之间有若干弯曲的叶片，叶片之间的叶槽为过水流道。叶轮的前盖板上的大圆孔是叶轮的进水口，它装在泵壳的吸水口内，与水泵吸水管路相连通。离心泵在启动之前，应先向泵壳和吸水管充水，然后再驱动电机，使叶轮和其中水作高速旋转运动。此时，水受到离心力作用被甩出叶轮，经泵壳流道流入压水管。与此同时，水泵叶轮中的水甩出叶轮而形成真空，吸水池中的水在大气压力作用下，沿吸水管源源不断地流入叶轮吸水口，进入叶轮的水受高速转动叶轮作用，被甩出叶轮而进入压力管道。由于离心泵是靠离心力抽水，故称为离心泵。离心泵叶轮可分为单吸式叶轮和双吸式叶轮两种。单吸式叶轮是单边吸水，叶轮的前盖板与后盖板呈不对称状。双吸式叶轮是两边吸水，叶轮盖板呈对称状。一般大流量离心泵多采用双吸式叶轮。

轴流泵：轴流泵由泵壳和泵轮组成。泵壳为圆筒形，由钢板焊接而成，作用是将泵轮流出的水加压后送到出水管。轴流泵中水体是轴向流动，故称为轴流泵。轴流泵的特点是抽水流量较大，扬程较低。

（2）水泵工作参数

扬程：水泵扬程是指水泵的提水高度。对离心泵而言，水泵扬程由吸水侧的吸程（相当于大气压强）和出水侧的扬程两部分组成。水泵及输水管路存在水头损失，水泵扬程扣除水头损失称为净扬程，即上下游水位差。

流量：水泵流量是指单位时间内的抽水量，以 m³/s 计。

转速：水泵转速是指水泵旋转速度，以 r/min 计。大型泵站水泵和电动机采用同步转速。

水泵扬程随抽水流量增加而减小，设计额定流量下的水泵扬程称为额定扬程。额定流量和额定扬程是抽水泵站的设计参数。

4.3.2　水泵站

水泵站按其作用可分为抽水泵站和排涝泵站两类。抽水泵站（或称提水泵站）是从江河、水库或湖泊抽水灌溉农田，排涝泵站是为抽排低洼地内涝渍水以消除涝灾。抽水泵站按照泵站的作用又可分为取水泵站和加压泵站两种。城市市政建设中，水泵站也是城市给水和排水工程中必要的组成部分。水泵站也分为给水泵站和排水泵站两类。为城市供水而修建的给水泵站，除了包括取水泵站和加压泵站外，还包括送水泵站。城市中排泄的生活污水和工业废水，经排水管渠系统汇集后，也需要排水泵站将污水抽送至污水处理厂，经过处理后的污水再由另一个排水泵站（或用重力自流）排放入江河湖海中去。除抽送生活污水和工业废水的泵站外，还有抽送雨水的泵站。

（1）取水泵站

取水泵站又称为一级泵站，其作用是从江河或湖泊中取水，并将水加压输送到高程较高的地面灌溉农田。取水的泵站一般由吸水井、泵房及闸阀井（又称闸阀切换井）等三部分组成。山区河流的特点是水位变幅大（洪枯水位相差常达 10 m～20 m），为保证泵站在枯水位能够取水，洪水期泵房不被进水淹没，泵房需要做得比较高。这类泵房一般采用圆形钢筋混凝土结构，泵房平面面积的大小对整个泵站的工程造价影响很大。机组及各辅助设施的布置，应尽可能地充分利用泵房内的面积，水泵机组及电动闸阀的控制可集中在泵房顶层集中管理，底层尽可能做到无人值班，仅定期下去检查。取水泵站的泵房有地面式、地下式和半地下式三种形式。

（2）加压泵站

加压泵站又称为二级泵站。当灌区地面高程较高，取水泵站扬程不能满足供水要求时，需修建加压泵站将由取水泵站输送来的水加压后再输送到高程较高地面灌溉农田。为城市供水而修建的给水泵站，当配水管线很长、管路水头损失大或供水对象所在地面很高，也需在城市供水管网中增设加压泵站。加压泵站一般由吸水池、吸水管、泵房及压水管组成。泵房为地面式或半地下式。取水泵站和加压泵站采取同步运行方式，以减小加压泵站吸水池的容积。

4.4　灌溉与供水工程

我国是古老的农业大国，历来重视兴修水利发展农业。早在 2 000 年前，为发展农业就修建了都江堰等灌溉工程。新中国成立后，为发展农业修建了大量的灌溉工程，老水利工程旧貌换新颜，新水利工程星罗棋布，遍布全国。

4.4.1　灌溉工程类型

灌溉水源包括河流和湖泊，主要是从江河取水。灌溉工程由取水枢纽、输水建筑物和灌区渠系建筑物组成，通常把取水枢纽和输水建筑物统称为水源工程。按灌溉水源不同，可分为自流灌溉工程和提水灌溉工程两种类型。

（1）自流灌溉工程

自流灌溉是从河流或水库取水自流灌溉农田。由于无坝取水通常只能从河道取用 40％以下的流量，为了从河道取用更多流量或为了能自流灌溉更多的农田，则在河道上筑坝壅高水位，增加引用流量和提高进水渠高程，扩大灌区的灌溉面积。

（2）提水灌溉工程

为了灌溉丘陵山区农田，当不能从河道取水自流灌溉时，需修建水泵站提水灌溉农田，这种形式的灌溉工程称为提水灌溉工程。河流中下游平原地区，河流比降很小，排水不畅，常发生洪涝灾害。为了灌溉农田又需修建提水灌溉工程时，则修建灌排结合的水泵站。

4.4.2 灌溉工程建筑物

（1）取水工程

自流灌溉取水枢纽：自流灌区的取水枢纽分为无坝取水枢纽和有坝取水枢纽两类。无坝取水枢纽是古老的灌溉取水枢纽形式，其组成建筑物包括取水口、泄水、排砂堰等。有坝取水枢纽的组成建筑物则包括挡水坝（或低闸）、冲砂闸和进水渠道等。

提水灌溉取水工程：提水灌区取水工程的组成建筑物包括引渠、进水池、取水泵房及出水管道。

（2）输水建筑物

水源工程输水建筑物包括渠道和隧洞，输水建筑物主要是渠道，当输水道穿越山地时，为避免劈坡所带来的巨大工程量或缩短输水道长度，则改用无压或有压隧洞代替渠道。当输水道跨越山谷时，则修建渡槽或涵洞建筑物。

（3）灌区渠系建筑物

灌区渠系建筑物包括主、分干渠及以下的支、斗渠道及其附属建筑物。附属建筑物通常有分水闸、渡槽、涵洞及倒虹吸管道等。有的灌区为利用渠道跌水还建有小水电站，有的灌区也可能为扩大灌溉面积建有小的抽水站。

4.4.3 我国已建部分大型灌区

（1）自流灌区

都江堰灌区：都江堰是古老的水利工程，始建于公元前的秦昭王时期。新中国成立后对都江堰进行了改建，使灌区范围和灌溉面积大大增加。现在的都江堰自流灌溉成都、德阳、绵阳、乐山、内江、遂宁等 6 市 32 县（区），灌溉面积达 2.05 万 km^2，总人口 1 848 万，其中农业人口 1 526 万。都江堰灌溉工程是以灌溉为主，兼有防洪、发电、排涝、漂木、供水等综合利用的大型水利工程。工程由渠首取水枢纽、干渠、屯蓄水库、渠系及建筑物组成。为了更好地调配灌区用水，提高岷江水的利用率，兴建了外江闸、沙黑河闸、工业取水口、飞沙堰闸等主要工程，使都江堰工程渠首取水枢纽更加完善。灌区范围由成都平原扩大到川中丘陵区，灌溉面积由新中国成立前的 19.2 万公顷，发展到 1990 年的 58.6 万公顷，其中人民渠 22.6 万公顷、东风渠 18.4 万公顷、龙泉山 5.2 万公顷、外江 7.7 万公顷、黑龙滩 5.2 万公顷。2000 年设计灌溉面积达到 72.4 万公顷，远景规划灌溉面积 93.3 万公顷。灌区干渠长 2 137 km，支渠长 5 024 km，斗渠以上建筑物 40 516 座；排水干渠长 218.6 km，支渠长 79.42 km，斗渠以上建筑物 422 座。大、中、小型水库总库容 12.41 亿 m^3。抽水站总装机容量 10.1 万 kW，抽水流量 148.8 m^3/s，水电站装机容量 8.32 万 kW。每年向成都地区供给工业和生活用水 7.4 亿 m³。

玉溪河灌区：玉溪河灌区位于四川省青弋江和岷江之间的浅丘陵区，是以灌溉为主，兼有发电、养殖等综合效益的大型灌区。灌区工程由取水枢纽、总干渠、百丈水库、左右干渠及有关建筑物组成。灌区包括芦山、名山、邛崃及浦江 4 县，面积 1 627 km²，总人口 64.2 万，其中农业人口 59.8 万。灌区设计灌溉面积 3.36 万公顷，设计引水流量 34 m³/s，设计年引水量 5.9 亿 m³。取水枢纽在芦山县玉盛乡境内的玉溪河上，枢纽建筑物包括拦河水闸、冲砂闸和进水闸等。灌区 1978 年通水，总干渠长 51.5 km，干渠长 38.0 km，支渠及分支渠长 354.6 km，斗渠长 686.1 km，斗渠以上建筑物 2 397 座。中、小型水库总容量 7 927 万 m³。电力提灌站装机容量 5 433 kW，塘堰蓄水量 3 258 万 m³，水电站装机容量 2.59 万 kW。

花凉亭水库：花凉亭水库位于安徽省长河上，是一座以灌溉为主，兼有供水、发电等综合利用效益的大型水库工程。枢纽由滚水坝、冲砂闸及新老进水闸等建筑物组成。该水库总库容 24.08 亿 m³，总干渠设计流量 20 m³/s，年引水量 6.35 亿 m³。花凉亭水库灌区包括太湖、望江、宿松及怀宁 4 县大部分丘陵地区，面积 1 196 km²，总人口 76.3 万。灌区以种水稻为主，设计灌溉面积 6.9 公顷，有效灌溉面积 4.3 万公顷。灌区总干渠长 36.7 km，干渠及支渠长 582 km，斗渠以上建筑物 1 369 座。灌区内水库蓄水量 0.73 亿 m³，塘堰蓄水量 0.98 亿 m³，抽水站装机容量 402 kW。

昇钟水库：昇钟水库位于四川省南充市境内嘉陵江支流西河上。坝址控制流域面积 1 756 km²，多年平均流量 17.3 m³/s。昇钟水库是一座大型灌溉水库，大坝为石碴心墙坝，最大坝高 79 m，水库正常蓄水位 427.4 m，总库容 13.39 亿 m³，兴利库容 6.7 亿 m³，防洪库容 2.7 亿 m³。灌区包括南充、广元两地市的南部、西充、阆中、蓬安、南充、武胜、剑阁等市县，面积 5 595 km²，耕地面积 19.8 万公顷，总人口 370 万。水库设计灌溉耕地 206 万亩。昇钟水库除灌溉、防洪外，还建有装机容量 0.4 万 kW 的小水电站。工程于 1977 年动工兴建，灌区配套工程分期建设。第一期工程包括大坝和总干渠、西充干渠、西南分干渠、西蓬分干渠、右分干渠等 5 条干渠及以下各级渠系建筑物，于 1982 年建成，1987 年开始放水，使 8.83 万公顷面积得以受益。

武都工程：武都工程位于四川省绵阳市境内的涪江上。灌区包括江油、绵阳、三台、梓潼、盐亭、射洪、剑阁和南部等市县，面积 2 462 km²，其中耕地面积 17.7 万公顷，总人口 229 万。灌区设计灌溉面积 13.68 万公顷。工程分两期建设：一期工程是在涪江干流修建拦河闸，取水灌溉涪江以东、梓潼江以西 8.07 万公顷面积，灌区引水流量 110 m³/s，一期工程包括 8.7 km 的总干渠，于 1997 年建成；二期工程是在上游修建坝高 120 m 的混凝土重力坝，坝址控制流域面积 5 812 km²，多年平均流量 162 m³/s，水库正常蓄水位 660 m，水库总库容达 5.46 亿 m³，有效库容 3.8 亿 m³，二期工程是以灌溉为主，兼有发电、防洪、航运、过木等综合效益，水电站装机容量为 15 万 kW，年发电量 7.6 亿 kW·h。

鸭河口灌区：鸭河口灌区位于河南省唐白流域南阳盆地。灌区包括南阳市、新野、唐河、方城、社旗、南阳等 6 市县，面积 2 500 km²，总人口 160 万。该灌区以灌溉为主，兼有供水、养殖等综合效益。灌区由鸭河口水库供水，水库总库容 13.16 亿 m³。引水枢纽位于白河大站头，由活动坝、冲砂闸和进水闸组成。灌溉面积 14 万公顷，其中白桐灌区 10.9 万公顷，设计引用流量 111 m³/s；鸭东灌区 3.1 万公顷，设计引用流量 23 m³/s。灌区干渠长 87 km，分干渠长 205 km，支渠长 807 km，主要建筑物 17 856 座，于 1966 年兴建。

刁河灌区：刁河灌区位于河南省刁河中下游。灌区包括淅川、邓州、新野3市县，面积1 395 km²，总人口75.7万。该灌区以灌溉为主，兼有供水、发电等综合利用效益，也是南水北调中线灌区的一部分。灌区由丹江口水库供水，库水经过陶岔渠首枢纽，沿引丹总干渠和下陆枢纽流入灌区。下陆枢纽由浅水闸和进水闸组成。进水闸设计引用流量100 m³/s，年引水量8.05亿 m³。灌溉面积10万公顷，有效灌溉面积2.6万公顷。灌区总干渠长41.4 km，干渠长156 km，支渠及斗渠长912 km，斗渠以上建筑物8 064座。排水渠长910 km，排水渠上建筑物2 130座。中、小型水库蓄水量0.3亿 m³，抽水站装机容量220 kW。灌区于1974年建成通水。

柘林灌区：柘林灌区位于江西省修水中下游北岸。灌区包括永修、德安2县，面积639 km²，总人口216万。柘林工程是具有灌溉、供水、发电等综合效益的工程。灌区由柘林水库供水，总库容79.2亿 m³。设计引用流量32 m³/s，年引水量1.79亿 m³。灌溉面积2.14万公顷。总干渠长54.9 km，干渠长157 km，支渠长150 km，斗渠以上建筑物2 005座。抽水站装机容量1 300 kW。灌区于1979年通水。

（2）水库供水与提水结合的大型灌区

白莲河灌区：白莲河灌区位于湖北省黄冈地区，横跨浠水、巴水、蕲水三水系。灌区包括浠水、蕲春、罗田3县，面积2 286 km²，其中耕地面积5.58万公顷，总人口103万。灌区由白莲河水库供水，水库总库容12.5亿 m³。灌溉面积4.04万公顷，有效灌溉面积3.26万公顷。设计引用流量16.7 m³/s，年引水量0.87亿 m³。灌区于1961年通水。总干渠长244 km，干支渠长737 km，斗渠以上建筑物7 826座。灌区内中小型水库总库容1.35亿 m³，塘堰蓄水量7 082万 m³。抽水泵站总装机容量1.343 6万 kW，抽水流量31.8 m³/s。

漳河灌区：漳河灌区位于湖北省长江支流沮漳河上。灌区包括荆门、荆沙、当阳、钟祥等市县，面积5543.9 km²，总人口126.6万，其中农业人口110.7万。灌区由漳河水库供水，水库总库容20.35亿 m³。灌溉面积17.4万公顷，有效灌溉面积14.9万公顷。渠首设计引用流量132.5 m³/s，年引水量6.15亿 m³。灌区于1961年通水。总干渠长18.1 km，干渠长812.5 km，支渠长492.7 km，支渠以上建筑物10 421座。灌区内中小型水库总库容8.45亿 m³，塘堰蓄水量1.9亿 m³。抽水站装机容量10.2万 kW，抽水流量248.7 m³/s。

水库供水与提水结合的灌区，规模较大的还有湖南双牌、澧阳平原、黄材、六都寨，湖北东风渠、沇水、引丹、徐家河、罗汉寺、明山、郑家河、武穴北、漶东、引丹、三湖连江、陆水、大碑湾、三道河，江西袁惠渠等。

（3）提灌工程及灌区

驷马山提灌工程：驷马山提灌工程位于安徽省滁河上中游。灌区包括皖、苏两省的滁州、和县、巢湖、来安、含山、全椒、肥东、定远、江浦等9县市，面积5 306 km²，总人口65.1万。该工程以提灌为主，兼有分洪、航运等综合效益。兴建5级提水泵站，从长江取水，总装机容量为7.85万 kW，抽水流量631.9 m³/s。灌区设计灌溉面积24.4万公顷，有效灌溉面积8.9万公顷。乌江枢纽抽水流量225 m³/s。总干渠长137.5 km，干渠及支渠长544 km，斗渠以上建筑物1 096座。灌区内水库总库容4.28亿 m³，塘堰蓄水量6 120万 m³。抽水站总装机容量3.7万 kW。

青山水轮泵灌区：青山水轮泵灌区位于湖北省澧水下游。灌区包括临澧、石门、澧县等县，面积1 210 km²，总人口43万。该灌区以提水灌溉为主，兼有发电、航运等综合效益。

取水枢纽建筑物由拦河坝、水轮泵站（装设 BS100－8 型水轮泵 35 台）、引水闸、船闸等组成。水轮泵净扬程 50 m，引水闸设计引水流量 18 m³/s，设计提水量 1.6 亿 m³。灌区设计灌溉面积 1.3 万公顷，有效灌溉面积 3.5 万亩。1971 年通水，已达到设计效益。总干渠长 44.8 km，干、支渠长 368 km，斗渠以上建筑物 1 197 座。灌区内大、中、小型水库总库容 0.99 亿 m³，塘堰蓄水量 2 794 万 m³。抽水站装机容量 5 320 kW，小水电站装机容量为 8 900 kW。

引江济淮工程：引江济淮工程位于安徽省巢湖境内。在巢湖旁凤凰颈建抽水站抽长江和利用裕溪口闸自流引长江水，通过输水干渠穿过江淮分水岭，向淮北地区提供农业灌溉用水和合肥市提供工业和城市生活用水。

（4）排灌结合灌区

江都水利枢纽：江都水利枢纽位于江苏省江都县境内京杭大运河、新通扬运河和淮河入江水道交汇处。工程是为解决苏北地区农业发展灌溉用水和里下河地区排涝的需要而建，是以灌溉为主，具有排涝、航运、供水、发电等综合效益的水利工程。枢纽由 4 座大型排灌站、1 座变电站和 13 座涵闸组成。1、2 泵站各安装 4 台直径 1.54 m 的轴流泵，扬程 7 m，每台水泵抽水流量为 8 m³/s。3 站安装 8 台直径 2 m 的轴流泵，扬程 8 m，每台水泵抽水流量 13.5 m³/s，机组正运转抽水，反运转可发电，4 m 水头时可发电 3 000 kW。4 站安装 7 台直径 3.1 m 的轴流泵，扬程 7 m，每台抽水流量 30 m³/s。江都水利枢纽具有双向抽水功能，既可抽长江水向苏北地区送水，又可抽排里下河地区的洪涝积水。该工程由治淮委员会主持兴建，于 1979 年建成。

4.4.4 供水工程

供水工程涉及范围较广，不仅包括为解决城市市政工程和居民生活用水修建的一般供水工程，也包括为解决大型厂矿生产生活用水修建的专用供水工程。供水工程一般包括水源工程和水处理工程（自来水厂）及输水管道。

（1）水源工程

城市供水水源主要靠综合利用水库供水，如密云水库担负着向北京和天津供水的任务。随着社会经济的发展，城市用水不断增加，缺水矛盾日益突出。为解决城市用水问题，除综合利用水库向城市供水外，还应修建调水工程来解决城市缺水问题，如为解决天津市的城市用水问题而修建的"引滦入津"工程。该工程的输水道长达 234 km，建有 4 座大型取水泵站，年引水量达 10 余亿 m³。

（2）水处理工程

在城市供水工程中，从水源工程输送来的水的水质一般都达不到饮用水的要求，需进行处理。为此，需修建自来水厂，对水进行处理，再将处理后的水用管道向用户供应。此外，为了不污染河流、湖泊，对城市生活污水和工业废水，要经过污水处理厂处理后才能排放入江河、湖泊中去。南水北调东线工程，从长江取水，利用大运河向山东、河北及天津送水。由于大运河流经的苏北及山东地区沿河两岸污染严重，为保证供水质量，在这一区域修建了大量的污水处理工程。为治理太湖，在太湖地区也修建了大量的污水处理工程。

第 5 章　河川水能利用与水电站

5.1　河川水能利用

5.1.1　水能利用的悠久历史

水能是一种取之不尽的清洁能源。人类很早就知道利用天然水力来减轻繁重的体力劳动和发展生产力。我国是世界上利用水能最早的国家之一，早在 3 000 多年前，就在实践中创造了多种形式的简易的水力装置——水轮，如用来吸水灌溉的"筒车"、"水转翻车"，用来加工谷物的"水碾"、"水碓"，用来冶炼金属的鼓风设备"水排"等。水轮是我国农村广泛使用的原始的简易水力机械，按水冲击水轮部位的不同，分为上击、中击和下击三种。上击式水轮主要是利用水的重力作用来转动水轮，从而带动加工机械。这种水轮适用于落差较大的天然跌水或利用渠道集中水头情况，水头较低时则用中击式水轮。下击式水轮是利用水流的动能来转动水轮。水轮是人类利用水能的原始水力机械，是现代水轮机的雏形。

5.1.2　近代河川水能利用

利用水轮带动加工机械是古老的水能利用形式。为了利用天然河道中的水能，适应农田灌溉的需要，近代发明了水轮泵和水锤泵，用来提水灌溉农田。水轮泵是利用水的动能抽水，抽水流量大，扬程较低；而水锤泵则是利用压能，扬程虽然较高，但抽水流量很小。利用水能来发电，是近代生产出水轮机和发电机以后的事，至今只有 100 多年历史。江河中所蕴藏的水能资源是分散的，要通过修建水电站，用大坝或长引水道（渠道或隧洞）将一段河道上分散的能量集中起来才能发电。水电站是利用水能生产电能的工厂，安装在水电站厂房内的水轮发电机组是将水能转换为电能的核心动力装置。

5.2　水轮发电机组

5.2.1　水轮机

（1）水轮机形式

水轮机是将水能转换为旋转机械能的机器，利用它带动发电机，使转轮的旋转机械能变为电能。现代水轮机的种类很多，按水流能量转换特征不同，可分为冲击式和反击式两大类。每一类根据其结构的不同，又可分为很多种形式。冲击式水轮机可分为水斗式、双击式和斜击式三种形式。反击式水轮机可分为混流式、轴流式、斜流式和贯流式四种形式。其中轴流式又可分为轴流定桨式和轴流转桨式两种形式。贯流式可分为全贯流式和半贯流式（半贯流式又可分为灯泡式、轴伸式和竖井式三种）。随着抽水蓄能电站的发展，出现了既可发电又可抽水的可逆式水轮机。常见的可逆式水轮机也有混流式、斜流式和轴流式三种形式。

（2）主要水轮机适用范围

混流式水轮机：混流式水轮机（或称辐向轴流式水轮机）是应用最广泛的一种反击式水轮机。转轮叶片固定，叶片数目为 10～20 片，最高效率可达 94% 左右。适用水头范围为 25 m～500 m，单机容量从几十到几十万千瓦（如刘家峡水电站机组容量为 30 万 kW、二滩水电站机组容量为 55 万 kW、三峡水电站机组容量为 70 万 kW）。

轴流式水轮机：轴流式水轮机分定浆和转浆两种，是近代应用较多的一种水轮机。适用水头范围为 2 m～70 m，单机容量从几十到十几万千瓦，如葛洲坝电站机组容量为17 万 kW。

斜流式水轮机：斜流式水轮机是一种新型水轮机，转轮叶片可随工况变化而转动，高效区较宽广。适用水头范围可达 150 m 左右，如小浪底水电站的单机容量为 15 万 kW。

贯流式水轮机：贯流式水轮机是一种新型机组，不设蜗壳，简化为管状进水，进水管和尾水管都与转轮同轴，转轮叶片与轴流式相同，机组采取卧式布置。适用水头范围为 1 m～30 m，单机容量由几千到几万千瓦。这种机型多用于低水头河床式水电站和潮汐发电站。

冲击式水轮机：冲击式水轮机是一种高水头水轮机，应用最广泛的是水斗式。适用水头范围为 100 m～2 000 m，单机容量由几十到十几万千瓦。

（3）水轮机的牌号

水轮机牌号由三部分符号组成，每一部分符号之间用"－"分开。第一部分用两个汉语拼音字母表示水轮机形式，其后的阿拉伯数字表示水轮机模型转轮的比转速（指模型水轮机工作水头为 1 m、发出功率为 1 kW 时所具有的转速）。在旧型号中，这个阿拉伯数字表示该水轮机所用模型转轮的编号。第二部分表示水轮机主轴的布置方式和引水形式，第一个字母表示主轴布置方式，第二个字母表示引水方式。第三部分表示转轮直径，单位为 cm。如牌号为 HL240－LJ－180 的水轮机，表示这个水轮机为混流式，模型转轮的比转速为 240，主轴为立轴，用金属蜗壳引水，转轮直径是 180 cm。冲击式水轮机的第三部分表示为：水轮机转轮标称直径/（转轮上的喷嘴数目×射流直径）。如牌号为 CJ26－W－125/（1×12.1）的水轮机，表示这个水轮机为冲击（水斗）式水轮机，转轮型号为 26，主轴为卧式布置，转轮直径 125 cm，单喷嘴，设计射流直径为 12.1 cm。

常用各种水轮机牌号的符号标注意义见表 5－1。

表 5－1　水轮机牌号的符号标注意义

水轮机形式		主轴布置方式		引水室形式	
代号	意　义	代号	意义	代号	意　义
HL	混流式	L	立轴	J	金属蜗壳
ZZ	轴流转浆式	W	卧轴	H	混凝土蜗壳
ZD	轴流定浆式			M	明槽式
XL	斜流式			P	灯泡式
GZ	贯流转浆式			G	罐式
GD	贯流定浆式			Z	轴伸式
CJ	冲击（水斗）式				

（4）水轮机的工作参数

水轮机的工作参数是表明水轮机性能和特点的一些数据。这些数据包括水轮机适合的工作水头、流量，能发出的出力，水轮机工作的效率、转速等。每一种型号的水轮机都有相应的一套数据，即水轮机工作参数，写在水轮机铭牌上。

水头：水头是单位水体所具有的能量（势能、压能和动能之和）。水头分为装置水头和工作水头，用 H 表示（以 m 水柱计）。水电站装置水头，并非水轮机所利用的水头，扣除引水道中的水头损失后才是水轮机的工作水头。水轮机水头包括最大水头、最小水头、平均水头和设计水头（指水轮机发出额定出力时的最小水头）。

流量：水轮机流量是指单位时间内通过水轮机的水量，一般用符号 Q 表示（以 m^3/s 计）。水轮机在一定水头、出力下工作，通过水轮机的流量是一定的。水轮机水头和出力变化，水轮机流量也要变化。

出力：水轮机出力是指水轮机轴传给发电机轴的功率，取决于水轮机的引用流量和工作水头。水轮机功率通常用 N 表示，$N = 9.81\eta QH$（其中，η 为水轮机效率，Q 为引用流量，H 为工作水头），单位为 kW。

效率：由于水流通过水轮机有水量、水头和机械损失，水轮机的出力要比输入功率小，把水轮机出力与水轮机输入功率的比值，称为水轮机的效率，通常用 η 表示。

转速：水轮机是可以在不同转速下工作的，但在一定水头下，对于一定直径的水轮机有一个效率最高的转速。通常按这个转速来选择相近的同步发电机转速，当发电机转速确定之后，在直接传动（水轮机与发电机安装在同一轴上）的情况下，水轮机转速也就相应确定了，两者必须一致。发电机转速与发电机磁极对数、频率之间有下列关系：

$$f = \frac{p \cdot n}{60}$$

式中　　f——电流频率，我国规定为 50（周波/s）；

　　　　p——发电机磁极对数；

　　　　n——发电机同步转速（r/min）。

（5）水电站常用水轮机

我国已建大中型水电站常用的水轮机有冲击式、混流式和轴流式三种类型。已建部分大中型水电站混流式和轴流式水轮机特性见表 5—2，灯泡贯流式电站机组特性见表 5—3。

表 5—2　已建部分大中型水电站混流式和轴流式水轮机主要特性

电站名称	单机容量（万 kW）	机组形式	水轮机水头			机组额定流量（m^3/s）	比转速
			最大（m）	最小（m）	额定（m）		
鲁布革	15.0	HL93.5—LJ—344.2	372.5	295.1	312.0	53.5	93.5
龙羊峡	32.0	HLD06—LJ—600	150.0	70.0	122.0	298.0	176.0
东江	12.5	HL160—LJ—410	139.0	80.0	118.5	123.0	152.3
白山	30.0	HL200—LJ—550	126.0	86.0	112.0	307.0	189.4
天生桥	22.0	HLD10—LJ—450	204.0	174.0	176.0	140.0	148.0
李家峡	40.0	HL200—LJ—600	135.0	116.0	122.0	367.0	197.0
东风	17.0	HL210—LJ—410	132.0	95.0	117.0	160.5	203.0

电站名称	单机容量（万 kW）	机组形式	水轮机水头			机组额定流量（m³/s）	比转速
			最大（m）	最小（m）	额定（m）		
隔河岩	30.0	HL232-LJ-563	121.5	80.7	103.0	327.0	232.0
宝珠寺	17.5	HLD89-LJ-500	103.0	68.5	84.4	239.0	225.0
漫湾	25.0	HLD85-LJ-550	100.0	69.3	89.0	316.0	231.0
安康	20.0	HL220-LJ-550	88.0	57.0	76.2	304.0	215.0
岩滩	30.3	ZZ440-LH-850	68.5	37.0	59.4	585.0	253.0
大化	10.0	ZZ440-LH-850	39.5	13.0	22.0	556.0	516.0
葛洲坝	12.0	ZZ500-LH-1020	27.0	8.3	18.6	825.0	578.0
铜街子	15.0	ZZ440-LH-800	40.0	28.0	31.0	547.0	472.0
万安	10.0	ZZ440-LH-800	32.3	15.0	22.0	556.0	516.0

表 5-3　已建部分安装灯泡贯流式电站机组特性

电站名称	电站装机容量（万 kW）	转轮直径（m）	机组额定出力（万 kW）	机组额定流量（m³/s）	机组额定转速（r/min）	电站水头		
						最大（m）	最小（m）	额定（m）
白石窑	4×1.8		1.855	263.0	85.71	12.18	3.00	7.80
京南	2×3.45	6.3	3.540	351.4	88.24	14.50	3.00	11.00
王甫洲	4×2.725	7.2	2.810	412.0	71.43	10.30	3.70	7.52
百龙滩	6×3.2	6.4	3.300	377.5	93.80	18.00	3.00	9.70

我国已建 10 万 kW 以上抽水蓄能电站机组特性见表 5-4。

表 5-4　已建 10 万 kW 以上抽水蓄能电站机组特性

电站名称	机组形式	机组台数（台）	单机容量（万 kW）	水泵扬程		机组转速（r/min）	机组抽水工况启动方式
				最大（m）	最小（m）		
响洪甸	混流可逆式	2	5.5	64.0			降压异步启动
潘家口	混流可逆式	3	9.0	85.7	36.7	125 和 142	变频器同步启动
十三陵	混流可逆式	4	20.4	477.1	416.3		变频器同步启动
天荒坪	混流可逆式	6	33.3	607.5	512.0		变频器同步启动
广蓄一期	混流可逆式	4	30.0	535.7	496.2		变频器同步启动
广蓄二期	混流可逆式	4	30.0	542.8	493.6		变频器同步启动

5.2.2　发电机

发电机和水轮机组成水轮发电机组，是水电站的核心动力装置。大型水电站采用同步发电机，发电机和水轮机以相同转速同步运行。发电机由转子和定子两部分组成，其附属设备包括励磁和电制动系统、空气冷却器、发电机机械制动和顶起装置、灭火系统等。

（1）发电机定子与转子

发电机定子：发电机定子由定子机座、定子铁芯和定子绕组组成。水轮发电机组的发电机定子和火电站汽轮发电机定子的作用相同，都是产生旋转磁场，但结构有很大的不同。由于水轮发电机转速低，磁极多，定子尺寸都很大。受运输条件限制，制造时就分成数瓣，运到工地再组合成整体。如万家寨水电站发电机定子的定子机座外径为 14.6 m，高度 3.2 m，分成 6 瓣运到工地后再用小合缝板焊接成整体。定子铁芯外径 12.8 m，内径 12.13 m，铁芯长度为 1.85 m。通风槽由无磁性材料扎成，高度为 6 mm。由于通风沟数量多，每段铁芯薄，使得定子铁芯冷却均匀。定子绕组为双层条式波绕组，3 个支路"Y"形连接，采用全模压一次成型。

发电机转子：发电机转子由主轴、转子支架、磁轭、磁极等组成。大、中型发电机转轴为空心圆筒，主轴上套有转子支架，用以传递转矩及固定磁轭，转子支架为铸焊结构。水轮发电机转子由于转速低，尺寸和重量都很大。大、中型水电站的水轮发电机转子都由散件运到电站再装配，如万家寨水电站发电机转子支架为圆盘式焊接结构，其由中心体和 8 个扇形外环组件组成，中心体由上下圆盘、中心圆钢和立筋等焊接而成。磁轭与转子支架采用切、径向复合键连接结构，其分离转速为额定转速的 1.15 倍。磁轭轴向高度为 2.144 m，有 7 个通风沟。发电机主轴上端法兰与转子中心体连接，下端与水轮机主轴连接，上端热套上导轴承滑转子，并在两者之间设置轴绝缘以防止轴电流产生。励磁绕组由七边形铜排扁绕而成，磁极线圈采用封闭式 F 级绝缘，上、下绝缘托板为 F 级，在下托板底部有 6 mm 的铁托板。磁极装设有纵、横轴阻尼绕组，在负序电流为额定电流的 10% 时，机组能稳定运行。

（2）发电机附属设备

励磁和电制动系统：励磁装置采用双微机加模拟或手动调节的三通道励磁调节器，这种调节器可互为备用、并联运行，能自动跟踪、自动切换。电制动装置由制动控制柜、制动功率柜、制动电源变压器和发电机定子短路开关组成。

空气冷却器：发电机冷却采用转子磁轭供风、密闭自循环、双路径向、旋转挡风板无风扇端部回风通风方式。在发电机定子机座外壁对称布置 12 个空气冷却器。

发电机机械制动和顶起装置：发电机机械制动装置由制动器及其管路以及电动油泵、阀门和机电元件等组成。制动器安装在转子磁轭下方的 12 个混凝土墩上，共 24 个制动器。制动器采用气压复位结构。

（3）发电机支承形式与结构

发电机按转子支承形式分为悬吊式发电机和伞式发电机两种形式。悬吊式发电机的推力轴承支承在上支架上，推力轴承位于转子之上；伞式发电机的推力轴承支承在下支架上，推力轴承位于转子之下。现代大型水电站的水轮发电机组出现了一种新型结构，即将推力轴承直接支承在水轮机顶盖上，从而大大减小了水轮机与发电机之间的距离。悬吊式发电机是中、小水电站发电机所采用的转子支承形式。大型水电站普遍采用伞式发电机，如万家寨水电站发电机采用三段轴（含转子中心体）结构。发电机上导轴承布置在上机架中心体内，推力轴承布置在转子下方的下机架中心体上。机组轴系为径向两处支承，即发电机上导轴承和水轮机导轴承，轴向支承为推力轴承。发电机转子支架中心体与发电机主轴连接采用外法兰。发电机主轴与水轮机主轴采用法兰连接。发电机坑内径为 17.5 m，发电机轮廓轴向高为 10.9 m，径向直径为 16.8 m。上、下机架均由中心体和 12 个支臂组成，在上机中心体内装有 12 块导轴承瓦，瓦面浇铸轴承合金，上导轴承采用螺旋形冷却器 12 个，每 6 个串成一路，再将两路并联。上机架中心体高 1.41 m。下机架中心体为六边形，至对边尺寸为 4.395 m，高 2.1 m。推力轴承布置在转子下方的下机架上，采用润滑油在油槽内部自循环的冷却和润滑方式，弹性油箱支撑，双层块瓦结构，瓦是从俄罗斯进口的弹性金属塑料瓦。发电机全部引出线均为线电压级全绝缘结构，主、中引出线各 9 根。相间间距为 1.2 m，排间间距为 0.11 m。

（4）发电机型号及主要技术参数

发电机型号表示为

$$SFr - dt1/dt2 - P$$

式中　　r——发电机额定功率，以 MW 计；

$\quad\quad$ dt1——发电机定子铁芯高度，以 mm 计；

$\quad\quad$ dt2——发电机定子铁芯外径，以 mm 计；

$\quad\quad$ P——发电机磁极数。

如万家寨水电站的发电机型号为 SF180−60/12800，表示发电机额定功率为 180 MW（18 万 kW），发电机定子铁芯高度为 60 mm，定子铁芯外径为 12 800 mm。

发电机主要技术参数包括额定功率、额定视在容量、最大功率、最大视在容量、额定功率因数、额定电压、额定电流、额定转速、飞逸转速等。万家寨水电站的发电机主要技术参数为：额定功率 180 MW，额定视在容量 200 MV·A，最大功率 200 MW，最大视在容量 210.5 MV·A，额定功率因数 0.9（滞后），最大容量功率因数 0.95（滞后），额定电压 15.75 kV，额定电流 7 331 A，额定转速 100 r/min，飞逸转速 210 r/min。

5.2.3　调速装置

水轮发电机的转速影响电力系统供电频率，为了保证电力系统的供电质量，要求水电站水轮发电机组以不变转速运行。调速装置的功能是当电力系统负荷变化，水电站出力变化时，改变水轮机流量以保持水轮发电机组的转速不变。水电站调速装置由调速器和油压装置组成，是水轮发电机组的主要辅助设备。我国使用的调速器，20 世纪 50 年代基本仿制苏联的机械液压调速器，60 年代至 70 年代初期研制电子管或晶体管电液调速器，多数是以缓冲式机械液压调速器为基础的，用电气测频回路代替机械飞摆，用 RG 微分电路代替缓冲器，并且多数带有中间接力器，其系统结构与机械液压调速器大同小异。这类调速器的主要特点是在机械液压随动系统中存在机械反馈链，如安装调整不当，将影响调速器的转速死区和动态特性。20 世纪 90 年代以来，新设计的水轮机电液调速器大多采用了先进的电子调节器式系统结构，它由转速测量单元、电子调节单元和电液执行单元组成。其特点是转速测量、调速规律的形成和驱动导水机构的职能分别由上述三个功能单一的单元来实现。由于现代的水轮机电液调速器广泛采用了电子技术、液压技术和自动控制技术的最新成就，使现代水轮机电液调速器的可靠性和主要技术指标大为提高，控制功能不断扩展和完善，不仅能适应水电厂计算机监控的需要，而且为机组安全、经济运行奠定了基础。现代水轮机电液调速器，在不特别提高机械液压部件加工精度条件下，其转速死区一般都能达到0.02%～0.03%。

5.2.4 送电电压标准与变压器

水电站所发电力要经过升压才能远距离输送，水电站本身也要用电，水轮发电机组所发电力要经过降压后才能供自身使用。升压或降压都要用变压器，前者称为升压变压器（或主变压器），后者称为降压变压器（或厂用变压器）。送电电压标准（或额定电压），我国目前采用的有 0.38 kV、3 kV、6 kV、10 kV、35 kV、60 kV、110 kV、220 kV、330 kV 和 500 kV。变压器是利用电磁感应作用，将一种电压的交流电转换为频率相同的另一种或几种不同电压的交流电的电气设备。电力变压器按相数不同，可分为单相变压器和三相变压器。单相变压器是由单相高压绕组和低压绕组组成的变压器。使用时要将三个单相变压器组合在一起才能实现三相交流电路的变压任务。三相变压器是具有三相磁路的变压器，用于三相系统。三相变压器在对称负载下运行时，各相的电流、电压大小均相等，相位互差为120°。三相变压器线圈的连接法有星形、三角形和曲折连接几种。随着长江上游金沙江水能资源开发利用与西电东送工程溪落渡、向家坝等巨型水电站建设，为适应超长距离和超高压输电，采用了 800 kV 超高压直流输电技术，超高压直流输电需修建换流站和使用换流变压器。换流变压器是连接交流系统和换流器的变压器。换流变压器的作用是使交、直流系统电压配合并完成交、直流系统的隔离。

5.2.4 电气主接线与开关站

（1）电气主接线

电气主接线是发电厂和变电站中主要电气设备和母线的连接方式。主接线与系统安全、稳定和经济运行，以及电气设备的选择、配电装置布置、继电保护及控制方式密切相关。主接线包括母线制和单元制两种接线方式。有母线的主接线方式，包括单母线接线和双母线接线。单母线接线又分为单母线无分段、单母线有分段、单母线分段带旁路等多种形式。双母线接线又分为单断路器双母线和双断路器双母线等。设有母线的主接线方式主要有单元接线、桥形接线和多角形接线几种。

一次系统：一次系统（或称一次回路）是电力系统的主体，由发电机、送电线路、变压器、断路器等发电、输电、变电及配电设备组成。

二次系统：二次系统由继电保护、安全自动控制、系统通信和遥控遥测及自动化等组成。它实行人和一次系统联系并加强一次系统内部联系，或按操作人员指令作用于某一元件，从而使一次系统得以正常安全和经济运行。

（2）开关站（变电站）

开关站是发电厂内安装变压器和配电装置的场所。水电站开关站包括高压开关站和低压开关站。低压开关站是将发电机所发的电能经过降压后供水电站自身使用。低压配电采用成套开关柜（柜中分别装有各种开关、熔断器、互干器、母线以及操作、测量、信号装置等电气设备），布置在水电站副厂房。水电站高压开关站是将水轮发电机组所发的电能经过升压外送。高压开关站有户外和户内两种。户外开关站占地面积大，有时难以找到布置场地。一些水电站已将高压开关站布置在户内。如我国天生桥二级水电站开关站高压配电装置采用了国际先进水平的全封闭 GIS（气体绝缘断路器）组合电气，500 kV 和 220 kV GIS 室面积分别为 160 m×14.6 m 和 55 m×13 m，占地面积仅为同类开关站的 5%。整个变电站布置在主厂房上游侧，包括 3 台主变压器、1 台联络变压器、9 台并联电抗器、500 kV 和 220 kV 配电装置及其出线设备，占地面积仅为同类开关站的 10%。

5.3　水电站开发方式及类型

5.3.1　水电站开发方式

分散分布在一条河流上的水能资源，被消耗在克服河道阻力和滩头跌水上。只有通过建造水力发电站将分散在一段河道上的水能资源集中起来才能有效加以利用。按集中水头的方式不同，水电站的开发方式分为引水式、坝式和混合式三种类型。

（1）引水式水电站

引水式水电站，主要依靠引水道来集中水电站的水头，它又可分为无坝取水和有坝取水两种形式。无坝引水式水电站，采用小于天然河道底坡的明渠，将水引到水电站厂房位置河道岸边山坡上，再用压力水管将水引至布置在河岸的水电站厂房发电，发电后的水通过尾水渠排入河中。无坝取水的引水式水电站只能从天然河道中引用约 1/4 的河道流量。有坝引水式水电站，是在河道上建筑低坝或水闸，以便从河道中引用更多的流量发电，修建闸或低坝的主要目的是为了取水，也可集中少量水头。引水式水电站布置如图 5-1 所示。

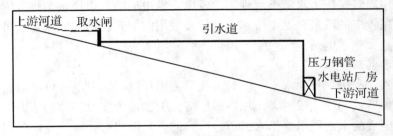

图 5-1　引水式水电站示意

（2）坝式水电站

坝式水电站，是在河道上筑坝壅高水位形成水库，利用坝集中水电站的水头，水电站厂房布置在坝后或坝下游岸边。坝式水电站的大坝具有集中水头和利用水库蓄水调节流量双重作用。坝式水电站的布置如图 5-2 所示。

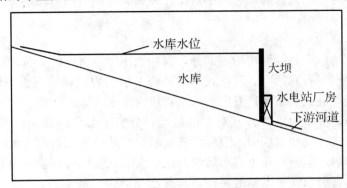

图 5-2　坝式水电站示意

坝式水电站厂房布置在坝后或下游河岸，前者用压力钢管引水到坝后厂房发电，发电后的水由尾水管直接排入下游河道；后者是因为泄洪需要，将厂房布置在下游岸边，用钢衬隧洞从岸边引水到厂房发电，发电后的水经尾水道排入河道。其引水道和尾水道稍长。

（3）混合式水电站

混合式水电站，同时利用坝和引水隧洞来集中水电站的水头。混合式水电站具有坝式水电站调节径流的功能，其引水道只能是有压引水隧洞。当采用压力明管引水时厂房布置在地面，与引水式水电站厂房类似。当采用埋藏式压力水管或压力隧洞引水时，水电站厂房与坝式水电站岸边厂房布置类似。

5.3.2　水电站类型

按水电站厂房布置特点，水电站的典型布置形式分为引水式、坝式和河床式三种类型。

（1）引水式电站

引水式水电站，利用长引水道（明渠或隧洞）集中水头，厂房布置在取水口下游岸边，远离取水口。无坝取水引水式水电站，引用流量小，通常用明渠将水引到厂房附近，再用压力钢管引水到厂房发电，发电后的水通过尾水渠排入河道。小水电站通常采用这种形式。有坝引水式水电站是在河道上修建水闸或低坝取水，用长的压力隧洞将水引到取水口下游电站厂房附近，再用埋藏式压力水管引水到厂房发电，发电后的水由尾水洞排入河道。有坝引水式水电站可引用较多的流量，是中型水电站较多采用的形式。当有河流弯道可利用时，也可用这种形式建造大型水电站。

（2）坝式水电站

坝式水电站，利用坝集中水头，同时可调节河川径流，除发电外可获得其他综合利用效益。厂房分为坝后式和岸边式两类。坝后式厂房，引水道为穿过坝体的压力钢管，将水引到厂房发电，发电后的水由尾水管排入河道。厂房的布置形式有：坝后地面厂房（厂房布置在非溢流坝后），溢流式厂房（厂房布置在溢流坝后，厂房顶溢流），厂前挑流式厂房（厂房布置在溢流坝后，在厂房前用鼻坎挑流，厂房顶不溢流），坝内厂房（厂房布置在坝体内），墩内式厂房（厂房布置在大坝闸墩内）。因泄洪需要，将厂房布置在下游岸边时，厂房有岸边地面和岸边地下两种形式。岸边式厂房从水库取水，用钢衬隧洞引水到布置在坝下游的厂房发电，发电后的水通过尾水道排入下游河道。其引水和尾水道相对较长，尾水道采用无压或有压隧洞。当有压尾水洞较长时，为减小水击压力和满足机组调节稳定，要求其尾水系统还包括尾水调压室。

（3）河床式水电站

河床式水电站的厂房是拦河坝的一部分，起挡水作用。由于厂房布置在河道上，引水道和尾水道都较短，枢纽布置紧凑。河床式水电站的引水道为钢筋混凝土结构矩形断面流道，水轮机蜗壳也是钢筋混凝土结构，发电后的水直接由尾水管排入河道。

所需指出的是，按集中水头方式对水电站进行分类是苏联的做法，有时却难以明确划分。故通常把引水式开发和筑坝引水混合式开发的水电站统称为引水式水电站。坝式水电站由于某种原因（如泄洪需要）在坝肩山体内开挖引水道，将厂房布置在坝下游河岸上，这时水电站建筑物也具有引水式水电站的特征，与典型坝后式厂房不同，故称为河岸（或岸边）引水式厂房。欧美国家通常按水电站调节性能进行分类，把水电站分为两类：对筑坝形成水库具有调节性能的水电站称为水库电站（或称蓄水式水电站）；筑坝仅为集中水头，无调节能力的水电站称为径流式水电站。此外，北欧一些国家在山区修建水电站采取跨河流引水方式，用多条引水道把不同小河流的水汇集到一起发电。引水道的作用主要是汇集流量而不是集中水头，这种水电站称为集水网道式水电站。

5.4 水电站建筑物

水电站组成建筑物除挡水、泄水、排砂、取水、通航等一般水工建筑物外，还包括水电站引水发电系统组成建筑物（进水、引水、平水、尾水等建筑物）和发电、变电建筑物（发电厂房、变压器场、高压开关站等建筑物）。

5.4.1 引水和尾水建筑物

（1）进水口

水电站进水口的作用是顺畅地引水发电。为保证引水的质量和数量，进水口必须满足取水、防砂、排污等要求。进水口按照位置和结构特征不同，可分为坝式和河岸式两大类。到20世纪末我国已建的 382 座大中型水电站中，坝式进水口 244 座（其中深式进水口 92 座，河床式进水口 152 座），河岸式进水口 121 座（其中深式进水口 104 座，开敞式进水口 17 座），塔式进水口 17 座。

坝式进水口：坝式进水口位于坝上，按进水口淹没深度不同，又可分为浅式和深式两种类型。河床式水电站和低水头水电站的进水口属浅式进水口，高坝大库水电站的进水口属深式进水口。坝式进水口均采用一台机布置一个进水口方式，深式进水口布置上多采取在坝面伸出悬臂平台布置拦污栅（悬臂长度 2 m～20 m），也有将上游坝面斜坡切平做成进口平台的（如三门峡）。多数拦污栅为平面直线布置，少数电站（如新安江）采用半圆形布置。污物较多的河流，也有采用两道拦污栅的，即在各台机拦污栅前面再设一道公共的拦污栅（如刘家峡、龚嘴等）。拦污栅和检修闸门多采用竖直布置方式。

河岸式进水口：河岸式进水口布置在岸边，是引水式水电站所采用的进水口。按水流条件不同，可分为开敞式（无压）和有压两类。有压进水口按结构布置形式不同，又可分为塔式、岸塔式、斜坡式和竖井式四种。应用最广泛的是岸塔式和竖井式两种，在已建的进水口中占 80% 以上。完全建在水库中的塔式进水口应用较少，只有古田等少数几个电站采用这种形式，多数塔式进水口将塔靠近河岸与山坡相连成为岸塔式布置。低坝引水式水电站大部分位于西南地区（如映秀湾），此类进水口一般布置在河流弯道的凹岸。取水枢纽常设有拦砂坎、冲砂闸、沉砂池、冲砂道等辅助建筑物，进行定期冲砂和清除，以保证电站进口的"门前清"。

已建部分坝前深式进水口的概况见表 5—5，已建部分河岸式进水口的概况见表 5—6。

表 5—5 已建部分坝前深式进水口统计

电站名称	引用流量（m³/s）	拦污栅		底板以上水头		门孔尺寸宽×高（m×m）
		牛腿长度（m）	过栅流速（m/s）	至正常水位（m）	至最低水位（m）	
新安江	118	9.40		37.6		3.7×8.2
新丰江	118	4.45	1	40.0	17.0	4×6

电站名称	引用流量（m³/s）	拦污栅		底板以上水头		门孔尺寸宽×高（m×m）
		牛腿长度（m）	过栅流速（m/s）	至正常水位（m）	至最低水位（m）	
盐锅峡	135		1.6	19.0	15.0	5.5×7
柘溪	146	2.00	≤1.5	36.5	13.0	5.5×7
丹江口	275		0.72	55.0		7.5×10
凤滩	137			50.0		4×8.5
刘家峡	348	8.00	0.5～0.6	55.0	14.0	7×8
龚嘴	266	6.00	≤1	34.0	26.0	7×8
乌江渡	203	7.87		60.0～70.0	20.0～37.0	5.5×7.5
安康	304	8.00	≈1	48.0	13.0～18.0	7.5×9.38

表5—6　已建部分河岸式进水口统计

电站名称	引用流量（m³/s）	结构形式	拦污栅布置形式	底板设计水头（m）	门孔尺寸宽×高（m×m）
黄坛口	122.8	岸塔式	塔前倾斜式	20.2	4.8×6
古田	67.2	塔式	塔式倾斜式	46.2	4×4.4
云峰	2×270	竖井式	前沿四孔直立式	54.0	3.5×8.6
安砂	214.2	岸塔式	塔前两孔倾斜式	41.7	5.6×8.1
湖南镇	222.8	竖井式	塔前两孔斜坡式	64.9	6×7.8
白山	3×305	塔式和岸塔式	前沿直立式	63.0～78.0	10×10
碧口	480	岸塔式	塔前六孔连通直立式	43.0	10.5×12

（2）引水明渠及尾水渠

引水明渠：明渠是无压引水式水电站引水建筑物的主体。对渠道的基本要求是：渠道要有足够的输水能力，要能随时输送水电站所需的流量，并有适应水电站流量变化的能力；渠道要能防止污物、泥砂沿渠道两侧山坡随暴雨涌入渠道，确保水质符合要求；运行要安全可靠，运行中要防止冲刷及泥砂淤积，渠道流速小于冲刷流速和大于泥砂不淤流速；在气温较高易于长草季节，渠道水深要大于1.5 m，流速要大于不淤流速。

尾水渠：尾水渠的作用是将水电站发电后的水顺畅地排入下游河道。尾水渠的要求与引水渠类同。

（3）引水隧洞及压力管道

引水隧洞：有压引水式水电站主要靠引水隧洞来集中电站水头。我国已建的西洱河一级的有压引水隧洞，长8 429 m，取得水头232 m。渔子溪一级的无压引水隧洞长8 429 m，取得水头约302 m。我国已建引水隧洞140余条，总长度达120余千米，过水断面都在100 m²以下，洞径一般在5 m～10 m。我国已建水电站引水隧洞承受的内水压力水头多在60 m以下，多采用混凝土或钢筋混凝土衬砌。随着设计理论和计算方法的改进，现在大中型水电站的引水隧洞设计考虑衬砌与围岩联合作用，使衬砌厚度减小。有的电站围岩较好，可以加固围岩，改钢筋混凝土衬砌为喷锚衬砌，充分发挥围岩的自承作用。已建碧口水电站的洞径达到 10.5 m，是洞径最大的引水隧洞。隧洞的纵坡大多为 0~10‰，个别的也有达到 6.1‰。隧洞流速为 3 m/s~5 m/s。福堂水电站的引水隧洞洞径为 9 m，隧洞长度为 18.615 km，引用流量 251 m³/s，是我国已建最长的发电引水隧洞。在建的锦屏二级水电站的有压引水隧洞的规模达到一个新的水平，4 条平行布置的有压引水隧洞长度为 16 km，洞径达 12 m。

压力管道：压力管道的作用是将水引到厂房发电，发电后的水通过尾水渠再排入河道。有坝引水式水电站是在天然河道上建造低的闸坝，以便从天然河道取得更多的流量，更充分地利用水能资源。所建闸坝集中的水头不多，主要靠有压引水隧洞来集中水电站的水头。为了减小引水道的水击压力和改善水轮发电机组的调节稳定性，在压力隧洞末端设有调压室。调压室后用压力管道将水引至水电站厂房发电，发电后的水通过尾水渠再排入河道。水电站压力管道分为坝内压力管道、地下埋管、明管和钢岔管几种类型。坝内压力管道，一般埋设在坝段中央，溢流坝段则在闸墩位置布置进水口和引水钢管。实体重力坝和坝后式厂房，以斜式埋管居多（如安康水电站）。薄拱坝、支墩坝和宽缝重力坝管道有两种布置方式：一种是钢管埋于坝底，水平穿过坝体进入厂房；另一种是钢管埋于较高位置，水平穿过坝体后，以明管沿下游坝面顺坡而下再水平进入厂房（如高洋水电站、紧水滩水电站）。空腹坝的坝内式厂房埋管常采用坝内埋管（如上犹江水电站、枫树坝水电站）。重力拱坝坝内式厂房的钢管则采取钢管紧贴上游坝面而后再转弯水平进入厂房（如枫树坝水电站）。20 世纪 50 年代修建的坝内埋管的直径多小于 6 m，设计水头小于 70 m。20 世纪 70 年代修建的龚嘴水电站管径达到 8 m，乌江渡的设计水头已达 120 m。管材早期用普通钢，20 世纪 60 年代后开始使用 16 锰和 15 锰钒钢。地下埋管的布置方式：中水头大流量电站当单机容量大时采用一管一机布置，高水头小流量长钢管采用一管多机布置。管中流速一般不超过 4 m/s~5 m/s。已建地下埋管最大内水压力为 724 m，单管最大长度为 1 824 m（如以礼河三级盐水沟），最大内径为 10 m（如白山水电站）。一管多机布置的水电站，在主管与支管间需用岔管连接。我国使用的钢岔管可分为 3 个阶段：20 世纪 50 年代修建的电站水头不高，一般多为贴边式钢岔管（如密云电站岔管）；20 世纪 60 年代起由于高水头电站出现，三梁式钢岔管应用较多（如以礼河三级电站岔管）；20 世纪 70 年代后，由于压力钢管水头和流量均有所增大，逐渐开始采用月牙形内加强肋钢岔管（如南桠河二级电站、湖南镇电站岔管），个别工程也采用球形钢岔管（如四川磨房沟二级电站岔管）和无梁钢岔管（如云南西洱河二级电站岔管）。已建水电站的岔管除个别在大型重机厂制造外，大部分都是在工地现场由卷板机卷板成型，手工焊接而成，岔管的材料一般用 16 锰。

5.4.2　平水建筑物

（1）压力前池

压力前池是无压引水式水电站引水明渠与压力水管的连接建筑物，布置在引水明渠末端。其功能包括：将渠道来水均匀引入压力水管；宣泄多余水量，控制渠道末端中的水位壅高和满足下游用水需要；清除进入渠道的泥砂和污物；利用前池容积的调节作用平稳机组水头。无压引水式水电站在压力前池附近地区有合适地形可扩大其容积或建造日调节池时，可使水电站进行日调以增加水电站的发电效益。压力前池的建筑物由池身、压力水管进水口、泄水建筑物和排砂建筑物等组成。压力前池池身的宽度和深度，受压力水管数目和尺寸控制，池身一般均比渠道宽和深，因此在前池与渠道间需用渐变段连接。压力水管进水口为承压墙式结构，既要承受前池水压力，又起固定压力水管作用。进水口设有拦污栅、闸门和通气孔等设备。压力前池泄水建筑物由首部溢流堰和泄水陡槽组成，用以宣泄多余水量。渠道进口只能除去大部分底砂，仍有少量底砂和大部分悬砂进入渠道，渠道沿线也会有砂进入渠道。由于前池中水流速度减小，泥砂将在前池淤积，因此需要设排砂建筑物拦砂坎和冲砂孔排。冲砂孔同时起放水底孔作用。

（2）调压室

具有长引水道或尾水道的水电站，为了减小水道中的水击压力和改善机组调节稳定性，需设置调压室。水电站特别是大中型水电站，当引水系统水流加速时间（或称为水流惯性时间）常数 $T_w \geqslant 2\,s$ 时，一般都要设置调压室，5 万 kW 以下的中小型水电站也有用调压阀代替调压室的，如龙源、绿水河二级、澄碧河、白云山等。调压室根据不同的要求和条件，可以布置在厂房上游和下游，前者称为"上游调压室"，后者称为"下游调压室"。有的地下水电站厂房采取中部式布置，当上下游都有比较长的有压水道时，为了减小水击压力和改善电站运行条件，在厂房上游和下游均设置调压室而成为双调压室系统。调压室的基本结构形式有简单式、阻抗式、双室式、溢流式和差动式等。

简单式：简单式调压室的室身上下断面相同，多为圆形断面，也有矩形断面。其优点是结构简单，反射水击波效果好；缺点是正常运行时隧洞与调压室连接处水头损失较大。

阻抗式：简单圆筒式调压室底部用短管或较小孔口的隔板与隧洞及压力管道连接起来，即为阻抗式调压室。由于阻抗孔口的消能作用，可削减室中水位波动的振幅，波动衰减也加快，缺点是水击波不能完全反射。

双室式：双室式调压室由一个断面较小的竖井和上下两个断面扩大的储水室组成。这种调压室的容积可减小，适用于水头较高和水库工作深度较大的水电站。

溢流式：溢流式调压室是在简单式调压室顶部设有溢流堰，从而限制了室中水位的升高。溢出的水量可设上室加以储存，也可排到下游。

差动式：差动式调压室由两个直径不同的同心圆筒组成，中间的圆筒直径较小，顶部有溢流口，通常称为升管，其底部以阻力孔口与外面大井相通。它综合地吸取了阻抗式和溢流式调压室的优点，但结构较复杂。

此外，还有一种气垫式调压室。气垫式调压室是一种全封闭的结构，室中上部为压缩空气，下部为水。调压室水位波动时，上部的压缩空气可抑制室中水位波动。这种调压室在挪威使用较多，已建近 10 座水电站中均采用。我国四川修建的自一里水电站采用了这种形式的调压室，这种原理的调压装置——空气罐在火电站补给水系统防护水击压力方面使用较多。

我国已建大中型水电站中，设有调压室的有 60 多座，多为井式结构（山体中开挖而成），上部为塔、下部为井的有近 10 座，仅有一座调压塔。断面形式以圆形为主，如 20 世纪 50 年代修建的岗南水电站的调压室为简单式调压室，下部为井，主体斜卧在山坡上，上部为塔。70 年代修建的映秀湾和碧口水电站采用了长方形断面。其后修建的贵州猫跳河窄巷口电站和太平哨水电站采用了阻抗式调压室。50 年代至 60 年代修建的官厅、大伙房、黄坛口、狮子滩、下马岭等水电站的调压室采用了差动式形式（其中下马岭是一座带溢流上室的差动式）。后来修建的湖南镇水电站的差动式调压室是将升管布置在大井之外，由于大小井分开给结构布置和施工带来了很大方便。80 年代末修建的天生桥二级水电站调压室，原设计为新型差动式（利用闸门井作为升管），在 1991 年投产前的调试中，发生调压室闸门井胸墙、闸墩倒塌事故（见《中国水力发电年鉴》第四卷 332 页），后来修复时改为阻抗式。在已建水电站中，设有下游尾水调压室的水电站有白山、二滩、三峡地下电站等。调压室的结构以井式结构最为广泛，它主要由井壁和底板组成。调压室井壁均采用钢筋混凝土加固，作固结灌浆处理防渗。我国已建部分水电站调压室的概况见表 5-7。

表 5-7　已建部分水电站调压室统计

工程 名称	调压室 位置	调压室 形式	调压室 高度 (m)	调压室 直径或断面 (m 或 m×m)	备　注
红林	引水道	调压塔	25.6	12	调压室为修建在地面的塔式结构
映秀湾	引水道	简单式		10×98	调压室在地下开挖而成
碧口	引水道	简单式		10.8×46.4	调压室在地下开挖而成
太平哨	引水道	阻抗式	41.1	21	调压室底部引水道断面高 6 m、宽 11.6 m
湖南镇	引水道	差动式		19.5（大井）	升管直径 7.8 m，布置在大井外，阻力洞直径 3.5 m，与大井相连接
太平驿	引水道	差动式	76.0	25.6	双升管布置在大井外，升管及压力管道直径均为 6 m
福堂坝	引水道	阻抗式	125.8	27	利用布置在大井内 2 闸门井做升管，升管总有效面积 42.33 m²
南水	引水道	双室式	76.4	9.5（竖井）	上室直径 13.2 m，下室直径 7 m
姚河坝	引水道	双室式			上室长 265 m，宽 6 m，高 7 m，下室长 70 m，内径 4 m~6 m
二滩	尾水道	阻抗式	58.1 65.3	92.9×19.5 92.9×19.5	三机一室，尾水调压室为廊道式
白山	尾水道	阻抗式	47.2		一机一室
锦屏二级	引水道	阻抗式	150.3	24	4 条引水道各设一个相同的调压室
构皮滩	尾水道	简单式	110.0	158×19.3	下部为 3 个独立的矩形室，对应 3 条尾水洞，上部连通成为闸门廊道

5.4.3　水电站厂房

水电站厂房枢纽由安装水轮发电机组及其控制设备的主、副厂房，安装变压器的变压器场和安装高压开关的开关站组成，是水电站将水能转变为电能的枢纽建筑物。厂房枢纽内安排的机电设备可分为水流、电流、电气控制、机械控制和辅助设备等五大系统。水电站厂房按水电站的开发方式和厂房结构特征不同，可分为引水式、坝式和河床式三种基本类型。引水式厂房的特点是厂房与坝没有联系，它又可分为地面和地下两种形式。坝式厂房的特点是由上游侧的坝或闸挡水，典型的坝后式厂房是将厂房布置在坝后地面。由坝后地面厂房又发展出溢流式厂房、厂前挑流式厂房和坝内式厂房等。河床式厂房的特点是厂房要起挡水作用，由河床式厂房又发展出泄水式和闸墩式两种厂房形式。

据 20 世纪末不完全统计，我国已建成装机容量 25 万 kW 以上常规大型水电站 55 座，大型抽水蓄能水电站 5 座。在 55 座常规大型水电站中：引水式水电站 6 座，占总数的 11%；坝式水电站 39 座，占总数的 71%；河床式水电站 10 座，占总数的 18%。坝式水电站是已建大型水电站中最多的水电站。

（1）引水式水电站厂房

引水式地面厂房：引水式水电站和混合式水电站的厂房位于河岸，且远离取水口，与坝没有直接联系，由引水道（无压明渠或有压引水隧洞）将水引到厂房附近河岸，再用压力明钢管或埋藏式压力钢管引水进入布置在河床岸边的地面厂房发电，发电后的水经尾水渠排入河道。中小水电站大多采用引水式地面厂房。

引水式地下厂房：大中型引水式水电站，当河岸地形较陡，采用地面厂房挖方大时才采用地下厂房，如映秀湾、太平驿水电站厂房。当水电站采用有坝取水，混合式开发方式，水电站厂房布置在引水系统首部或中部时，水电站厂房只能布置在地下且具有较长的尾水隧洞（可以是有压或无压隧洞），如鲁布革水电站的厂房就属于这种类型。

我国已建部分 25 万 kW 以上水电站引水式厂房概况见表 5-8。

表 5-8 已建部分 25 万 kW 以上水电站引水式厂房统计

电站名称	厂房形式	设计水头（m）	引水隧洞		电站装机		厂房尺寸长×宽×高（m×m×m）
			长度（m）	直径（m）	台数（台）	单机容量（万 kW）	
鲁布革	岸边地下	327.0	9 387	8.0	4	15.00	125×19×39.4
天生桥二级	岸边地面	176.0	3×9 770	8.7～10.4	10	22.00	166.6×27.1×57.9
太平驿	岸边地下	108.0	10 500	9.0	4	6.50	110.7×19.7×41.9
福堂	岸边地面		18 615			9.00	69.5×20×43.4
湖南镇 湖南镇（扩建）	岸边地面	90 110	1 100	7.8	41	4.25	75.2×17×32.7 44.5×22×41.3
水丰（扩建）	岸边地面	76.1	1 499.29	8.6	2	7.50	64×20.5×44

（2）坝式水电站厂房

坝式水电站的厂房紧靠大坝布置，按厂房特点不同，可分为坝后式地面厂房、河岸式厂房、溢流式厂房、厂前挑流式厂房和坝内式厂房等几种类型。

坝后式地面厂房：坝后式厂房是将厂房布置在大坝非溢流坝段后，通过穿过坝体的压力钢管向水轮机供水，发电后的水经尾水管直接排入下游河道。引水钢管短，采用单独供水方式，厂房为地面式厂房。当坝址河谷宽度较大，可同时布置下溢流坝和厂房时，常采用这种厂房形式。早期修建的丰满水电站、三门峡水利枢纽、丹江口水利枢纽和 21 世纪初建成的长江三峡水利枢纽的厂房均采用这种厂房布置形式。

河岸式厂房：高山峡谷修建的水电站，由于泄洪的需要，将水电站引水系统布置在岸边山体内，由修建在上游岸边的深式进水口取水，用埋藏式压力钢管引水发电，发电后的尾水经尾水隧洞排入下游河道。坝式水电站河岸式厂房与有压引水式水电站地下厂房类似，所不同的是引水系统不是为了集中水头，而是为了引水发电，厂房靠近大坝，引水隧洞和尾水隧洞长度较短。厂房布置在山体内称为地下式厂房，采用这种厂房布置形式的水电站有二滩、小浪底、大朝山等。厂房布置在岸边称为窑洞式地下厂房，如龚嘴水电站。也有采用坝后地面厂房与河岸地下厂房相结合的厂房布置形式，如刘家峡水电站。

溢流式厂房：溢流式厂房位于溢流坝后，泄洪时水流通过厂房顶下泄到下游河道，新安江水电站的厂房采用的就是这种布置形式，为了避免泄洪时水雾带来不利影响，将厂房做成封闭式。由于厂房与坝之间空间较多，可利用这个空间布置副厂房和主变压器。

厂前挑流式厂房：厂房位于溢流坝后，泄洪时水流在厂房前利用鼻坎挑向下游，水流不经过厂房顶，不会引起厂房振动。乌江渡、漫湾水电站的厂房就是采用这种布置形式。由于厂房与坝之间空间较多，可利用这个空间布置副厂房和主变压器。

坝内式厂房：高山狭谷地区修建水电站，由于河谷狭窄，枢纽泄洪矛盾突出。坝内式厂房是适应这种情况枢纽泄洪需要而发展起来的一种厂房布置形式。坝内式厂房是指主机房布置在坝体空腔内的厂房。坝内式厂房的进水口布置在溢流堰下方，工作闸门采用蝴蝶阀（简称蝶阀），蝶阀室上用盖板覆盖。蝶阀安装和检修时放下溢流坝检修门，打开阀室顶盖，用坝顶门机将蝶阀吊出。坝体空腔的大小和形状由坝体应力条件确定，主机房布置受空腔高度限制，需采用两台桥吊来吊运大的部件。为了防渗及防潮，主机房需设置隔墙。上犹江、凤滩等水电站的厂房采用的就是这种厂房布置形式。

我国已建部分 25 万 kW 以上水电站坝后式厂房概况见表 5—9。

表 5—9 已建部分 25 万 kW 以上水电站坝后式厂房统计

电站名称	坝型	厂房形式	单机流量（m³/s）	设计水头（m）	电站装机		厂房尺寸长×宽×高（m×m×m）
					台数（台）	单机容量（万 kW）	
三峡左岸 三峡右岸 三峡地下	重力坝	坝后地面 坝后地面 岸边地下	966.4	80.6	14 12 6	70.00 70.00 70.00	643.7×39×94.3 584.2×39×94.3 301.3×21×83.84
三门峡	重力坝	坝后地面	197.5 232.5	30.0	5 2	57.50	223.9×40.5×48.8
丰满	重力坝	坝后地面 坝后地面	162.0	64.2	5 1 2 2	7.25 7.00 6.10 8.50	189×22×38（1943 年） 51×22×47.1（1991 年）
丰满（扩建）	重力坝	岸边地面		53.0	2	14.00	90×27.4×55.1
丹江口	重力坝	坝后地面	277.0	63.5	6	15.00	175.5×26.2×48.5
云峰	重力坝	岸边地面	135.0	89.0	4	10.00	109.5×18.5×21
新丰江	大头坝	坝后地面	136.5 118.0	73.0	1 1	7.50 7.25	102.2×19.6×42
刘家峡	重力坝	坝后地面 岸边地下	259.0 300.0 348.0	100.0	3 1 1	22.50 25.00 30.00	83.7×26.5×56.3 86.1×26.5×62
龙羊峡	拱坝	坝后地面	298.0	122.0	4	32.00	152.5×28×61
盐锅峡	重力坝	坝后地面	135.0	38.0	9	4.40	192.5×18.4×40

电站名称	坝型	厂房形式	单机流量（m³/s）	设计水头（m）	电站装机		厂房尺寸长×宽×高（m×m×m）
					台数（台）	单机容量（万kW）	
柘溪	支墩坝	岸边地面	146.0	60.0	15	7.25 7.50	146.2×18.7×38.7
水丰	重力坝	坝后地面		76.1	7	9.00	64×20.5×44（扩建）
白山一期 白山二期	重力坝	岸边地下 岸边地面	307.0	110.0 112.0	3 2	30.00 30.00	121.5×25×54.25 89.5×25.5×56.8
天生桥一级	堆石坝	岸边地面	301.2	111.0	4	30.00	145×26×61.5
老虎哨	重力坝	坝后地面		39.0	6	6.50	133.5×20×41
紧水滩	拱坝	坝后地面	84.7	69.0	6	5.00	108.35×18×35.8
水口	重力坝	坝后地面	478.0	45.3	7	20.00	312.9×34.7×73.1
五强溪	重力坝	坝后地面	627.0	44.5	5	24.00	251.1×38×68.3
东江	拱坝	坝后地面	123.0	118.5	4	15.00	106×23×52.8
岩滩	重力坝	坝后封闭	580.0	55.5	4	30.25	200×38.5×72.3
宝珠寺	重力坝	坝后地面	239.0	84.4	4	17.50	102×26×51.8
安康	重力坝	坝后地面	304.0	76.2	4	20.00	132.5×26.5×68.6
二滩	双曲拱坝	岸边地下	374.0	165	6	55.00	280.29×30.7×65.7
龚嘴	重力坝	坝后地面 岸边地下	241.0	48.0	4 3	10.00 10.00	127×24.7×52.9 106×29.6×54.9
隔河岩	重力坝	岸边地下	325.0	103.0	4	30.00	142×26.2×66.3
李家峡	拱坝	坝后地面 岸边窑洞	362.0	122.0	3 2	40.00 40.00	87×28.5×62.5 62×29×71
小浪底	堆石坝	岸边地下	306.0	112.0	6	30.00	251.5×26.2×61.4
大朝山	重力坝	岸边地下	347.5	72.5	6	22.50	225×28×61.3
万家寨		坝后地面	292.0	68.0	6	18.00	196.5×27×56.3
棉花滩	重力坝	岸边地下		87.6	4	15.00	129.5×21.9×52.1
莲花	堆石坝	岸边地下	331.0	47.0	4	13.75	162.5×29.4×55.9
东风	拱坝	岸边地下	160.5	117.0	3	17.00	107×21.7×47.9
碧口	土石坝	岸边地面	160	73.0	3	10.00	83×20×46.8
构皮滩		岸边地下			5	60.00	230×27×75.32
渭源		坝后地面	195.0	39.0	6	6.50	133.5×20×41

我国已建部分25万kW以上水电站溢流式、厂前挑流式和坝内式厂房概况见表5-10。

表 5-10　已建部分 25 万 kW 以上水电站溢流式、厂前挑流式、坝内式厂房统计

电站名称	厂房形式	坝型	单机流量（m³/s）	设计水头（m）	电站装机		厂房尺寸 长×宽×高（m×m×m）
					台数（台）	单机容量（万 kW）	
新安江	厂顶溢流式	重力坝	123	73	5 4	7.3 7.5	215.0×22.0×42.70
乌江渡	厂前挑流式	重力坝	203	120	3	21.0	105.0×32.0×56.1
漫湾	厂前挑流式	重力坝	316	89	6	25.0	195.0×34.5×59.9
凤滩	坝内式	重力拱坝	160	73	4	10.0	143.8×20.5×40.1

河床式厂房：低水头水电站水头低，机组尺寸较大，布置上采取将主厂房直接与进水口连接，构成整体建筑物，在河床中起挡水作用，要承受水压力，这种厂房称为河床式厂房。河床式厂房在平行水流方向分为三段，即进水口段、主厂房段和尾水段。装置竖轴轴流式水轮机的河床式厂房采用钢筋混凝土蜗壳，厂房水下部分尺寸主要由流道尺寸控制。装置大型灯泡式贯流机组的河床式厂房，其大型灯泡式机组的水轮机部分装置在位于进口闸门与尾水闸门之间的水轮机室，发电机则放在灯泡内，灯泡支撑在辐射状布置的导叶或混凝土墩上。贯流式机组与竖轴轴流式机组厂房相比，具有厂房结构简单、长度减小、基础开挖深度浅、水流平顺、机组效率高、机组气蚀轻等优点。由河床式厂房又延伸发展出泄水式和闸墩式厂房。在厂房机组段内布置有泄水道的河床式厂房统称为泄水式（又称混合式）厂房。装置竖轴轴流式机组厂房的泄水道是布置在河床式厂房两机组的蜗壳和尾水管之间或蜗壳顶板上；装置贯流式机组厂房的泄水道是布置在主机房顶上。闸墩式厂房是将厂房的机组段分散布置在闸墩内，机组段兼起闸墩作用。闸墩式厂房的缺点是机组分散，运行管理不便。

我国已建部分 25 万 kW 以上水电站河床式厂房概况见表 5-11。

表 5-11　已建部分 25 万 kW 以上水电站河床式厂房统计

电站名称	厂房形式	坝型	单机流量（m³/s）	设计水头（m）	电站装机		厂房尺寸 长×宽×高（m×m×m）
					台数（台）	单机容量（万 kW）	
葛洲坝	河床式	闸坝	1 130 825	18.6	2 19	17.0 12.5	328.5×33×77（二江） 582.2×33×74（大江）
大化	河床式	空腹重力坝	556	22.0	4	10.0	175×75.6×83.3
富春江	河床式	重力坝	500 516	14.3	1 4	5.7 6.0	189.2×24.7×57.4
凌津滩	河床式	重力坝		8.5	9	3.0	180×58.65×52.5
高坝洲	河床式	重力坝	403		3	8.4	124×19×50.5
沙溪口	河床式	重力坝	52.5	17.5	4	7.5	160×25.3×62.2
万安	河床式	重力坝	556	22.0	5	10.0	197×26.5×68.1
铜街子	河床式	重力坝	575	31.0	4	15.0	178.5×30×74.6
八盘峡	河床式	闸坝		18.0	5	3.6	150.9×18.7×43.2

续表5—11

电站名称	厂房形式	坝型	单机流量 (m³/s)	设计水头 (m)	电站装机		厂房尺寸 长×宽×高 (m×m×m)
					台数 (台)	单机容量 (万 kW)	
青铜峡	河床式 闸墩式	重力坝	250	18.0	7 1	3.6 2.0	147×18.6×33.58 17.25×18.6×33.58
大峡	河床式	重力坝	370	23.0	4	7.5	150.5×24.5×74.5

我国已建部分 25 万 kW 以上抽水蓄能电站厂房概况见表 5—12。

表 5—12 已建部分 25 万 kW 以上抽水蓄能电站厂房统计

电站名称	厂房形式	机组形式	单机流量 (m³/s)	设计水头 (m)	电站装机		厂房尺寸 长×宽×高 (m×m×m)
					台数 (台)	单机容量 (万 kW)	
潘家口	坝后式	单级可逆	145.4	71.6	3 1	9 15（常规）	128.5×26.2×56.5
天荒坪	地下式	单级可逆	67.7	532.0	6	30	192.7×22.4×47.2
广蓄一期	地下式	单级可逆	68.2	500.6	4	30	146.5×22×44.5
广蓄二期	地下式	单级可逆	68.9	509.0	4	30	146.5×22×47.7
十三陵	地下式	单级可逆	53.8	430.0	4	20	145×27.6×46.6

注：均为可逆式混流水轮机。

第 6 章 淮河治理

6.1 淮河流域概况

淮河流域位于我国东部，介于长江、黄河之间，流域面积 27 万 km²，跨豫、皖、苏、鲁、鄂五省，总人口 1.65 亿，耕地面积 1.8 亿亩，人口密度 611 人/km²，居我国各流域之首。

6.1.1 淮河水系

淮河流域以废黄河（黄河故道）为界，分为淮河与沂、沭、泗三河两大水系，面积分别为 19 万 km² 和 8 万 km²，有京杭大运河及淮沭河贯通其间。淮河干流发源于河南省桐柏山，向东流经豫、鄂、皖、苏四省，在三江营入长江，全长 1 000 km，总落差 200 m，平均比降约万分之二。淮河分为上、中、下游三段：洪河口以上为上游，流域面积 3.06 万 km²，长 360 km，地面落差 178 m，平均比降约万分之五；洪河口以下至洪泽湖出口中渡为中游，长 490 km，地面落差 16 m，平均比降约万分之零点三，中渡以上流域面积 15.8 万 km²；中渡以下为下游，长 150 km，地面落差约 6 m，平均比降约万分之零点四，三江营以上流域面积为 16.46 万 km²。洪泽湖以下淮河的排水出路，除入江水道之外，还有苏北灌溉总渠、废黄河和向新沂河相机分洪的淮沭河。淮河两岸支流众多，淮河中游的正阳关，是淮河上中游山区洪水汇集的地点，古有"七十二水归正阳"之说。南岸支流都发源于大别山区及江淮丘陵区，源近流急，较大支流有史灌河、淠河、东淝河、池河等。北岸主要支流有洪汝河、沙颍河、西淝河等，其中沙颍河流域面积最大，近 4 万 km²。淮河下游里运河以东，有射阳港、黄沙港、新洋港、斗龙港等滨海河道，承泄里下河及滨海地区的降水，总流域面积为 2.5 万 km²。沂、沭、泗水系是沂河、沭河、泗河水系的总称，位于淮河流域东北部，大部分属苏、鲁两省。沂河、沭河、泗河均发源于沂蒙山区。泗河流经南四湖，汇集沂蒙山西部及湖西平原各支流后，经韩庄运河、中运河、骆马湖、新沂河于灌河口入海。沂河、沭河自沂蒙山区平行南下，沂河流经山东省临沂市进入中下游平原，在江苏省新沂市入骆马湖，经新沂河入海。沂河在彭家道口和江风口有分沂入沭水道和邳苍分洪道，分沂河洪水分别入沭河和中运河。沭河在大官庄分新、老沭河，老沭河南流入新沂河，新沭河流经石梁河水库，至临洪口入海。东营市淮河流域片区，地处黄河以南，包括东营区、广饶县和垦利县，总面积 4 822 km²，主要包括小清河、淄河、六干排等 20 条河道。

6.1.2 气象水文

淮河和秦岭一起构成了中国的地理分界线，以北为北方，以南为南方。淮河流域地处我国南北气候过渡带，淮河以北属暖温带区，淮河以南属北亚热带区，气候温和，年平均气温为 11℃～16℃。气温变化由北向南，由沿海向内陆递增。极端最高气温达 44.5℃，极端最低气温达－24.1℃。蒸发量南小北大，年平均水面蒸发量为 900 mm～1 500 mm，无霜期 200～240 天。淮河流域多年平均降水量约为 883 mm，其分布状况大致是由南向北递减，山区多于平原，沿海大于内陆。流域内有 3 个降水量高值区：一是伏牛山区，年平均降水量为 1 000 mm 以上；二是大别山区，超过 1 400 mm；三是下游近海区，大于 1 000 mm。流域北部降水量最少，低于 700 mm。降水量年际变化较大，最大年雨量为最小年雨量的 3～4 倍。降水量的年内分配也极不均匀，汛期（6～9 月）降水量占年降水量的 50%～80%。产生淮河流域暴雨的天气系统为台风（包括台风倒槽）。

6.1.3　流域地貌

淮河流域西起桐柏山、伏牛山，东临黄海，南以大别山、江淮丘陵、通扬运河及如泰运河南堤与长江分界，北以黄河南堤和泰山为界，与黄河流域毗邻。淮河流域西部、西南部及东北部为山区、丘陵区，其余为广阔的平原，山丘区、平原区的面积分别占总面积的 1/3 和 2/3。淮河流域的平原面积占黄淮海平原面积的 3/5。流域西部的伏牛山、桐柏山区，一般高程为 200 m～500 m（黄海高程，下同），沙颍河上游石人山高达 2 153 m，为全流域的最高峰。南部大别山区高程为 300 m～1 774 m。东北部沂蒙山区高程为 200 m～1 155 m。丘陵区主要分布在山区的延伸部分，西部高程一般为 100 m～200 m，南部高程为 50 m～100 m，东北部高程一般为 100 m 左右。淮河干流以北为冲积、洪积平原，地面自西北向东南倾斜，高程一般为 15 m～50 m。淮河下游苏北平原高程为 2 m～10 m，南四湖湖西为黄泛平原，高程为 30 m～50 m。流域内除山区、丘陵和平原外，还有为数众多、星罗棋布的湖泊、洼地。

6.1.4　社会经济

淮河流域是我国重要的商品粮、棉、油生产基地，煤炭资源丰富，初步探明煤炭储量有 700 多亿 t。流域内交通发达，京沪、京九、京广三条铁路大动脉从流域内东、中、西部通过，陇海铁路及宁西铁路分别贯穿流域北部、南部，公路网、水运网四通八达。淮河流域包括湖北、河南、安徽、山东、江苏五省 40 个地（市），181 个县（市），总人口为 1.65 亿，平均人口密度为 611 人/km²，是全国平均人口密度 122 人/km² 的 4.8 倍，居各大江大河流域人口密度之首。淮河流域耕地面积 1 333 公顷，主要作物有小麦、水稻、玉米、薯类、大豆、棉花和油菜，1997 年粮食产量为 8 496 万 t，占全国粮食总产量的 17.3%。农业产值为 3 880 亿元，人均农业产值为 2 433 元，高于全国同期人均值。淮河流域已建成淮南、淮北、平顶山、徐州、兖州、枣庄等国家大型煤炭生产基地，1997 年产煤量占全国产煤量的 1/8，是我国黄河以南最大的煤田。工业以煤炭、电力工业及农副产品为原料的食品、轻纺工业为主。流域内火电装机超过 2 000 万 kW。20 世纪 90 年代以来，煤化工、建材、电力、机械制造等轻重工业也有了较大发展，郑州、徐州、连云港、淮南、蚌埠、济宁等一批大中型工业城市已经崛起。淮河流域 1997 年工业总产值 9 664 亿元，国内生产总值 7 031 亿元，人均国内生产总值仅 4 383 元，低于全国平均值，尚属经济欠发达地区。淮河流域沿海有近 1 000 万亩滩涂可资开垦。流域年平均水资源量为 854 亿 m³，干旱之年还可北引黄河、南引长江补充水源。

6.2　淮河流域特点及洪水灾害

6.2.1　淮河流域特点

淮河流域地处气候过渡带，气象复杂，暴雨洪水经常发生。流域地势西高东低、边缘高中间低，汇流集中，中下游地形极为平缓，排水困难。流域水系紊乱，河道淤塞，湖泊洼地蓄洪顶托，黄河侵淮夺泗的后果难以根本消除。流域有 1 亿以上人口，1 500 万公顷耕地处于洪水威胁之下，洪水一旦漫溢溃决或因洪致涝，损失惨重。淮河流域有洼地 2.5 万 km²，由于人水争地，经常受灾。淮河流域湖泊众多，且大多地处平原，底面平缓，水位变化相对较大，经常有大片土地出露后被圈占垦殖，导致湖面衰减。目前仅洪泽湖、骆马湖、南四湖三大湖圈圩涉及 100 多万人口，土地面积 13 万公顷。

6.2.2　洪水灾害

淮河流域是我国发生洪水灾害最多的地区之一。从 20 世纪 30 年代以来，淮河流域就发生了 1931 年、1954 年、1957 年、1963 年、1968 年、1974 年、1975 年、1991 年、2000 年等 9 次大洪水。其中最为严重的是 1931 年、1954 年和 1975 年发生的洪水。

（1）1931 年发生的洪水

1931 年 6、7 月间发生的洪水是历史上罕见的江淮并涨的大洪水。淮河流域不断出现持续时间长的大雨和暴雨，其中降水量超过 300 mm 的面积约 13 万 km²，超过 500 mm 的面积为 5.1 万 km²，超过 700 mm 的面积为 1.3 万 km²。持续的大雨和暴雨造成了全流域的大洪水。6 月至 9 月，蚌埠站径流总量为 503.4 亿 m³，蚌埠水文站最大实测流量为 8 730 m³/s。根据水文分析计算，其洪峰流量达 16 500 m³/s，为历史最大值。进入洪泽湖的洪峰流量为 19 800 m³/s，洪泽湖蒋坝站水位超过 15 m，时间长达 31 天之久。当年除里运河开启 3 处归海坝水闸外，里运河东西堤还溃口 80 多处，加之当地暴雨成涝，里下河地区尽为泽国。1931 年淮河流域灾情极为严重，遍及流域内豫、皖、苏、鲁四省 100 多个县。据统计，沿淮大堤自河南信阳至安徽五河主要决口 64 处，决口长度累计 17.3 km，全流域淹没农田 7 700 余万亩，受灾人口达 2 100 余万，死亡 75 000 多人，经济损失在 3.64 亿银元。

（2）1954 年发生的洪水

1954 年淮河发生的洪水是 20 世纪淮河流域 3 次最大洪涝年份之一，也是新中国成立后淮河流域最大洪水年。1954 年淮河出现 5 次大范围的强暴雨过程，流域内平均降雨量513 mm，为多年同期平均降雨量的 3～5 倍。700 mm 以上的雨区范围约 4 万 km²。淮河正阳关 7 月 26 日最高水位 26.53 m，相应鲁台子的流量为 12 700 m³/s。8 月 2 日蚌埠站出现最高水位 22.18 m，最大流量为 11 600 m³/s。洪泽湖以上 60 天来水量达 494 亿 m³，三河闸最大泄量 10 700 m³/s。8 月 16 日蒋坝最高水位 15.23 m。1954 年洪水期间，淮河流域已建的石漫滩、板桥、薄山、南湾、白沙、佛子岭等水库充分发挥了拦洪削峰作用。淮河中游蓄洪区起到不同程度的分流蓄洪作用，蒙洼蓄洪区先后 3 次开闸进洪，并出现漫决进洪，最大有效分蓄洪量 8.87 亿 m³，城西湖先后开闸、扒堤、决口进洪，共分蓄洪水 25.5 亿 m³。城东湖和瓦埠湖内水较大，蓄洪效果不甚明显。瓦埠湖与瘦西湖洪水连成一片。当年汛期，淮河中游行洪区南润段、润赵段、邱家湖、姜家湖、瘦西湖、董峰湖、六坊堤、石姚段、荆山湖、方邱湖、花园湖、香浮段先后启用行洪，临王段、正南洼破堤行洪。行洪区的运用增加河道行洪流量 1 600 m³/s～1 800 m³/s，并蓄洪 85.5 亿 m³，降低河道洪水位 1.0 m～1.5 m。全部行蓄洪区滞蓄洪水总量达 217 亿 m³。但由于洪水过大，且历时长，致使淮北大堤在禹山坝和毛滩两处决口。1954 年淮河流域洪涝灾害严重。河南省淮滨县几乎全县淹没，沈丘县 80% 以上土地积水深 1 m～2 m。河南省合计 83 县 2 市受灾，淹田 1 342 万亩，33 970 处农田水利工程冲坏，倒房 30 万间。安徽省 2 620 万亩农田受淹，倒房 168 万间，死亡 1 098 人，死畜 1 052 头。江苏省淹田 1 063 万亩，死亡 832 人，冲坏桥梁 1 071 座，涵洞 156 个。淮河下游里下河地区连续暴雨，各河水位猛涨，内涝严重。据统计，全流域被淹耕地达 6 464 万亩。

（3）1975 年发生的洪水

1975 年 8 月上旬 3 号台风在福建晋江登陆，7 日进入河南省驻马店地区，停滞少动。河南省西南部山区的驻马店、南阳、许昌等地区发生了我国大陆上罕见的连续 3 天特大暴雨，造成了淮河水系洪汝河、沙颍河特大洪水。"75·8"洪水，暴雨中心有林庄、郭林、油房山水库以及上蔡。暴雨强度之大在国内外实属少见，洪汝河下陈 1 h 降雨 218.1 mm；林庄 3 h 降雨 494.6 mm、6 h 降雨 830.1 mm、12 h 降雨 954 mm、15 h 降雨 1 631 mm、24 h 降雨 1 060 mm、48 h 降雨 1 279 mm、3 天降雨 1 605 mm，均为国内大陆上最大降雨记录。与暴雨过程相应，出现两次洪峰：第一次在 5～6 日，第二次在 7～8 日。其中，第二次峰值特大，由于来水过大，板桥、石漫滩 2 座大型水库在 8 日凌晨不幸溃坝失事，还有竹沟、田岗等 2 座中型水库及 58 座小型水库也溃决垮坝失事。薄山水库最高水位超过坝顶，宿鸭湖水库水位接近坝顶，经大力防守幸免失事。沙颍河的暴雨中心在其支流澧河及沙河上游，澧河支流甘江河官寨站最大洪峰流量为 12 100 m³/s，下游堤防普遍漫决，部分洪水窜入洪汝河水系。泥河洼滞洪区堤防全面漫决，澧河口至周口的沙河左堤也被冲。在这次洪水中，洪汝河、沙颍河洪水互窜中下游平原，最大积水面积达到 12 000 km²。据统计，河南省有 23 个县、市，820 万人口，1 600 多万亩耕地遭受严重水灾，其中遭受毁灭性和特重灾害的地区约有耕地 1 100 万亩，人口 550 万人，倒塌房屋 560 万间，死伤牲畜 44 万余头，冲走和水浸粮食近 20 亿斤，死亡 26 000 人。京广铁路冲毁 102 km，中断停车 18 天，影响运输 48 天。特别是 2 座大型水库失事，给下游造成了毁灭性灾害。遂平、西平、汝南、平舆、新蔡、漯河等城关进水，平地水深达 2 m～4 m。"75·8"特大暴雨洪水中水利工程设施有 2 座大型水库、2 个滞洪区、2 座中型水库和 58 座小型水库垮坝失事，冲毁涵洞 416 座、护岸 47 km，河堤决口 2 180 处，漫决总长 810 km。安徽省成灾面积 912.33 万亩，受灾人口 458 万，倒塌房屋 99 万间，损失粮食 6 亿斤，死亡 399 人，水毁堤防 1 145 km 和其他水利工程 600 余处。沿淮及界首、临泉、太和、阜阳、六安等县都是重灾区，毁坏塘坝 61 座，20 座水库局部损坏（其中大中型 7 座，小型 13 座），其他区域性水利工程也遭受不同程度的损坏，供电、交通基础设施也遭受严重影响，直接经济损失高达 69 亿元。

6.3　淮河治理规划与实施概况

新中国成立之初就开始了对淮河的治理，并经历了长期的治理过程。1950 年 8 月，周恩来总理亲自部署召开第一次治淮会议。政务院颁布的《关于治理淮河的决定》，制定了"蓄泄兼筹"的治淮方针、原则和实施计划，并确定成立隶属于中央人民政府的治淮机构——"治淮委员会"。毛泽东主席 4 次对淮河救灾及治理做出批示，并于 1951 年发出了"一定要把淮河修好"的伟大号召，掀起了新中国第一次大规模治理淮河的高潮。1954 年淮河流域发生特大洪水后，中央政府决定进一步治理淮河，由治淮委员会编制了《淮河流域规划报告》和《沂沭泗流域规划报告》。这是两个以防治水旱灾害为主，兼顾航运、水产、水电和水土保持的综合规划。1957 年，国务院在北京召开淮河流域治理工作会议，总结 7 年治淮的成绩和问题，讨论了淮河流域规划，提出治淮从重点转到全面安排，上、中、下游都应以蓄为主，以排为辅，蓄泄兼筹，上、中、下游兼顾，四省共保，四省互利，要贯彻综合治理、集中治理的方针，以小型为主、大型为辅，争取在"二五"、"三五"期间消灭淮河洪水灾害。1971 年，治淮规划小组向国务院提出《关于贯彻执行毛主席"一定要把淮河修好"指示的情况报告》。报告提出了 10 年治淮初步设想和主要措施，包括在淮河中游开挖茨淮新河、怀洪新河；在下游完成分淮入沂，扩大入江水道；在沂沭河和南四湖水系，进行"东调南下"等战略骨干工程。

淮河经过 30 年的治理，已初步实现对中下游洪水的控制。淮河治理是一个长期的任务，淮河地区经济社会活动不断对淮河提出新的要求，治淮工作面临新的挑战，任务依然十分繁重。1981 年，在第五届全国人民代表大会第四次会议期间，国务院召开了治淮会议，形成了 1981 年《国务院治淮会议纪要》，提出了淮河治理纲要和 10 年规划设想，并指出淮河流域是一个整体，上、中、下游关系密切，必须按流域统一治理，才能以最小的代价取得最大的效益。统一治理包括统一规划、统一计划、统一管理、统一政策。要在统一规划下充分发挥地方的积极性。1985 年 3 月，国务院在合肥召开治淮会议，会上主要审议由治淮委员会提出的《淮河流域规划第一步规划报告》、《治淮规划建议》和"七五"期间兴建的一些重要治淮工程项目。淮河流域经过 40 年的综合治理，在上中游修建了梅山、佛子岭等一批大中型水库，整治了干流和主要支流的河道，加固了重要堤防，初步形成了流域防洪体系，基本消除了淮河流域"大雨大灾，小雨小灾，无雨旱灾"的状况。1991 年江淮大水后，国务院做出的《关于进一步治理淮河和太湖的决定》，明确了淮河治理的目标，编制出了《淮河流域综合规划纲要》。该规划成为 1991 年后大规模治淮的依据，规划的实施掀起了第二次治淮高潮。《淮河流域综合规划纲要（1991 年修订）》的主要内容包括：①在山丘区开展水土保持，新治理水土流失面积 2 万 km²；对 34 座大型水库中的 19 座进行除险加固；复建因"75·8"洪水溃坝冲毁的板桥、石漫滩水库大坝；兴建出山店（或红石潭）、白莲崖、燕山等水库，增加拦蓄洪水的能力。②扩大淮河上中游行洪通道，加固淮北大堤等堤防，使王家坝、正阳关、蚌埠和浮山水位为 29.3 m、26.5 m、22.6 m 和 18.5 m 时，泄洪量达到 7 000 m³/s、9 000 m³/s、10 000 m³/s 和 13 000 m³/s；修建临淮岗洪水控制工程，对大洪水拦洪削峰，处理设计标准下 20 多亿 m³ 的超额洪水；开挖怀洪新河，使之与已建成的茨淮新河衔接，分泄淮河洪水 2 000 m³/s，同时接纳豫东、皖北地区来水。③加固洪泽湖大堤，保证蓄洪；巩固入江水道，续建分淮入沭，使淮河下游入江、入海能力达到 13 000 m³/s（相机可达 16 000 m³/s）；建设入海水道工程，近期增加淮河入海能力 2 270 m³/s，远景达到 7 000 m³/s；建设沂沭泗河洪水东调南下工程，实施分沂入沭及其调尾工程，完善大官庄枢纽，扩大新沭河，修建刘家道口闸，使沂沭河洪水大部东调入海；扩大韩庄运河、中运河，加固骆马湖堤防，扩大新沂河，接纳南四湖、邳苍地区和沂沭河部分洪水入海；治理南四湖，加高加固湖西堤，修建湖东堤。④治理淮北洪汝、沙颍、汾泉、黑茨、涡、包浍、奎濉诸河；治理淮南白露、史灌、淠、池诸河；治理湖洼和支流；实施行蓄洪区安全建设，修建庄台、避洪楼、撤退道路、通信报警系统；改善生产生活条件；实行多种经营，减轻负担，加强计划生育，鼓励人口迁出；同时加强防汛指挥体系建设，建立流域协调制度，建设水情监测预报、通信预警、洪水调度等非工程防洪系统。实现以上规划，近期淮河上游可防御 10 年一遇的洪水，中游可防御 100 年一遇的洪水，下游可防御略超过 100 年一遇的洪水；沂沭泗水系中、下游可防御 50 年一遇的洪水，主要支流可防御 10~20 年一遇的洪水，排涝标准可达到防御 3~5 年一遇的洪水。2003 年淮河洪水对多年治淮工程建设是一次检验。实践证明，国务院确定的"蓄泄兼筹"治淮方针和骨干工程总体规划是正确的，治淮骨干工程在防洪减灾中发挥了显著作用。由于淮河流域水情复杂，现有的防洪减灾体系尚不够完善，洪水仍严重制约着流域经济社会的可持续发展，使淮河流域特别是沿淮地区一直处于经济社会发展相对滞后的状况。2003 年汛期，沿淮各省百万军民上堤抗洪抢险，200 多万群众外迁转移，低洼地区内涝严重，暴露了流域防洪体系中一些亟待解决的关键性问题。主要是上中游蓄洪能力还不够，洪泽湖承泄淮河上中游洪水，防洪压力大；下游泄洪能力仍显不足，入海水道、分淮入沂和苏北灌溉总渠泄洪能力偏低；平原低洼地区排涝标准低，排涝能力严重不足，因洪致涝问题尚未解决；淮河水污染问题十分突出，水环境承载能力下降，生态环境恶化的情况尚未扭转。2007 年新治淮工程完成后，淮河流域基本建成由水库、堤防、分洪道、行蓄洪区和洪水预警预报系统等构成的综合防洪减灾体系，可防御新中国成立以来的最大流域性洪水，中、下游重要地区和城市防御 100 年一遇洪水，启用低标准行蓄洪区时基本不用转移群众，主要低洼地的排涝能力能够防御 5~10 年一遇的内涝。

淮河是新中国成立后第一条有计划地、全面治理的大河，经过近 50 年的不懈努力，全流域兴建了大量的水利工程，初步形成了一个比较完整的防洪、除涝、灌溉、供水等工程体系，大大改变了昔日"大雨大灾，小雨小灾，无雨旱灾"的面貌，已成为我国重要的粮、棉、油生产基地和重要的能源基地。2007 年，淮河流域发生了新中国成立以来的第二大洪水，但流域受灾面积、受灾人口、直接经济损失等各项灾害指标比 2003 年减少 30% 以上。实践证明，治淮修建的骨干工程布局合理，抗洪成效明显，经受住了大洪水的考验。由于淮河自身的复杂性，淮河治理虽已取得很大成绩，但淮河流域仍存在中游平原洼地涝灾严重、下游洪水出路不畅、行蓄洪区安全设施薄弱等问题。

6.4　淮河治理取得的成就

6.4.1　淮河治理兴建工程概况

（1）水　库

全流域共修建大、中、小型水库 5 700 多座，总库容近 270 亿 m³，并建有水电站装机容量量近 30 万 kW。其中大型水库 36 座（淮河和沂沭泗河两水系各 18 座），控制流域面积 3.45 万 km²，占全流域山丘区面积的 1/3，总库容 187 亿 m³，其中兴利库容 74 亿 m³。此外，洪泽湖、南四湖、骆马湖已建成具有防洪、灌溉、供水、水产养殖等功能的水库。

（2）河道及堤防

对过去长期遭受黄河水淤积破坏的淮河干、支流，普遍进行了整治，提高了防洪除涝标准。淮河干流中游正阳关至洪泽湖的排洪能力，已由过去的 5 000 m³/s~7 000 m³/s 扩大到 10 000 m³/s~13 000 m³/s（包括行洪区）；洪泽湖以下开挖了苏北灌溉总渠和淮沭河，扩大了入江水道，排洪入江入海能力由 8 000 m³/s 提高到 13 000 m³/s~16 000 m³/s，并且于

1998年开工修建入海水道工程。沂沭泗河水系下游开挖了新沭河和新沂河，排洪入海能力由不到 1 000 m³/s 扩大到近 12 000 m³/s，且沂河洪水已能就近东调入海。在淮北和南四湖湖西平原，开挖了怀洪新河、茨淮新河、新汴河、东鱼河等多条大型人工河流和众多的排水沟渠。淮河流域现有各类堤防 5 万 km，其中主要堤防 1.1 万 km。按其保护范围及重要性，大致分为确保重要堤防，一般堤防和行、蓄洪区堤防三类。国家防御办公室明确的确保堤有淮北大堤、洪泽湖大堤、里运河大堤及沿淮重要的工堤和淮南、蚌埠两城市圈堤；重要堤防有南四湖湖西大堤，沂河、沭河、新沂河、新沭河堤防，洪汝河、沙颖河、涡河、茨淮新河堤防。

（3）行、蓄洪区

淮河干流自淮凤集至洪泽湖间，沿淮河有一连串的湖泊洼地，面积共约 4 000 多 km²，历史上就是上中游洪水行滞区域。新中国治淮以来，将这些地方开辟为行、蓄洪区，成为淮河防洪工程体系的重要组成部分。沿淮现有瘦西湖、汤渔湖、荆山湖等 18 处行洪区和蒙洼、城西湖等 4 处蓄洪区，行洪区可分泄淮河设计流量的 20%～40%。此外，在沙颖河、洪汝河、奎濉河和中运河上还有 6 个滞（蓄）洪区，即泥河洼、杨庄、老王坡、蛟停湖、老汪湖和黄墩湖。为保证行、蓄洪区使用时群众生命财产的安全，20 世纪 90 年代以来加大了安全建设力度，包括修建庄台、保庄圩、避洪楼、撤退道路和通信预警系统等。

（4）水闸和抽水站

淮河流域现有各类水闸 5 000 多座，其中大中型水闸约 600 座。它们的主要作用是拦蓄河水，调节地面沟河径流和补充地下水，发展灌溉、供水和航运事业，汛期泄洪、排涝，以及分洪、御洪、挡潮。淮河水系重要的水闸有蒙洼蓄洪区王家坝进洪闸、城西湖蓄洪区王家坝截流进洪闸、蚌埠枢纽蚌埠闸、洪泽湖出口三河闸和二河闸等。沂沭泗河水系重要的水闸有南四湖二级坝一、二、三闸，南四湖出口韩庄闸，骆马湖出口嶂山闸，分沂入沭彭道口闸，邳苍分洪道江风口闸，新沭河泄洪闸，人民胜利堰闸等。全流域现有大、中、小型电力抽水站 5 万多处，总装机容量 300 多万 kW，为排涝、灌溉和供水发挥了重要作用。

（5）灌区工程

淮河流域积极发展水库灌区、河湖灌区。著名的淠史杭水库灌区，有效灌溉面积近 1 000 万亩。蚌埠闸灌区现有灌溉面积 200 多万亩。此外，全流域现有配套机电井 93 万眼。

（6）调水工程

淮河流域属水资源短缺地区，但有着引外水补源的有利条件。自 20 世纪 60 年代以来，河南、山东积极兴办引黄工程，现在豫东、鲁西南每年引黄 20～30 亿 m³。江苏自 60 年代起兴建江水北调工程，著名的江都站抽水能力 500 m³/s，一般年抽江水 50 亿 m³ 左右；泰州引江河可引长江水 300 m³/s。

（7）水土保持

50 年累计治理水土流失面积 35 万 km²。在约 9 万 km² 的丘陵山区，兴建梯田 57 万公顷，塘坝 60 多万座，拦砂谷坊 25 万座，水土保持林草 140 万公顷，经济林 73 万公顷，林草覆盖率增加 27.3%，年减少泥砂流失量约 1 亿 t。1992 年起开展的水土保持综合治理开发重点县工作，取得了较好的效果。

6.4.2　淮河治理修建的大中型水利工程

（1）防洪水库

梅山水库：梅山水库位于安徽省金寨县史河上，是一座以防洪、灌溉为主，兼有发电综合效益的水利工程。水库总库容 23.37 亿 m^3，调节库容 9.12 亿 m^3。水电站装机容量为 4 万 kW，保证出力 0.93 万 kW，年发电量 1.1 亿 kW·h。枢纽水工建筑物由拦河大坝、溢洪道、灌溉取水口和水电站厂房组成。拦河大坝为拱坝，最大坝高 88.24 m，坝顶高程 140.17 m，是国内最早修建的混凝土拱坝。泄洪设施是 7 孔宽 12 m、高 7.2 m 的溢洪道。厂房为坝后式地面厂房，主厂房长 81.7 m、宽 12.8 m、高 31.6 m，厂房内安装 4 台单机容量为 1 万 kW 的混流式机组。该工程由淮委勘测设计院、上海勘测设计院设计，梅山水库工程局施工，于 1954 年动工修建，1958 年建成投入运行，1959 年竣工。

响洪甸水库： 响洪甸水库位于安徽省金寨县境内淠河西源上，是一座以防洪、灌溉为主，兼有发电综合效益的水利工程。水库总库容 26.32 亿 m^3，调节库容 7.7 亿 m^3。水电站装机容量为 4 万 kW，保证出力 1.03 万 kW，年发电量 1.07 亿 kW·h。枢纽水工建筑物由拦河大坝、溢洪道、灌溉取水口和水电站厂房组成。拦河大坝为混凝土重力坝，最大坝高 87.5 m，坝顶高程 143.4 m。泄洪设施是隧洞，隧洞长 192 m，洞径 8.5 m。厂房为坝后式地面厂房，主厂房长 56.4 m、宽 14.6 m、高 27 m，厂房内安装 4 台装机容量为 1 万 kW 的混流式机组。该工程由淮委勘测设计院设计，响洪甸水库工程局施工，于 1956 年动工修建，1959 年建成发电，1961 年竣工。响洪甸水库后来扩建了装机容量 8 万 kW 的抽水蓄能电站。

磨子潭水库： 磨子潭水库位于安徽省霍山县境内淠河上，是一座具有防洪、灌溉、发电等综合效益的水利工程。水库总库容 3.36 亿 m^3，调节库容 1.37 亿 m^3。磨子潭水库枢纽水工建筑物由拦河大坝、开敞式溢洪道、灌溉取水口和水电站组成。水电站装机容量为 3.2 万 kW。该工程由淮委勘测设计院设计，磨子潭水库工程局施工。

佛子岭水库： 佛子岭水库位于安徽省金寨县境内史河上，是一座以防洪、灌溉为主，兼有航运、发电等综合效益的水利工程。水库总库容 4.96 亿 m^3，调节库容 2.71 亿 m^3。水电站装机容量为 3.2 万 kW，保证出力 0.58 万 kW，年发电量 1.24 亿 kW·h。枢纽水工建筑物由拦河大坝、开敞式溢洪道、灌溉取水口和水电站厂房组成。拦河大坝的坝型为连拱坝，最大坝高 75.9 m，坝顶高程 128.46 m。泄洪设施为 5 孔宽 10.6 m、高 13.4 m 的开敞式溢洪道。厂房布置在拱内，厂房长 25 m，宽 9.1 m，高 22 m，安装有 2 台装机容量 1 万 kW、2 台装机容量 0.5 万 kW 和 2 台装机容量 0.1 万 kW 的混流式机组。该工程由淮委勘测设计院设计，佛子岭水库工程局施工，于 1952 年开工建设，1954 年建成发电。

板桥水库： 板桥水库位于河南省，是一座以防洪和灌溉为目标的大型水利工程，控制流域面积 768 km^2。该工程大坝于 1975 年在 "75·8" 洪水中被冲毁，于 1986 年动工重建，1993 年建成。重建后的板桥水库大坝坝型仍然为土坝，最大坝高 50.5 m，坝顶长 3 720 m，坝顶高程 120 m。水库最大库容 6.7 亿 m^3，水库兴利水位 111.5 m，相应兴利库容 2.51 亿 m^3，溢洪道最大泄洪流量为 15 000 m^3。水库中建有小型水电站，装机容量为 3 299 kW。

（2）排洪工程

万福闸： 万福闸位于江苏省邗江县廖家沟。水闸建在新修的淮河入江（长江）水道的主干道上，其作用是控制由洪泽湖泄出淮河流入长江的洪水，使洪泽湖维持一定蓄水量，以满足苏北地区灌溉用水及其他用水需要。闸室共 65 孔，每孔净宽 6 m，设计最大泄水流量 7 460 m^3/s。万福闸修建于 1962 年，由治淮委员会修建。

太平闸： 太平闸位于江苏省邗江县境内的廖家沟上。廖家沟是淮河入江诸水道中较大的分支。太平闸的作用是宣泄淮河洪水、排涝和灌溉。全闸共 24 孔，每孔净宽 6 m，设计最大泄水流量 1 950 m³/s。太平闸建于 1972 年，由治淮委员会修建。

芒稻闸：芒稻闸位于江苏省邗江县与江都县交界的芒稻河上，具有排洪涝、灌溉和节制作用。全闸共 22 孔，每孔净宽 6 m，设计最大泄水流量 3 200 m³/s。芒稻闸建于 1973 年，由治淮委员会修建。

王家坝进洪闸：王家坝进洪闸位于安徽省阜南县王家坝镇，是淮河干流蒙洼蓄洪区的控制进洪闸，被称为"安徽省淮河第一闸"。王家坝进洪闸属 Ⅱ 等大（2）型工程，闸室共 13 孔，每孔净宽 8 m，总宽 118 m。设计最大进洪流量为 1 626 m³/s。工程于 1953 年建成，运行至今已有 50 多年。该闸分别于 1954 年、1991 年和 2003 等 11 个洪水年开闸运用 14 次，为保护淮北大堤等重要堤防安全，减轻上、下游防汛负担作出了巨大贡献。王家坝进洪闸 2003 年进行过除险加固，包括拆除重建闸室底板、闸墩及闸上公路桥、启闭机台，增设启闭机房和桥头堡，增建闸基防渗多头小直径垂直截渗墙，改建下游消能防冲设施，更新闸门和启闭机，改造闸供配电设备，增设计算机监控系统等。

蚌埠闸：蚌埠闸位于安徽省蚌埠市西郊许庄淮河干流上，是淮河中游大型水利枢纽工程。工程修建主要是为调控淮河上游河槽、湖泊水位和下泄流量，兼有灌溉、航运、发电、城市供水等综合利用效益。枢纽建筑物由拦河节制闸、水力发电站厂房、船闸及附设的公路桥等组成。蚌埠闸汛期可以调节洪峰，减轻淮北大堤的压力，保证沿岸城市安全。节制闸和溢洪道的设计泄洪流量分别为 1.014 万 m³/s 和 0.286 万 m³/s，校核泄洪流量分别为 1.14 万 m³/s 和 0.36 万 m³/s。设计灌溉面积为 60 万公顷，水电站装机容量为 6×800 kW。该水闸由治淮委员会修建，于 1962 年建成。

第7章 海河治理

7.1 海河流域概况

海河流域东临渤海，西倚太行，南界黄河，北接内蒙古高原，流域面积 31.82 万 km²，占全国总面积的 3.3%。

7.1.1 海河水系

海河流域包括海河、滦河和徒骇马颊河三大水系、七大河系、十条骨干河流。其中，海河水系是主要水系，由北部的蓟运河、潮白河、北运河、永定河和南部的大清河、子牙河、漳卫河组成；滦河水系包括滦河及冀东沿海诸河；徒骇马颊河水系位于流域最南部，为单独入海的平原河道。各河系分为两种类型：一种是发源于太行山、燕山背风坡，源远流长，山区汇水面积大，水流集中，泥砂相对较多的河流；另一种是发源于太行山、燕山迎风坡，支流分散，源短流急，洪峰高、历时短、突发性强的河流。历史上洪水多是经过洼淀滞蓄后下泄。两种类型河流呈相间分布，清浊分明。

7.1.2 气象水文

流域属于温带东亚季风气候区。冬季受西伯利亚大陆性气团控制，寒冷少雪；春季受蒙古大陆性气团影响，气温回升快，风速大，气候干燥，蒸发量大，往往形成干旱天气；夏季受海洋性气团影响，比较湿润，气温高，降雨量多，且多暴雨，但因历年夏季太平洋副热带高压的进退时间、强度、影响范围等很不一致，致使降雨量的变差很大，旱涝时有发生；秋季为夏冬的过渡季节，一般年份秋高气爽，降雨量较少。流域年平均气温在 1.5℃～14℃，年平均相对湿度 50%～70%；年平均降水量 539 mm，属半湿润半干旱地带；年平均陆面蒸发量 470 mm，水面蒸发量 1 100 mm。

7.1.3 流域地貌

全流域总的地势是西北高东南低，大致分高原、山地及平原三种地貌类型。西部为山西高原和太行山区，北部为蒙古高原和燕山山区，面积 18.94 万 km²，占 60%；东部和东南部为平原，面积 12.84 万 km²，占 40%。

7.1.4 社会经济

海河流域人口密集，大中城市众多，在我国政治经济中的地位重要。流域内有首都北京、直辖市天津，以及石家庄、唐山、秦皇岛、廊坊、张家口、承德、保定、邯郸、邢台、沧州、衡水、大同、朔州、忻州、阳泉、长治、安阳、新乡、焦作、鹤壁、濮阳、德州、聊城等大中城市。1998 年流域总人口 1.22 亿，占全国的近 10％，其中城镇人口 3 365 万，城镇化率 28％。该流域平均人口密度 384 人/km²，其中平原地区 608 人/km²。流域内有全国能源、钢铁、化工、汽车及微电子等多种基地，经济发展快，1998 年流域国内生产总值（GDP）9 674 亿元，占全国的 12％，人均 7 922 元，高出全国平均水平（6 270 元）的 1/4。工业总产值 1.37 万亿元。海河流域具有发展经济的技术、人才、资源、地理优势。其中，北部山区，面积 18.94 万 km²，占 60％；东部和东南部平原区，面积 12.84 万 km²，占 40％。海河流域河川径流量为 288 亿 m³，地下水资源量 265 亿 m³，水资源总量 421 亿 m³。流域面积是长江流域面积的 18％，而水资源总量仅为长江流域的 5％，水资源总量在全国七大流域中位居末尾，属水资源较少地区。

7.2　海河流域特点及存在问题

海河流域洪水由暴雨形成，洪水发生的时间和分布与暴雨基本一致。流域内降雨分配极为集中，在全国各大江河中最为突出。洪水一般发生在 6～9 月，特大洪水多出现在 7、8 月。海河流域是我国洪、涝、旱、碱灾害严重地区之一。由于流域特殊的地形（从南、西、北三个方向向东倾斜），历史上各河洪水均集中于天津入海，遇稍大洪水即泛滥成灾。据明清史料统计，540 年总共发生水灾 360 次。17 世纪以来就发生了 19 次大水灾，平均 20 年一次，每次大水都给人民的生命财产造成巨大损失，受灾一般均在 100 个县以上。其中 5 次淹及北京，8 次淹及天津。1956 年、1963 年发生的大洪水，受灾面积分别达 6 030 万亩、6 145 万亩，特别是 1963 年 8 月上旬海河南系发生的洪水，暴雨中心 7 天最大降雨量达 2 050 mm。1964 年、1977 年发生较大洪涝灾害，受灾面积分别为 5 420 万亩和 4 457 万亩。海河流域华北地区是我国人口密集地区之一，北京、天津两直辖市都在这个地区。流域水土流失严重，缺少控制性工程，经常发生洪水灾害。地区水资源缺少是流域的另一个问题，由于供水不足影响了地区的工农业发展和人民的生活。为解决北京市的供水问题，20 世纪 50 年代在永定河上修建了官厅水库。

7.3　海河流域治理规划与实施概况

海河流域治理，经过 20 世纪 50、60 和 80 年代 3 次防洪规划，其中 1957 年、1987 年的防洪规划是流域综合规划的一部分，与综合规划同时完成。1957 年由当时北京勘测设计院制定了《海河流域治理规划草案》，并开始了对海河的治理。流域防洪规划的重点放在了上中游建库拦蓄洪水上，20 世纪 50 年代末至 60 年代初在海河流域上中游建起密云、岗南等一批大中型水库，对流域防洪起到了一定作用；1963 年海河发生特大洪水，造成大的洪灾。1964 年，毛主席就发出了"一定要根治海河"的伟大号召。1967 年由水电部海河勘测设计院提出了《海河流域防洪规划报告》，在深入分析了流域的洪灾成因、河流水系、地形地貌和社会经济等特性的基础上，提出了"上蓄、中疏、下排、适当地滞"的防洪治理方针。规划兴建岳城、王快、黄壁庄、西大洋等一批大中型水库拦蓄洪水。扩大中下游河道，在漳河、子牙河、大清河、永定河开辟和扩大单独的入海水道，增加流域行洪能力，使各水系分流入海，避免各河洪水在天津汇集。防洪规划的实施与工程的建成，初步控制了流域洪水。1988 年，为根治海河流域，水利部成立了海河水利委员会，负责海河治理工作，并于 1988

年制定了《海河流域综合治理规划》。规划继续实行"上蓄、中疏、适当地滞"的治理方针，提出综合利用水资源，解决地区防洪和水源不足的问题。规划注重流域水土保持、生态环境保护和流域治污，重点安排了永定河上游、密云水库上游、潘家口水库上游等山区水土保持工程；巩固、完善已有防洪体系，对上游 20 座大型水库除险加固；各河道逐步恢复原设计行洪能力，打通入海通道，并对未治理的河道进行整治；做好洼淀泛区的整治，充分发挥滞洪作用，加强预报、预警系统建设，保证洼淀内群众的生命安全，尽可能减少财产损失。综合治理规划的实施，增加了下游广大地区的防洪能力，确保了北京、天津、石家庄等城市的防洪安全，减轻了海河流域洪水灾害。

7.4 海河治理取得的成就

海河流域经过长期治理，已取得很大的成就。上、中游已修建大中型水库 100 多座，增加了流域蓄洪和供水能力。疏通河道增加了河道行洪能力，加上蓄滞洪区建设，已初步建成由水库、河道、蓄滞洪区与非工程措施组成的防洪体系。修建了一批跨流域或跨地区的调水工程，南水北调东、中线工程的配套工程正加紧建设。实施引岳济淀生态输水，有效改善和保护了流域的重要湿地和调水沿线的生态环境。治水与治污同时进行，有效保护了流域的水源。

7.4.1 水库工程

滦河河系上修建的水库有潘家口、大黑汀、庙宫、陡河、洋河、桃林口等水库；北三河河系上修建的水库有密云、怀柔、海子、云州、邱庄、于桥等水库；永定河河系上修建的水库有官厅、友谊、册田等水库；大清河河系上修建的水库有横山岭、口头、王快、西大洋、龙门、安格庄等水库；漳卫南河系上修建的水库有岳城、关河、后湾、漳泽、小南海等水库；子牙河河系上修建的水库有东武仕、临城、朱庄、岗南、黄壁庄、北大港等水库。滞洪水库有大宁滞洪水库和永定河滞洪水库等。其中，规模较大的水库如下：

密云水库：密云水库位于北京市境内的潮、白河上，是一座以防洪、供水为主，兼有灌溉、发电综合效益的水利工程。坝址控制流域面积 15 788 km²，多年平均流量 47.3 m³/s。水库正常蓄水位为 157.5 m，死水位 126 m，水库总库容 41.9 亿 m³（最高洪水位以下为 43.75 亿 m³）；调节库容 35.71 亿 m³。大坝为斜墙土坝，最大坝高 66 m，坝顶高程 160 m。主要泄洪设施为溢洪道（3 处）和洞径为 8.2 m 的泄洪洞（1 条）。水电站装机容量 8.8 万 kW。该工程由清华大学水利系设计，密云水库建设总指挥部施工，于 1958 年开工，1960 年发电，1976 年竣工。

岗南水库：岗南水库位于河北省平山县境内的滹沱河上，是一座以防洪为主，兼有灌溉、发电综合效益的水利工程。坝址控制流域面积 15 900 km²，多年平均流量 44.7 m³/s。水库正常蓄水位为 200 m，死水位 180 m，水库总库容 15.71 亿 m³，调节库容 7.6 亿 m³。大坝为黏土斜墙坝，最大坝高 63 m，坝顶高程 209 m。主要泄洪设施为 4 孔宽 12 m、高 12.3 m 的溢洪道。水电站装机容量 4.26 万 kW。该工程由北京勘测设计院设计，岗南水库工程局施工，于 1958 年开工，1960 年发电，1968 年竣工。

官厅水库：官厅水库位于河北省怀来县境内的永定河上，是一座以防洪、供水为主，兼有灌溉、发电综合效益的水利工程。坝址控制流域面积 43 402 km²，多年平均流量

44.6 m³/s。水库正常蓄水位为 479 m，死水位 471.47 m，水库总库容 22.7 亿 m³，调节库容 7.15 亿 m³。大坝为黏土心墙坝，最大坝高 50 m，坝顶高程 486.27 m。主要泄洪设施为 2 孔宽12 m、高 6.3 m 和 2 孔宽 12 m、高 6 m 的溢洪道。水电站装机容量 3 万 kW。该工程由官厅水库工程局设计、施工，于 1951 年开工，1956 年竣工。

王快水库：王快水库位于河北省曲阳县境内的沙河上，是一座以防洪为主，兼有灌溉、发电综合效益的水利工程。坝址控制流域面积 3 480 km²，多年平均流量 25.4 m³/s。水库正常蓄水位为 200.4 m，死水位 175 m，水库总库容 13.89 亿 m³，调节库容 6.52 亿 m³。大坝为黏土斜墙砂砾石坝，最大坝高 52 m，坝顶高程 215.5 m。主要泄洪设施为 9 孔宽 9 m、高 8.2 m 的溢洪道。水电站装机容量 2.15 万 kW。该工程由河北水利设计院设计，王快水库施工指挥部施工，于 1958 年开工，1973 年竣工。

岳城水库：岳城水库位于河北省磁县境内的漳河上，是一座以防洪为主，兼有灌溉、发电综合效益的水利工程。坝址控制流域面积 18 100 km²，多年平均流量 57.1 m³/s。水库正常蓄水位为 149 m，死水位 125 m，水库总库容 10.9 亿 m³，调节库容 6.18 亿 m³。大坝为均质土坝，最大坝高 53 m，坝顶高程 155.5 m。主要泄洪设施为 9 孔宽 12 m、高 10 m 的溢洪道。水电站装机容量 1.7 万 kW。该工程由海河勘测设计院设计，东北电力局工程队施工，于 1959 年开工，1970 年竣工。

黄壁庄水库：黄壁庄水库位于河北省获鹿县境内的滹沱河上，是一座以防洪为主，兼有灌溉、发电综合效益的水利工程。坝址控制流域面积 23 400 km²，多年平均流量 71 m³/s。水库正常蓄水位为 120 m，死水位 110 m，水库总库容 12.1 亿 m³，调节库容 4.64 亿 m³。大坝为水中填土均质土坝，最大坝高 30.7 m，坝顶高程 128.5 m。主要泄洪设施为 8 孔宽 12 m、高 12.3 m 的溢洪道。水电站装机容量 1.6 万 kW。该工程由北京勘测设计院设计，黄壁庄水库工程局施工，于 1958 年开工，1970 年竣工。

西大洋水库：西大洋水库位于河北省唐县境内的唐河上，是一座以灌溉为主，兼有供水、发电综合效益的水利工程。坝址控制流域面积 4 420 km²，多年平均流量 24.8 m³/s。水库正常蓄水位为 135.1 m，死水位 120 m，水库总库容 10.7 亿 m³，调节库容 2.9 亿 m³。大坝为土坝，最大坝高 54.8 m，坝顶高程 152.3 m。主要泄洪设施为 8 孔宽 9 m、高 7.8 m 的溢洪道。水电站装机容量 1.22 万 kW。该工程由河北水利设计院设计，西大洋水库指挥部施工，于 1958 年开工，1965 年发电，1972 年竣工。

7.4.2　水利枢纽及水闸

北三河系：北三河系上修建有筐儿港枢纽土门楼泄洪闸、宁车沽防潮闸、九王庄节制闸、向阳闸、杨洼闸、榆林庄闸、沙河闸、北关枢纽、南里自沽节制闸、蓟运河防潮闸、吴村节制闸、黄庄洼分洪闸、木厂节制闸等。

永定河系：永定河系上修建有三家店拦河闸、卢沟桥枢纽、屈家店枢纽以及海河防潮闸和海河二道闸等。

大清河系：大清河系上修建有新盖房枢纽、枣林庄枢纽、独流减河进洪闸、防潮闸以及王村分洪闸和西码头蓄水闸等。

子牙河系：子牙河系上修建有艾辛庄枢纽、献县枢纽水闸、莲花口穿运枢纽、西河闸、子牙新河海口枢纽、锅底分洪闸、南排河穿运倒虹吸等。

漳卫河系：漳卫河系上修建有四女寺枢纽闸、刘庄节制闸、吴桥拦河闸、庆云拦河闸、牛角峪退水闸、王营盘拦河闸、祝官屯枢纽闸、罗寨拦河闸、袁桥拦河闸、西郑庄分洪闸、辛集挡潮闸、代庄节制闸、捷地枢纽闸等。

7.4.3 蓄滞洪区

修建的蓄滞洪区有永定河泛区、小清河分洪区、东淀、文安洼、贾口洼、兰沟洼、大陆泽、宁晋泊、良相坡、长虹渠、白寺坡、大名泛区、恩县洼、盛庄洼、青甸洼、黄庄洼、大黄铺洼、三角淀、白洋淀、小滩坡、任固坡、共渠西、广润坡、团泊洼、永年洼等。

7.4.4 已建部分中型水电站

海河流域上修建的水库大多建有水电站,其中较大的水电站有密云、官厅、岗南、王快、岳城、黄壁庄、下苇甸、下马岭等。

下马岭水电站: 下马岭水电站位于北京市永定河上,开发目标主要是发电。坝址控制流域面积 47 329 km^2,多年平均流量 45.7 km^2。水库正常蓄水位为 349.0 m,水库死水位 346.5 m,水库总库容 0.143 亿 m^3,调节库容 0.025 亿 m^3。大坝为重力坝,最大坝高 33.2 m,坝顶高程 352.2 m。泄洪设施为 5 孔宽 12 m、高 6 m 的表孔溢洪道。引水隧洞长 7 633 m,洞径 5.62 m。水电站设计水头为 95 m,厂房为地面厂房,安装 1 台单机容量为 6.5 万 kW 的机组,保证出力 1.21 万 kW,年发电量 2.22 亿 kW·h。工程总投资 8 072 万元,由北京勘测设计院设计,永定河工程局施工。工程于 1958 年开工,1961 年发电。

下苇甸水电站: 下苇甸水电站位于北京市永定河上,开发目标主要是发电。坝址控制流域面积 33 700 km^2。水库正常蓄水位为 202.0 m,水库死水位 198.0 m,水库总库容 0.037 7 亿 m^3,调节库容 0.021 2 亿 m^3。大坝为重力坝,最大坝高 19.5 m,坝顶高程 204.0 m。泄洪设施为 9 孔宽 10 m、高 8.1 m 的表孔溢洪道。引水隧洞长 2 041 m,方形洞断面 5.7 m×5.1 m。水电站设计水头为 45.3 m,厂房为地面厂房,安装 2 台单机容量为 1.5 万 kW 的机组,保证出力 0.88 万 kW,年发电量 1.2 亿 kW·h。工程总投资 4 341 万元,由北京勘测设计院设计,水电第二工程局施工。工程于 1971 年开工,1975 年发电。

第 8 章　黄河治理与水能开发利用

8.1　黄河流域概况

8.1.1　黄河水系

黄河是我国第二大河，也是世界上有名的大河之一。黄河发源于青海省中部的巴颜喀拉山北麓，流经青海、四川、甘肃、宁夏、内蒙古、山西、陕西、河南、山东等 9 省、区，于山东垦利县注入渤海，总长为 5 464 km，落差 4 480 m。黄河流域东西长约 1 900 km，南北宽约 1 100 km，流域面积 79.5 万 km²（包括内流区 4.2 万 km²），加上下游受洪水影响的范围，共约 91.5 万 km²。

黄河支流呈不对称分布，沿程汇入不均，而且水砂来量悬殊。大于 100 km² 的一级支流，左岸 96 条，右岸 124 条，左、右岸的流域面积分别占全河面积的 40% 和 60%。其沿程分布情况是：兰州以上有 100 条，其中大支流 31 条，多为来水较多的支流；兰州至河口镇有 26 条，其中大支流 12 条，均为来水较少的支流；河口镇至桃花峪有支流 88 条，其中大支流 30 条，均为多泥砂支流，三门峡至桃花峪之间的支流，水量相对较多；桃花峪以下仅有支流 6 条，大小支流各占一半，因河床高，水砂入黄河均较困难，水砂来量有限。黄河流域面积的沿程增长率，平均为 138 km²/km，中游河段为 285 km²/km，其中禹门口至潼关河段面积增长率高达 1 465 km²/km，是平均值的 10.6 倍，因此，由该河段形成的洪水和泥砂特别集中。桃花峪以下河段面积增长率不到 30 km²/km，所以本河段接纳的水砂来量均较少，主要是承受和排泄上中游来水和来砂。

8.1.2　气象水文

黄河属太平洋水系。黄河流域的降水主要为降雨形式，降雪所占的比重不大。全流域多年平均年降水总量为 3 701 亿 m³，只占全国年平均降水总量的 6%，折合降水深度为 465 mm（包括内流区）。年降水量地区分布总趋势是由东南向西北递减。降水最多的地区为秦岭北坡，多年平均降水量为 800 mm 左右，局部地区可达 900 mm 以上。降水量最少的地区为宁蒙河套地区，年降水量只有 200 mm～300 mm，特别是内蒙古杭锦后旗至临河一带，年降水量不足 150 mm。流域的大部分地区，年平均降水量为 400 mm～600 mm。降水年内分配不均匀，以夏季（6～8 月）降水量最多，占全年的 54.1%，最大月份为 7 月，占全年的 22.1%；冬季（12～2 月）降水量最少，占全年的 3.1%，最小月份为 12 月，占全年的 0.6%。全河多年平均天然径流量 580 亿 m³，占全国河川径流总量的 2%。其中花园口断面天然年径流量 559 亿 m³，约占全河的 96%；兰州断面天然年径流量 323 亿 m³，约占全河的 56%。从产流情况看，水量主要来自兰州以上和龙门到三门峡区间，该两区所产径流量约占全河的 75%。年输砂量 16 亿 t，平均含砂量达 35 kg/m³，是举世闻名的多砂河流。

8.1.3 流域地貌

黄河流域西起巴颜喀拉山，东临渤海，北抵阴山，南达秦岭，横跨青藏高原、内蒙古高原、黄土高原和华北平原 4 个地貌单元。流域地势西高东低，大致分为以下三级阶梯：

第一级阶梯是流域西部的青藏高原，位于著名的世界屋脊——青藏高原的东北部，海拔 3 000 m～5 000 m，有一系列的西北—东南向山脉，山顶常年积雪，冰川地貌发育。青海高原南沿的巴颜喀拉山绵延起伏，是黄河与长江的分水岭。祁连山脉横亘高原北缘，构成青海高原与内蒙古高原的分界。黄河河源区及其支流黑河、白河流域，地势平坦，多为草原、湖泊及沼泽。

第二级阶梯大致以太行山为东界，海拔 1 000 m～2 000 m。本区内白于山以北属内蒙古高原的一部分，包括黄河河套平原和鄂尔多斯高原，白于山以南为黄土高原、秦岭山地及太行山地。河套平原西起宁夏下河沿，东至内蒙古托克托，长达 900 km，宽 30 km～50 km，海拔 900 m～1 200 m。地势平坦，土地肥沃，灌溉发达，是宁夏和内蒙古自治区的主要农业生产基地。河套平原北部的阴山山脉和西部的贺兰、狼山犹如一道屏障，阻挡着阿拉善高原的腾格里、乌兰布和巴丹吉林等沙漠向黄河流域腹地的侵袭。鄂尔多斯高原位于黄河河套以南，北、东、西三面为黄河环绕，南界长城，面积约为 13 万 km²，海拔 1 000 m～1400 m，是一块近似方形的台状干燥剥蚀高原。高原内风沙地貌发育，北缘为库布齐沙漠，南部为毛乌素沙漠，河流稀少，盐碱湖众多。高原边缘地带是黄河粗泥砂的主要来源区之一。黄土高原西起日月山，东至太行山，南靠秦岭，北抵鄂尔多斯高原，海拔 1 000 m～2000 m，是世界上最大的黄土分布地区。地表起伏变化剧烈，相对高差大，黄土层深厚，组织疏松，地形破碎，植被稀少，水土流失严重，是黄河中游洪水和泥砂的主要来源地区。黄土高原中的汾渭盆地，土地肥沃，灌溉历史悠久，是晋陕两省的富庶地区。横亘在黄土高原南部的秦岭山脉，是我国亚热带和暖温带的南北分界线，也是黄河与长江的分水岭。对于夏季来自南方的暖湿气流，冬季来自偏北方向的寒冷气流，均有巨大的障碍作用。耸立在黄土高原与华北平原之间的太行山，是黄河流域与海河流域的分水岭，也是华北地区一条重要的自然地理分界线。本区流域周界的伏牛山、外方山及太行山等高大山脉，是来自东南海洋暖湿气流深入黄河中上游地区的屏障，对黄河流域及我国西部的气候都有影响。由于这一地区的地表对水汽抬升有利，暴雨强度大，产流汇流条件好，是黄河中游洪水的主要来源之一。

第三级阶梯自太行山以东至滨海，由黄河下游冲积平原和鲁中丘陵组成。黄河下游冲积平原是华北平原的重要组成部分，面积达 25 万 km²，海拔多在 100 m 以下。本区以黄河河道为分水岭，黄河以北属海河流域，以南属淮河流域。区内地面坡度平缓，排水不畅，洪、涝、旱、碱灾害严重。鲁中丘陵由泰山、鲁山和沂蒙山组成。一般海拔在 200 m～500 m 之间，少数山地在 1 000 m 以上。

8.1.4 社会经济

黄河流域及其下游防洪保护区共有人口 1.72 亿（流域内 9 780 万），占全国总人口的 15.1%；耕地面积约 2.8 亿亩（流域内 1.8 亿亩），占全国的 19.4%。黄河流域总土地面积 11.9 亿亩（含内流区），占全国国土面积的 8.3%，其中大部分为山区和丘陵，分别占流域面积的 40% 和 35%，平原区仅占 17%。流域内耕垦率为 15.1%，耕地共 1.8 亿亩，人均

1.83 亩，约为全国人均耕地的 1.5 倍，大部分地区光热资源充足，农业生产发展潜力很大。流域内有林地 1.53 亿亩，森林覆盖率为 12.9%，牧草地 4.19 亿亩，占流域面积的 35.2%。全流域还有宜于开垦的荒地约 3 000 万亩，主要分布在黑山峡至河口镇区间的沿黄台地和黄河河口三角洲地区，是我国开发条件较好的后备耕地资源。黄河流域大部分地区气候温和，光热充足，土地资源比较丰富，是我国农业经济开发最早的地区。上游宁蒙河套平原、中游关中平原、下游防洪保护区的黄淮海平原，地形平坦，水源充足，灌溉方便，人口稠密，生产条件好，是我国主要农业生产基地，小麦、棉花、油料、烟叶等主要农产品在我国占有重要地位。1990 年全流域及下游防洪保护区农业产值共计 1 035 亿元，占全国农业总产值的 13.7%。其中下游防洪保护区为 585 亿元，占全国的 7.6%；粮食总产量 6 335 万 t，占全国的 14.6%，其中下游防洪保护区为 3 324 万 t，占全国的 7.6%；棉花总产量为 176 万 t，占全国的 39%，其中下游防洪保护区为 154 万 t，占全国的 34%；油料总产量为 239 万 t，占全国的 14.8%，其中下游防洪保护区为 100 万 t，占全国的 5.4%。

新中国成立以来，黄河流域及其下游平原地区的工业取得了长足的进步，建立和发展了多种部门的现代化工业，特别是能源、冶金、机械制造和纺织工业发展较快，并出现了西宁、兰州、银川、包头、呼和浩特、太原、西安、洛阳、郑州和济南等一大批新兴工业城市。近年来，各地调整产业结构，长期未受重视的轻工业和乡镇企业迅速发展，工业产值增长速度加快。1990 年黄河流域及下游防洪保护区工业总产值达到 2 695 亿元，占全国当年工业总产值的 11.3%，其中下游防洪保护区为 1 100 亿元，占全国的 4.6%。黄河流域能源和矿产资源十分丰富，黄河上游地区的水电，中游地区的煤炭和天然气，下游地区的中原油田和河口三角洲的胜利油田，沿黄河地带的铝土、铅、锌、铜、铀、稀土等在全国都占有重要的地位。沿黄河地带是我国近期开发生产力布局中三条主轴线（沿海地带、沿长江地带、沿黄河地带）之一，近期将重点开发建设以兰州为中心的水电及有色金属冶炼基地，以山西为中心的能源重化工基地，以山东半岛及黄河口地区为主的石油和海洋开发基地。随着新的欧亚大陆桥的打通和交通运输的建设，将为流域经济的发展创造更为有利的条件。沿黄河经济带的发展，对黄河防洪和治理开发提出了更高的要求。

8.2　黄河流域特点及存在问题

8.2.1　黄河流域特点

黄河流域是我国缺水的地区，多年平均天然径流量为 580 亿 m^3，仅占全国河川径流总量的 2.1%，居全国七大江河的第 4 位。流域人均水量为 593 m^3，约为全国人均水量的 23%。耕地亩均水量 324 m^3，相当于全国亩均水量的 18%。黄河天然径流量在地区和时间上分布很不均匀。兰州以上地区流域面积占全河的 29.6%，年径流量达 323 亿 m^3，占全河的 55.6%，是黄河来水最为丰富的地区。兰州至河口镇区间流域面积虽然增加了 16.3 万 km^2，占全河水量的 12.5%，但由于这一地区气候干燥，河道蒸发渗漏损失较大，河川径流量不但没有增大，反而减少了 10 亿 m^3。河口镇至龙门区间流域面积占全河的 14.8%，来水量为 72.5 亿 m^3，占全河水量的 12.5%。龙门至三门峡区间流域面积占全河的 25.4%，来水量为 113.3 亿 m^3，占全河水量的 19.5%。三门峡至花园口区间面积仅占全河面积的 5.5%，但来水量为 60.8 亿 m^3，占全河水量的 10.5%，是又一产流较多的地区。花园路至河口区间面积占全河面积的 3%，来水量为 21 亿 m^3，占全河水量的 3.6%。黄河干流各站汛期（7～10 月）天然径流量约占全年的 60%，非汛期约占 40%。汛期洪水暴涨暴落，冬季流量很小。上游兰州站 1946 年汛期实测最大洪峰流量达 5 900 m^3/s，非汛期最小流量仅 335 m^3/s，相差近 17 倍。中游陕县站 1933 年实测最大洪峰流量 22 000 m^3/s，最小流量 240 m^3/s，相差近 91 倍。随着国民经济发展及黄河流域大量蓄水、引水、提水工程的修建，20 世纪 80 年代黄河河川径流年耗用量已达 280～290 亿 m^3，其中城市工业及农村人畜耗水约为 11 亿 m^3，其余都为农业灌溉耗水。黄河径流的利用率约为 50%，与国内外大江大河比较，黄河水资源利用率已达到较高水平。同时由于黄河上游龙羊峡水库的调节作用，黄河径流的年内、年际分配也有较大变化。黄河流域水能资源丰富，可开发的水电装机容量为 3 344 万 kW，年发电量 1 239 亿 kW·h，在全国江河中仅次于长江，名列第 2。黄河流域的水能资源 91% 分布在干流上，干流可能开发的装机容量共 3 128 万 kW，年发电量 1 137 亿 kW·h，上游的龙羊峡至青铜峡河段和中游的北干流河段，梯级水电开发条件好，淹没损失小，技术经济指标优越。

8.2.2 黄河流域存在的问题

（1）洪凌灾害

黄河洪水按其成因不同，可分为暴雨洪水和冰凌洪水两大类型。黄河下游洪水主要来自中游河口镇至三门峡区间（简称"上大型"洪水）和三门峡至花园口区间（简称"下大型"洪水），上游来水仅构成黄河下游洪水的基流。1843 年和 1933 年发生的洪水为"上大型"典型洪水，其特点是洪峰高、洪量大、含砂量也大，对黄河下游防洪威胁严重。1761 年和 1958 年发生的洪水为"下大型"典型洪水，其特点是洪水涨势猛、洪峰高、含砂量小、预见期短，对黄河下游防洪威胁最大。历史调查最大洪水发生在 1843 年，陕县水文站洪峰流量为 36 000 m^3/s，实测最大洪水发生在 1958 年，花园口水文站洪峰流量为 22 300 m^3/s。黄河洪水造成决口泛滥成灾，历史上三年两决口，百年一改道，淹没范围北抵天津、南达江淮，面积约 25 万 km^2，涉及豫、冀、鲁、皖、苏 5 省的 110 个市、县，总土地面积 12 万 km^2，耕地 720 万公顷，人口 8 510 万。黄河一旦决口，国民经济和社会发展的总体部署将被打乱。京广、陇海、京九、津浦、新菏等重要铁路干线和 107、310 等国道及开封、新乡等重要城市可能被冲毁，中原油田、胜利油田、兖济煤田、淮北煤田等重要能源基地将严重受损。黄河凌汛灾害是其他江河所没有的，黄河上游宁蒙河段和黄河下游济南河段凌汛威胁严重。这两个河段流向都是从低纬度流向高纬度，结冰封河是溯源而上，解冻开河则是自上而下，当上游解冻开河时，下游往往还处于封冻状态。上游开河时形成的冰凌洪水，在急弯、卡口等狭窄河段极易形成冰塞或冰坝，堵塞河道，导致上游水位急剧升高，严重威胁堤防安全，甚至决口。

（2）水土流失

由于暴雨集中，植被稀疏，土壤抗蚀性差，使黄河中游黄土高原成为我国水土流失最为严重的地区。黄河中游黄土高原地区总面积 64 万 km^2，水土流失面积 43.4 万 km^2，其中严重水土流失区 21.2 万 km^2，局部水土流失区 20 万 km^2，轻微水土流失区 2.2 万 km^2。该区幅员辽阔，其中 2/3 的地面遍覆黄土，土质松软，地形破碎，坡陡沟深；气候干旱，年降雨量少而蒸发量大；地势高，气温低，植被稀少而暴雨集中。不利的自然条件，加之土地利用不合理，水土流失严重，水土流失总量每年为 16 亿 t，是黄河下游洪水泥砂灾害的主要根源。黄河是世界上著名的多泥砂河流，平均每年输砂量多达 16 亿 t，平均含砂量为 35 kg/m³，均居世界大江大河的首位。黄河泥砂主要来自中游黄土高原地区，集中在河口镇至龙门和龙门至潼关两个区间，来砂量占全河总砂量的 90%，粒径大于 0.05 mm 的粗砂也主要来自这两个区间。年平均来砂量超过 1 亿 t 的支流有三条，即无定河、渭河和窟野河。流域内以陕西省来砂量最多，约占全河来砂量的 42%，甘肃省次之，山西省居第 3 位。黄河 80% 以上的泥砂来自汛期，汛期泥砂又集中来自几场暴雨洪水，常常形成高含砂量洪水，三门峡水文站最大含砂量曾高达 920 kg/m³。黄河泥砂不仅地区分布集中，年内分配不均，而且年际变化很大，多砂的 1933 年，进入下游的来砂量高达 39.1 亿 t，少砂的 1928 年，来砂量仅 4.9 亿 t，一些多砂支流砂量的年际变化更大。黄河下游河床宽阔，比降平缓，属于强烈的淤积性河流，泥砂冲淤剧烈，当来砂多时，年最大淤积量可达 20 余亿 t，来砂少时还会发生冲刷。据统计分析，进入下游的 16 亿 t 泥砂，平均有 1/4 淤积在利津以上河道内，1/2 淤积在河口三角洲及滨海地区，其余 1/4 被输送入海。淤积在下游河道的泥砂主要是粒径大于 0.05 mm 的粗泥砂，约占下游河道总淤积量的 1/2。由于长期泥砂淤积，黄河下游堤防临背悬差一般为 5 m～6 m。滩面比新乡市地面高出约 20 m，比开封市地面高出约 13 m，比济南市地面高出约 5 m。悬河形势险峻，洪水威胁成为国家的心腹之患。

（3）黄河缺水断流

黄河上游水文观测资料统计结果显示，从 20 世纪 90 年代以来，黄河唐乃亥水文站（龙羊峡水库入库站）的平均年径流量只有 169 亿 m³，较正常年份减少近 30%。1991—2001 年这 10 年的来水量只相当于正常年份 7 年的来水量。特别是 2002 年黄河上游来水大减，8、9、10 三个月黄河唐乃亥水文站流量连续出现历史极小值，全年来水量仅为 110 亿 m³，不到多年平均值 240 多亿 m³ 的 1/2。主要支流来水也呈现逐年减少的趋势。随着上中游河段的用水增加和下游河段两岸用水猛增，自 1972 年起黄河下游经常断流，进入 20 世纪 90 年代几乎年年断流，呈现出断流时间提前、断流历时与河段距离逐年延长的趋势，这也是黄河急需研究解决的问题。

（4）水污染日趋严重

黄河水污染严重，《2005 水资源状况公报》显示：黄河水系属中度污染。44 个地表水国控监测断面中，Ⅰ～Ⅲ类、Ⅳ～Ⅴ类和劣Ⅴ类水质的断面比例分别为 34%、41% 和 25%。主要污染指标为石油类、氨、氮和 5 日生化需氧量。干流青海段、甘肃段水质优良；河南段、宁夏段、陕西—山西段、内蒙古包头段、呼和浩特段、山东菏泽段为轻度污染；内蒙古乌海段为重度污染。黄河支流总体为重度污染。伊河水质为优，洛河水质良好；大黑河、灞河、沁河为轻度污染；湟水河、伊洛河为中度污染；渭河、汾河、涑水河、北洛河为重度污染，黄河国控省界断面水质较差。11 个国控省界监测断面中，Ⅰ～Ⅲ类占 9%，Ⅳ、Ⅴ类占 55%，劣Ⅴ类占 36%。

8.3 黄河综合治理规划与实施概况

8.3.1 黄河综合治理规划

黄河既是中国第二条大河，也是一条有名的"害河"，灾害频发，洪水经常泛滥成灾。

新中国成立不久，毛主席就发出了"一定要把黄河的事情办好"的指示。中央人民政府决定对黄河进行治理，并成立了黄河水利委员会，组织和协调黄河治理工作。按照"蓄泄并重"的治黄方针和黄河的特点，黄河水利委员会于 1954 年编制了《黄河综合利用规划技术经济报告》，并于 1955 年 7 月由全国人大第一届二次会议审查通过。从此，开始了黄河治理工作。黄河综合利用规划，是我国第一个大江大河综合利用规划，其目标与任务主要包括：对广大黄土区域内的水土保持，防止下游严重的洪水灾害，发展工农业所必需的电力，广泛增加灌溉面积，发展航运事业。根据黄河自然条件和社会经济发展要求，规划报告中拟订了自龙羊峡至出海口间 46 个梯级的开发方案，并选择龙羊峡和三门峡两级为第一期工程。46 个梯级中包括若干处库容大、综合利用效益高的水力发电枢纽工程，如龙羊峡、积石峡、刘家峡、黑山峡和三门峡，都能解决防洪、发电、灌溉、航运等问题。梯级开发布置中避免了若干重要川地、平原和灌区的淹没。自龙羊峡至海口河道共计有 2 537 m 落差，规划利用 2 112 m，利用率达 83％。灌溉远景的发展几乎使用了全部黄河可利用的水量。规划报告中还规定了各河段综合利用的不同特点：自龙羊峡至青铜峡一段，主要为发电，同时结合防洪、灌溉和航运；自青铜峡至河口镇一段，主要为灌溉和航运，发电意义不大；自河口镇至龙门一段，主要为发电和水土保持；自龙门至邙山间河段为黄河治理和开发的关键河段，主要为防洪（拦泥砂）、灌溉、发电和航运；邙山以下河段主要为航运和灌溉。

8.3.2　黄河梯级开发规划修建的工程

（1）黄河上游河段（龙羊峡—青铜峡）

全长 1 023 km，河段总落差 1 465 m，水能资源理论蕴藏量 1 133 万 kW。本河段开发条件优越，河段内峡谷与川地相互交替、地形束放相间，落差集中，地质条件好，有许多优良坝址可建高坝，淹没损失小。开发目标主要是发电，兼顾防洪、灌溉、供水等。初步规划为 16 个梯级，利用落差 1 114.8 m，总装机容量为 1 415.48 万 kW，年发电量 507.93 亿 kW·h。这 16 座梯级水电站从上至下为龙羊峡、拉西瓦、李家峡、公伯峡、积石峡、寺沟峡、刘家峡、盐锅峡、八盘峡、小峡、大峡、乌金峡、小观音、大柳树、沙坡头和青铜峡。这 16 座梯级水电站主要技术经济指标见第 13 章黄河水电基地部分。

（2）黄河中游北干流（河口镇—禹门口）

黄河中游北干流是指托克托县的河口镇至禹门口（龙门）干流河段，北干流河段全长 725 km，是黄河干流最长的峡谷段，具有建高坝大库的地形地质条件，水能资源比较丰富，河段总落差约 600 m。黄河中游北干流是黄河洪水泥砂的主要来源，龙门多年平均输砂量 10.1 亿 t，其中 85％以上来自该河段。本河段开发，既可为华北电网提供调峰电源，并为煤电基地供水及引黄灌溉创造条件，同时又可拦截泥砂，减少下游河道淤积，减轻三门峡水库防洪负担。经长期研究和多方案比较，采用高坝大库与低水头电站相间的布置方案，自上而下安排 3 组 8 座水电站，可以较好地适应黄河水砂特性和治理开发要求。规划装机容量 609.2 万 kW，总保证出力 125.8 万 kW，发电量 192.9 亿 kW·h。这 8 座水电站自上而下为万家寨、龙口、天桥、积口、军渡、三交、龙门和禹门口。这 8 座梯级水电站主要技术经济指标见第 13 章黄河水电基地部分。

8.3.3　黄河综合治理规划实施概况

新中国成立后，水力发电工程局对三门峡坝址做了大量勘测工作。1954 年黄河水利委员会在苏联专家帮助下所作的黄河流域规划中，把三门峡工程列为根除黄河水害、开发黄河水利资源最重要的综合利用水利枢纽，推荐为第一期工程。随同黄河流域规划 1955 年在第一届人大第二次会议上得到通过，随后即由当时的苏联列宁格勒设计院进行设计。1957 年完成初步设计，经国家计委（现国家发展与改革委员会，下同）组织审查，由水利部和电力工业部共同组成的三门峡工程局负责施工。工程于 1957 年动工兴建（1960 年大坝建成），标志着大规模治理黄河的开始。实施黄河治理规划以来，到 20 世纪末在流域内已建成大、中、小型水库 3 147 座，总库容 574 亿 m³，引水工程 4 600 多处，提水工程 29 000 处。在黄河下游还兴建了向两岸供水的引黄涵闸、虹吸 123 处，全河干流设计引水能力超过 6 000 m³。在上中游，7 座水砂调控体系骨干水利枢纽工程已修建了龙羊峡、刘家峡、三门峡和小浪底 4 座。在黄河下游，除三门峡水利枢纽外，还修建了伊河陆浑水库和洛河故县水库，以及"引黄济青"和"引黄济卫"等跨流域调水工程。黄河干流年平均发电量 336 亿 kW·h，为西北和华北地区提供了大量的电力和电能，对西北和华北地区的经济发展作出了贡献。灌溉面积由 1950 年的 1 200 万亩发展到 1.1 亿亩，在约占全流域耕地面积 46% 的灌溉面积上生产了 70% 的粮食和大部分经济作物；解决了农村 2 727 万人口的饮水困难问题；为流域内外 50 多座大中城市以及能源基地和工矿企业提供了水源保证；建成了"引黄济青"、"引黄济卫"等远距离跨流域调水工程，多次向天津市供水。

黄河治理在黄河上修建的大中型水利和水电枢纽，对黄河流域的防洪、灌溉和航运发挥了很大作用。国家"十一五"规划建设的"黄河上游水电基地"，从黄河上游鄂陵湖出口至宁夏青铜峡河段，全长 2 383 km，规划建 37～38 座梯级水电站，总装机容量 2 543.9 万 kW，是全国著名的"富矿"。由黄河上游水电开发有限责任公司实施流域梯级滚动开发到 2010 年已完成装机容量 1 100 万 kW。已经在黄河上游建成龙羊峡、尼拉、李家峡、直岗拉卡、康扬、公伯峡、苏只、刘家峡、盐锅峡、八盘峡、大峡、小峡、万家寨、青铜峡、班多、积石峡和拉西瓦等水电站。不仅满足了当地用电，还向华北地区输送大量电能。

8.4　黄河治理已建大型水利水电工程

下面介绍黄河治理在两省（区）界河上修建的大型水利水电工程——万家寨水电站、三门峡水利枢纽和龙口水利枢纽，其他已建大型水利水电工程纳入流域各省（区）中介绍。

万家寨水电站：万家寨水电站位于山西省偏安县和内蒙古自治区准格尔旗境内黄河上，是一座以发电为主，兼有引水综合效益的大型水电站。坝址控制流域面积 39.48 万 km²，多年平均流量 637 m³/s，多年平均径流量 201 亿 m³。水库正常蓄水位 980 m，死水位 948 m，水库总库容 9.7 亿 m³，有效库容 6.5 亿 m³，具有季调节能力。电站装机容量为 108 万 kW，保证出力 18.5 万 kW，多年平均发电量 23.4 亿 kW·h。坝址地基为石灰岩，地震基本烈度 6 度。黄河为多泥砂河流，万家寨工程设计多年平均输砂量为 1.4 亿 t，多年平均含砂量为 6.6 kg/m³，水库采用"蓄清排浑"的运行方式。枢纽建筑物设计，不仅要满足防洪、防凌、发电及供水要求，而且要考虑排砂问题。水库排砂期最低运行水位为 952 m 时，下泄流量为 5 380 m³/s；水库冲砂水位为 948 m 时，要求下泄流量大于 3 380 m³/s。枢纽建筑物由拦河大坝、发电厂房、引水闸等组成。枢纽属一等大（1）型工程，拦河大坝为Ⅰ级水工建筑物，枢纽按千年一遇洪水设计，万年一遇洪水校核，相应洪水入库流量分别为 16 500 m³/s 和 21 200 m³/s，下泄流量分别为 7 899 m³/s 和 8 326 m³/s。枢纽河谷呈扁"U"形，两岸顺直，岸坡陡立。拦河大坝为混凝土重力坝，最大坝高 90 m。坝后式厂房布置在河床右侧，泄水建筑物布置在河床左侧。枢纽采取坝身泄洪方式，泄水建筑物由 8 个底孔、4 个中孔和

1 个表孔组成。此外，在电站坝段还设有 5 个排砂孔。底孔为压力短管式无压坝身泄水孔，布置在河床左侧 5～8 号坝段，临近引黄取水口。每个坝段布置 2 孔，孔口尺寸宽 4 m、高 6 m，进口底槛高程 915 m，比引黄取水口低 37 m，比电站进水口低 17 m，为枢纽主要泄洪排砂建筑物。底孔工作门为弧形钢闸门，由摇摆式液压启闭机操作。事故检修门为平板门，由坝顶双向门式起重机启闭。底孔在库水位 970 m 时单孔泄流量约为 660 m³/s，压力段出口流速 29.3 m/s，反弧段最大流速 35 m/s。中孔为压力短管式，布置在河床中部 9 号和 10 号坝段，每个坝段布置 2 孔，孔口尺寸宽 4 m、高 8 m，进口底槛高程 946 m，为枢纽泄洪、排砂、排漂建筑物。孔口设事故检修门和工作门各一道，均采用平板门，由坝顶 2 500 kN 双向门式起重机启闭。中孔在库水位 970 m 时单孔泄流量约为 540 m³/s，压力段出口流速 22 m/s，反弧段最大流速 33 m/s。表孔为开敞式溢流孔口，布置在河床左侧 4 号坝段，孔口净宽 14 m，堰顶高程 970 m，堰面采用 WES 曲线，担负枢纽排冰和宣泄超标准洪水任务。孔口设工作门一道，由坝顶双向门式起重机启闭。电站坝段排砂孔为坝内压力钢管，布置在河床右侧 13～17 号电站坝段。进口高程 912 m，排砂孔进口段长 14 m，断面宽 2.4 m、高 3 m，后接压力钢管，长约 122 m，管径 2.7 m。出口断面宽 1.4 m，高 1.6 m，在进口坝前设平板检修闸门，坝内设平板事故检修门，均由坝顶双向门式起重机启闭。出口设平板工作闸门，由液压启闭机启闭。出口检修闸门与电站尾水闸门共用。底、中、表孔下游消能均采用长护坦末端设挑流鼻坎的消能形式。厂房为坝后地面式厂房，主厂房长 196.5 m、宽 27 m、高 56.3 m。厂房内安装 6 台单机容量为 18 万 kW 的水轮发电机组，电站最大水头 85 m。该工程由天津勘测设计院设计，于 1998 年第一台机组发电，2001 年竣工。

三门峡水利枢纽：三门峡水利枢纽位于黄河中游下段，河南三门峡市和山西平陆县的交界河段，是一座以防洪为主兼有发电综合效益的水利工程。坝址控制流域面积 68.4 万 km²，占全黄河流域面积的 92%。黄河平均年输砂量 15.7 亿 t，是世界上泥砂最多的河流。黄河下游河道不断淤积，高出两岸地面，成为"地上河"，全靠堤防防洪，黄河洪水对下游平原地区威胁很大。三门峡坝址地形地质条件优越，所处河段是坚实的花岗岩，河中石岛抵住急流冲击而屹立不动，把河水分成人门、神门、鬼门三道水流，故称为三门峡。三门峡坝址是兴建高坝的良好坝址，三门峡以上至潼关为峡谷河段，潼关以上地形开阔，可以形成很大水库。在三门峡建坝很早就提出过，日本帝国主义侵占我国时曾提出过开发方案，国民党统治时期也曾邀请美国专家来查勘过，但对如何处理黄河泥砂问题都没有深入进行研究。新中国成立后，三门峡工程的建设才真正提上日程。在对三门峡坝址做了大量勘测工作的基础上，于 1955 年委托当时的苏联列宁格勒设计院进行设计，1957 年完成初步设计。三门峡水库正常蓄水位研究了 350 m、360 m、370 m 三个方案，推荐 360 m。设计过程中，我国泥砂专家针对黄河泥砂情况和排砂要求对泄水深孔底高程提出意见，将原设计底孔高程由 320 m 降至 310 m，后又降至 300 m。水库可起到防洪、防凌、拦砂、灌溉、发电、改善下游航运等巨大作用。三门峡水利枢纽建筑物由拦河大坝、坝后地面厂房、灌溉取水建筑物和开关站等组成，枢纽采用坝身泄洪。拦河大坝为混凝土重力坝，高 106 m，坝顶长 713 m。坝后地面厂房长 223.9 m、宽 40.5 m、高 48.8 m，当时拟安装 8 台单机容量 15 万 kW 的水轮发电机组，总装机容量 120 万 kW。三门峡工程开工不久，1958 年初周总理在三门峡工地召开现场会议，对设计方案又进行了研究，确定正常蓄水位按 360 m 设计，350 m 施工，初期运行水位不超过 335 m。350 m 以下总库容 360 亿 m³。国家计委组织审查通过后，由水利部和电力工业部共同组成的三门峡工程局负责施工。工程于 1957 年开工，1960 年大坝建成。1960 年大坝封堵导流底孔蓄水后就发现泥砂淤积很严重，潼关河床很快淤高，渭河汇入黄河处发生"拦门砂"，淤积沿渭河向上游迅速发展，即所谓洪水"翘尾巴"，不仅影响渭河两岸农田淹没和浸没，甚至威胁到西安的防洪安全。1964 年周总理主持召开治黄会议，决定对三门峡工程进行改建（第一次改建）。第一次改建工程实施两洞四管泄洪排砂方案，于 20 世纪60 年代进行，由北京勘测设计院设计，三门峡工程局施工。首先将 4 根发电引水钢管改为泄洪排砂钢管，接着在大坝左岸开挖 2 条宽 8 m、高 8 m 的泄洪排砂洞，进口底高程 290 m，使其能在较低水位时加大泄量。1967 年黄河干流洪水较大，渭河出流受到顶托，致使泥砂排不出去，汛后发现渭河下段几十千米河槽全被淤满。如不及时处理，将严重威胁次年渭河两岸的防洪安全。经过勘查研究决定由陕西省在当年冬天组织人力，在新淤积的河槽内开挖小断面引河，待春汛时把河道冲开。第二次改建工程于 20 世纪 70 年代初进行。改建工程由中国水利水电第十一工程局有限公司（原三门峡工程局）的勘测设计院设计，并由该局负责施工。改建工程包括：打开原来用于施工导流用的高程为 280 m 的 8 个底孔和高程为 300 m的 7 个深孔（1960 年水库蓄水时，这些孔口都被混凝土严实封堵）；将原来用于发电的 5 个进水口高程由原来的 300 m 降低至 287 m，安装 5 台单机容量为 5 万 kW 的低水头水轮发电机组。改建后的三门峡水利枢纽，装机容量为 25 万 kW，于 1973 年开始发电。库水位315 m 时的泄洪能力，由原来的 3 080 m^3/s 增加到 10 000 m^3/s（相当于黄河常年较大洪水流量）。随着低水位时泄洪能力加大和排砂能力增加，不仅使库容得到保持，而且使库内淤积泥砂也逐渐排走，改善了库区周围生产条件。改建后的三门峡水利枢纽，仍能起到防洪、防凌、发电、灌溉等综合利用作用。当大洪水危及下游防洪安全时，可利用水库拦洪（设计洪水位 340 m 时，总库容为 162 亿 m^3）；凌汛期水库控制泄量，可解除下游融冰时可能造成的冰坝危害；结合凌汛蓄水可适当补充下游灌溉用水，下游沿黄河两岸可发展放淤灌溉，利用泥砂肥力；每年还可利用 20 m～30 m 落差进行径流发电，可获得 10 亿 kW·h 左右电量。

龙口水利枢纽：龙口水利枢纽位于黄河北干流托龙河段的尾部，库坝区左岸为山西省偏关县和河曲县，右岸为内蒙古自治区的准格尔旗，是黄河北干流托龙河段，万家寨蓄水式开发和龙口径流式开发，组合梯级开发方案的组成部分。以发电为主，兼有防洪、供水等综合效益。水库正常蓄水位 898 m，总库容 1.957 亿 m^3，调节库容 0.71 亿 m^3，电站装机容量50 万 kW，在电力系统中担任调峰任务。枢纽建筑物主要由拦河大坝、河床式电站厂房、泄水排砂建筑物、开关站等组成。河床式电站厂房布置在左岸，泄水排砂建筑物布置在右岸。拦河大坝为混凝土重力坝，最大坝高 51 m，坝顶长 429 m。大坝自左至右共分为 20 个坝段：1、2 号坝段为左岸非溢流坝段；3、4 号坝段为厂房主安装间坝段；5～9 号坝段为电站厂房坝段，每个机组段布置有 2 个宽 1.9 m、高 1.9 m 的排砂孔；10 号坝段为隔墩坝段，坝段下游靠电站一侧布置副安装间；11～15 号坝段为底孔坝段，每个坝段布置有 2 个宽 4.5 m、高6.5 m 的泄水排砂孔；16 号坝段为隔墩坝段；17、18 号坝段为表孔坝段，每个坝段布置有1 个宽 10 m、高 12 m 的溢流表孔；20 号坝段为右岸非溢流坝段。底孔和表孔泄水时采用二级底流式消力池消能。电站厂房内安装 5 台单机容量为 10 万 kW 的轴流转桨式水轮发电机组，多年平均发电量 12.89 亿 kW·h。该工程由天津勘测设计院设计。

第 9 章　长江防洪与河道整治

9.1　长江流域概况

9.1.1　长江流域水系

　　长江是我国第一大河，干流全长 6 300 km，长度和水量居世界第 3 位，流域面积 180 km²。长江发源于青藏高原唐古拉山脉主峰各拉丹冬雪山的西南侧，源头冰川末端海拔 5 400 余米。干流流经青、藏、川、渝、滇、鄂、湘、赣、皖、苏、沪等 11 个省（区）、直辖市，在崇明岛以东注入东海。支流还流过甘、陕、黔、豫、浙、桂、闽、粤等 8 个省、市、自治区。河口平均流量 32 400 m³/s，多年平均入海水量 9 000 亿 m³，占全国河川径流总量的 36% 左右。长江上游自青海省玉树至四川省宜宾称为金沙江，玉树以上称通天河。金沙江河道全长 2 320 km，宜宾以上控制流域面积约 50 万 km²，多年平均流量 4 920 m³/s，多年平均年径流量 1 550 亿 m³，约为黄河的 3 倍。

　　长江水系发育，支流数以千计，流域面积 1 万 km² 以上的支流有 49 条，嘉陵江、汉江、岷江、雅砻江 4 大支流的流域面积均在 10 万 km² 以上。长江源头为姜根迪如冰川，冰川起点海拔 6 534 m。冰川融水自南向北流出唐古拉山区，河源段称为沱沱河，纳当曲后始称通天河，通天河与巴塘河汇合后称为金沙江。沱沱河河长 358 km，流域面积 1.7 万 km²，河口多年平均流量为 32 m³/s。沱沱河主要支流有扎木曲。通天河河长 813 km，流域面积 13.8 万 km²，河口多年平均流量 385 m³/s。金沙江起自青海省玉树县巴塘河口，下至四川省宜宾市，全长 2 308 km，占长江全长的 1/3 以上。其中，长江上游干流一段（四川宜宾—湖北宜昌）习惯称为川江，川江长 1 033 km，川江以下为长江中下游。直接汇入金沙江的大支流有雅砻江、岷江，小支流有色曲、藏曲、小江、以礼河、黑水河、牛栏江、美姑河、横江等 40 余条。直接汇入川江的主要支流有沱江、嘉陵江、乌江，小支流有永宁河、赤水河、大洪河、龙溪河、黄柏河等 17 条。长江中下游是中国淡水湖分布最集中的地区，主要湖泊有鄱阳湖、洞庭湖、太湖、巢湖等。长江干流从江源至湖北省宜昌为上游，长约 4 500 km，流域面积 100 万 km²。河流经过高原山区和盆地，金沙江和三峡河段多高山峡谷，水流湍急。宜昌至江西省湖口为中游，长 938 km，流域面积 68 万 km²，其中枝城至城陵矶河段习惯称为荆江。荆江河道蜿蜒曲折，故有"九曲回肠"之称。中游主要汇入支流有清江、洞庭"四水"（湘、资、沅、澧）、汉江、鄱阳"五水"（赣、抚、信、饶、修）等。湖口以下至长江口为下游，长 835 km，流域面积 13 万 km²。安徽省大通以下受海潮影响，水势平缓。江苏省江阴至长江口为河口段，江面宽由 1 200 余米扩展至 91 km，呈喇叭状。下游主要汇入支流有青弋江、水阳江、滁河、秦淮河、黄浦江等。淮河的大部分水量也经京杭运河汇入长江。长江中下游两岸平原和丘陵海拔较低，河道特征时束时放，形似藕节。开阔河段多有江心洲出露，河道分叉。长江中下游两岸筑有干堤 3 100 余千米，支民堤和海塘数万千米。截至 1992 年年底，长江流域已建大中小型水库 45 000 余座，总库容近 1 400 亿 m³，发挥着防洪、发电、灌溉、养殖等综合效益。

9.1.2　长江流域气候

长江流域受大气环流的季节变化影响，大部分地域气候为典型的亚热带季风气候。气候特点是冬寒夏热，干、湿季分明。夏季中、低空盛行偏南风，从海洋上来的暖湿气流，使长江流域气温高、湿润、多雨。冬季则盛行偏北风，来自蒙古和西伯利亚的干冷空气控制全流域，天气寒冷、干燥、少雨。长江流域地域辽阔，地理地势环境复杂，各地区气候有明显差异。长江上游玉树以上地区位于青藏高原，为高原季风气候区，其气候特点为寒冷、干燥、气压低、日照长、辐射强和多大风。金沙江、雅砻江所流经的横断山脉地区，地势高差悬殊，有"一山有四季，十里不同天"的立体气候特征。四川盆地北有秦岭，南有云贵高原，北风和南风侵入都不如长江中下游明显，冬无严寒，夏无酷暑，气候温和、湿润。三峡地区处在四川盆地向长江中下游平原过渡的区域，雨稠风轻，温和湿润。长江流域降水量，自东南向西北递减。降水量最少的是金沙江玉树以上地区，年降水量仅 200 多毫米，长江流域平原地区年降水量达到 1 100 mm。受季风影响，年降水量的 70%～90% 集中在 5～10 月。流域大多数地区降水日数为 150 多天，四川雅安、峨眉山一带，年降水日数达到 260 天，俗称"天漏"。江源地区年降水日数不到 100 天。受纬度和地形的影响，流域平均气温分布较复杂，自流域南部的 19℃ 向北逐渐递减至 15℃，四川盆地到川西高原，从 17℃ 剧降到 0℃；云南省元谋站年平均气温 21℃，为流域最高值；江源地区的五道梁站，年平均气温 −5℃，为流域最低值。长江流域日照在 1 000 h～2 500 h，四川盆地、云贵高原多雾，日照在 1 100 h～1 200 h；日照多的地区是川西高原和长江下游北岸，日照数为 2 000 h～2 200 h；云南元谋、昆明一带及江源地区，日照数达到 2 500 h～2 700 h，是全流域最高地区。长江流域无霜期比较长，一般都在 240～300 天；无霜期最长的地区在云贵高原、四川宜宾至重庆忠县区间、湘江及赣江上游，年无霜期达到 350 天左右；无霜期最短的地区在雅砻江上游，年无霜期约 145 天。

9.1.3　长江流域地形特征

长江流域山地高原面积约占流域面积的 71.4%，山地主要分布在中、西部和东部的南、北缘，在江南丘陵区也穿插有山地。山地海拔高度，自西向东逐渐降低，一般西部 5 000 m～6 000 m，中部 2 000 m～3 000 m，东部 500 m～1 000 m。山地形态类型齐全，从低山、中山、高山到终年积雪的极高山都有。流域内山脉众多，纵横交错。大多数山脉作南北延伸，山岭间是纵深峡谷，岭谷间夹，阻隔东西交通，是有名的横断山区，岭谷高差常在 1 000 m～2 500 m，山岭纵长 100 km～500 km。较大的山脉有云岭、哈巴－玉龙雪山及甲金山等，海拔差别较大，低的 2 400 m，高的在 5 000 m 以上。江源区，受青藏"歹"型构造体系的影响，可可西里、唐古拉山等山脉作近东西向延伸，其海拔均在 5 000 m 以上。较大的西向山脉是巴颜喀拉山，海拔 5 000 m～6 000 m，纵长约 400 km，是金沙江水系与黄河源头的分水岭。青藏高原，高大寒冷，总面积 267 万 km²。长江流域的高原分布于青南、川西与滇西北，原面广阔无垠、波状起伏，一般海拔 4 000 m～5 000 m，原面上山峰海拔超过 6 000 m 的昆仑山、唐古拉山、岷山（主峰海拔 5 588 m）、贡嘎山及玉龙山等山地均有现代冰川分布。长江流域盆地众多，广泛分布在高原、山地与丘陵之中，大小悬殊，小者面积仅数平方千米，大者达 20 万 km²，多为断陷形成。面积在 1 000 km² 以上的有：四川盆地（约20 万 km²），南阳盆地（2.6 万 km²），汉中盆地（1 000 km²），昆明盆地（1 000 km²）。长江流域平原占流域面积的 11.3%，主要包括成都平原、唐白河平原及长江中下游平原。成都平原是由绵远河、石亭江、岷江、西河、斜河、南河等多个冲积扇共同组成的复合冲积扇平原，面积约 8000 km²，海拔 500 m～600 m。唐白河平原占据南襄盆地的大部分，面积2 万多 km²，为冲积平原，海拔多在 200 m 以下。长江中下游平原指西起宜昌，东到入海口，南抵江南丘陵，北达大别山麓，东西长 2 000 km 的不规则条形平原，海拔多在 50 m 以下。它由两湖平原、鄱阳湖平原、皖中平原及长江三角洲平原组成，面积约 16 万 km²。此外，云贵高原上的一些较大盆地中也有较小的平原分布，如昆明盆地中的平原。长江流域的丘陵占流域面积的 13.3%，一般海拔在 100 m～500 m，主要有江南丘陵、川中丘陵及淮南丘陵等。

9.1.4 长江流域社会经济

长江流域幅员辽阔，人口众多，是我国重要的经济发达地区。截至 1992 年年底，长江流域拥有人口 3.98 亿（占全国的 34%），耕地 3.48 亿亩（占全国的 24%），粮食产量 1.55 亿 t（占全国的 35%），水稻产量占全国的 70%，棉花产量占全国的 1/3 以上，农业总产值占全国的 32%。长江流域总面积 27 亿亩（其中，陆地面积 26 亿亩，江湖水体 1 亿亩），陆地面积已开垦利用 3.8 亿亩（占土地总面积的 14%），其余大部分山区、丘陵为林草覆盖。除去约占 7% 的不能用做农耕的山石、冰川和价值不大的荒漠，以及居民点、道路、工矿企业、城市基础设施用地以外，还有 70% 即 19 亿亩的山区、丘陵，可供发展农、林、牧、渔各业。长江流域一等耕地占全国一等耕地的 25%，是我国主要农业生产基地之一，除生产的棉花和油料占全国产量的 1/3 以上、生猪占全国产量的 3/5 以上外，麻类、烟叶、蚕丝、茶叶等占全国的 1/2 以上。长江流域是典型的亚热带气候，适合于多种林木发育生长，全国三大林区的西南、中南两大林区的大部分在长江流域。自古以来，长江流域就是杉木、毛竹、油茶、油桐、茶叶、生漆等传统商品的生产基地。经济林木主要分布在川、贵、赣、湘、鄂等省，经济林中的有些树种及产品在国内外占有重要地位。生漆产量居世界首位，四川的油桐产量居全国首位，湖南、江西的油茶产量占流域的 80% 以上，柑橘产量占全国的 70% 以上，竹林面积（以楠竹为主）占全国的 70%。在全流域 180 万 km² 范围内，有大、中、小城市 185 座，其中在长江干流 11 个省（区）、直辖市的城市有 163 座，在长江干流沿岸的城市有 47 座。长江流域城市密集，城因水兴，港伴城立，城市沿江两岸呈带状分布。新中国成立以来，特别是改革开放以来，长江流域因其自然环境、资源状况和人口因素，在长期经济发展和城市化过程中，不仅工业、农业、交通航运、商业物资流通、金融、信息产业得到快速全面发展，而且逐步形成若干产业密集带，成为长江流域经济发展速度最快的地区和高新技术密集区。大耗能、耗水、技术密集、知识密集的产业向这些地带集中，农业商品粮、棉的生产则向长江三角洲地区、太湖平原、鄱阳湖平原、巢湖平原、江汉平原、洞庭湖平原、成都平原等区域集中。电力工业密集带包括水电、火电和核电生产集中在上海、南通、镇江、南京、马鞍山、九江、武汉、岳阳、宜昌、重庆、宜宾、攀枝花等一线，中下游以火电为主，上中游以水电为主。钢铁工业密集带包括宝钢、马钢、武钢、重钢、攀钢等大型钢铁基地和大冶钢厂、南京钢厂、新余钢厂、鄂钢、湘潭钢厂、涟源钢厂等中型钢厂。有色金属密集带包括上海、南京、铜陵、德兴、黄石、武汉、重庆等地。机械工业密集带包括上海、南京、无锡、扬州、合肥、芜湖、武汉、长沙、株洲、湘潭、十堰、重庆、成都等地。化学工业密集带包括上海、南京、安庆、九江、黄石、武汉、荆门、岳阳、长寿、泸州、自贡等。纺织工业密集带包括上海、南通、苏州、无锡、泰州、安庆、九江、武汉、荆沙、宜昌等。随着流域经济的开发和高新技术产业开发区的发展，长江流域逐步呈现出一些新兴的产业带，包括农林牧渔产品加工、汽车制造、造船工业、石油化工、电子工业、新材料、生物工程等产业带。长江流域内经国务院批准成立的国家级高新技术产业开发区共 17 个。这些高新技术产业开发区具有较强的经济实力，资源、技术、人才优势和基础工业优势，在全国 52 个高新技术产业开发区中占有重要地位，具有广阔的发展前景。

9.2　长江流域水资源

9.2.1　水资源及其分布

长江流域水资源总量为 9 613 亿 m^3，其中地表水资源量为 9 513 亿 m^3，浅层地下水资源量为 2 463 亿 m^3，相互转化的重复计算量为 2 363 亿 m^3（地表水资源量与地下水资源量相加再减去相互转化的重复计算量，得到长江流域的水资源总量）。水资源相应的产水模数为 54 万 m^3/km^2，为全国平均值的 1.9 倍。从地区分布上看，产水模数以鄱阳湖水系最大，洞庭湖水系次之，太湖水系最小，这三个水系的产水模数分别是 85.7 万 m^3/km^2、77 万 m^3/km^2 和 43.2 万 m^3/km^2。长江每年流入大海的淡水量平均为 9 613 亿 m^3，占我国河川径流量的 38%，是黄河水量的 20 倍。长江有 8 条支流的水量大于黄河。在世界九大河流中，长江的径流量仅次于南美洲的亚马逊河和非洲的刚果河。长江流域的人均水量为 2 760 m^3，是我国北方河流的 3.3 倍；田均水量为 2 620 t，是全国平均值的 1.45 倍，是我国北方河流的 7 倍。在长江流域，蕴藏着丰富的水能资源、航运资源和湖泊资源。

长江流域水资源在流域内的分布见表 9-1。

表 9-1　长江流域水资源分布统计

河流或区域名称	流域面积 （km^2）	年平均 降水总量 （亿 m^3）	年平均 水资源总量 （亿 m^3）	年平均 产水模数 （万 m^3/km^2）
金沙江	490 650	3 466	1 535.0	31.29
岷江、沱江	164 766	1 785	1 035.8	62.86
嘉陵江	158 776	1 532	704.0	44.34
乌江	86 976	1 012	539.0	61.97
长江上游干流区间	100 504	1 175	656.0	65.27
洞庭湖水系	262 344	3 709	2 022.0	77.07
汉江	155 204	1 396	576.8	37.16
鄱阳湖水系	162 274	2 593	1 390.4	85.68
长江中游干流区间	97 069	1 207	553.7	57.04
太湖水系	37 464	414	162.3	43.32
长江下游干流区间	92 473	1 071	438.4	47.41

河流或区域名称	流域面积（km²）	年平均降水总量（亿 m³）	年平均水资源总量（亿 m³）	年平均产水模数（万 m³/km²）
合计	1 808 500	19 360	9 613.4	53.16
全国总计	9 545 322	61 889	28 124.4	29.46
长江占全国比例（％）	18.95	31.28	34.18	180.45

9.2.2　水能资源

长江是我国水能资源蕴藏量最丰富的河流，水能理论蕴藏量为 26 801.77 万 kW（其中，干流 9 166.70 万 kW，支流 17 635.03 万 kW），占全国水能理论蕴藏量 68 777.71 万 kW 的 38.96％。可开发水能资源装机容量为 19 724.33 万 kW（其中，干流装机容量为 9 065.76 万 kW，支流装机容量为 10 658.57 万 kW），年发电量为 10 275.10 亿 kW·h（其中，干流年发电量为 4 722.71 亿 kW·h，支流年发电量为 5 552.39 亿 kW·h）。

9.2.3　航运资源

长江水系发育，支流湖泊众多，是我国内河航运条件最优越的河流，历来是联系沿海与内陆腹地的航运大动脉。汇流在 1 万 km² 以上的支流有 49 条，大都水量充沛，终年不冻。通航里程达 5.744 7 万 km，占全国内河航运里程的 52.6％，其中约 3 万 km 可通行机动船舶。长江干流南京以下 392 km，可通行 1.5 万 t 海轮和 2.4 万 t 油轮；汉口至南京 706 km，可通行 5 000 t 江海轮；宜昌至汉口 626 km，可通行 1 500 t～3 000 t 船舶；重庆至宜昌 660 km，可通行 1 000 t～1 500 t 船舶。主要支流汉江、湘江、赣江、岷江、嘉陵江均有较好的航运条件。长江主要支流通航情况见表 9-2。

表 9-2　长江主要支流通航情况统计

河流名称	通航里程（km）	4 级航道 起讫地点	4 级航道 通航里程（km）	5 级航道 起讫地点	5 级航道 通航里程（km）	6 级航道 起讫地点	6 级航道 通航里程（km）
金沙江	78	新市镇、水富	78				
岷江	197	乐山、宜宾	162	沙湾、乐山	35		
赤水河	248					赤水、合江	54
嘉陵江	954			合川、重庆	94	昭化、合川	620
渠江	359	三汇、四九滩	145			四九滩、渠河嘴	145
乌江	452			白马、涪陵	45	思南、白马	303
清江	110						
湘江	717	株洲、长沙	84			松柏、株洲	238
资水	450					桃江、甘溪港	38
沅水	1 051	茅草街、鲇鱼口	73	桃源、茅草街	162	浦市、桃源	253

续表9-2

河流名称	通航里程（km）	4 级航道		5 级航道		6 级航道	
		起讫地点	通航里程（km）	起讫地点	通航里程（km）	起讫地点	通航里程（km）
澧水	370					丰县、小渡口	17
汉江	1 313			丹江口、汉口	649	丹江口、郧县	197
赣江	606	南昌、湖口	156	赣江、万安	95	万安、泰和	355

注：①总通航里程包括等内和等外的通航里程；
　　②洞庭湖区总航程 464 km 的一些航道和太湖水系总航程 1 756 km 的一些航道未列入表内；
　　③7 级航道有赤水河（二郎至赤水 108 km）、乌江（文家店至思南 49 km）、沅水（锦屏至浦市 240 km）、汉江（火石岩至郧县 266 km）。

9.2.4　湖库资源

长江中下游湖泊和水库资源丰富，具有综合开发利用的良好条件，这一区域拥有占全国总数 35％的大中型水库。大于 1 500 亩以上的湖泊有 679 座，占全国同类湖泊总数的 29％；水体面积达 20 223 km²，占全国同类规模湖泊面积的 28.2％。水体流动性好，水体水质好。湖泊集中连片，水域与陆地交叉相连，可实行大面积灌溉、航运、发电和水产养殖。长江流域主要湖泊特性见表 9-3。

表 9-3　长江流域主要湖泊特性

湖泊名称	所在省（区）	湖面高程（m）	面积（km²）	最大水深（m）	平均水深（m）	容积（亿 m³）
鄱阳湖	江西	21.00	3 960.00	23.00	6.60	260.00
洞庭湖	湖南	34.50	2 740.00		6.50	178.00
太湖	江苏	4.00	2 440.00	4.20	3.00	73.00
巢湖	安徽	10.00	820.00	5.00	4.40	36.00
洪湖	湖北	25.00	402.00	2.50	1.80	7.20
龙感湖	湖北、安徽	12.76	362.00	2.52	1.15	4.17
梁子湖	湖北	17.20	334.00	3.20	1.70	5.70
滇池	云南	1 885.00	330.00	8.00	5.00	16.50
大官湖黄湖	安徽	12.64	261.00	1.94	1.28	3.35
泊湖	安徽	12.64	209.20	3.01	1.41	2.95
南漪湖	安徽	10.00	205.00	4.50	3.17	6.50
石臼湖	江苏、安徽	6.90	201.00	2.40	1.70	3.40
滆湖	江苏	3.20	164.00	1.60	1.30	2.10
长湖	湖北	20.50	127.00	5.20	3.90	4.90
阳澄湖	江苏	2.90	113.00	9.50	2.80	3.20
洮湖	江苏	3.44	90.00	1.31	1.22	1.10

湖泊名称	所在省（区）	湖面高程（m）	面积（km²）	最大水深（m）	平均水深（m）	容积（亿 m³）
程海	云南	1 503.00	78.80	36.90	15.20	12.00
淀山湖	上海、江苏	2.36	63.00	4.36	2.11	1.33
泸沽湖	云南、四川	2 690.70	48.45	93.50	40.30	19.53
草海	贵州	2 170.00	45.50	5.00	3.10	1.40
澄湖	江苏	2.66	45.00	4.06	1.78	0.80
武昌东湖	湖北	19.50	30.80	4.38	2.40	0.74
邛海	四川	1 805.00	29.60	19.00	11.20	3.30
马湖	四川	1 100.00	7.32	134.00	65.70	4.81
杭州西湖	浙江	5.25	5.80	2.43	1.55	0.09

9.3 长江综合治理规划

新中国成立前，长江治理仅限于防洪，且防洪堤支离破碎，抗洪能力很低。长江干流上中下游及很多支流都有防洪问题，尤以中下游平原区最为严重。干流洪水来量远远大于中下游河道的泄洪能力，使得中下游平原地区的最高洪水位高出地面很多，这点在荆江河段最为突出。新中国成立后，中央人民政府对长江流域治理十分重视，为治理长江、开发利用长江丰富的水利资源，成立了长江水利委员会，负责长江干流治理工作，并协调长江主要支流治理与水资源开发利用工作。长江水利委员会按照"挡、泄、蓄"结合，因地制宜的治水方针，根据长江流域的特点和防洪矛盾突出的实际情况，于 20 世纪 50 年代初提出了长江流域综合治理规划方案。挡是在长江中下游江汉平原、汉江和中游一级支流、鄱阳湖水系、皖苏下游河段及其汇入长江的一级支流以及太湖水系，修建防洪堤抵御洪水；泄是在长江中下游开阔洪道、裁弯取直、扩大堤距、提高堤防防御水位等增加河道泄洪能力（如荆江上实施的三处裁弯工程，下游滁河上开挖的马汊河分洪道）；蓄是在长江中下游平原区建立分蓄洪工程和在长江干流及其支流上结合水能资源利用兴建水库拦蓄洪水。长江防洪工程分三阶段实施：第一阶段，以加固原有堤防为主，整治平原水系，有条件的地方修建一些分蓄洪工程，这一阶段的任务在 1958 年前基本完成；第二阶段，修建分洪、蓄洪工程，整治河道，加培堤防，在一些支流上结合兴利修建综合利用水利枢纽承担部分防洪任务；第三阶段，修建更多能控制洪水主要来源的干支流水库，逐步减少分蓄洪工程的防洪负担，减轻修堤防汛工作量。以防洪为主的三峡水利枢纽的兴建，标志着第二阶段向第三阶段过渡。

9.4 长江流域防洪工程

9.4.1 干支流水库

在长江流域山区结合兴利修建大、中、小型水库 4 万余座，其中大型水库 103 座，总库容 700 余亿立方米，一部分库容可用于防洪。位于长江干流的三峡水利枢纽是中游平原地区防洪的关键工程，汉江上的丹江口水利枢纽和汉江支流上的隔河岩水电站的水库都有大的防洪库容。这些工程的水库对调控荆江河段、江汉平原和武汉地区的洪水发挥了很大作用。

9.4.2 堤防工程

长江堤防主要分布在中下游地区，历史悠久，从围城做土堤算起，已有约 3 500 年历史。新中国成立以来，经过 50 多年的建设，在长江流域已初步建成由长江干堤、长江上游堤防和长江中下游堤防组成的长江洪水防御体系。

长江干堤： 长江干堤沿长江干流修建，也称江堤。长江干堤分布在沿江左右岸，总长 3 569 km。左岸上起湖北江陵县枣林岗，下至江苏南通市附近与海塘相接，全长 1 742 km，其中湖北境内 758 km，安徽境内 485 km，江苏境内 499 km。右岸上起湖北松滋县灵钟寺，下至江苏徐六泾，全长 1 827 km，其中湖北境内 572 km，湖南境内 102 km，江西境内 60 km，安徽境内 254 km，江苏境内 503 km，上海市境内 309 km（也称海塘）。

长江上游堤防： 长江上游堤防长 3 140 余千米，分布在岷江、沱江、嘉陵江及其支流上，保护 400 余万亩农田和中小城镇。

长江中下游堤防： 是长江主要堤防系统，总长 33 000 余千米（其中长江干堤约 3 600 km）。分布在 12.6 万 km² 的长江中下游平原上，保护耕地 9 000 余万亩，7 500 万人（1988 年统计），沿江有武汉、芜湖、南京、上海等城市和很多重要交通设施。长江中下游堤防系统主要防洪区可分为：湖北江汉平原区，总面积 38 800 km²，建有的长江干堤长 1 557 km、汉江干堤长 726.9 km、主要支堤长 492 km、一般支堤长 4 274.4 km，保护区内耕地 3 000 万亩；湖南洞庭湖区，面积 15 200 km²，圩区 228 座，防洪堤线长 3 500 km，堤高 5 m～9 m，圩区保护耕地面积 868.7 万亩；鄱阳湖圩区，面积 5 200 km²，圩垸 581 座，防洪堤线长 2 792 km，堤高 5 m～9 m，圩区保护耕地面积 559 万亩；安徽堤防，总长 4 784 km，保护耕地 1 039 万亩，其中干堤长 739 km，保护耕地 819 万亩；苏沪堤防，总长 4 530 km，其中干堤长 1 338 km，堤高 4 m～5 m，上海临江、临海的堤为海塘，长 460 km。长江中下游主要堤防见表 9—4。

表 9—4 长江中下游主要堤防统计

堤防名称	堤防所在位置	堤防所起作用	堤防长度 （km）	保护农田面积 （万亩）
上百里洲	湖北枝江县	江心洲护洲堤	74.0	20.0
下百里洲	湖北枝江县	支流汇口保护堤	60.0	6.5
松滋河堤	湖北松滋县	河道整治堤防	670.0	
东港垸堤	湖北公安县	护垸堤防	74.0	12.0
荆北圩堤	湖北荆沙等 4 县	护垸堤防	634.0	600.0
荆江大堤	湖北荆沙市	荆江北岸江堤	182.4	1 100.0
南线大堤	湖北荆江分洪区	分洪区保护堤	22.0	
湖南江堤	湖南长江右岸	长江右岸江堤	上段 44.4 下段 57.9	上段 40.0 下段 21.9
东荆河堤	湖北汉江	汉江干堤	右堤 173.4 左堤 170.5	

堤防名称	堤防所在位置	堤防所起作用	堤防长度 （km）	保护农田面积 （万亩）
武汉市堤防	湖北武汉市	武汉市防洪堤	178.5	
同马大堤	安徽长江左岸	长江左岸江堤	130.0	180.0
无为大堤	安徽长江左岸	长江左岸干堤	124.0	427.0
马鞍山市江堤	安徽马鞍山市	长江右岸干堤	11.4	
江苏江堤	江苏长江两岸	长江两岸干堤	左岸 498.5 右岸 529.7	1 100.0
扬中市堤	江苏扬中市	江心洲防洪堤	122.7	16.6
黄浦江堤	上海市黄浦江	黄浦江防洪堤	100.0	89.2

9.4.3　分蓄洪工程

在长江中下游平原区已开辟 40 处分蓄洪区，有效容量约 500 余亿立方米。主要蓄洪分洪工程有以下几处：

荆江蓄洪分洪工程：位于长江边上的武汉市受长江洪水威胁，仅靠筑堤不能消除洪水灾害，因此 20 世纪 50 年代决定修建荆江蓄洪分洪工程。荆江分洪区位于荆江南岸虎渡河以东，安乡河以北，区内面积 920 km²，耕地 54 万亩。蓄洪水位 42 m 时有效容量为 54 亿 m³。围堤总长 208 km，围堤断面按干堤标准，顶宽 6 m，内外坡均为 1：3，大部分按蓄洪水位 42 m 超高 1.5 m 设计。荆江分洪区进洪闸位于荆江分洪区北角，又称北闸。54 孔进洪闸总长 1 054 m，为开敞式钢筋混凝土建筑物，闸门为弧形钢闸门。设计进洪能力 8 000 m³/s，1954 年实际分洪流量为 7 700 m³/s。荆江分洪工程于 1953 年建成，建成后 1954 年长江发生大洪水，荆江分洪工程 3 次开闸放水，发挥了重大作用，降低沙市水位近 1 m。由于荆江分洪工程很少使用，区内人口剧增，经济发展快，已建有排水闸、电排站、灌溉引水闸等工程设施，以保证能够顺利分洪。安全台增加到 95 处，安全区有 21 处，平时可安置 16 万人。建有转移公路 100 余千米，各类桥梁 690 座。该分洪区是长江流域最早建立和较为完备的分洪工程。

洪湖分洪工程：地跨湖北省洪湖市和监利县，即内荆河下游平原，面积 2 780 km²。蓄洪水位 32 m 时，有效蓄洪容量 189 亿 m³，为长江中下游平原最大的蓄洪垦殖区，耕地面积 136 万亩。其围堤包括 226 km 的长江干堤，64.8 km 的主隔堤及 43.4 km 的东荆河堤。洪湖分洪区的任务有二：一是与洞庭湖蓄洪区共同承担城陵矶附近地区需要分蓄的超额洪水，二是承担荆江分洪区所蓄纳不下的分洪量。

洞庭湖蓄洪工程：城陵矶地区蓄洪任务很重。按整体防洪规划，以 1954 年同大洪水为标准，需要它承担 320 亿 m³，其中洞庭湖区需要分蓄 160 亿 m³。洞庭湖区蓄洪工程包括钱粮湖、民主、共双茶、屈原等 24 个堤垸，蓄洪面积 2 785 km²，总有效容量 162 亿 m³，耕地面积 224 万亩，垸堤长 1 210 余千米。设计蓄洪水位 33.5 m～39.5 m。安全设施到 1990 年已完成安全楼台 54 万 m²，植安全树 115 万株。当城陵矶水位达到 34.4 m，并可能再上涨时，如洪水主要来自长江，则首先运用洪湖蓄洪区；如洪水主要来自湘、资、沅、澧四水，则首先运用洞庭湖各蓄洪堤垸。

鄱阳湖区蓄洪工程：鄱阳湖区内有圩垸 58 座，耕地 559 万亩。区内重点防洪保护对象为赣抚平原、京九等 5 条铁路和几座重要城市。湖口控制水位为 22.5 m，湖口附近区按防御 1954 年洪水承担分洪量 50 亿 m³，由华阳河区鄱阳湖区各承担一半。江西省安排康山大圩、珠湖圩、黄湖圩、赣西联圩的方洲、斜圹圩等为蓄洪区，总蓄洪面积 344.9 km²，耕地面积 28 万亩，有效蓄洪量 26.24 亿 m³。圩堤均按 20 年—遇洪水加培。至 20 世纪 90 年代初，区内已完成安全楼 62 座，面积 23 000 m²，避水台 10 处，面积 18 550 m²，转移公路132.4 km，桥梁 28 座。运用方式为临时扒口分洪。

9.5　长江河道整治与护岸工程

9.5.1　长江河道治理概况

长江干流河道总的情况是：上游金沙江与川江为山区河流，滩多流急，航行艰险，对航运十分不利；宜昌以下为平原河流，上荆江承泄上游巨大洪水流量，形势险要，下荆江河道蜿蜒曲折，水流不畅，荆江河段洪水灾害时有发生；城陵矶以下，河道分汊，江岸、洲、滩冲淤变化，经常引起航道变迁，不利于航行。长江航运开展较早，适应经济发展对航运的需要，对航道的整治历来受到重视。上游整治的历史可追溯到隋唐时期，主要是通过炸礁、凿滩、开槽等措施确保航道畅通。新中国成立后，为使长江航运适应国家经济发展对交通运输的需要，对长江河道进行了全面整治与综合治理。20 世纪 50 年代首先对川江及金沙江局部航道采取炸礁、疏浚、理滩、绞滩等工程措施，分期分段进行了整治。整治了数百处各类滩险，累计工程量达 1 000 多万 m³，使航道水深和宽度增加，实现了川江夜航。20 世纪 60 年代，提出了《长江中下游河道整治规划要点报告》，确定了"因势利导，全面规划，远近结合，分期实施"的整治原则和"稳定岸线，控制河势，增强防洪能力，改善航道条件，促进沿江城镇、港口建设和工农业生产发展"的整治目标，并实施了荆江中洲子和上车湾两处人工裁弯工程。20 世纪 70 年代开始，长江中下游的治理全面展开，到 80 年代末，已实施从上荆江至澄通等 13 个河段和长江口的重点整治，共完成长 1 149 km 护岸，裁弯工程 2 处，堵汊 5 处，建丁坝矶头 700 多处，石方 6 000 多万 m³，沉排 300 多万 km²，效益显著，剧烈崩岸基本制止，河势趋向稳定。

9.5.2　长江中下游综合治理主要工程

干流河道护岸工程：长江中下游自宜昌至河口，全长 1 800 多千米，除部分地段有山矶节点控制外，江岸大多为河流沉积物砂质土壤组成。在水流冲刷作用下，崩岸长度长达1 500 km，约占两岸江岸总长度的 1/3。崩岸危及防洪大堤、城镇及工农业生产设施的安全，造成重大损失，并使河势发生不利影响。1949 年前只有荆江、武昌、南通等处做少量护岸工程，且多已毁坏。从 20 世纪 70 年代开始，沿江各省全面开展护岸工程，修建了较多块石丁坝和矶头，但江岸坍塌时有发生。其后，总结实践经验，结合实验研究，推广对水流影响较小、施工较简便、维护较易、有利于岸线开发利用的平顺护岸形式。材料结构以传统的块石抛护为主，梢料排枕次之，部分地段采用化纤编织物覆盖及混凝土制块等材料。到20 世纪 90 年代，护岸总长度达 1 149 km，完成石方工程量 6 000 多万 m³，沉排 300 多万 m²，丁坝、矶头 700 多座。护岸工程主要分布于湖北荆江大堤、武汉市、黄广大堤，湖南下荆江右岸、临湘江堤，江西九江永安堤，安徽同马大堤、无为大堤，江苏南京、镇江、扬州、南通及上海市的河口海塘等。

干流河道堵汊工程: 长江中下游河道主要为分汊河型,有各种形式的分汊河段40多个,每段分汊数以两汊居多,也有三汊、四汊、五汊。分汊段河宽增大,水深减少,主流摆动,崩岸线长。堵汊整治前,主、支汊周期性地兴衰交替,很不稳定,给防洪与航运带来不利影响。20世纪50年代开始,对汊道演变特性和治理进行了研究,总结得出分汊河段减少有利于河道稳定。70年代安徽省安庆地区,先后堵塞了官洲河段的鹅头支汊西江、太子矶河段的玉板洲夹江和小新洲夹江三个支汊。官洲西江靠近同马大堤,弯道崩岸严重,堵汊后免去了护岸,保护了堤防,减缓了官洲头冲刷,利用汊道水域发展了农渔业生产。1984年,江苏省南通市为了整治天生港水道,堵塞了如皋沙群的长青沙与薛案沙之间的夹江,集中水流于天生港水道。1995年,江苏省南京市堵塞了栖霞、龙潭弯道的兴隆洲左汊,改造为单一河道,减少了主流摆动,在一定程度上改善了河势。

下荆江裁弯工程: 长江干流湖北石首至湖南城陵矶一段称下荆江。河道弯曲蜿蜒,泄洪不畅,对防洪航运不利,历史上多次发生"自然裁弯"。1960年提出了下荆江系统裁弯规划,包括中洲子、上车湾和沙滩子三处裁弯。1967年首先实施中洲子裁弯工程,裁弯比8.5,新河长4.3 km,开挖底宽30 m,开挖断面为原河道断面的1/30。工程当年完工,共完成土方量186万 m³,1968年成为长江主航道。1968年实施上车弯裁弯工程,裁弯比9.3,新河长3.5 km,开挖断面上段为原河道的1/17、下段为原河道的1/25,工程共完成土方量219万 m³,1971年工程进行了第二期疏挖工程,完成土方量41万 m³,同年发展为长江主航道。沙滩子河弯在1972年发生自然裁弯,对三处裁弯新河及上下河段均采取了河势控制工程措施。

长江中下游河道整治主要工程见表9-5。

表9-5 长江中下游河道整治主要工程统计

整治工程名称	工程位置	整治目标及措施	整治长度(km)	整治工程量	
				土石方(万 m³)	沉排面积(万 m³)
武汉河段整治	湖北武汉市	堤岸整修加固,改善航运	70.0	20	
九江河段整治	江西九江市	矶头结合平顺护岸整治保护耕地200万亩	23.0	100	
安庆河段整治	安徽安庆市	护岸整治,保持沿江水深	37.0	261	
铜陵河段整治	安徽铜陵市	护岸整治,保护无为大堤	4.8		40.0
芜湖河段整治	安徽芜湖市	护岸整治	8.0	110	
马鞍山河段整治	安徽马鞍山市	护岸整治,确保港口水深	22.0	200	14.8
南京河段沉排护岸	江苏南京市	沉排护岸,保护江岸	9.1		70.8
镇扬河段整治	江苏镇江市	抛石及沉排护岸	28.0	619	77.0
扬中河段整治	江苏扬中市	抛石及建丁坝23条	15.0	50	
澄通河段整治	江苏江阴市	建14条丁坝护岸	5.8		
长江河口段整治	上海市	抛石,沉排及建丁、顺坝400多条护岸	460.0	350	

第 10 章　长江水能资源与水能开发利用

10.1　长江流域水能资源

长江流域水能资源十分丰富，全流域水能理论蕴藏量 26 801.73 万 kW，可开发修建水电站装机容量为 19 724.33 万 kW，年发电量为 10 275.10 亿 kW·h。长江流域水能理论蕴藏量与可开发量见表 10—1。

表 10—1　长江流域水能理论蕴藏量与可开发量统计

河流名称		水能理论蕴藏量		可开发水能资源		
		装机容量 （万 kW）	占流域比例 （%）	装机容量 （万 kW）	年发电量 （亿 kW·h）	占流域比例 （%）
全流域		26 801.73	100.00	19 724.33	10 275.10	100.00
干流		9 166.70	34.20	9 065.76	4 722.71	45.96
支流		17 835.03	65.80	10 658.57	5 552.39	54.04
1. 金沙江（江源至宜宾）		11 323.72	42.25	8 891.22	5 040.99	49.06
干流		5 813.70	21.69	5 891.26	3 223.81	31.47
支流	（1）雅砻江	3 372.18	12.58	2 494.10	1 524.55	14.84
	（2）牛栏江	191.07	0.71	88.62	49.24	0.48
	（3）横江	214.68	0.81	109.90	60.49	0.59
	（4）中小支流	1 732.09	6.46	307.34	172.90	1.68
2. 长江上游（宜宾至宜昌）		10 533.54	39.3	8 184.21	4 103.52	39.94
干流		2 467.00	9.20	3 174.50	1 488.90	14.49
支流	（1）岷江	4 888.62	18.24	3 056.31	1 671.67	16.27
	大渡河	3 556.25	13.27	2 513.83	1 367.03	13.30
	青弋江	424.02	1.58	167.93	95.21	0.93
	（2）沱江	152.64	0.57	26.25	16.01	0.16
	（3）赤水河	139.46	0.52	97.48	47.67	0.46
	（4）嘉陵江	1 525.48	5.69	869.87	407.71	3.97
	（5）乌江	1 042.59	3.89	834.01	415.78	4.05
	（6）中小支流	317.75	1.19	125.79	55.78	0.54

河流名称		水能理论蕴藏量		可开发水能资源		
		装机容量（万 kW）	占流域比例（%）	装机容量（万 kW）	年发电量（亿 kW·h）	占流域比例（%）
3. 长江中下游（宜昌以下）		4 944.47	18.45	2 648.9	1 130.59	11.00
干流		886.00	3.31			
支流	（1）清江	250.42	0.93	173.61	89.62	0.87
	（2）洞庭湖水系	1 861.43	6.95	1 233.60	564.75	5.50
	湘江	521.75	1.95	331.77	144.42	1.41
	沅江	793.88	2.96	593.80	275.25	2.68
	（3）汉江	1 093.59	4.08	614.16	249.64	2.43
	（4）鄱阳湖水系	640.41	2.39	509.47	189.06	1.84
	赣江	364.20	1.36	333.45	125.90	1.22
	（5）中小支流	212.62	0.79	118.12	37.52	0.36

10.2　长江干流水能利用规划

10.2.1　金沙江水能利用规划

长江上游干流金沙江（青海玉树至四川宜宾），水能理论蕴藏量 5 551 万 kW，占金沙江流域的 50% 以上。初步规划为 18 个梯级，总装机容量为 5 700 万 kW，其中云南省石鼓至四川省宜宾河段，是我国水能资源的"富矿"。该河段规划为 9 个梯级，总装机容量 4 789 万 kW，保证出力 2 113.5 万 kW，年发电量 2 610.8 亿 kW·h。这 9 座梯级水电站为虎跳峡、洪门口、梓里、皮厂、观音岩、乌东德、白鹤滩、溪落渡和向家坝。这 9 座梯级水电站的技术经济指标见第 13 章金沙江水电基地部分。

10.2.2　长江干流上游水能利用规划

长江上游宜宾至宜昌河段（通常称为川江），全长 1 040 km，总落差 220 m，初步规划装机容量 2 542.5 万 kW。宜宾至奉节，穿过四川盆地，两岸丘陵与平原台地相间，河道束窄和开阔段交替出现，有良好的枢纽坝址。奉节至宜昌，为著名的三峡河谷段，江面狭窄，有不少可供修建高坝的坝址。本河段的开发，结合下游堤防及分洪等多种防洪措施的修建，可解决长江中下游的防洪问题，并可改善川江和中下游的航运。清江是长江中游的重要支流，流域面积 1.67 万 km²，自恩施至长滩 250 km 河段，有落差 380 m，初步规划可装机容量 289.1 万 kW，可解决近期江汉平原用电短缺问题，并可减轻荆江洪水威胁和改善荆江航运条件。开发金沙江和长江干流上游，不仅可满足当地日益增长的用电需要，而且可促成与华东地区联网，实现"西电东送"的战略目标。长江上游初步规划为 5 级开发，总装机容量 2 542.5 万 kW，保证出力 743.8 万 kW，年发电量 1 275 亿 kW·h。长江上游干流规划的 5 个梯级为石硼、朱杨溪、小南海 3 座水电站和长江三峡及葛洲坝水利枢纽。这 5 个梯级的技术经济指标见第 13 章长江上游水电基地部分。

10.3　长江流域水能规划与实施概况

长江流域包括干流金沙江、长江上游干流和主要支流岷江（含大渡河）、雅砻江、嘉陵江、乌江、汉江（含清江）以及湘、资、沅、澧四水系和赣江等。为开发利用长江丰富的水能资源，长江流域规划办公室及相关省（市）对长江干流和主要支流都做了大量勘测工作，并按照干流河段和主要支流的开发目标及综合利用要求制订出了长江干流和主要支流的水能开发利用规划。本章介绍长江干流金沙江、长江上游干流（含清江）水能利用规划，长江主要支流大渡河、雅砻江、乌江和湘、资、沅、澧四水系水能利用规划纳入相关省区介绍。

10.3.1　长江流域规划修建的大型水利水电工程

长江上游可建装机容量 25 万 kW 以上的大型水电站 102 座，总装机容量 15 616 万 kW，年发电量 8 026.7 亿 kW·h，分别占全流域可开发水能资源装机容量和年发电量的 79% 和 78%。大型水电站中又以装机容量在 100 万 kW 以上的超大型和巨型水电站为主，100 万 kW 以上的巨型水电站 41 座，总装机容量 12 375 万 kW，年发电量 6 466.7 亿 kW·h，分别占全流域大型水电站装机容量和年发电量的 79% 和 77%。装机容量 200 万 kW 以上的水电站 22 座，总装机容量 9 846 万 kW，年发电量 5 118.7 亿 kW·h，分别占全流域大型水电站装机容量和年发电量的 63% 和 64%。装机容量 300 万 kW 以上的水电站 12 座，总装机容量 7 431 万 kW，年发电量 3 911.7 亿 kW·h，分别占全流域大型水电站装机容量和年发电量的 47% 和 49%。装机容量 500 万 kW 以上的水电站 6 座，总装机容量 5 476 万 kW，年发电量 2 805.7 亿 kW·h，均占全流域大型水电站的 35%。最大的长江三峡水利枢纽，装机容量为 2 240 万 kW（其中地下电站装机容量 420 万 kW），年发电量 846.7 亿 kW·h。长江流域规划修建的 102 座大型水电站中，有 86 座分布在长江上游地区，总装机容量 14 610 万 kW，年发电量 7 661.7 亿 kW·h。其中 41 座装机容量 100 万 kW 以上的水电站有 38 座分布在上游地区，22 座装机容量 200 万 kW 以上的水电站有 21 座分布在上游地区，12 座装机容量 300 万 kW 以上的水电站全部分布在上游地区，尤其以宜宾至宜昌长江干流、金沙江、雅砻江、大渡河最多。

10.3.2　规划修建装机容量 100 万 kW 以上的巨型水电站

长江流域规划修建的 38 座装机容量 100 万 kW 以上的巨型水电站中的 25 座水电站的主要技术经济指标见表 10-2。

表 10-2　长江流域规划修建装机容量 100 万 kW 以上水电站统计

工程名称	所在省（市）及河流	平均流量（m³/s）	开发方式	正常水位（m）	水库容积（亿 m³）	装机容量（万 kW）	保证出力（万 kW）	年发电量（亿 kW·h）
虎跳峡	云南、金沙江	1 370	坝式	1 950	181.6	600	283.0	207.2
洪门口	云南、金沙江	1 620	坝式	1 600	67.2	375	184.0	207.2
梓里	云南、金沙江	1 680	坝式	1 400	14.9	208	108.0	120.9

续表10-2

工程名称	所在省（市）及河流	平均流量（m³/s）	开发方式	正常水位（m）	水库容积（亿 m³）	装机容量（万 kW）	保证出力（万 kW）	年发电量（亿 kW·h）
皮厂	云南、金沙江	1 750	坝式	1 280	88.2	270	140.0	147.2
观音岩	四川、金沙江	1 800	坝式	1 150	54.2	280	156.0	160.3
乌东德	川、滇、金沙江	3 680	坝式	950	39.4	560	260.0	304.8
白鹤滩	川、滇、金沙江	4 060	坝式	820	193.8	996	498.0	548.1
溪落渡	川、滇、金沙江	4 580	坝式	600	120.6	1 260	361.1 465.7	556.0 640.0
向家坝	川、滇、金沙江	4 580	径流式	380	54.4	600	200.9	307.5
两河口	四川、雅砻江	668	坝式	2 913	84.0	200	98.0	107.0
蒙古山	四川、雅砻江	856	径流式	2 538	8.5	160	70.0	93.5
大空	四川、雅砻江	882		2 345		100	48.0	63.5
杨屋沟	四川、雅砻江	912	径流式	2 218	20.0	200	88.0	113.0
锦屏一级	四川、雅砻江	1 240	坝式	1 900	100.0	360	145.0	182.0
锦屏二级	四川、雅砻江	1 240	引水式	1 637		150 480	76.0 190.0	114.0 209.70
官地	四川、雅砻江	1 470	坝式	1 328	5.5	240	32.0 68.0	76.40 90.70
独松	四川、大渡河	531	坝式	2 310	49.6	136	50.0 53.2	68.4 70.1
季家河坝	四川、大渡河	727	径流式	2 040	20.0	180	34.8 78.6	95.8 109.6
猴子岩	四川、大渡河	778	坝式	1 800		140	27.1 58.2	73.9 83.5
长河坝	四川、大渡河	815	径流式	1 630	6.0	124	25.5 53.2	68.0 76.2
硬梁包	四川、大渡河	890	坝式	1 250		110	21.4 43.9	58.3 65.5
大岗山	四川、大渡河	1 060	坝式	1 100	4.5	150	34.3 59.4	81.2 89.7
石硼	四川、长江	8 100	坝式	265	30.8	213	65.0	126.0
朱杨溪	重庆、长江	8 640	河床式	230	28.0	190	68.0	112.0
小南海	重庆、长江	8 700	坝式	195	22.2	100	35.0	40.0

注：①表中装机容量栏中有 2 个数值者，分别为电站一期装机容量和最终装机容量；
②表中保证出力、年发电量栏有 2 个数值者，分别为电站单独运行和梯级联合运行时的数值。

10.3.3　已建装机容量 100 万 kW 以上的巨型水电站

长江流域已建 13 座装机容量 100 万 kW 以上的巨型水电站的主要技术经济指标见表10-3。

表 10-3　长江流域已建装机容量 100 万 kW 以上水电站统计

工程名称	所在省（市）及河流	正常水位（m）	水库容积（亿 m³）	大坝坝型	最大坝高（m）	装机容量（万 kW）	保证出力（万 kW）	年发电量（亿 kW·h）
长江三峡	湖北、长江	175	393.00	重力坝	175.0	2 240	499.00	846.80
葛洲坝	湖北、长江	66	15.8	重力坝	53.8	271.5	76.80	157.00
二滩	四川、雅砻江	1 200	58.00	双曲拱坝	240.0	330	100.00	170.00
瀑布沟	四川、大渡河					330		145.80
彭水	重庆、乌江	293	5.18	重力坝	116.5	175	57.10	63.50
构皮滩	贵州、乌江	630	55.64	双曲拱坝	232.5	300	75.18	96.97
沙沱	贵州、乌江	365	3.80	重力坝	117.0	112	35.66	45.52
思林	贵州、乌江	440	12.05	碾压重力坝	117.0	100	37.65	40.64
三板溪	贵州、清水	475	40.94	面板堆石坝	185.5	100	23.49	24.28
隔河岩	湖北、清江	200	34.00	重力坝	151.0	120	18.70	30.40
水布垭	湖北、清江	400	45.80	面板堆石坝	233.0	160	31.00	39.20
五强溪	湖南、沅水	108	29.90	重力坝	87.5	120	25.50	53.70
乌江渡	贵州、乌江	760	23.00	拱形重力坝	165.0	63～105	38.70～44.20	34.40～44.20

注：①长江三峡水利枢纽总装机容量为 2 240 万 kW（含地下厂房装机容量 420 万 kW）；
　　②乌江渡水电站初期装机容量为 63 万 kW，扩机后装机容量为 105 万 kW。

10.4　金沙江在建巨型水电站

溪落渡水电站： 溪落渡水电站是金沙江梯级开发的倒数第二级，位于四川省雷波县和云南省永善县相接壤的溪落渡峡谷，距下游宜宾市河道里程 184 km，距离三峡、武汉、上海直线距离分别为 770 km、1 065 km 和 1 780 km，是一座以发电为主，兼有拦砂、防洪、漂木、航运等综合利用效益的巨型水电站。溪落渡水电站是世界上第三大水电站，装机容量仅次于长江三峡、巴西依泰普水电站（装机容量 1 400 万 kW）。水库正常蓄水位为 600 m，相应库容 115.7 亿 m³，死水位 540 m，汛期限制水位 580 m，水库总库容 126.7 亿 m³，调节库容 46.6 亿 m³（可进行季调节）。电站装机容量 1 260 万 kW，保证出力 361.1 万 kW（近期），年发电量 556 亿 kW·h（近期）。溪落渡水电站是西电东送骨干工程，送电华中、华东。坝址控制流域面积 47.32 万 km²（占长江三峡水利枢纽控制流域面积的 50%），多年平均年径流量 1 550 亿 m³（占长江三峡水利枢纽坝址多年平均年径流量的 34.4%），多年平均流量 4 920 m³/s。坝址多年平均悬移质输砂量 2.43 亿 t（占长江宜昌站的 46%），多年平均含砂量 1.72 kg/m³，坝址多年平均推移质输砂量 180 万 t。通过长江寸滩站的输砂量中有一半是来自金沙江。溪落渡水电站位于金沙江产砂区的末端，可有效控制金沙江泥砂。溪落渡水库库容较大，坝前壅水高，在未计入上游干、支流水库拦砂情况下，水库泥砂淤积至坝前需 94 年，水库单独运行到 50 年，仍可拦截 62.4％的泥砂，出库泥砂中值粒径为 0.010 mm，出库泥砂在三峡水库回水变动区基本不落淤，将随水流下泄。在计入上游干、支流水库拦砂情况下，水库泥砂淤积年限将超过 100 年。由于溪落渡水库的拦砂作用，溪落渡水电站建成后 30 年内三峡水利枢纽库尾段入库含砂量比天然状态降低 35％，既可改善三峡水库回水变动区的泥砂淤积、回水影响和水库运用条件，使三峡工程效益能更充分发挥，又可使下游向家坝水库的反调节作用长期保持。

溪落渡水库有防洪库容 46.5 亿 m³，考虑与岷江洪水的遭遇组合，通过溪落渡水库的调洪削峰，可使下游宜宾市的防洪标准由 20 年一遇洪水提高到 100 年一遇洪水。通过统一调度，还可部分分担三峡水库防洪任务。金沙江流域森林资源丰富，总储量约 8.9 亿 m³，是我国主要木材生产基地之一。云南省木材均已在上游格里坪收漂，不通过溪落渡。四川省林业厅要求溪落渡水电站木材过坝量为 106 万 m³，与二滩水电站相当，采用的木材过坝方式为过木隧洞。金沙江攀枝花至宜宾河段长 782 km，为四川、云南两省界河。河道狭窄、滩多、水流急，不利航运。目前金沙江下游新市镇至宜宾 108 km 为通航河段，航道等级为 5 级，其中新市镇至水富河段长 78 km，河流比降达 0.452‰。一般情况下，洪水期停航 1 个月左右，枯水期航深不足，阻碍航运时约 3 个月。金沙江新市镇以上河道现不通航，溪落渡水电站位于此不通航河段内。溪落渡水电站水库消落深度大，库区不具备通航条件。溪落渡水电站的航运效益主要体现在增加了下游河道枯水期流量（约增加 530 m³/s），对改善枯水期川江航运条件十分有利。溪落渡水电站位于青藏高原、云贵高原向四川盆地过渡地带，大地构造上处于扬子准地台构造单元上扬子台褶带内。整体性较好，是相对稳定的块体，不具备发生 6 级以上地震的地质背景。溪落渡水电站坝址区地形为基本对称的"V"形河谷，河道顺直，山高谷深，基岩裸露。坝段基岩由二迭系多期喷发的峨眉山玄武岩组成（共 14 层），总厚度 490 m～520 m，岩体坚硬，块状结构，完整性较好。新鲜岩块平均湿抗压强度 108 MPa～146 MPa。地质构造简单，没有规模较大断层分布，玄武岩走向与河谷钝角相交，以倾角 3°～18°缓倾下游偏左岸。坝址具备修建 300 m 级高混凝土拱坝及大型地下洞室群的地形、地质条件。溪落渡水电站枢纽建筑物由混凝土双曲拱坝，左、右岸地下引水发电系统建筑物，坝身泄水孔及其水垫塘、二道坝和左、右岸各 3 条泄洪隧洞以及左岸过木隧洞组成。混凝土双曲拱坝坝顶高程 610 m，河床坝基高程 327 m，最大坝高 273 m。双曲拱坝水平拱圈为抛物线变厚拱圈，拱冠剖面顶宽 13 m，底宽 69 m；顶拱端厚度，左岸为 16.98 m，右岸为 16.48 m；底拱端厚度为 71.48 m；厚高比 0.24。顶拱中心角 96.9°，拱坝坝顶弧长 698 m，弧高比 2.85，最大倒悬度 1：0.3。拱端嵌深，左岸 35 m～80 m，平均嵌深 53 m；右岸 40 m～85 m，平均嵌深 51 m。坝身泄洪孔口由 2 表孔、6 浅孔和 7 中孔组成。表孔堰顶高程 605 m，孔宽 15 m、高 5 m，为自由跌流；浅孔出口底板高程 560 m，单孔宽 7 m，高 9 m，出口挑流消能；中孔出口高程 490 m（实际出口各孔间有 1 m～2 m 高差），单孔宽 5 m、高 6 m，也为挑流消能。坝下游设水垫塘，采用复式梯形断面，底宽 55 m，顶宽 211.8 m，长 400 m；二道坝高 48.5 m。左右岸各布置 3 条泄洪隧洞，左岸①②号泄洪洞与初期导流洞结合采用竖井消能，短压力进口接无压洞、竖井，后接导流洞（无压）。进口底板高程 545 m，孔口宽 8 m、高 12.5 m，上无压洞宽 8 m、高 18 m～30 m，纵坡坡度 1：0.1，竖井为涡旋消能竖井，涡室底高程 534 m，高 30 m、直径 30 m，竖井直径 20 m，竖井底高程 375 m，消力池深 10 m；下无压洞（即导流洞）断面为城门洞形，宽 18 m、高 25 m，出口底流消能。①②号泄洪洞分别长 3 725 m 和 3 285 m。左岸③号泄洪洞为有压洞接无压洞，后再接矩形陡槽及挑流反弧段。进口底高程 545 m，孔口宽 12 m、高 12 m，进口平台高程 622 m，设事故和检修门槽；有压洞段长 1 151.16 m，内径 13 m，地下工作闸门室设弧形工作门，孔口宽 12 m、高 10 m；无压洞长 1 269.63 m，宽 12 m、高 16 m；陡槽坡度 1：0.4，反弧段半径 100 m，挑坎高程 426 m。③号泄洪洞总长 2 774.32 m。右岸④号泄洪洞为短压力进口无压洞接陡槽及反弧段，挑流消能。岸塔式进口底板高程 565 m，平台高程 622 m，孔口宽 13 m、高 12 m；洞身断面为城门洞型，宽 13 m、高 18 m，洞长 2 800 m，加陡槽及反弧段总长 3 136.7 m，出口挑坎高程 422.4 m。右岸⑤⑥号泄洪洞与后期⑦⑧号导流洞相结合，为"龙抬头"型，进口与右岸④号泄洪洞进口相连，同样为岸塔式进口，短压力进口底板高程为565 m，孔口断面宽 13 m、高 15 m；与④号泄洪洞相同，进口设检修平板门和弧形工作门。无压洞断面也为城门洞型，断面宽 13 m、高 20 m，出口设挑流鼻坎，挑坎高程410.26 m，⑤⑥号泄洪洞分别长 3 339 m 和 3 606 m。左右岸地下引水发电系统及厂房布置基本对称，主厂房位于坝轴线上游山体内，各安装 9 台单机容量为 70 万 kW 的水轮发电机组。主厂房长333 m、宽 30 m、高 75 m，两端设安装间及副厂房，厂房总长 448 m。水轮机安装高程360 m，厂房顶高程 410 m。引水系统采用单机－单洞引水方式，进水口为竖井式，进口底板高程 528 m，平台高程 622 m，前缘设拦污栅。引水管内径 10 m，长 353.75 m～458.5 m，单管引用流量 486.3 m³/s。尾水系统采用 3 机－1 室－1 洞布置，3 台机共用 1 个尾水调压室和 1 条尾水洞。尾水调压室轴线与厂房轴线平行，间距 148.8 m（中－中），尾水调压室长 314 m、宽 22 m、高 92.7 m，底高程 335.3 m，顶高程 428 m；尾水洞洞径 20 m，最大长度1 831.27 m，最小长度 1 070 m，出口高程 348 m。每岸各有 2 条尾水洞与初期导流洞结合。主厂房洞室与尾水调压室间设主变室，主变室长 333 m、宽 20 m、高 25.5 m，底板高程378.5 m，顶高程 404 m。主变室与主厂房间由母线洞相连。每岸厂房设有 2 条直径为 8 m、底高程为 393.5 m 的电缆竖井，连接主变室与地面开关站。地面开关站位于主变室顶部，尺寸均为 300 m×190 m，左岸地面高程 800 m，右岸地面高程 850 m。过木隧洞布置在左岸，位于主要水工建筑物外围，过木机道总长 5 233.2 m。通航过坝建筑物位置预留在右岸。该工程由成都勘测设计研究院设计，于 2005 年 9 月正式开工，2007 年 11 月截流，预计 2013 年第一台机组发电，2015 年工程全部竣工。

向家坝水电站：向家坝水电站位于四川省宜宾县（左岸）和云南省水富县（右岸）两县交界的金沙江干流上，是金沙江干流梯级开发最末一个梯级水电站，上距溪洛渡电站坝址157 km，下距水富县城区 1.5 km、宜宾市区 33 km。向家坝水电站以发电为主，兼有改善通航条件、防洪、灌溉、拦砂、改善环境、对溪洛渡水电站进行反调节等综合效益。向家坝水电站水库为峡谷型水库，坝址控制流域面积 47.88 万 km²，占金沙江流域面积的 97%，水库正常蓄水位 380 m，死水位 370 m，水库总库容 51.63 亿 m³；回水长度 156.6 km，水库面积956 km²；总装机容量 600 万 kW。近期在上游有锦屏一级、溪洛渡水电站调节时，保证出力 200.9 万 kW，年发电量 307.47 亿 kW·h；远期上游干支流规划的虎跳峡、两河口、白鹤滩等梯级大型调蓄水库相继建成后，保证出力将增加到 350 万 kW 以上，发电量和电能质量将稳定提高。向家坝水电站是西电东送骨干工程之一，用±800 kV、640 万 kW 直流特高压送往华中、华东地区。目前川江沿岸的宜宾、泸州、重庆等城市的防洪标准仅达到 5 年至 20 年一遇，远远低于国家规定的 50 年至 100 年一遇的标准。向家坝水电站水库，汛期预留防洪库容 9.03 亿 m³，且具有距离防洪对象近的特点。向家坝水电站与溪洛渡水电站联合运用是解决川江防洪问题的主要工程措施之一，配合其他措施，可使宜宾、泸州、重庆等城市的防洪能力逐步达到国家规定的标准。同时，配合三峡水库进一步提高荆江河段的防洪能力，减少长江中下游地区的分洪损失。金沙江属山区型河流，因河道狭窄，滩多流急，给航运事业的发展造成较大的困难。目前，金沙江营运通航河段仅宜宾至新市镇 105 km 航道为 5 级航道。向家坝通航建筑物按 4 级航道标准设计，可通行 2×500 t 级船队，水库形成后，将淹没需要整治的 84 处碍航险滩，库区将成为行船安全的深水航区，航运条件得以根本改善。同时与溪洛渡水库联合调度运行，可改善下游枯水期的航运条件。紧靠向家坝坝址下游的长江两岸均系丘陵农业区。这一地区土地肥沃，气候适宜，但缺乏大型骨干水利设施，田高水低，旱灾频繁发生，水源成为此地区农业发展的制约因素之一。向家坝水库建成后，可引水灌溉下游 14 个县市的农田约 370 万亩，并可解决灌渠沿线部分城镇工业和生活用水问题，对于改善当地人民生活水平，促进经济发展和社会稳定将起到积极作用。电站年平均发电量 300 多亿 kW·h，可替代同等规模的燃煤火电厂，相当于每年减少原煤消耗约 1 400 万 t，每年减少二氧化碳排放约 2 500 万 t、二氧化氮约 17 万 t、二氧化硫约 30 万 t，不仅可以节约煤炭资源，而且可减少燃煤污染，改善四川盆地环境质量。除此之外，向家坝水电站水库有拦砂作用，与溪落渡水电站水库一起拦蓄金沙江的泥砂，可减少三峡水库入库泥砂量的 34%。向家坝水电站枢纽建筑物由拦河大坝、泄洪建筑物、发电厂房、升船机和灌溉取水口组成。拦河大坝坝型为混凝土重力坝，坝顶高程 384 m，最大坝高 162 m，坝顶长度 909.3 m。采用坝身泄洪，溢流坝段布置在河床中央，两侧为非溢流坝段。厂房分为左、右岸两个厂房：左岸厂房为坝后式地面厂房，厂房内安装 4 台单机容量为 75 万 kW 的水轮发电机组；右岸厂房为地下厂房，厂房尺寸为长 245 m、宽 33.4 m、高 85.5 m，厂房内同样安装 4 台单机容量为 75 万 kW 的水轮发电机组。水轮发电机组转子直径 18.97 m，重 1 976 t，是世界上最大的水轮发电机组。通航建筑物为一级垂直升船机，最大提升高度为 114 m，可以通过 2×500 t 一顶两驳船队，设计单向年过坝货运量 254 万 t，布置在左岸岸边。两岸岸边各设有 1 个灌溉取水口。水库淹没涉及四川、云南两省，宜宾市、凉山州、昭通市 3 个市州，宜宾、屏山、雷波、水富、绥江、永善 6 个县。淹没耕地 3.59 万亩，迁移人口约 8.98 万（静态），搬迁 2 座县城（屏山县、绥江县）、16 个集镇（其中四川省 10 个，即屏山县 9 个、雷波县 1 个）。工程静态投资 289 亿元（2001 年物价水平），单位千瓦投资不到 5 000 元。该工程由中南勘测设计研究院设计，于 2005 年正式开工，2008 年截流，预计 2012 年首批机组发电，2015 年建设完工。

第 11 章　珠江治理与水能开发利用

11.1　珠江流域概况

珠江是我国南方横贯华南大地的一条大河，是我国第三长大河，流量第二大河。珠江流经云南、贵州、广西、湖南、江西、广东等六省（区）及越南社会主义共和国的东北部。珠江流域是一个复合型的流域，由西江、北江、东江及珠江三角洲诸河等四个水系组成。西、北两江在广东省三水市思贤窖，东江在广东省东莞市石龙镇汇入珠江三角洲，经虎门、蕉门、洪奇门、横门、磨刀门、鸡啼门、虎跳门及崖门等八大口门汇入南海。珠江流域（不包括港澳）有耕地 7 200 万亩，1985 年人口约 7 700 万，平均每人只有耕地约 0.9 亩，人多地少，但水量、日照、积温等条件得天独厚，是我国重要的水稻、食糖产区，亚热带和热带作物栽培区，沿海有大量的滩涂资源。

11.1.1　珠江水系

珠江以支流众多，水道纷纭著称。珠江水系主要由西江、北江和东江组成，干支河道呈扇形分布，形如密树枝状。西江是珠江水系的主流，发源于云南省沾益县马雄山，流经云南、贵州、广西、广东等省（自治区），流域面积 45.37 万 km²（其中越南境内 1.13 万 km²），占珠江流域面积的 77.8%。自江源至出海口依次称南盘江、红水河、黔江、浔江、西江，其主要支流有北盘江、柳江、郁江、桂江、贺江等。西江干流全长 2 214 km，总落差 2 130 m。北江的正源是浈水，发源于江西省信丰县西溪湾，干支流大部分都在广东省境内，流域面积 4.67 万 km²，占珠江流域面积的 10.3%；主要支流有武水、滃江、连江、绥江等。干流全长 468 km，总落差 310 m。东江的上游寻乌水发源于江西省寻乌县大竹岭桠髻钵，干流流经广东省东部，流域面积 2.7 万 km²，占珠江流域面积的 5.96%；主要支流有新丰江、西枝江等。干流全长 523 km，总落差 440 m。珠江三角洲是东、西、北三江下游的复合三角洲，有磨刀门等 8 大出海口门。珠江三角洲面积 2.68 万 km²，河网密布，水道纵横。入注珠江三角洲的主要河流有流溪河、潭江、深圳河等十多条。珠江水系干支流总长 36 000 km，通航总里程 14 000 多 km，约占全国内河航运里程的 1/8，水运居全国第 2 位。

11.1.2　气象水文

珠江流域地处亚热带，北回归线横贯流域的中部，气候温和多雨，多年平均温度在 14℃～22℃之间，流域多年平均降雨量 1 200 mm～2 200 mm，平均地表径流量 3 079 亿 m³。降雨量分布明显，呈由东向西逐步减少，降雨年内分配不均，地区分布差异和年际变化大。天气系统主要是峰面或静止峰、西南槽，其次是热带低压和台风。流域暴雨洪水多出现在

6、7、8 三个月，洪水特征是峰高、量大、历时长。珠江流域枯水期一般为 10 月至下一年的 3 月，枯水径流多年平均值为 803 亿 m^3，仅占全流域年径流量的 24% 左右。

11.1.3 流域地貌

珠江流域北靠五岭，南临南海，西部为云贵高原，中部丘陵、盆地相间，东南部为三角洲冲积平原，地势西北高，东南低。全流域土地资源共 66 300 万亩，其中耕地 7 200 万亩，林地 18 900 万亩，耕地率低于全国平均水平，流域人均拥有土地仅有 9.31 亩，约为全国人均拥有土地的 3/5。

11.1.4 社会经济

珠江流域内有滇、黔、桂、粤、湘、赣等六省（区）及港、澳地区共 63 个地（州）、市。据 1993 年统计资料，珠江流域总人口为 8 766 万（未计入香港、澳门），平均人口密度为 191 人/km^2。人口结构中农村人口约占 69%，城市人口约占 31%。人口分布极不均匀，其中珠江三角洲约占 22.6%。流域内民族众多，共有 50 多个民族，主要民族有汉、壮、苗、布依、毛南等，其中以汉族为最多，其次是壮族。珠江流域自然条件优越，资源丰富。据 1993 年统计，流域工农业总产值 5 365.56 亿元，其中工业总产值为 4 556.67 亿元，农业总产值为 808.89 亿元。流域所属地区贫富差距大，而欠发达地区所占面积达 90% 以上。

11.2 珠江流域水资源及存在的问题

11.2.1 珠江流域水资源

珠江水量充沛，年均河川径流总量为 3 360 亿 m^3，其中西江 2 380 亿 m^3，北江 394 亿 m^3，东江 238 亿 m^3，三角洲 348 亿 m^3。径流年内分配极不均匀，汛期 4~9 月约占年径流总量的 80%，6、7、8 三个月则占年径流总量的 50% 以上。西江梧州水文站枯水期出现的最小流量为 720 m^3/s，北江角石为 130 m^3/s，东江博罗站为 31.4 m^3/s。珠江属少砂河流，多年平均含砂量为 0.249 kg/m^3，年平均含砂量 8 872 万 t。据统计分析，每年约有 20% 的泥砂淤积于珠江三角洲河网区，其余 80% 的泥砂分由八大口门输出到南海。珠江水资源丰富，全流域人均水资源量为 4 700 m^3，相当于全国人均水资源量的 1.7 倍。但年际变化大，时空分布不均匀，致使流域洪、涝、旱、盐碱化等自然灾害频发。流域内各河流水量充沛，河道稳定，具有良好的航运条件，现有通航河道 1 088 条，通航总里程 14 156 km，约占全国通航里程的 13%，年货运量仅次于长江而居第 2 位。珠江河川径流丰沛，水能资源丰富，干流总落差 2 136 m，全流域可开发的水电装机容量约为 2 512 万 kW，年发电量可达 1 168 亿 kW·h。其中广西壮族自治区境内的红水河落差集中，流量大，开发条件优越，是水能资源的"富矿"，被列为国家"十二大水电基地"。珠江口门的潮汐属不规则的半日周潮。珠江口为弱潮河口，潮差较小，平均潮差为 0.86 m~1.6 m，最大潮差为 2.29 m~3.36 m。八大口门涨潮总量多年平均值为 3 762 亿 m^3，落潮多年平均值为 7 022 亿 m^3，净减量为 3 260 亿 m^3。

11.2.2 珠江流域存在的问题

西江和北江还没有控制洪水的骨干水库，中下游堤防防洪标准尚低，广州市及珠江三角洲等中下游经济发达地区仍受大洪水的严重威胁，若重现 1915 年特大洪水（相当西江和北江同时发生 200 年一遇洪水），将造成巨大损失。流域内水能资源开发程度还不高，兴建的蓄水工程总库容量及兴利库容分别仅占珠江年均径流量的 11％与 6.7％，低于全国平均水平。许多水库电站调节库容小，保证出力低，枯水期供电较紧张，华南地区，尤其广东省用电高峰时仍然缺电。珠江上中游的云南、贵州、广西连片山区工程性缺水矛盾非常突出，农村饮水困难的问题尚未解决。珠江水运优势尚未充分发挥，多数航道未经整治，尤其云、贵通往两广的水运尚未沟通，束缚着经济的发展。流域内农田灌溉、治涝以及水土流失治理的标准也偏低，不少河流水质污染日趋严重，生态环境不断恶化，部分地区水质性缺水问题十分严重。珠江 2000 年污水排放总量达 158.7 亿 t，珠江三角洲 24.4％的河段水质超过国家规定的Ⅲ类水的标准，使珠江三角洲水质性缺水加剧。城乡与工业用水问题以及生态环境问题越来越突出。珠江河口日益淤积，不断延伸，影响泄洪排涝，有待加速整治，口外连片滩涂也需合理开发利用。据悉，最近流域机构引进国际先进的专业软件 MIKEBASIN，对流域内水资源进行综合规划治理，在全流域水资源现状调查评价成果基础上，优化配置全流域水资源，提高流域水资源综合规划及水资源管理的整体水平。

11.3　珠江流域治理规划与实施概况

11.3.1　珠江流域治理规划

珠江流域水利建设已有 2 000 多年的历史。新中国成立后，中央人民政府对珠江治理非常重视，成立了珠江水利委员会，组织珠江治理工作。从 1980 年起，珠江水利委员会组织流域内各省（区）和有关部门，分工协作，在以往多次规划的基础上，进行了珠江流域综合利用规划的编制工作，重点研究了防洪治涝、水力发电、发展航运、河口整治、灌溉供水等问题，并于 1986 年提出了《珠江流域综合利用规划报告》。珠江流域治理规划包括以下几方面内容：

（1）防洪除涝

采取以泄为主、泄蓄兼施的方针，堤库结合，全面提高流域防洪能力。加高加固现有堤防，结合水资源综合利用，规划兴建北江飞来峡水库、红水河龙滩水库、黔江大藤峡水库、右江百色水库和邕江老口水库等。堤库结合，可使一般堤防能防御 30 年至 50 年一遇洪水，重点堤防能防御 100 年一遇洪水，保卫广州市的北江大堤能防御 300 年至 500 年一遇洪水和曾发生过的 1915 年洪水。治涝规划的重点是珠江三角洲和浔江、西江三个易涝区。通过整治堤内排水系统，修建水闸，增加电排站装机，扩大治涝面积，提高治涝标准。

（2）水力发电

在主要干支流上选择综合利用效益大，发电条件好，淹没和移民少的梯级水电站，优先加以开发。同时积极发展中小型水电站，并研究提高现有水电站出力和综合效益。规划在珠江主要干支流上布置梯级电站，可开发装机容量 1 865 万 kW，年平均发电量 940 亿 kW·h。其中南盘江天生桥一级水电站、天生桥二级水电站、红水河龙滩水电站、岩滩水电站、大藤峡水电站等宜集中力量进行连续开发。

（3）发展航运

选择主要干支流和出海水道，分期逐步建设航道。南宁至广州航道按全线通航 1 000 t级的标准首先实施。南盘江、北盘江和红水河的航道近期采取局部整治及结合电站建设设置过船设施，分段按 100 t～250 t 级标准通航；远景结合水电梯级的全面开发，实现全线渠化，通航提高至 500 t 级。右江、柳江以及北江干流，结合梯级开发，可分别提高通航标准至 100 t～300 t 级。珠江三角洲航道整治的重点是提高出海主要水道的通航标准，一般达 500 t～1 000 t 级。广州至黄埔通航 5 000 t 级，黄埔出海水道通航 20 000 t～25 000 t 级。为沟通长江和珠江两大流域的水运，远景设想开辟粤赣运河和湘桂运河。

（4）河口整治

本着有利于泄洪纳潮、改善和发展航运、开发滩涂资源以及改善生态环境的原则，重点整治广州至虎门水道岸线；整治磨刀门水道及伶仃洋水道，开发磨刀门海区和伶仃洋东西两侧滩涂，利用濒临香港、澳门的有利条件，建立农工商生产基地与外贸基地，伶仃洋东侧滩涂还可结合南海石油基地以及深圳市的发展要求，以工业用地和海港用地为主进行开发；鸡啼门、虎跳门和崖门滩涂，也结合河口治理，逐步开发利用。

（5）灌溉和供水

流域内山地丘陵范围广，要因地制宜地采取中小型工程措施，继续发展农田灌溉。城市供水重点是解决广州、深圳、珠海和沿江、沿海一些城市的用水需要，并满足香港、澳门供水要求。

国务院于 1993 年 5 月 23 日已批准珠江流域综合规划，现正贯彻国务院批复文件，对珠江流域实施综合治理。

11.3.2 珠江流域治理实施概况

在珠江水利委员会组织下，在珠江流域已兴建了大批水利工程：截至 1987 年已建水库 8 817 座，总库容 473 亿 m³，其中大型水库 33 座，库容 309 亿 m³；培修堤防 5 600 km，建成有效灌溉面积 4 269 万亩；治理珠江三角洲和西江、浔江沿岸涝区 807 万亩；20 世纪 80 年代前已建成新丰江、西津、大化等水电站，总装机容量 427 万 kW；治理水土流失面积 1.61 万 km²；改善通航河道 79 条。这些工程，减轻了一般年份的水旱灾害，发展了航运，改善了生态环境，促进了流域各省的经济建设。随着流域内鲁布革水电站、百色水利枢纽、天生桥水电站的修建，特别是红水河梯级开发，在红水河上已修建百龙滩、恶滩、岩滩、龙滩等大中型水电站，不仅增加了供电量，而且也增加了调洪能力以及改善了航运条件。

11.4 珠江流域水能开发利用

11.4.1 河流综合利用规划

珠江流域三大水系西江、北江及东江水资源丰富，上游主要支流南盘江、北盘江及红水河蕴藏丰富的水能资源，特别是红水河是水能资源最丰富的"水能富矿"河流，南盘江、红水河是我国十二大水电基地之一。南盘江、红水河干流开发方针是以发电为主，兼顾防洪、航运、灌溉综合利用要求。加上其支流黄泥河上的鲁布革水电站，规划修建 11 座水电站，总装机容量 1 312 万 kW，保证出力 347.12 万 kW，年发电量 532.9 亿 kW·h。这 11 座水电站为天生桥一级、天生桥二级、平班、龙滩、岩滩、大化、百龙滩、恶滩、桥巩、大藤峡和鲁布革。11 座水电站的技术经济指标见第 13 章南盘江、红水河水电基地部分。

11. 4. 2　水能资源开发利用概况

20 世纪 50 年代至 60 年代，在珠江流域上修建了广东流溪河、新丰江水电站，广西修建了西津水电站。20 世纪 70 年代至 80 年代，在广东修建了南水、枫树坝水电站，在广西修建了麻石、合面狮、恶滩、拉浪、大化等水电站。继 20 世纪末在珠江流域建成天生桥一级、天生桥二级、百龙滩、岩滩水电站和百色水利枢纽后，21 世纪初又建成了红河梯级最大的龙滩水电站。

11. 5　珠江流域已建大型水电站

珠江流域已建大型水电站，属两省（区）界河上修建的大型水电站在本章介绍，属各个省（区）境内修建的大型水电站纳入各个省（区）介绍。

天生桥一级（大湾）水电站：天生桥一级（大湾）水电站位于贵州安龙县和广西隆林县境内的南盘江上，是红水河梯级电站的第一级。其下游距天生桥二级电站首部枢纽约 7 km，上游距鲁布革水电站厂房约 90 km。坝址控制流域面积 50 319 km^2，多年平均流量 612 m^3/s，多年平均径流量为 193 亿 m^3。电站以发电为主，装机容量 120 万 kW，保证出力 40.52 万 kW，年发电量 52.26 亿 kW·h，供电贵州、广西和广东三省区。水库是梯级的"龙头水库"，可提高下游天生桥二级、岩滩和大化水电站保证出力 88.89 万 kW，增加年发电量 40.77 亿 kW·h。水库正常蓄水位 780 m，死水位 726 m，总库容 84 亿 m^3，有效库容 58 亿 m^3，具有不完全年调节性能。天生桥一级（大湾）水电站枢纽建筑物由混凝土面板堆石坝、溢洪道、引水发电系统及厂房、开关站等组成。溢洪道、开关站及放空洞布置在右岸，引水发电系统及厂房布置在左岸。大坝为混凝土面板堆石坝，最大坝高 178 m，坝顶高程 791 m，相应坝顶长度 1 137 m，坝顶宽 14 m。上游坝坡为 1∶1.4，下游坝坡上设有 10 m 宽的上坝公路，平均坡度为 1∶1.4。堆石坝体分为 8 个区：垫层区为人工砂石料区，水平宽度为 3 m；细堆石过渡区的水平宽度为 5 m；灰岩主堆石区主要在坝轴线上游；砂泥岩堆石区在下游水位以上坝体中部。混凝土面板顶厚 0.3 m，向下渐增，至底部厚 0.9 m。大坝面板设有垂直缝，缝的间距为 16 m。两坝头的拉伸区的垂直缝设有底部铜片和顶部柔性止水，中间垂直缝设底部铜片止水。趾板建基在弱风化岩体内，最大宽度 10 m，厚 1 m。趾板和面板间设周边缝。通过趾板进行灌浆，围幕灌浆为一排孔布置，最大深度 80 m。表层中等透水岩石进行固结灌浆。溢洪道从右岸 1 号冲沟引水，引渠长 1 247.5 m，为复式断面，底高程 745 m，底宽 110 m。引渠最大流速 3.8 m/s。溢流堰顶高程 760 m，溢流堰设 5 孔宽 13 m、高 20 m 的弧形闸门。设计洪水位 782.87 m 时，下泄流量为 15 282 m^3/s；校核洪水位 789.86 m 时，下泄流量为 21 750 m^3/s。泄槽总长 491.2 m，用中隔墙分为两个槽，后接挑流鼻坎，挑角 45°，半径 50 m。泄槽用钢筋混凝土衬砌，设有掺气槽。放空洞在施工期参加导流，水库蓄水期和电站检修时间向下游供水。隧洞长 1 052.2 m，进口设有 2 扇宽 4.5 m、高 10.5 m 的检修门。有压隧洞长 545 m，内径 9.6 m，中部设事故闸门，并内设一扇宽 6.4 m、高 9.5 m 的事故门；隧洞末端为工作闸门室，设宽 6.4 m、高 7.5 m 的弧形闸门。无压隧洞宽 8 m、高 12 m。电站进水口布置在坝上游左岸，为塔式进水口，设有 4 扇宽 6.5 m、高 12 m 的快速事故闸门和 1 扇宽 6.5 m、高 13.5 m 的检修门。4 条发电引水道，内径 9.6 m；后段为压力钢管，内径 9 m～7.8 m。引水道最大长度 554.07 m。水电站厂房为河岸式地面式厂房，长 145 m，宽 26 m，高 61.5 m。厂房内安装 4 台单机容量为 30 万 kW 的水轮发电机组。变压器布置在上游侧副厂房屋顶上，发电机和变压器采用单元接线，经升压为 500 kV 后换流，以±500 kV 直流输电送入广州。该工程由昆明勘测设计研究院设计，武警一总队和水电第十四工程局施工，于 1997 年第一台机组发电。

天生桥二级（坝索）水电站：天生桥二级（坝索）水电站是利用雷公滩河段 180 m 落差进行引水式开发。取水枢纽的低坝坝址位于坝索村，控制流域面积 5.0194 万 km²，多年平均流量 615 m³/s。电站分两期建设，一期装机容量 88 万 kW，保证出力 19.9 万 kW，年发电量 49.2 亿 kW·h。拦河大坝为混凝土重力坝，最大坝高 58.7 m，全长 469.96 m，坝顶高程 658 m。溢流坝段位于河床中部，采用鼻坎面流消能。溢流坝右侧坝段设有 3 孔引水洞进水口和排砂设施。水库正常蓄水位 645 m，死水位 637 m，总库容 0.26 亿 m³，调节库容 0.184 亿 m³。引水发电系统 3 条发电引水隧洞均为长约 9 520 m，内径 8.7 m。隧洞末端各设 1 个调压室，每个调压室并联 2 根压力钢管引水至厂房发电。一期先建 2 条隧洞、2 个调压室和 4 根压力钢管。二期是在上游大湾水电站高坝建成后，再增加 1 条隧洞、1 个调压室和 2 根压力钢管。调压室原采用利用 2 个闸门井作为升管的新型差洞式调压室。建成后在调试实验时发生升管破坏事故，后将调压室改为圆形阻抗式调压室，调压室直径 23 m。厂房为引水式地面厂房，位于坝下游约 17.5 km 的纳贡村芭蕉林处。厂房长 176 m，宽 50 m，高 66 m。厂房内安装 4 台单机容量为 22 万 kW 的 HLD10－LJ－450 水轮发电机组。该工程由贵阳勘测设计研究院设计，第九工程局和 619 部队施工，于 1992 年建成发电。

鲁布革水电站：鲁布革水电站位于云南和贵州两省交界处的南盘江支流黄泥河上，是黄泥河梯级开发最后一级电站。坝址控制流域面积 7 300 km²，多年平均流量 164 m³/s。鲁布革水电站是一座以发电为开发目标的大型水电站，开发方式为混合式。电站装机容量 60 万 kW，保证出力 8.6 万 kW，年发电量 27.5 亿 kW·h。上游阿岗水库总库容 1.11 亿 m³，调节库容 0.74 亿 m³。经其补偿调节后可提高保证出力和发电量，年发电量可增至 29.4 亿 kW·h。电站以 4 回 220 kV 和 5 回 110 kV 的输电线路并入西南电网，向云、贵两省供电。取水枢纽大坝采用黏土心墙堆石坝，最大坝高 101 m，坝顶高程 1 138 m。泄洪建筑物为左、右岸泄洪洞和左岸开敞式溢洪道。溢洪道设 2 孔宽 11 m、高 17.4 m 的表孔，最大泄流量 10 093 m³/s。电站取水口布置在大坝上游约 500 m 的大坝左侧，用 1 根全长约 9.382 km、内径 8 m 的钢筋混凝土衬砌的压力隧洞引水，在隧洞末端设有差洞式调压室，调压室大井内径 13 m，井深 68.5 m，井后接两条内径 4.6 m 的高压钢管，每条主管分岔引水至 2 台水轮发电机组发电。厂房为引水式地下厂房，布置在峡谷出口处，主、副厂房，变电站和 220 kV 高压开关站均布置在地下。地下厂房洞室长 115 m、宽 24 m、高 45.5 m，安装 4 台单机容量 15 万 kW 的 HL99－LJ－344 水轮发电机组。尾水隧洞 4 条，长 190 m，洞径 6.5 m。鲁布革水电站为引进外资兴建项目（总投资 15.95 亿元），由国内外企业投标承包。该工程由昆明勘测设计研究院设计，水电部第十四工程局和日本大成公司施工，于 1980 年开工，1988 年发电。

第 12 章　南水北调工程

12.1　南水北调三条线路的形成

12.1.1　南水北调的必要性与可能性

我国水资源分布不均，南方河流水多，北方河流水少。全国河川年径流总量为 2.71 亿 m³，长江流域及其以南河川径流量占全国的 80%，耕地不足全国的 40%，亩均水量为全国平均值的 1.5～2.5 倍。黄、淮、海三大流域的河川径流量不到全国的 6.5%，耕地却占全国的 40%，亩均水量仅为全国平均值的 10%～20%。黄、淮、海平原人口密集，经济发达而水资源短缺，制约着国民经济发展。长江流域水资源丰富，长江每年流入大海的淡水，平均为 9 616 亿 m³，枯水年也有 7 610 亿 m³，占我国河川径流量的 38%，是黄河水量的 20 倍。在合理开发利用水资源条件下，长江中下游有富裕水可以北调，以解决北方缺水问题。

12.1.2　三条调水路线的形成

早在 1952 年，毛泽东主席在视察黄河时就提出了"南方水多，北方水少，如有可能，借点水来也是可以的"的宏伟设想。然而，从长江跨流域向北方调水，要兴建大量工程，牵涉面广，耗资巨大，在当时尚不具备实施南水北调宏伟目标的条件。不过从 20 世纪 60 年代起就开始了南水北调的研究和小规模调水的实践。20 世纪 60 年代修建的江都水利枢纽，在江苏境内首先实现了小范围的南水北调。1972 年华北地区大旱后，水利部组织有关部门研究南水北调东线调水方案。1976 年提出《南水北调近期工程规划报告》上报国务院。1990 年提出《南水北调东线工程修订规划报告》。在此期间，还完成了东线第一期工程的可行性研究报告，并广泛开展了有关专题研究，为科学比选东线调水方案打下了坚实的基础。按照 2000 年 12 月国家发改委、水利部在北京召开的南水北调前期工作座谈会的部署，淮河水利委员会会同海河水利委员会编制了《南水北调东线工程规划（2001 年修订）》。南水北调中线工程的前期研究工作始于 20 世纪 50 年代初，60 多年来，长江水利委员会与有关省市、部门进行了大量的勘测、规划、设计和科研工作。1994 年，水利部审查通过了长江水利委员会编制的《南水北调中线工程可行性研究报告》，并上报国家发改委建议兴建南水北调中线工程。早在 1952 年，黄河水利委员会就组织了从通天河调水入黄河的线路的查勘工作。黄河水利委员会在我国科学院的配合下，在 1958—1961 年间进行了西线调水查勘工作，范围涉及怒江、澜沧江、金沙江、雅砻江、大渡河等约 115 万 km²。20 世纪 70 年代到 80 年代初，黄河水利委员会又组织了几次西线调水查勘，研究了 157 个调水方案。1987 年国家定在"七五"、"八五"期间开展南水北调西线工程超前期规划研究工作，研究了从长江上游通天河，支流雅砻江、大渡河调水入黄河上游的方案，调水工程区范围缩小到 30 万 km²。这项任务历时 10 年，于 1996 年完成。1996 年 7 月开始规划阶段的工作。2001 年 5 月，水利部组织专家审查通过了黄河水利委员会提交的《南水北调西线工程规划纲要及第一期工程规划》报告。此后，水利部部署第一期工程转入项目建议书阶段。

12.2　南水北调东线工程

南水北调东线工程是南水北调工程的重要组成部分。1990 年提出的《南水北调东线工程修订规划报告》，确定了南水北调东线工程的总体布局，内容包括：供水范围及供水目标、水源条件、调水路线、调水量及其分配、调水工程规划、污水治理规划、工程投资估算以及工程管理等。

12.2.1　供水范围及供水目标

供水范围是黄淮海平原东部和胶东地区，分为黄河以南、胶东地区和黄河以北三片。主要供水目标是解决调水线路沿线和胶东地区的城市及工业用水，改善淮北地区的农业供水条件，并在北方需要时提供生态和农业用水。

12.2.2　水源条件

东线工程的主要水源是长江，水量丰沛，长江多年平均入海水量达 9 000 亿 m³，特枯年也有 6 000 多亿 m³，为东线工程提供了优越的水源条件。淮河和沂沭泗水系也是东线工程的水源之一。规划 2010 年和 2030 年水平多年平均来水量分别为 278.6 亿 m³ 和 254.5 亿 m³。

12.2.3　调水线路

东线工程利用江苏省境内的"江水北调工程"，扩大规模，向北延伸。规划从江苏省扬州附近的长江干流引水，利用京杭大运河以及与其平行的河道输水，连通洪泽湖、骆马湖、南四湖、东平湖，并作为调蓄水库，经泵站逐级提水进入东平湖后，分两路送水：一路向北穿黄河后自流到天津；另一路向东经新辟的胶东地区输水干线接引黄济青渠道，向胶东地区供水。从长江至东平湖设 13 个梯级抽水站，总扬程 65 m。东线工程从长江引水，设有三江营和高港两个引水口门。三江营是主要引水口门；高港引水口门在冬春季节长江低潮位时，承担经三阳河向宝应站加压补水任务。从长江至洪泽湖，由三江营抽引江水，分运东和运西两线，分别利用里运河、三阳河、苏北灌溉总渠和淮河入江水道送水。洪泽湖至骆马湖，采用中运河和徐洪河双线输水。新开成子新河和利用两河从洪泽湖引水送入中运河。骆马湖至南四湖有三条输水线，即中运河—韩庄运河、中运河—不牢河和房亭河。南四湖内除利用湖西输水外，需在部分湖段开挖深槽，并在二级坝建泵站抽水入上级湖。南四湖以北至东平湖，利用梁济运河输水至邓楼，建泵站抽水入东平湖新湖区，沿柳长河输水送至八里湾，再由泵站抽水入东平湖老湖区。穿越黄河位置选在解山和位山之间，穿黄工程包括南岸输水渠、穿黄枢纽和北岸出口引黄渠 3 部分。穿黄隧洞设计流量 200 m³/s，需在黄河河底以下 70 m 打通 1 条直径 9.3 m 的倒虹隧洞。江水过黄河后，接小运河至临清，立交穿过卫运河，经临吴渠在吴桥城北入南运河送水到九宣闸，再由马厂减河送水到天津北大港。从长江到天津北大港水库输水主干线长约 1 156 km，其中黄河以南 646 km，穿黄段 17 km，黄河以北 493 km。胶东地区输水干线工程西起东平湖，东至威海市米山水库，全长 701 km。自西向东可分为西、中、东三段，西段即西水东调工程，中段利用引黄济青渠段，东段为引黄济青渠道以东至威海市米山水库。东线工程规划只包括兴建西段工程，即东平湖至引黄济青段 240 km 河道，建成后与山东省胶东地区应急调水工程衔接，可替代部分引黄水量。

12.2.4　调水量及其分配

（1）需调水量预测

根据东线工程供水范围内江苏省、山东省、河北省、天津市城市水资源规划成果和《海河流域水资源规划》、淮河流域有关规划，在考虑各项节水措施后，预测 2010 年水平，供水范围需调水量为 45.57 亿 m³，其中江苏 25.01 亿 m³、安徽 3.57 亿 m³、山东 16.99 亿 m³。2030 年水平需调水量 93.18 亿 m³，其中江苏 30.42 亿 m³、安徽 5.42 亿 m³、山东 37.34 亿 m³、河北 10.0 亿 m³、天津 10.0 亿 m³。

（2）调水量规划

根据供水目标和预测的当地来水、需调水量，考虑各省市意见和东线治污进展，规划东线工程采取先通后畅、逐步扩大规模，分三期实施。

第一期工程：主要向江苏和山东两省供水。抽江流量 500 m³/s，多年平均抽江水量 89 亿 m³，其中，新增抽水量 39 亿 m³，过黄河 50 m³/s，向胶东地区供水 50 m³/s。

第二期工程：供水范围扩大至河北、天津。工程规模扩大到抽江 600 m³/s，过黄河 100 m³/s，到天津 50 m³/s，向胶东地区供水 50 m³/s。

第三期工程：增加北调水量，以满足供水范围内 2030 年水平国民经济发展对水的需求。工程规模扩大到抽江 800 m³/s，过黄河 200 m³/s，到天津 100 m³/s，向胶东地区供水 90 m³/s。

（3）调水量分配

第一期北调水量及分配：第一期工程多年平均（采用 1956 年 7 月—1998 年 6 月系列，下同）抽江水量 89.37 亿 m³（比现状增抽江水 39.31 亿 m³）；入南四湖下级湖水量为 31.17 亿 m³，入南四湖上级湖水量为 19.64 亿 m³；过黄河水量为 5.02 亿 m³；到胶东地区水量为 8.76 亿 m³。第一期工程多年平均毛增供水量 45.94 亿 m³，其中增抽江水 39.31 亿 m³，增加利用淮水 6.63 亿 m³。扣除损失后的净增供水量为 39.32 亿 m³，其中江苏 19.22 亿 m³，安徽 3.29 亿 m³，山东 16.81 亿 m³。增供水量中非农业用水约占 68%。第一期工程完成后可满足受水区 2010 年水平的城镇需水要求。长江—洪泽湖段农业用水基本可以得到满足，其他各区农业供水保证率可达到 72%～81%，供水情况比现状有较大改善。

第二期北调水量及分配：第二期工程多年平均抽江水量达到 105.86 亿 m³（比现状增抽江水 55.80 亿 m³）；入南四湖下级湖水量为 47.18 亿 m³，入南四湖上级湖水量为 35.10 亿 m³；过黄河水量为 20.83 亿 m³；到胶东地区水量为 8.76 亿 m³。第二期工程多年平均毛增供水量 84.78 亿 m³，其中增抽江水 55.80 亿 m³，增加利用淮水 8.98 亿 m³。扣除损失后的净增供水量为 54.41 亿 m³，其中江苏 22.12 亿 m³，安徽 3.43 亿 m³，山东 16.86 亿 m³，河北 7.00 亿 m³，天津 5.00 亿 m³。增供水量中非农业用水约占 71%。如北方需要，除上述供水量外，可向生态和农业供水 5 亿 m³。第二期工程完成后可满足受水区 2010 年水平的城镇需水要求。长江—洪泽湖段农业用水基本可以得到满足，其他各区农业供水保证率可达到 76%~86%，供水情况比现状均有显著改善。

第三期北调水量及分配：第三期工程多年平均抽江水量达到 148.17 亿 m³（比现状增抽江水 92.64 亿 m³，入南四湖下级湖水量为 78.55 亿 m³）；入南四湖上级湖水量为 66.12 亿 m³；过黄河水量为 37.68 亿 m³；到胶东地区水量为 21.29 亿 m³。多年平均毛增供水量 106.21 亿 m³，其中增抽江水 92.64 亿 m³，增加利用淮水 13.57 亿 m³。扣除损失后的净增供水量为 90.70 亿 m³。其中江苏 28.20 亿 m³，安徽 5.25 亿 m³，山东 37.25 亿 m³，河北 10.00 亿 m³，天津 10.00 亿 m³。增供水量中非农业用水约占 86%。如北方需要，除上述供水量外，可向生态和农业供水 12 亿 m³。第三期工程完成后可基本满足受水区 2030 年水平的用水需求。城镇需水可完全满足，除特枯年份外，也能满足区内苏、皖两省的农业用水。

12.2.5　调水工程规划

东线工程主要利用京杭运河及淮河、海河流域现有河道、湖泊和建筑物，并密切结合防洪、除涝和航运等综合利用的要求进行布局。在现有工程基础上，拓浚河湖、增建泵站，分三期实施，逐步扩大调水规模。

（1）第一期工程

黄河以南，以京杭运河为输水主干线，并利用三阳河、淮河入江水道、徐洪河等分送。在现有工程基础上扩挖三阳河和潼河、金宝航道、淮安四站输水河、骆马湖以北中运河、梁济运河和柳长河 6 段河道；疏浚南四湖；安排徐洪河、骆马湖以南中运河影响处理工程；对江都站上的高水河、韩庄运河局部进行整治；抬高洪泽湖、南四湖下级湖蓄水位；治理东平湖并利用其蓄水，共增加调节库容 13.4 亿 m³；新建宝应（大汕子）一站、淮安四站、淮阴三站、金湖北一站、蒋坝一站、泗阳三站、刘老涧及皂河二站、泰山洼一站、沙集二站、土山西站、刘山二站、解台二站、蔺家坝、台儿庄、万年闸、韩庄、二级坝、长沟、邓楼及八里湾等共 21 座泵站，共增加抽水能力 2 750 m³/s，新增装机容量 20.66 万 kW。更新改造江都站及现有淮安、泗阳、皂河、刘山、解台泵站。穿越黄河工程采用倒虹隧洞，结合东线第二期工程，打通 1 条洞径 9.3 m、输水能力 200 m³/s 的倒虹隧洞。黄河以北，修建胶东地区输水干线，开挖胶东地区输水干线西段 240 km 河道；修建鲁北输水干线，自穿黄隧洞出口至德州，扩建小运河和七一河、六五河两段河道。第一期工程还包括里下河水源调整、泵站供电、通信、截污导流、水土保持、水情水质管理信息自动化以及水量水质调度监测设施和管理设施等专项。

（2）第二期工程

第二期工程增加向河北、天津供水，需在第一期工程基础上扩大北调规模，并将输水工程向北延伸至天津北大港水库。黄河以南，工程布置与第一期工程相同，再次扩挖三阳河和潼河、金宝航道、骆马湖以北中运河、梁济运河和柳长河 5 段河道；疏浚南四湖；抬高骆马湖蓄水位；新建宝应（大汕子）、金湖北、蒋坝、泰山洼二站、沙集三站、土山东站、刘山及解台三站、蔺家坝、二级坝、长沟、邓楼及八里湾二站等 13 座泵站，增加抽水能力 1 540 m³/s，新增装机容量 12.05 万 kW。黄河以北，扩挖小运河、临吴渠、南运河、马厂减河 4 段输水干线和张千渠分干线。

（3）第三期工程

黄河以南，长江—洪泽湖区间增加运西输水线；洪泽湖—骆马湖区间增加成子新河输水线，扩挖中运河；骆马湖—下级湖区间增加房亭河输水线；继续扩挖骆马湖以北中运河、韩庄运河、梁济运河、柳长河；进一步疏浚南四湖；新建滨江站、杨庄站、金湖东站、蒋坝三站、泗阳西站、刘老涧及皂河三站、台儿庄、万年闸及韩庄二站、单集站、大庙站、蔺家坝二站、二级坝、长沟、邓楼及八里湾三站等 17 座泵站，增加抽水能力 2 907 m³/s，新增装机容量 20.22 万 kW。扩大胶东地区输水干线西段 240 km 河道。黄河以北扩挖小运河、临吴渠、南运河、马厂减河和七一河、六五河，增加征地及移民安置补偿投资约 24 亿元。

12.2.6　污水治理规划

东线工程治污规划划分为输水干线规划区、山东天津用水保证规划区和河南安徽水质改善规划区。主要治污措施为城市污水处理厂建设、截污导流、工业结构调整、工业综合治理、流域综合整治工程 5 类项目。根据水质和水污染治理的现状，黄河以南以治为主，重点解决工业结构性污染和生活废水的处理，结合主体工程和现有河道的水利工程，有条件的地方实施截污导流和污水资源化，有效削减入河排污量，控制石油类和农业污染；黄河以北以截污导流为主，实施清污分流，形成清水廊道。

12.3　南水北调中线工程

近期从长江支流汉江上的丹江口水库引水，沿伏牛山和太行山山前平原开渠输水，终点北京。远景考虑从长江三峡水库或以下长江干流引水增加北调水量。中线工程具有水质好、覆盖面大、自流输水等优点，是解决华北水资源危机的一项重大基础设施。

12.3.1　可调水量与供水范围

中线工程可调水量按丹江口水库后期规模完建，正常蓄水位 170 m 条件下，考虑 2020 年发展水平，在汉江中下游适当做些补偿工程，保证调水区工农业发展、航运及环境用水后，多年平均可调出水量 141.4 亿 m³，一般枯水年（保证率 75%）可调出水量约 110 亿 m³。供水范围主要是唐白河平原和黄淮海平原的西中部，供水区总面积约 15.5 万 km²，因引汉水量有限，不能满足规划供水区内的需水要求，只能以供京、津、冀、豫、鄂 5 省（市）的城市生活和工业用水为主，兼顾部分地区农业及其他用水。

12.3.2　水源区工程规划

南水北调中线主体工程由水源区工程和输水工程两大部分组成。水源区工程为丹江口水利枢纽续建和汉江中下游补偿工程，输水工程即引汉总干渠和天津干渠。

（1）丹江口水利枢纽续建工程

丹江口水库控制汉江 60% 的流域面积，多年平均天然径流量 408.5 亿 m³，考虑上游发展，预测 2020 年入库水量为 385.4 亿 m³。丹江口水利枢纽在已建成初期规模的基础上，按原规划续建完成，坝顶高程从现在的 162 m 加高至 176.6 m，设计蓄水位由 157 m 提高到 170 m，总库容达 290.5 亿 m³，比初期增加库容 116 亿 m³，增加有效调节库容 88 亿 m³，增加防洪库容 33 亿 m³。

（2）汉江中下游补偿工程

为免除近期调水对汉江中下游的工农业及航运等用水可能产生的不利影响，需兴建内容包括：干流渠化工程兴隆或碾盘山枢纽，东荆河引江补水工程，改建或扩建部分闸站和增建部分航道整治工程。

12.3.3 输水工程规划

（1）总干渠

黄河以南总干渠线路受已建渠首位置、江淮分水岭的方城垭口和穿过黄河的范围限制，走向明确。黄河以北曾比较利用现有河道输水和新开渠道两类方案，从保证水质和全线自流两方面考虑选择新开渠道的高线方案。总干渠自陶岔渠首引水，沿已建成的 8 km 渠道延伸，在伏牛山南麓山前岗垅与平原相间的地带，向东北行进，经南阳过白河后跨江淮分水岭方城垭口入淮河流域；经宝丰、禹州、新郑西，在郑州西北孤柏嘴处穿越黄河；然后沿太行山东麓山前平原，京广铁路西侧北上，至唐县进入低山丘陵区，过北拒马河进入北京市境，过永定河后进入北京市区，终点是玉渊潭。总干渠全长 1 241.2 km。天津干渠自河北省徐水县西黑山村北总干渠上分水向东至天津西河闸，全长 142 km。总干渠渠首设计水位 147.2 m，黄河以南渠道纵坡 1/25 000，黄河以北 1/30 000～1/15 000。渠道全线采用全断面衬砌，渠道设计水深随设计流量由南向北递减，由渠首 9.5 m 到北京减为 3.5 m，底宽由渠首 56 m 到北京减为 7 m。总干渠沟通长江、淮河、黄河、海河四大流域，需穿过黄河干流及其他小河流 219 条，跨越铁路 44 处，需建跨总干渠的公路桥 571 座。此外还有节制闸、分水、退水建筑物和隧洞、暗渠等，总干渠上各类建筑物共 936 座，其中最大的是穿黄工程。天津干渠穿越大小河流 48 条，有建筑物 119 座。

（2）穿黄工程

总干渠在黄河流域规划的桃花峪水库库区穿过黄河，穿黄工程规模大，问题复杂，投资多，是总干渠上最关键的建筑物。经多种方案综合研究比较认为，渡槽和隧道倒虹两种形式技术上均可行。为避免与黄河干扰、不与黄河规划矛盾，盾构法施工技术国内外都有成功经验可借鉴，因此结合两岸渠线布置，推荐采用孤柏嘴隧道方案。穿黄河隧道工程全长约 7.2 km，设计输水能力 500 m³/s，采用 2 条内径 8.5 m 圆形断面隧道。南水北调中线工程，是从黄河河底打隧道，穿过黄河，让长江水从黄河底下穿过黄河。穿黄工程担负着把湖北丹江口水库引出的水，通过位于黄河底 20 余米处的大型隧洞传输到北岸明渠中，经河南、河北引入京津。资料显示："穿黄"工程位于河南省郑州市以西约 30 km 处，2 条隧洞是工程最重要的建筑物，每条隧洞长 3.45 km，隧洞内径 7 m，深达黄河河床底部 35 m～50 m 处的砂层中，技术含量高、施工难度大。显然，穿黄工程是南水北调中线的"咽喉工程"，它的成功与否关系着整个南水北调工程的成败。

12.4 南水北调西线工程

早在 20 世纪 50 年代初，黄河水利委员会就组织考察队，勘测和规划从通天河调水入黄河的线路，这是我国第一次南水北调勘察。1958 年到 20 世纪 80 年代初，黄河水利委员会又组织多次西线调水勘察，涉及的调水河流有怒江、澜沧江、通天河、金沙江、雅砻江、大渡河等，勘察涉及国土范围 115 万 km²。1987 年，根据国务院对南水北调西线工程提出的"由小到大、由近及远、由易到难"的总体布局思路，国家发改委决定在"七五"、"八五"期间开展南水北调西线工程超前期规划研究，论证从长江上游的通天河、雅砻江、大渡河调水入黄河上游的方案。1996 年，超前期规划研究工作终于结束。其间，大批水利专家共研究了 157 个方案。2001 年 5 月，水利部组织专家组审查通过了黄河水利委员会提出的《南水北调西线工程纲要及第一期工程规划》报告。报告的主要内容纳入《南水北调工程总体规划》后上报国务院。2002 年 12 月，国务院批复，原则上同意《南水北调工程总体规划》。推荐的南水北调西线工程分三期实施的调水方案，总调水量为 170 亿 m^3。

12.4.1　供水目标

供水目标主要解决青海、甘肃、宁夏、内蒙古、陕西、山西六省区黄河上中游地区和渭河关中平原缺水问题。结合兴建黄河干流上的骨干水利枢纽工程，还可向邻近黄河流域的甘肃河西走廊地区供水，必要时也可向黄河下游引水。

12.4.2　调水路线及供水量

南水北调西线工程分期实施，由大渡河、雅砻江支流引水，逐步扩展到雅砻江干流和金沙江引水。第一期，由雅砻江支流达曲向黄河支流贾曲自流调水 40 亿 m^3；第二期，由雅砻江干流阿达向黄河支流贾曲自流调水 50 亿 m^3；第三期，由金沙江干流经雅砻江干流阿达向黄河支流贾曲自流调水 80 亿 m^3。

12.4.3　调水工程规划

经综合比选，专家们推荐以长隧洞自流方案为主要引水方案。目前形成的方案由 6 座引水坝址和长隧洞组成。规划中的引水坝址位于大渡河的支流阿柯河、玛柯河、杜柯河、色曲和雅砻江支流泥曲、达曲，6 座大坝所在地分别为阿安、仁达、洛若、珠安达、贡杰、克柯、若曲。工程区主要位于四川省甘孜、色达、壤塘、阿坝县境内，以及青海省的班玛县境内。黄河与长江之间有巴颜喀拉山阻隔，黄河水系河底高于长江水系的河底 80 m～450 m，必须修建高坝壅高水位，并开挖隧洞打通巴颜喀拉山才能将长江水引入黄河。南水北调西线工程推荐的长引水隧洞自流调水方案，调水工程由 6 座高坝和 7 条引水隧洞组成。引水隧洞的总长度在 100 km 以上，最长的隧洞达到 26 km。引水坝址位置海拔在 3 500 m 左右。输水工程采用隧洞，是为了适应青藏高原寒冷缺氧、人烟稀少的特点。

12.4.4　南水北调西线工程存在的问题

从全局和长远角度看，西线调水是需要的，但南水北调西线工程的难度和投资远较中、东线大，涉及的技术、生态、环境和社会等问题也远较东、中线复杂。南水北调西线工程问题日益引起有关地区和社会各界的关注，不少人对西线方案提出质疑，致使南水北调西线工程推迟实施。南水北调西线工程存在的主要问题有：

①现在提出的南水北调西线调水方案，实际上是"蜀水北调"，调水影响的区域主要是四川省。西线一期工程调水 40 亿 m^3，雅砻江、大渡河各引水枢纽的调水比为 60%～70%，坝址下游大支流汇入前的河段水量减少较多。只要在枯水期向下游放一定流量，对下游两岸地区生产和生活不会产生大的影响；但西线一期工程引水坝址以下河流已建电站 55 座，规模大的有龚嘴、铜街子、二滩、长江三峡、葛洲坝 5 座水电站，这 5 座水电站的年发电量将减少 13.7 亿 kW·h。

②黄河与长江之间有巴颜喀拉山阻隔，黄河河床高于长江相应河床 80 m～450 m。调水

工程需筑高坝壅水或用泵站提水，并开挖长隧洞穿过巴颜喀拉山。引水方式采取自流，需要修建高 200 m 左右的高坝和开挖 100 km 以上的长隧洞，引水隧洞几乎都是在崇山峻岭中进行，其中最长的一个隧洞长达 26 km，这里又是我国地质构造最复杂的地区之一，在此高寒地区建造 200 m 左右的高坝和开凿埋深数百米、长达 100 km 以上的长隧洞，工程技术复杂，施工环境困难。

③据四川省水利厅有关负责人介绍，早在 20 世纪 70 年代，四川省就提出了省内的"西水东调"工程，也就是将大渡河、雅砻江水调往岷江，补充岷江水量。但南水北调西线工程启动后，这个唯一可以解决岷江流域缺水问题的规划势必被放弃。

12.5　南水北调工程实施概况

12.5.1　南水北调东线工程

南水北调东线工程是南水北调工程三条线路中最早实施的调水工程。由于从长江下游调水水源充足，对长江下游地区生态环境影响很小，效益巨大，前期工作准备充分，主体工程进展较为顺利，已实现工程规划第二期目标。主要问题是防污、治污工程配套建设。东线工程从长江所取的水，利用大运河、黄河、海河、淮河及湖泊输水，输水线路沿途防污、治污难度较大，长江水源也受到一定程度的污染，需要处理。

12.5.2　南水北调中线工程

南水北调中线工程从长江支流汉江上的丹江口水利枢纽引水，通过 1 200 多千米的总干渠，跨越江、淮、黄、海四大流域向北京、天津送水。按 2002 年国务院批复的《南水北调工程总体规划》，一期工程预定在 2010 年向北京送水。2008 年 10 月 31 日，国务院南水北调建设委员会第三次全体会议，根据一期工程可研报告，将工期明确为"2013 年主体工程完工，2014 年汛后通水"。按南水北调工程总体规划，中线调水工程分两期进行，一期调水量 95 亿 m³，二期调水量提高到 130 亿 m³。总规划和一期工程可研报告中都未提及如何实现二期工程。无论是采取加宽加深一期工程总干渠，还是重建一条干渠来实现二期目标都很困难，投资也都很大（可研报告中，一期工程静态总投资从 2002 年预计的 920 亿元，上调至 1 367 亿元）。再有就是穿黄工程的二期工程采用新打一条洞子的投资比扩大一期洞子的投资将增加很多。由于二期工程论证不够充分，不得不于 2009 年暂时停工。很明显，工程完成时间已经推后。

12.5.3　南水北调西线工程

南水北调西线工程规划方案，是从长江上游大渡河和雅砻江支流筑高坝取水。南水北调西线调水方案，实际上是"蜀水北调"，西线一期工程调水 40 亿 m³，雅砻江、大渡河各枢纽的调水比为 60%～70%。南水北调西线工程对生态、环境影响，带来的社会问题以及工程技术难度和投资远较中、东线工程大。南水北调西线工程问题日益引起有关地区和社会各界的关注，不少人对西线方案提出质疑，致使南水北调西线工程推迟实施。黄河上游缺水严重，从全局和长远角度看，西线调水是需要的，但对南水北调西线工程存在的重大问题应妥善解决，工程实施要慎之又慎。

第 13 章　水电能源基地与西电东送

13.1　我国能源构成与水电能源基地

13.1.1　我国常规能源构成

我国常规能源主要有煤炭、水能、石油和天然气。常规能源储量见表 13—1。

表 13—1　中国常规能源储量统计

能源名称	探明储量	剩余可采储量	折标煤值（亿 tce）	占总能源比例（%）
煤炭	3 006 亿 t	950 亿 t	563.0	44.2
水能	60 389 亿 kW·h	21 376 亿 kW·h	641.3	50.3
石油	940 亿 t	33 亿 t	47.2	3.7
天然气	38 万亿 m³	1.7 万亿 m³	22.6	1.8
合计			1 274.1	100

我国石油和天然气的储量较少，现阶段常规能源的主体是煤和水能。我国煤的储藏地主要集中在北方山西和内蒙古，南方贵州和安徽也有一定藏量，陆地石油储藏地集中在新疆、黑龙江和山东；天然气主要集中在新疆，四川和重庆也有一定藏量；水能主要集中在西南地区，占到全国的 70% 以上。我国现阶段用于发电的常规能源主要也是煤炭和水力。

13.1.2　水电能源基地的形成

我国水能资源分布极不均衡，主要集中在西部地区（占全国 70% 以上），经济发达的东南沿海地区能源短缺。建立西部水电能源基地，实施"西电东送"，是国家经济发展需要。西电东送既有力支援了东南沿海地区的经济发展，也带动了西部地区的经济发展，是国家西部大开发战略的重要内容。根据我国水能资源分布极不均匀的特点，开发重点应放在水能资源丰富，开发条件较好和严重缺煤、缺电的地区，建立水电基地。1979 年，电力工业部计划司曾编制了《十大水电基地开发设想》。1989 年，国家能源部、水利部水利水电规划设计总院，在原十大水电基地的基础上，增添东北及黄河中游北干流两个水电基地，编写了《十二大水电基地》。

13.2　十二大水电基地

13.2.1　金沙江水电基地（石鼓—宜宾）

长江上游自青海玉树至四川宜宾段称为金沙江，河道全长 2 320 km。宜宾以上控制流域面积约 50 万 km²，多年平均流量 4 920 m³/s，多年平均年径流量 1 550 亿 m³，约为黄河的 3 倍。宜宾以上河流落差（包括通天河）5 280 m，占长江的 95% 以上。干支流水能蕴藏量 1.13 亿 kW，约占全国的 1/6。干流玉树以下河流落差 3 280 m，水能蕴藏量 5 551 万 kW，占金沙江流域的 50% 以上。金沙江全河流初步规化作 18 级开发，总装机容量近 5 700 万 kW。其中，云南省石鼓至四川省宜宾河段初步规划为 9 个梯级。这 9 座梯级水电站主要技术经济指标见表 13-2。

表 13-2　金沙江梯级水电站主要技术经济指标统计

工程名称	所在省（区）	平均流量（m³/s）	水库特性		水电站主要特性			
			正常水位（m）	水库容积（亿 m³）	最大水头（m）	装机容量（万 kW）	保证出力（万 kW）	年发电量（亿 kW·h）
虎跳峡	云南丽江	1 370	1 950	181.6	343.7	600	283.0	207.2
洪门口	云南永胜	1 620	1 600	67.2	206.0	375	184.0	207.2
梓里	云南丽江	1 680	1 400	14.9	107.0	208	108.0	120.9
皮厂	云南滨川	1 750	1 280	88.2	136.0	270	140.0	147.2
观音岩	四川攀枝花	1 800	1 150	54.2	140.0	280	156.0	160.3
乌东德	四川会东，云南禄劝	3 680	950	39.4	143.3	560	260.0	304.8
白鹤滩	四川宁南，云南巧家	4 060	820	193.8	228.8	996	498.0	548.1
溪落渡	四川雷波，云南永善	4 580	600	120.6	226.3	1 000	344.5	540.0
向家坝	四川宜宾，云南水富	4 580	380	54.4	111.6	500	140.0	282.0

13.2.2　雅砻江水电基地（两河口—河口）

雅砻江位于四川省西部，是金沙江最大的支流。干流全长 1 500 多千米，流域面积近 13 万 km²，多年平均流量 1 870 m³/s。干支流总水能蕴藏量近 3 400 万 kW，干流自呷衣寺至河口，水能理论蕴藏量 2 200 万 kW。其中两河口以下，河道长 681 km，水能理论蕴藏量 1 800 万 kW。干流自温波寺以下至河口，初步规化作 21 级开发，总装机容量 2 265 万 kW，保证出力 1 126 万 kW，年发电量 1 360 亿 kW·h。其中两河口以下河段规划为 11 个梯级，这 11 座梯级水电站主要技术经济指标见表 13-3。

表 13-3 雅砻江梯级水电站主要技术经济指标统计

工程名称	所在省（区）	平均流量 （m³/s）	水库特性		水电站主要特性			
			正常水位 （m）	水库容积 （亿 m³）	最大水头 （m）	装机容量 （万 kW）	保证出力 （万 kW）	年发电量 （亿 kW·h）
两河口	四川雅江	668	2 913	84.00	240	200	98	107.0
牙根	四川雅江	765	2 673	7.30	135	90	40	53.5
蒙古山	四川雅江	856	2 538	8.50	193	160	70	93.5
大空	四川九龙	882	2 345		127	100	48	63.5
杨屋沟	四川木里	912	2 218	20.00	205	200	88	113.0
卡拉乡	四川木里	929	2 013		98	80	43	54.0
锦屏一级	四川盐源	1 240	1 900	100.00	265	300	145	182.0
锦屏二级	四川冕宁	1 240	1 637		312	150 300	76 190	114.0 209.7
官地	四川西昌	1 470	1 328	5.50	108	140	32 68	76.4 90.7
二滩	四川攀枝花	1 670	1 200	58.00	188.3	330	100 152	170.8 189.0
桐子林	四川攀枝花	1 800	1 015	0.73	28.5	40	10 23	21.0 35.0

注：表中保证出力、年发电量栏中有 2 个数值者，分别为电站单独运行和梯级联合运行时的数值。

13.2.3 大渡河水电基地

大渡河是岷江支流，发源于青海省果洛山，全长 1 062 km，流域面积 7.74 万 km²（不包括支流青衣江）。干流铜街子水文站多年平均流量 1 490 m³/s，年水量近 470 亿 m³，相当于黄河的水量。河源至河口天然落差 4 175 m，水能理论蕴藏量 3 132 万 kW，可开发装机容量 2 348 万 kW。大渡河干流双江口至铜街子河段初步规划作 16 级开发，共利用落差 1 771 m，总装机容量 1 805.5 万 kW。16 个梯级中，龙头水电站独松和瀑布沟的水库具有年调节性能。梯级单独运行保证出力 415.3 万 kW、年发电量 921.9 亿 kW·h，联合运行保证出力 723.8 万 kW、年发电量 1 009.6 亿 kW·h。这 16 座梯级水电站主要技术经济指标见表 13-4。

表 13-4 大渡河梯级水电站主要技术经济指标统计

工程名称	所在省（区）	平均流量 （m³/s）	水库特性		水电站主要特性			
			正常水位 （m）	水库容积 （亿 m³）	最大水头 （m）	装机容量 （万 kW）	保证出力 （万 kW）	年发电量 （亿 kW·h）
独松	四川金川	531	2 310	49.60	136		50.0 53.2	68.4 70.1

工程名称	所在省（区）	平均流量（m³/s）	水库特性		水电站主要特性			
			正常水位（m）	水库容积（亿m³）	最大水头（m）	装机容量（万kW）	保证出力（万kW）	年发电量（亿kW·h）
马奈	四川金川	550	2 092	1.70		30	5.3 13.9	16.0 18.1
季家河坝	四川丹巴	727	2 040	20.0		180	34.8 78.6	95.8 109.6
猴子岩	四川康定	778	1 800			140	27.1 58.2	73.9 83.5
长河坝	四川康定	815	1 630	6.00		124	25.5 53.2	68.0 76.2
冷竹关	四川康定	890	1 475	6.20		90	18.5 39.3	49.1 55.4
泸定	四川泸定	890	1 370	2.80		60	12.3 26.1	32.8 36.9
硬梁包	四川石棉	890	1 250			110	21.4 43.9	58.3 65.5
大岗山	四川石棉	1 060	1 100	4.50		150	34.3 59.4	81.2 89.7
龙头寺	四川石棉	1 060	955	1.20		50	11.4 23.2	28.0 31.3
老鹰岩	四川石棉	1 130	905			60	12.7 23.3	31.9 35.0
瀑布沟	四川汉源甘洛	1 230	850	52.50	178.5	330	88.2 91.8	141.5 144.3
深溪沟	四川	1 340	650			36	7.9 19.4	19.8 23.4
枕头沟	四川	1 340	623			44	9.7 23.7	24.1 28.7
龚嘴	四川乐山	1 430	528	3.18		70	18.3	34.2
铜街子	四川乐山	1 490	471	2.00		60	13.0 33.2	32.1 37.1

注：表中保证出力、年发电量栏中有2个数值者，分别为电站单独运行和梯级联合运行时的数值。

13.2.4　乌江水电基地

乌江是长江上游右岸最大的一条支流，发源于黔西北乌蒙山东麓，流经贵州省和重庆市，在重庆涪陵汇入长江。流域面积8.792万km²，乌江有南、北两源，从南源至河口全长1 037 km，天然落差2 124 m，河口多年平均流量1 690 m³/s。全流域水能理论蕴藏量1 043万kW，其中干流580万kW。乌江干流梯级开发以发电为主，其次为航运，兼顾防洪、灌溉。乌江干流梯级开发规划北源电站有洪家渡，南源电站有普定、引子渡，两源汇口以下为东风等 8 个梯级，共 11 座梯级水电站。这 11 座梯级水电站的主要技术经济指标见表 13—5。

表 13—5　乌江梯级水电站主要技术经济指标统计

工程名称	所在省（区）	平均流量 (m^3/s)	水库特性		水电站主要特性			
			正常水位 (m)	水库容积 (亿 m^3)	最大水头 (m)	装机容量 (万 kW)	保证出力 (万 kW)	年发电量 (亿 kW·h)
普定	贵州普定					7.5		3.80
引子渡	贵州平坝、织金					16.0		8.80
洪家渡	贵州织金、黔西	149	1 140	45.89	163.0	54.0	17.90	15.72
东风	贵州清镇、黔西	355	970	8.63	132.4	51.0	24.80	30.50
索风营	贵州黔西、修文	427	835	1.57	75.70	42.0	16.30	20.40
乌江渡	贵州遵义	511	760	21.40	132.9	63.0 105.0	20.20 38.70	33.40 44.20
构皮滩	贵州余庆	724	630	56.90	200.2	200.0	70.20 75.74	88.85 91.92
思林	贵州思南	863	440	12.05	74.0	84.0	37.65	41.10
沙沱	贵州沿河	953	360	6.24	70.5	80.0	37.00	41.70
彭水	重庆彭水	1 320	293	11.68	87.4	108.0	24.85	57.74
大溪沟	重庆涪陵	1 640	210	8.64	58.3	120.0	43.80	62.50

注：表中装机容量、保证出力和年发电量栏中有 2 个数值者，分别为电站扩机前和扩机后的数值。

13.2.5　长江上游水电基地（宜宾—宜昌，清江）

长江上游宜宾至宜昌段，通常称为川江，全长 1 040 km，宜昌以上流域面积约 100 万 km^2，多年平均流量 14 300 m^3/s。川江总落差 220 m，初步规划装机容量 2 542.5 万 kW。清江是长江中游的重要支流，流域面积 1.67 万 km^2，自恩施至长滩 250 km 河段，有落差 380 m，初步规划装机容量 289.1 万 kW。

长江上游：长江上游拟分 5 级开发，总装机容量 2 542.5 万 kW，保证出力 743.8 万 kW，年发电量 1 275 亿 kW·h。这 5 座梯级水电站主要技术经济指标见表 13—6。

表 13—6 长江上游梯级水电站主要技术经济指标统计

工程名称	所在省（区）	平均流量 (m³/s)	水库特性		水电站主要特性		
			正常水位 (m)	水库容积 (亿 m³)	最大水头 (m)	装机容量 (万 kW)	保证出力 (万 kW)	年发电量 (亿 kW·h)
石硼	四川泸州	8 100	265	30.8	37.0	213.0	65.0	126
朱杨溪	重庆永川	8 640	230	28.0	37.7	190.0	68.0	112
小南海	重庆巴县	8 700	195	22.2		100.0	35.0	40
三峡	湖北宜昌	14 300	156 175	393.0	93.0 112.0	1 768.0	360.0 499.0	700 840
葛洲坝	湖北宜昌	14 300	66	15.8	27.0	271.5	76.8	157

注：表中长江三峡水利枢纽栏目中有 2 个数值者，分别为电站前期和后期的数值。

清江：规划为 3 个梯级，总装机容量 289.1 万 kW，保证出力 72.5 万 kW，年发电量 84.9 亿 kW·h。这 3 座梯级水电站的技术经济指标见表 13—7。

表 13—7 长江上游支流清江梯级水电站主要技术经济指标统计

工程名称	所在省（区）	平均流量 (m³/s)	水库特性		水电站主要特性		
			正常水位 (m)	水库容积 (亿 m³)	最大水头 (m)	装机容量 (万 kW)	保证出力 (万 kW)	年发电量 (亿 kW·h)
水布垭	湖北巴东	291	405	47.4	206.5	149.1	34.5	41.8
隔河岩	湖北长阳	390	200	34.7	121.4	120.0	28.7	32.9
高坝	湖北宜都					20.0		10.2

13.2.6 南盘江、红水河水电基地

红水河是珠江水系西江上游干流，上源南盘江发源于云南省沾益县马雄山，在贵州省蔗香与北盘江汇合后称为红水河。南盘江全长 927 km，总落差 1 854 m，流域面积 5.49 万 km²，其中天生桥至纳贡段河长仅 18.4 km，集中落差 184 m。红水河全长 659 km，落差 254 m，流域面积 13.1 万 km²。南盘江、红水河流域重点开发河段（兴义至桂平），长 1 143 km，落差 692 m，水能理论蕴藏量约 860 万 kW。规划为 10 个梯级，开发目标是发电为主，兼顾防洪、航运、灌溉等综合利用要求。加上南盘江支流黄泥河上的鲁布格水电站共 11 座水电站。总装机容量 1 312 万 kW，保证出力 347.12 万 kW，年发电量 532.9 kW·h。这 11 座梯级水电站的主要技术经济指标见表 13—8。

表 13—8 红水河梯级水电站主要技术经济指标统计

工程名称	所在省（区）	平均流量 (m³/s)	水库特性		水电站主要特性		
			正常水位 (m)	水库容积 (亿 m³)	最大水头 (m)	装机容量 (万 kW)	保证出力 (万 kW)	年发电量 (亿 kW·h)
天生桥一级	贵州安隆	612	780	84.00	143.0	120	40.52	52.26

工程名称	所在省（区）	平均流量（m³/s）	水库特性		水电站主要特性			
			正常水位（m）	水库容积（亿 m³）	最大水头（m）	装机容量（万 kW）	保证出力（万 kW）	年发电量（亿 kW·h）
天生桥二级	贵州安隆	615	645	0.26	205.0	132	19.00	50.50
平班	贵州隆林	633	440	3.20		36	15.10	18.60
龙滩	广西天峨	1 640	375 400	162.10 272.70		420 540	123.40 168.00	156.70 187.00
岩滩	广西巴马	1 740	223	24.3	68.2	120	23.20	61.60
大化	广西都安	1 900	155	3.5	30.0	4 060	10.50	22.00
百龙滩	广西都安			径流式		18		5.20
恶滩	广西忻城	2 050	112	径流式	29.0	6 56	8.00	24.00
桥巩	广西来宾	2 160	83	径流式	26.0	50	8.00	18.60
大藤峡	广西桂平	4 290	57.6	17.6	34.0	120	42.70	64.34
鲁布格	云南罗平	164	1 130	1.10		60	8.30	28.70

注：表中龙滩水电站栏目中有 2 个数值者，分别为电站初期和最终的数值。

13.2.7　澜沧江干流水电基地（云南省境内）

澜沧江发源于青海省流经西藏后进入云南省，在云南省西双版纳南腊河口处流出国境，出境后称为湄公河，经缅甸、老挝、泰国、柬埔寨、越南，在越南胡志明市南部流入南海。全河长4 500 km，总落差 5 500 m，流域面积 74.4 万多 km²，是东南亚著名的河流。澜沧江在我国境内河长 2 000 km，落差约 5 000 m，流域面积 17.4 万 km²，水能理论蕴藏量约 3 656 万 kW，其中干流约 2 545 万 kW。澜沧江干流在云南省境内河段，由布衣至南腊河口，全长1 240 km，落差 1 780 m，流域面积 9.1 万 km²，出境处多年平均流量 2 180 m³/s，年径流量 688 亿 m³，水能资源蕴藏量约 1 800 万 kW。澜沧江干流开发以发电为主，兼顾防洪、灌溉、航运、渔业等。初步规划为 14 个梯级，总装机容量 2 137 万 kW，保证出力 996.51 万 kW，年发电量 1 093.96 亿 kW·h。这 14 座梯级水电站的主要技术经济指标见表13—9。

表 13—9　澜沧江干流梯级水电站主要技术经济指标统计

工程名称	所在省（区）	平均流量（m³/s）	水库特性		水电站主要特性			
			正常水位（m）	水库容积（亿 m³）	最大水头（m）	装机容量（万 kW）	保证出力（万 kW）	年发电量（亿 kW·h）
溜筒江	云南德钦	650	2 174	5.00	120.0	55	16.20	32.90
佳碧	云南德钦	675	2 054	3.20	90.0	43	12.10 13.10	25.90

工程名称	所在省（区）	平均流量（m³/s）	水库特性		水电站主要特性			
			正常水位（m）	水库容积（亿 m³）	最大水头（m）	装机容量（万 kW）	保证出力（万 kW）	年发电量（亿 kW·h）
乌弄龙	云南维西	714	1 964	9.80	144.0	80	24.10 27.00	47.90
托巴	云南维西	791	1 820	51.50	180.0	164	60.70 62.60	82.90
黄登	云南兰坪	880	1 640	22.90	168.0	150 186	44.90 79.80	75.50 93.50
铁门坎	云南云龙	916	1 472	21.50	153.0	150 178	40.70 76.50	77.70 89.10
功果桥	云南云龙	985	1 319	5.10	77.0	75	17.00 38.95	40.63
小湾	云南凤庆	1 210	1 240	152.60	243.7	420	184.55	187.70
漫湾	云南云县	1 230	994	9.92	99.0	125 150	31.40 79.61	67.10 78.84
大朝山	云南云县	1 340	895	7.20	76.0	126	24.80 68.00	55.20 65.00
糯扎渡	云南思矛	1 750	807	227.00	205.0	450	232.21	231.07
景洪	云南景洪	1 840	602	10.40	67.0	90 135	30.0 76.49	55.70 76.86
橄榄坝	云南景洪					15		7.77
南阿河口	云南 景洪、勐腊	2 020	519	径流式	28.0	40 60	11.20 33.66	24.10 33.83

注：表中保证出力、年发电量栏目中有 2 个数值者，分别为电站单独运行和梯级联合运行时的数值。

13.2.8　黄河上游水电基地（龙羊峡—青铜峡）

　　黄河上游龙羊峡至青铜峡河段，全长 1 023 km，河段总落差 1 465 m，龙羊峡以上流域面积 13.1 万 km²，青铜峡以上流域面积 23.5 万 km²，其区间流域面积 15.4 万 km²。河段总落差 1 465 m，多年平均流量龙羊峡断面 650 m³/s，青铜峡断面 1 050 m³/s，水能资源理论蕴藏量 1 133 万 kW。本河段内峡谷与川地相互交替、地形束放相间，落差集中，淹没损失小。本河段的开发目标主要是发电，兼顾防洪、灌溉、供水等。近期为西北地区提供稳定可靠的电源，远景西北与华北、西南联网，进行水火电间及不同调节性能水电站间的补偿调节，改善华北电力系统调峰困难、西北电网特枯水年缺电和四川电网汛期大量弃水等问题。全河段规划为 16 个梯级（或 15 个梯级），总利用水头 1 114.8 m，装机容量 1 415.48 万 kW，年发电量 507.93 亿 kW·h。这 16 座梯级水电站的主要技术经济指标见表 13-10。

表 13-10　黄河上游梯级水电站主要技术经济指标统计

工程名称	所在省（区）	平均流量（m³/s）	水库特性		水电站主要特性			
			正常水位（m）	水库容积（亿 m³）	最大水头（m）	装机容量（万 kW）	保证出力（万 kW）	年发电量（亿 kW·h）
龙羊峡	青海共和	650	2 600	247.00	148.5	128.00	58.98	59.42
拉西瓦	青海贵德	650	2 452	10.00	220.0	372.00	92.74	97.40
李家峡	青海尖扎	662	2 180	16.50	135.0	200.00	68.10	59.20
公伯峡	青海循化	672	2 005	5.50	107.4	150.00	48.60	49.50
积石峡	青海循化	678	1 856	2.40	73.9	80~100	33.80	33.70 34.40
寺沟峡	甘肃青海交界	678	1 760	径流式	24.0	25.00	9.20	10.50
刘家峡	甘肃永靖	877	1 735	57.00	114.0	116.00	55.70	55.80
盐锅峡	甘肃永靖	877	1 619	2.20	39.50	39.60	19.00	21.5
八盘峡	甘肃兰州					18.00		10.50
小峡	甘肃皋兰					20.00		8.30
大峡	甘肃榆中	1 039	1 480	0.90	31.4	30.00	14.30	14.65
乌金峡	甘肃靖远					13.20		5.70
小观音	甘肃景泰	1 050	1 380	70.20	105.0	140.00	39.43	46.00
大柳树	宁夏中卫	1 050	1 276 1 375	1.52 106.66	38.0 136.0	44174	18.37 59.45	19.10 65.63
沙坡头	宁夏中卫	1 050	1 240.5	0.26	11.4	12.48	6.30	6.71
青铜峡	宁夏青铜峡	1 050	1 156	5.65	22.0	27.20	9.30	10.40

注：表中大柳树水电站栏目中有 2 个数值者，分别为电站低坝和高坝 2 种方案的数值。

13.2.9　黄河中游北干流水电基地（河口镇—禹门口）

黄河中游北干流是指托克托县的河口镇至禹门口（龙门）干流河段。北干流河段全长 725 km，是黄河干流最长的峡谷段，具有建高坝大库的地形地质条件，水能资源比较丰富，河段总落差约 600 m，实测多年平均径流量 250 亿 m³（河口镇）、320 亿 m³（禹门口）。黄河中游北干流是黄河洪水泥砂的主要来源，龙门多年平均输砂量 10.1 亿 t，其中 85% 以上来自该河段。本河段开发，可为两岸和华北电网提供调峰电源，并为煤电基地供水及引黄灌溉创造条件，同时又可拦截泥砂，减少下游河道淤积，减轻三门峡水库防洪负担。该河段初步规划为 3 组 8 个梯级，总装机容量 609.2 万 kW，总保证出力 125.8 万 kW，发电量192.9 亿 kW·h。这 8 座梯级水电站的主要技术经济指标见表 13-11。

表 13-11　黄河北干流梯级水电站主要技术经济指标统计

工程名称	所在省（区）	平均流量（m³/s）	水库特性		水电站主要特性			
			正常水位（m）	水库容积（亿 m³）	最大水头（m）	装机容量（万 kW）	保证出力（万 kW）	年发电量（亿 kW·h）
万家寨	山西偏关、内蒙古准格尔	621	980	9.00	81.5	102.0	18.5	26.3
龙口	山西河曲、内蒙古准格尔	579	897	1.80	35.5	40.0	8.2	11.2
天桥	山西保德、陕西府谷			0.67		12.8		6.1
积口	山西临县、陕西吴堡	638	785	124.80	120.4	180.0	34.9 29.8	51.5 47.5
军渡	山西柳林、陕西吴堡	644	665	1.50	25.6	30.0	4.5	9.2
三交	山西柳林、陕西吴堡					20.0		7.0
龙门	山西宁乡、陕西宜川	726	588	114.00	194.1	210.0	54.5	79.5
禹门口	山西河津、陕西韩城					14.4		6.1

注：表中积口水电站的保证出力和年发电量栏目中有 2 个数值者，分别为初期和后期的数值。

12.2.10　湘西水电基地

　　湘西水电基地包括湖南省西部的沅水、资水和澧水流域。三水流域面积共 61.3 万 km²（湖南境内 10 万 km²），总水能理论蕴藏量 1 000 万 kW（湖南境内 896 万 kW）。

　　沅水：沅水发源于贵州省云雾山，流入洞庭湖，流域面积 9 万 km²，全长 1 050 km，湖南省境内干流长 539 km，落差 171 m，河口平均流量 2 400 m³/s。沅水是三江中最大的河流，有酉水、舞水等 7 条支流，干支流水能理论蕴藏量达 538 万 kW（其中湖南境内约 460 万 kW）。水能资源 60％集中在干流，40％集中在支流。

　　资水：资水全长 674 km，流域面积 2.9 万 km²，多年平均流量 780 m³/s，水能理论蕴藏量 184 万 kW，主要集中在干流中游河段，可开发大中型电站装机容量 107 万 kW。

　　澧水：澧水全长 389 km，落差 1 439 m，流域面积 1.8 万 km²，水能资源蕴藏量 125.4 万 kW。

　　沅水干流拟分 6 级开发，总装机容量 223 万 kW，年发电量 109.29 亿 kW·h；其中支流装机规模 2.5 万 kW 以上的电站 9 座，总装机容量 120.5 万 kW，年发电量 49.65 亿 kW·h。澧水干支流共分 17 级开发，总装机容量 209.92 万 kW，年发电量 53.35 亿 kW·h。其中，支流溇水分为 4 级开发，总装机容量 129.4 万 kW，年发电量 29.2 亿 kW·h；支流溹水分为 5 级开发，总装机容量 36.1 万 kW，年发电量 7.68 亿 kW·h。资水分 6 级开发。湘西水电基地大型水电站的主要技术经济指标见表 13-12。

表 13-12 湘西水电基地大型水电站主要技术经济指标统计

工程名称	所在县及河流	平均流量（m³/s）	水库特性		水电站主要特性			
			正常水位（m）	水库容积（亿 m³）	最大水头（m）	装机容量（万 kW）	保证出力（万 kW）	年发电量（亿 kW·h）
五强溪	沅陵、沅水	2 050.0	108.00	29.9	58.6	120.00	30.00	55.50
柘溪	安化、资水	621.0	167.50	27.5	74.0	44.75	12.30	22.90
敷溪口	桃江、资水	675.0	92.75	6.0	32.4	28.00	7.20	12.90
淋溪河	桑植、溇水	92.4	480.00	31.9	253.0	80.00	16.26	15.68
江垭	慈利、溇水	134.0	236.00	15.7	110.0	40.00	9.75	9.61

湘西水电基地装机容量 2.5 万 kW 的中型水电站的总装机容量为 164.81 万 kW。其中，5 万 kW 以上中型水电站的装机容量及年发电量见表 13-13。

表 13-13 湘西水电基地中型水电站装机容量及年发电量统计

工程名称	所在县及河流	装机容量（万 kW）	年发电量（亿 kW·h）	工程名称	所在县及河流	装机容量（万 kW）	年发电量（亿 kW·h）
托口	黔阳、沅水	24.40	9.49	洪江	黔阳、沅水	14.00	7.94
安江	黔阳、沅水	14.00	8.06	虎皮溪	辰溪、沅水	20.00	11.42
大伏潭	桃源、沅水	9.00	5.28	凌津滩	辰溪、沅水	22.00	11.60
若水	会同、巫水	5.25	3.48	凤滩	沅陵、酉水	24.00	9.90
马迹塘	桃江、资水	5.50	2.70	筱溪	冷水江资水	6.40	3.90
凉水口	张家界、澧水	12.00	3.28	花岩	大庸、澧水	5.50	1.94
修山	桃江、资水	5.00	2.70	犬木塘	夫夷水	6.00	2.22
鱼潭	大庸、澧水	6.00	2.46	三江口	石门、澧水	6.25	2.66
黄虎港	石门、溇水	21.00	3.77	关门岩	慈利、溇水	6.25	2.75

13.2.11　闽、浙、赣水电基地

闽、浙、赣水电基地包括福建、浙江和江西，三省水能理论蕴藏量为 2 334 万 kW（其中福建 1 046 万 kW，浙江 606 万 kW，江西 682 万 kW），占全国水能理论蕴藏量的 3.4%。这三个省份经济发达，工农业产值约占全国的 30%。但这个地区燃料资源缺乏，煤炭保有储量 21.9 亿 t，仅占全国的 0.3%。就近开发水能资源可满足工农业生产部分用电需要。三省各河流可修建 2.5 万 kW 以上的水电站 118 座，总装机容量 1 417 万 kW，保证出力 267 万 kW，年发电量 412 亿 kW·h。其中 25 万 kW 以上的大型水电站 15 座，总装机容量 796 万 kW 以上。三省各河流 25 万 kW 以上大型水电站主要技术经济指标见表 13-14。

表 13—14　闽、浙、赣水电基地大型水电站主要技术经济指标统计

工程名称	所在省（区）及河流	平均流量（m³/s）	水库特性		水电站主要特性			
			正常水位（m）	水库容积（亿 m³）	最大水头（m）	装机容量（万 kW）	保证出力（万 kW）	年发电量（亿 kW·h）
	福建省							
水口	闽清、闽江	1 728.0	65	23.40	58.0	140.00	26.00	49.50
沙溪口	南平、闽江	778.0	88	1.64	24.0	30.00	5.00	9.60
街面	龙溪、龙溪	853.0	285	23.70	110.5	40.00	5.26	5.98
棉花滩	永定、汀江	232.0	173	22.14	100.6	60.00	8.80	15.10
	浙江省							
七里拢	桐庐、富春江	926.3	23	10.50	17.7	29.72	5.10	9.23
湖南镇	衢县、乌溪江	79.0	230	20.60	117.0	1 727.00	5.21	5.40 5.55
新安江	建德、新安江	333.0	108	216.20	83.9	66.25 156.50	16.00	16.56 17.24
黄浦	青田、瓯江	458.0	38	6.60		25.00	4.74	9.42
滩坑	青田、小溪	121.0	160	41.50	26.0	60.00	8.36	10.35
紧水滩	云和、龙泉	96.0	184	13.93	85.0	30.00	3.03	4.90
	江西省							
峡山	于都、赣江	426.0	160	152.50	55.0	50.00	12.60	14.66
万安	万安、赣江	947.0	100	22.20	32.3	50.00	6.04	15.16
峡江	峡江、赣江	1 577.0	50	27.60	16.0	35.00	8.06	14.16
柘林	永修、修水	256.0	65	71.70	43.7	1 838.00	8.06 10.82	14.16 14.48

注：表中装机容量、保证出力和年发电量栏中有 2 个数值者，分别为电机扩机前和扩机后的数值。

　　三省各河流可建 2.5 万 kW～25 万 kW 的中型水电站 103 座，总装机容量 620 万 kW。其中部分中型水电站的装机容量及发电量统计见表 13—15。

表 13—15　闽、浙、赣水电基地部分中型水电站统计

工程名称	所在省（区）及河流	装机容量（万 kW）	年发电量（亿 kW·h）	工程名称	所在省（区）及河流	装机容量（万 kW）	年发电量（亿 kW·h）
	福建省				浙江省		
安砂	永安、砂溪	11.50	5.70	华光潭一级	临安、分水江	5.50	1.15
高砂	沙县、砂溪	5.00		石塘	云和、龙泉溪	7.80	1.89
池潭	大宁、金溪	10.00	5.00	楠溪	永嘉、楠溪	5.00	1.37

工程名称	所在省（区）及河流	装机容量（万 kW）	年发电量（亿 kW·h）	工程名称	所在省（区）及河流	装机容量（万 kW）	年发电量（亿 kW·h）
安丰桥	南平、建溪	18.00	6.25	大赤	云和、小溪	13.50	4.95
坤口	建溪支流松溪	10.00	3.61	九溪	文成、飞云江	5.20	1.42
旧馆	浦城、南浦溪	6.80	2.37	龟湖	泰顺	6.25	2.14
宝石岩	建欧、西溪	18.00	6.06	江西省			
龙亭	古田、古田溪	13.00	4.06	矛店	赣县、赣江	7.00	2.97
水东	龙溪、龙溪	5.10	2.32	永泰	清江、赣江	12.00	5.43
龙湘	永泰、大樟溪	8.10	2.34	东津	修水、修水	6.00	1.16
上界竹口	永泰、大樟溪	7.40	2.22	南丰	南丰、抚河	5.00	1.76
万安	龙岩、九龙江	5.60	1.38	樟树坑	景德镇、昌江	12.96	3.50
华安	华安、九龙江	6.00	4.00	石虎塘	吉安、赣江	12.00	4.58
白濑	安溪、晋江	5.00	1.90	龙头山	丰城、赣江	9.00	3.71
横塘峡	水吉、南浦溪	14.00	4.58	上犹江	崇义、上犹江	6.00	2.90
古田	古田、古田溪	6.20	3.34	极富	信丰、桃江	5.10	2.03
涌口	永泰、大樟溪	5.20	1.51	夏寒	信丰、桃江	10.00	3.66
回龙	回龙、汀江	5.10	1.74	龙王庙	吉安、孤江	14.00	2.68
上杭	上杭、汀江	5.00	1.90	泰和	泰和、赣江	18.00	6.32
浙江省				疏山	金溪、抚河	7.20	2.58
黄坛口	衢县、乌溪江	8.20	1.76	桃溪	宜黄、抚河	5.00	1.47
珊溪	文成、飞云江	24.00	4.34	龙王庙二级	吉安、孤江	6.70	1.06

13.2.12　东北水电基地

东北河流有黑龙江干流界河段、牡丹江干流、第二松花江上游、鸭绿江（含浑江干流）、嫩江等。黑龙江是世界最大河之一，流经中、俄、蒙三国，全长约 4 300 km，流域面积 184.3 万 km²，其中流经我国河段流域面积约 90 万 km²，约占全流域面积的 48.3%。额尔古纳河是黑龙江南源，与俄罗斯境内的北源石勒喀河在洛古村汇合，汇口上称为河源段，以下干流始称黑龙江，干流全长 2 890 km，水能理论蕴藏量 640 万 kW。牡丹江是松花江下游右岸一大支流，发源于长白山脉的牡丹岭，流经吉林和黑龙江两省，河流全长 705 km，流域面积 3.903 8 万 km²，水能理论蕴藏量 51.68 万 kW。第二松花江发源于长白山主峰白头山天池，最上游河段称为漫江，在松抚镇附近与松江河汇合后称为头道松花江，头道松花江流至两江口与二道松花江汇合后称为第二松花江。第二松花江河道全长 803 km，流域面积 7.434 5 万 km²，河口处多年平均流量 538 m³/s，水能理论资源蕴藏量 138.16 万 kW。鸭绿江干流是中朝两国界河，发源于长白山南麓，沿中朝两国边境从东北流向西南，在辽宁省丹东市流入黄海。干流全长 800 余千米，流域面积 5.914 3 万 km²，我国侧 3.2 万 km²。鸭绿江干流水能理论蕴藏量 212.5 万 kW（我国占一半）。浑江是鸭绿江干流中国侧最大支流，全长 435 km，流域面积 1.541 万 km²，水能理论蕴藏量 43.52 万 kW。

黑龙江干流：黑龙江干流初步规划为 6 个梯级，总装机容量 820/2 万 kW，保证出力 187.4/2 万 kW，年发电量 270.88/2 亿 kW·h。黑龙江干流梯级水电站主要技术经济指标见表 13—16。

表 13—16　黑龙江干流梯级水电站主要技术经济指标统计

工程名称	所在省（区）及河流	平均流量（m³/s）	水库特性		水电站主要特性			
			正常水位（m）	水库容积（亿 m³）	最大水头（m）	装机容量（万 kW）	保证出力（万 kW）	年发电量（亿 kW·h）
漠河	黑龙江漠河	880	102	344.0	102	200/2	52.70/2	58.50/2
连崟	黑龙江漠河	1 606	298	67.0	45	100/2	26.20/2	31.31/2
鸥浦	黑龙江塔河	1 290	253	394.6	45	160/2	48.05/2	50.30/2
呼玛	黑龙江呼玛	191		19.6	18	40/2	12.73/2	14.10/2
黑河	黑龙江黑河	1 590	165	166.9	39	120/2	34.60/2	39.00/2
太平沟	黑龙江加荫	4 720	80~86	27.2	39	200/2	13.12/2	77.67/2

注：表中国际河流水电站的装机容量、保证出力及年发电量按 1/2 计。

牡丹江干流：干流初步规划为 4 个梯级，总装机容量 91.6/2 万 kW，保证出力 13.44/2 万 kW，年发电量 18.17/2 亿 kW·h。牡丹江干流主要技术经济指标见表 13—17。

表 13—17　牡丹江干流梯级水电站主要技术经济指标统计

工程名称	所在省（区）	平均流量（m³/s）	水库特性		水电站主要特性			
			正常水位（m）	水库容积（亿 m³）	最大水头（m）	装机容量（万 kW）	保证出力（万 kW）	年发电量（亿 kW·h）
镜泊湖	黑龙江宁安	98.5	351.2	18.20	61.7	9.6/2	2.00/2	3.13/2
莲花	黑龙江海林	229	218.0	42.14	56.6	44.0/2	6.20/2	8.00/2
二道沟	黑龙江林口	232	161.0	3.00	17.0	13.0	1.87/2	2.51/2
长江屯	黑龙江依兰	252	144.0	18.70	28.0	25.0/2	3.37/2	4.53/2

注：表中国际河流水电站的装机容量、保证出力及年发电量按 1/2 计。

第二松花江上游：第二松花江上游初步规划为 9 个梯级，总装机容量 327.4 万 kW，保证出力 48.36 万 kW，年发电量 59.52 亿 kW·h。第二松花江上游梯级水电站主要技术经济指标见表 13—18。

表 13-18　第二松花江上游梯级水电站主要技术经济指标统计

工程名称	所在省（区）	平均流量 (m^3/s)	水库特性		水电站主要特性			
			正常水位 (m)	水库容积 (亿 m^3)	最大水头 (m)	装机容量 (万 kW)	保证出力 (万 kW)	年发电量 (亿 kW·h)
松山	吉林抚松	24.20	711	1.38				
小山	吉林抚松	45.50	683	1.07	101.0	16.0/2	1.93/2	3.24/2
双沟	吉林抚松	50.70	585	3.91	109.0	28.0/2	3.10/2	3.87/2
石龙	吉林抚松	51.50	479	0.40	33.5	7.0/2	0.83/2	1.26/2
两江	吉林安图	42.55	542	0.83	42.0	4.0/2	0.80/2	1.20/2
四湖沟	吉林抚松	103.00	500	18.90	72.0	30.0/2	4.00/2	5.10/2
白山	吉林桦甸	239.00	413	68.12	126.0	150.0/2	16.70/2	20.37/2
红石	吉林桦甸	258.00	290		25.6	20.0/2	3.50/2	4.40/2
丰满	吉林吉林市	455.00	261	107.80	67.5	72.4/2	17.50/2	20.08/2

注：表中国际河流水电站的装机容量、保证出力及年发电量按 1/2 计。

鸭绿江流域（含浑江）：鸭绿江流域初步规划为 6 个梯级，支流浑江初步规划为 5 个梯级，总装机容量 175.95 万 kW，保证出力 41.21 万 kW，年发电量 61.27 亿 kW·h。鸭绿江流域（含浑江）梯级水电站主要技术经济指标见表 13-19。

表 13-19　鸭绿江流域（含浑江）梯级水电站主要技术经济指标统计

工程名称	所在省（区）及河流	平均流量 (m^3/s)	水库特性		水电站主要特性			
			正常水位 (m)	水库容积 (亿 m^3)	最大水头 (m)	装机容量 (万 kW)	保证出力 (万 kW)	年发电量 (亿 kW·h)
	鸭绿江					228.00/2	63.17/2	91.20/2
临江	辽宁浑江市	163	425.00	18.35	83.97	30.00/2	6.57/2	8.77/2
云峰	辽宁集安	241	318.75		109.00	40.00/2	14.00/2	17.50/2
渭源	辽宁集安	412	164.00	6.26	42.00	39.00/2		12.20/2
水丰	辽宁宽甸	788	123.30	144.99	93.50	90.00/2	33.50/2	41.26/2
太平湾	辽宁宽甸	799	29.50	2.82	15.00	19.00/2	5.75/2	
义州	辽宁义州	832	15.60		8.50	10.00/2	3.35/2	
	浑江					61.95	9.62	15.67
桓仁	辽宁桓仁	144	300.00	34.60	57.10	22.25	3.30	4.77
回龙	辽宁桓仁	177	221.00	1.20	29.50	7.20	1.80	2.74
太平哨	辽宁宽甸	187	191.50	2.09	38.10	18.00	2.50	4.30
高岭	辽宁宽甸	209	152.50	1.38	14.00	5.50	0.77	1.54
金坑	辽宁宽甸	215	139.40	0.88	22.00	9.00	1.25	2.32
合计						175.95	41.21	61.27

注：表中国际河流水电站的装机容量、保证出力及年发电量按 1/2 计。

嫩江流域：嫩江流域初步规划为 15 个梯级，总装机容量 126.6 万 kW，保证出力26.45 万 kW，年发电量34.28 亿 kW·h。嫩江流域梯级水电站主要技术经济指标见表 13—20。

表 13—20　嫩江流域梯级水电主要技术经济指标统计

工程名称	所在省（区）及河流	平均流量（m³/s）	水库特性		水电站主要特性			
			正常水位（m）	水库容积（亿 m³）	最大水头（m）	装机容量（万 kW）	保证出力（万 kW）	年发电量（亿 kW·h）
卧都河	黑龙江嫩江，内蒙古鄂旗	48.7	355.0	11.63	27.00	3.00	0.59	0.81
窝里河	黑龙江嫩江，内蒙古鄂旗	63.0	327.0	6.17	21.0	3.07	0.62	0.84
固固河	黑龙江嫩江，内蒙古鄂旗	139.0	305.0	94.37	47.0	17.50	3.49	4.20
库莫屯	黑龙江嫩江，内蒙古莫旗	171.0	256.8	25.00	25.10	12.30	2.29	2.74
布西	黑龙江讷河，内蒙古莫旗	332.3	216.0	63.12		25.00	3.75	6.60
柳家屯	内蒙古莫旗	119.0	270.0	25.50	46.75	12.33	2.46	3.31
矿河桥	内蒙古鄂旗	45.2	440.0	23.60	45.0	3.20	1.20	1.30
龙头	内蒙古鄂旗	51.0	395.0	14.00	39.0	3.20	0.92	1.20
毕拉河口	内蒙古鄂旗	117.0	356.0	32.80	56.00	17.00	3.40	3.90
库如其	内蒙古莫旗	132.0	291.8	29.80	25.80	5.00		1.30
塔贫山	内蒙古鄂旗	43.0	490.0	65.0	80.0	5.00	1.90	2.00
乌克特	内蒙古鄂旗	48.1	442.4	7.58		3.20	0.78	0.98
黑莫尔	内蒙古鄂旗	39.2	600.0	27.60	120.00	6.00	3.07	2.93
广门山	内蒙古扎旗	44.7	451.3	5.90	53.00	7.00	2.00	1.37
文得根	内蒙古扎旗	64.0	364.6	10.30		4.00		0.80
合计						126.60	2.45	34.28

13.3　水电能源基地建设

13.3.1　国家能源发展战略与部署

根据国家积极发展水电，优化发展火电，适当发展核电，因地制宜发展新能源的电力建设方针和电力发展布局，"十五"和"十一五"期间，重点开发黄河上游、长江中上游及其干支流、红水河、澜沧江中下游和乌江等流域。积极推进国家"西电东送"战略，支持中西部地区和少数民族地区加快水电的发展。在煤炭短缺、水能资源丰富的华中、福建、浙江、四川等地，挑选一批调节性能好、电能质量高的中小河流，进行梯级连续开发。在调峰能力弱、系统峰谷差大的电网，适当建设抽水蓄能电站。国家对水电开发的总体部署是：

①重点开发"西电东送"骨干电站，促进全国联网，实现资源优化配置。2000 年首先建成以三峡电站为中心的中部电网，到 2010 年基本形成北、中、南三个跨区互联电网：北部电网由华北、东北、西北和山东电网组成；中部电网由华中、华东、川渝和福建等电网组成；南部电网由广东、广西、云南、贵州、香港、澳门电网组成。结合全国联网北、中、南三条"西电东送"通道，加快大型水电基地开发与骨干水电站建设。北路开发黄河上游水电基地，建设拉西瓦、公伯峡等水电站，向华北送电；中路开发长江中上游（含清江），建设溪落渡、向家坝、水布垭等水电站，向华中、华东送电；南路开发红水河、澜沧江及乌江，建设龙滩、小湾、洪家渡等调节性能好的"龙头"水电站，向广东方向送电。

②积极开发区域性水电站，满足当地经济发展对电力的需求。采取流域滚动开发模式，开发大渡河、雅砻江、湘西和闽浙赣水电基地及川渝其他水能资源。

③适当建设抽水蓄能电站，缓解电网调峰矛盾。积极研发与安排建设浙江桐柏、江苏铜官山、安徽响水涧、山东泰安、辽宁蒲石河、河北张河湾、山西龙池、北京板桥峪、内蒙古呼和浩特、黑龙江荒沟等抽水蓄能电站。

13.3.2 西南水电能源基地建设

四川、云南、贵州、重庆及西藏五省市区，水能资源丰富。仅川、云、贵三省就拥有金沙江、雅砻江、大渡河、乌江和澜沧江五个全国水电基地，可开发的水能资源为 9 750 亿 kW·h（折合标准煤 341.2 亿 t），占全国可开发总容量的 50.7%。其中，四川 5 153 亿 kW·h，云南 3 945 亿 kW·h，贵州 652 亿 kW·h。三省煤炭保有储量为 811 亿 t 原煤（折合标准煤 579 亿 t）。其中，四川 97 亿 t，云南 223 亿 t，贵州 491 亿 t。川、渝地区还有较丰富的天然气资源。西藏自治区煤炭资源虽然贫乏，但水能资源十分丰富，可开发量达 3 300 亿 kW·h，是西南水能资源开发的后续水电建设基地。西南地区电力建设以水电为主、火电为辅，主要发展水电，并利用贵州、云南、四川及重庆地区的煤适当发展火电与水电配合，向华东、华南地区输送电力和电能。截至 1990 年年底，川、云、贵三省总装机容量达 1 361.6 万 kW，其中水电装机容量 718.8 万 kW；当年发电量 580.2 亿 kW·h，其中水电发电量 261.2 亿 kW·h。大型火电站已建成罗簧（144 万 kW）、盘南（144 万 kW），在建颠东（240 万 kW）、发耳（240 万 kW）等大型火电厂 10 余座。

西南水电基地建设规划分 3 个阶段：①1991—2000 年为起步阶段，兴建洪家渡、构皮滩、索风云、大朝山、小湾、瀑布沟等水电站，同时在"十五"期间动工兴建锦屏一二级、溪落渡和向家坝等水电站。到 2000 年，三省总装机容量达到 3 604 万 kW，其中水电装机容量 1 988 万 kW，开发程度为 9.52%，可外送电力 540 万 kW。②2001—2020 年为大规模建设阶段，建设一批调节性能好的"龙头"电站和大水库电站，如虎跳峡、溪落渡、向家坝、糯扎渡等。预计到 2020 年三省总装机容量达到 11 498 万 kW，其中水电装机容量 8 236 万 kW，开发程度为 39.54%，可外送电力 4 000 多万 kW。③2021—2050 年为基地建成阶段，按各河流规划，基本完成各梯级水电站开发任务和火电基地建设任务。预计到 2050 年三省电力总装机容量达到 23 256 万 kW，其中水电 16 853 万 kW，开发程度为 80.73%，可外送电力 7 000 多万 kW。

13.4　西电东送

13.4.1　西电东送的战略地位与作用

我国西部地区经济发展滞后于沿海经济发达地区。为加快西部地区的经济发展，国家实施了西部大开发战略。西电东送是西部大开发战略中的一项重要举措。我国华东地区能源短缺，依靠从西部输入能源和电力。广东省煤炭是主要能源，据预测该省煤储量只能满足10%的需求量，其余90%要从省外调入，其中包括从云南输入水电。实施西电东送，不仅对振兴西南经济，促进少数民族脱贫致富具有主导和基础作用，而且对全国一次能源平衡，改善能源结构，促进中南和东南沿海地区的经济发展，也具有战略性的意义。西电东送包括西南水电能源基地向华东、中南地区送电和云南、广西向广东送电，将促成以三峡枢纽为中心的全国大电网的建立。

13.4.2　大西南水电开发规划与布局

大西南水能资源丰富的有四川、重庆、云南、贵州、广西和西藏五省市区。西藏水能资源由于地理位置偏西，前期勘探工作较差，预计在相当长时间内，尚不具备大规模开发和外送条件。川、滇、黔、桂四省区技术可开发水电装机容量合计为 2.16 亿 kW，年发电量 1.12 万亿 kW·h，分别占全国总量的 48.3% 和 52.4%。川、滇两省水能资源尤为丰富，共占川、滇、黔、桂四省区技术可开发水电装机容量的 87.3% 和发电量的 88.4%。大西南水电基地几条主要河流梯级开发规模规划概况见表 13-21。

表 13-21　大西南水电基地开发规模规划概况

水电基地名称	规划河段	电站座数（座）	装机容量（万 kW）		年发电量（亿 kW·h）	
			总容量	单站平均容量	总发电量	单站平均年发电量
金沙江	虎跳峡—向家坝	10	6 400	640.0	3 102.0	310.0
雅砻江	两河口以下	11	2 430	220.9	1 241.0	112.8
大渡河	独松以下	17	1 772	104.2	988.7	58.2
乌江	洪家渡以下	9	844	93.8	401.8	44.6
澜沧江	溜筒江以下	14	2 202	157.3	1 102.5	28.8
红水河	南盘江以下	11	1 361	123.7	626.1	56.9

20 世纪末大西南水电开发规模达到 2 500 万 kW，2020 年将发展到 8 020 万 kW，2050 年将达到 16 140 万 kW。

13.4.3　西电东送方案

根据我国现代化建设大体分三步走的战略目标，我国有关部门曾对西南地区及相邻华中、华东和华南电网 2000—2020 年的各期用电负荷进行过专题预测研究及区内各类电源点的开发建设程序规划。从全国能源需求按电力电量平衡计算结果，大西南水电能源基地 2020 年可外送电量 2 462 亿 kW·h，最大电力为 4 310 万 kW；2050 年，可外送电量 3 866 亿 kW·h，最大电力为 7 370 万 kW。又据基地内水火电站和负荷分配情况及电网结构设想方案，在分区就地平衡条件下，外送电力主要集中在金沙江和澜沧江。规划外送方案是：金沙江中下游河段及澜沧江小湾以上河段，通过昭通、滇南、滇西 3 个地区汇集电网向华中、华东和华南送电。其中昭通地区电网汇集昭通火电基地和溪落渡、白鹤滩、乌东德 3 个水电电源，设置昭通、溪落渡、白鹤滩、乌东德 4 个出口点，输送华中、华东电力共 4 000 万 kW；滇西地区电网汇集虎跳峡及澜沧江小湾以上河段和怒江河段共 10 个小电站，设置小湾、剑川（或下关）两个出口点向华南送电 1 500 万 kW；滇南地区电网汇集澜沧江糯扎渡河段 4 个水电站和小龙潭煤电基地，设置开远（或糯扎渡）出口点，向华南送电 350 万 kW～400 万 kW。再有天生桥地区电网汇集南、北盘江水电及盘南、老厂火电基地，送华南电力 350 万 kW～400 万 kW，出口点设在天生桥水电站。外送电压远期采用直流 750 kV 和交流 1 150 kV，输送距离达 2 000 km 左右，单条线路输送容量可达 500 万 kW～1000 万 kW。云南先由鲁布革水电站通过鲁天线和天广线向广东送电，漫湾、小湾、大朝山、糯扎渡等水电站建成后，陆续扩大向广东送电。向家坝至上海高压直流输电线路已于 2009 年贯通。向家坝至上海 ±800 kV 高压直流输电工程是向家坝电站电力外送的骨干通道，工程西起四川复龙换流站，东至上海奉贤换流站，途经四川、重庆、湖南、湖北、安徽、浙江、江苏、上海等 8 个省市，全长 1 900 km。额定输送容量 640 万 kW，最大输送容量 700 万 kW，其工程建设创造了 18 个世界第一。

第 14 章 河川水电站建设

14.1 我国水电建设历史

14.1.1 早期修建的水电站

孙中山先生在其所著《建国方略》和《三民主义》中曾提到利用长江三峡和黄河的水力，代替劳力发展生产。但在军阀混战、灾荒频繁的情况下，是不可能进行什么建设，更不要说建造大的水电站。从辛亥革命前后到抗日战争爆发，全国只建造了石龙坝、洞窝、玉虹、夺底沟等 6 座小型水电站，总装机容量仅 2 600 kW 左右。

（1）我国最早修建的水电站

在我国土地上最早修建的水电站是台湾的龟山水电站。1895 年日本侵占我国台湾省后，1905 年在台湾省台北县建成了龟山水电站，利用淡水河新店溪水发电，装机容量 600 kW。

（2）我国最早自办的水电站

云南省昆明市郊滇池出口螳螂川上修建的石龙坝水电站，是我国最早自办的水电站。该水电站是由云南省地方上创议商办，由德商礼和洋行承包设计，向西门子洋行订购机组和由我国工程人员施工修建的一个水电站。电站于 1910 年开工，1912 年 4 月开始发电，最初安装 2 台 240 kW 的水轮发电机组，以后陆续扩建，直到新中国成立前夕电站总装机容量为 2 920 kW。石龙坝水电站虽小，但为我国后来的水电建设培训了技术力量和积累了经验。

（3）我国最早自己设计施工建造的水电站

四川泸县附近的洞窝水电站是我国自己设计施工建造的第一个水电站。该电站于 1923 年开工，1925 年建成发电。最初安装 1 台 175 kVA 水轮发电机组，继而修建水库，并增装第 2 台 300 kVA 的水轮发电机组，1943 年改建为 2 台 500 kW 的水轮发电机组，至今仍在运行。在这一时期建造的水电站还有 1926 年在成都南洗面桥修建的一个 10 kW 的小型水电站、1930 年在成都猛嘴湾建成的一个 100 kW 的小型水电站、1933 年在成都金堂县建成的玉虹水电站（装机容量 40 kW，是我国最早用电力提水灌溉的水电站）以及 1928 年在西藏拉萨建成的一个 93.75 kW 的夺底沟小水电站。

14.1.2 抗日战争至新中国成立前夕（1937—1949 年）修建的水电站

（1）解放区修建的水电站

在这一时期，在解放区共修建了 4 个水电站，3 个水电站位于河北省涉县境内，分别是 1942 年修建的装机容量为 10 kW 的赤岸水电站、1944 年修建的装机容量为 28 kW 的西达水电站、1945 年修建的装机容量为 10 kW 的矛岭底水电站和 1947 年在河北平山县修建的装机容量为 155 kW 的沕沕水电站。

（2）国民党统治区修建的水电站

国民党统治区由于能源匮乏，为解决内迁工厂、企业和机关、居民照明用电问题，由资源委员会组织修建了一些水电站。这些水电站包括：四川长寿桃花溪水电站，1938 年开工，1941 年 8 月建成发电，共装 3 台 292 kW 机组，总装机容量为 876 kW；龙溪河最下一级下硐水电站，1939 年 10 月开工，第一台 1 500 kW 的机组于 1944 年 1 月开始发电，1948 年完成装机容量 3 000 kW，是国民党政府所修建的规模最大的水电站。龙溪河规划分四级开发，第二级上硐和第三级回龙寨进行了部分土建工程，最上一级狮子滩尚未开工。此外，在四川、重庆、云南、贵州、陕西、甘肃、青海、浙江、福建等地都兴建了一批规模较小的水电站。如重庆万州修建了装机容量 400 kW 的瀼渡水电站、贵州天门河上修建了装机容量 576 kW 的桐梓水电站和 1943 年又开工兴建猫跳河支流修水上装机容量 1 500 kW 的修文水电站；云南省除建成装机容量 1 800 kW 的开远南桥、装机容量 300 kW 的下关天生桥和装机容量 200 kW 的大理万花溪水电站外，1941 年还开工兴建装机容量 3 000 kW 的腾冲叠水河水电站。1944 年国民党政府资源委员会曾邀请美国萨凡奇总工程师来华考察三峡，提出了南津关高坝方案，同时也研究了大渡河、马边河、岷江上游、螳螂川和龙溪河等的梯级开发方案。后来还派出 57 人去美国垦务局（现为水和能源服务部）对三峡工程进行初步研究，工作至 1947 年中途停止。

（3）日本帝国主义侵占的沦陷区

日本帝国主义为了掠夺我国东北地区资源和满足其侵略战争的需要，在我国东北兴建了一批大中型水电站。其中包括松花江上的丰满、鸭绿江上的水丰和牡丹江上的镜泊湖 3 座水电站，先后于 1941 年至 1943 年部分建成发电，投入运行的设备总装机容量达到 61.4 万 kW。此外，日寇占领海南岛后，于 1943 年还修建了装机容量为 5 000 kW 的东方水电站。

（4）台湾省修建的水电站

日本侵占我国台湾省后，于 1905 年建成了装机容量为 600 kW 的龟山水电站。1934 年建成日月潭一级水电站，利用水头 302 m，装机容量 10 万 kW。1937 年建成了日月潭二级水电站，利用水头 122 m，装机容量 4.35 万 kW。20 世纪 40 年代还建成了 26 座中小型水电站，使水电装机容量达到 27.7 万 kW，占电力系统总容量的 86%。1945 年日本投降时仅有水电装机容量 4 万 kW。

14.2　新中国水电建设历程

1949 年新中国成立时，全国水力发电设备装机容量仅 36 万 kW，最大的水电站装机容量仅 3.6 万 kW，水电年发电量约 12 亿 kW·h（未包括我国台湾省，下同），分别占全国电力设备总装机容量的 17.6% 和年总发电量的 24.5%。当时，我国水电装机容量居世界第 20 位，年发电量居世界第 21 位。

新中国成立后，在党和政府的领导下，水电建设得到很好的发展，成绩巨大。新中国成立初期的 3 年恢复时期，首先修复和改建了东北地区的丰满和镜泊湖 2 座水电站，在关内修复了被国民党政府破坏的一些小型水电站，同时在浙江和福建两省动工兴建黄坛口和古田溪水电站，开始了新中国的水电建设历程。新中国成立后，实行按 5 年编制建设项目的指令性计划。水电建设可分为三个时期："一五"（1953—1957 年）、"二五"（1958—1962 年）及三年调整时期；"三五"（1966—1970 年）至"五五"（1976—1980 年）时期；"六五"（1981—1985 年）以后建设时期。

14.2.1　"一五""二五"及三年调整时期（1953—1965 年）

这一时期，改建了丰满水电站。建成投产发电的大型水电站有云峰、新安江、柘溪、新丰江、三门峡、盐锅峡、云峰等。这一时期建成投产的中型水电站有北京官厅、下马岭、密云，河北岗南，辽宁大火房，浙江黄坛口、百丈溪一级，湖北白莲河、富水，湖南双牌、水府庙，江西上犹江、江口，安徽梅山、响洪甸、佛子岭、毛尖山，福建古田溪一级，广东流溪河，广西西津，重庆龙溪河一至三级、大洪河，四川磨房沟二级，贵州猫跳河一至三级，云南以礼河二至三级、六郎洞，新疆铁门关等水电站。

14.2.2　"三五"及"五五"时期（1966—1980 年）

这一时期，改建了三门峡水电站，扩建了水丰水电站；建成投产的大型水电站有丹江口、刘家峡、龚嘴、乌江渡、凤滩、碧口、富春江、青铜峡等；中型水电站有潘家口、天桥、镜泊湖、太平哨、回龙山、陆水、湖南镇、花凉亭、陈村、纪村、古田溪二至四级、安砂、池潭、芹山、华安、牛路岭、以礼河四级、绿水河、大寨、映秀湾、渔子溪一级、上犹江、洪门、柘林、南水、枫树坝、麻石、恶滩、合面狮、拉浪、八盘峡、石泉等。除此之外，据 1980 年统计，共修建 1.2 万 kW 以下小型水电站 88 555 座，装机容量692.55万 kW，年发电量 127.19 亿 kW·h。

14.2.3　"六五"以后时期（1981 年以后）

（1）"六五""七五"（1981—1990 年）

这一时期，建成投产的大型水电站有葛洲坝、大化、龙羊峡、安康、白山一期、鲁布革、东江、紧水滩、沙溪口、万安、渭源等。建成投产的大型抽水蓄能电站有广州抽水蓄能电站（120 万 kW），北京十三陵抽水蓄能电站（80 万 kW）；建成投产的中型抽水蓄能电站有潘家口、羊卓雍等。这一时期建成投产的中型水电站有太平湾、红石、渔子溪二级、大广坝等。除此之外，期内扩机增容的水电站有丰满水电站（扩机后装机容量达到72.375万 kW）和盐锅峡等水电站。

（2）"八五""九五"期间（1991—2000 年）

这一时期，建成投产的大型水电站有五强溪、隔河岩、白山二期、铜街子、天生桥二级、李家峡、二滩、漫湾、水口、岩滩、五强溪、天生桥一级、万家寨、丰满扩建、宝珠寺、太平驿、东风、莲花、凌津滩、高坝、大峡、小浪底等。这一时期还修建了潘家口、广蓄一期、十三陵、广蓄二期、天荒坪等抽水蓄能电站。这一时期建成投产的中型水电站有两江、珊溪、大河口、东西关、铜头、徐村、芹山、左江、飞来峡、大广坝等。

（3）"十五""十一五"期间（2001—2010 年）

这一时期，投产的大型水电站有长江三峡水利枢纽、棉花滩、大朝山、拉西瓦、公伯峡、瀑布沟、紫坪铺、洪家渡、引子渡、思林、索风营、沙沱、枸皮滩、彭水、小湾、景洪、水布垭、三板溪、尼尔基等。期内扩机的大型水电站有贵州乌江渡、柘林、石泉等。期内建成较大的中型水电站有金哨、洪江、碗米坡、沙溪口、珊溪、小关子、宝兴、冷竹关、大桥等。期内在建大型或巨型水电站有李家峡、积石峡、龙滩、溪落渡、向家坝、锦屏一级、锦屏二级、糯扎渡等。

14.2.4　中国小水电建设

我国小水电资源丰富，遍布全国 30 个省（自治区、直辖市）的 1 715 个县（市）。根据 2009 年发布的全国农村水力资源调查评价成果，中国大陆地区小水电技术可开发量为 1.28 亿 kW，年发电量为 5 350 亿 kW·h。新中国成立 60 年来，在发展大中型水电的同时，小水电得到大力发展，小水电站已遍布全国各地。小水电发展历程可大致分为以下 3 个阶段：

第一阶段：从新中国成立到 20 世纪 70 年代末的 30 年。小水电在解决广大农村无电问题上发挥了重要作用。这一时期小水电规模小，以分散单独供电为主，全国小水电装机容量还不到 700 万 kW，年均投产装机容量仅 23 万 kW。

第二阶段：从我国实行改革开放到 20 世纪末的 20 年。为满足农村经济发展对电力的需求，农村小水电得到较快的发展，并开创了有中国特色的农村电气化道路。经过 20 年的努力，到 20 世纪末，全国小水电总装机容量达到 2 350 万 kW，年均投产装机容量达 82 万 kW，基本解决了农村用电问题。

第三阶段：进入 21 世纪以来的 10 年。党和政府高度重视小水电在农村经济社会发展中的作用，强调大力发展小水电，并实施了小水电代燃料工程。随着国家经济体制改革的深化，社会资本大量进入小水电开发领域，促进了小水电的快速发展。截至 2009 年底，全国已建农村小水电站 45 000 余座，总装机容量 5 500 多万 kW，年发电量 1 600 多亿 kW·h。2.5 万 kW 以下的小水电装机容量约占水电总装机容量的 30%，年发电量占水电总发电量的 22%～24%，占全国水电装机容量和发电量的 30% 左右。

小水电规模小、投资少，工期短、见效快，技术简单、成熟，可就地开发、就地供电。在促进我国中、西部地区，特别是老、少、边、穷地区农村经济社会全面发展上发挥了巨大作用。从 1983 年起，国家启动了农村水电初级电气化县试点建设，全国已有 1 540 多个县（市）建有小水电站，200 多个县拥有完整的小水电供电网，3 000 多个乡村有小水电自供区。全国"十五"期间的 400 个农村电气化县人均年用电量和户均年生活用电量分别达到 644 kW·h 和 47 kW·h。小水电带动了农村社会经济的发展，改善了农民生产、生活条件，促进了节能减排，也美化了生态环境。

14.3　新中国水电建设辉煌成就

14.3.1　水电装机和年发电量跃居世界第一

1949 年新中国成立时，全国水电装机容量仅 36 万 kW，全国水电年发电量约 12 亿 kW·h（未包括我国台湾省），分别占全国电力设备总装机容量的 17.6% 和年总发电量的 24.5%。当时，我国水电装机容量居世界第 20 位，年发电量居世界第 21 位。

（1）新中国成立到 1980 年

截至 1980 年，全国水电站总装机容量为 2 032.6 万 kW（其中，大型水电站装机容量

731.27 万 kW，中型水电站装机容量 557.47 万 kW，共修建 1.2 万 kW 以下小型水电站 88 555 座，装机容量 743.86 万 kW）。全国水电站总年发电量为 582.11 亿 kW·h（其中，大型水电站年发电量 321.62 亿 kW·h，中型水电站年发电量 176.96 亿 kW·h，小型水电站年发电量 83.53 亿 kW·h）。水电站总装机容量是新中国成立时的 56 倍，水电总年发电量是新中国成立时的 48.5 倍。

（2）1981—1990 年

截至 1990 年，全国水电站装机容量为 3 604.55 万 kW（其中，大型水电站装机容量 1 498.67 万 kW，中型水电站装机容量 751.22 万 kW，小型水电站装机容量 1 354.66 万 kW）。全国水电站年发电量为 1 263.50 亿 kW·h（其中，大型水电站年发电量 603.57 亿 kW·h，中型水电站年发电量 263.8 亿 kW·h，小型水电站年发电量 396.13 亿 kW·h）。10 年中，水电装机容量增加了 1 572.75 万 kW，水电年发电量增加了 681.69 亿 kW·h。

（3）1991—2000 年

这一时期，我国的电力生产得到了令世界瞩目的发展，前 5 年电力设备装机容量平均每年增加 1 600 万 kW，年增长率为 9.5%。年发电量平均每年增加 3 856.3 亿 kW·h，年增长率为 10.1%。截至 1995 年，全国电力设备装机容量突破 2 亿 kW，达到 2.172 24 亿 kW，年发电量达到 10 069.48 亿 kW·h，超过俄罗斯、日本，位居世界第二。这一时期，我国水电建设也得到迅猛发展，全国水电装机容量从 1990 年的 3 604.6 万 kW，增长到 1995 年的 5 218.4 万 kW，5 年增长了 1 613.8 万 kW。水电年发电量从 1990 年的 1 263.5 亿 kW·h 增长到 1995 年的 1867.72 亿 kW·h。据 1996 年统计资料，全国电力装机容量超过 1 000 万 kW 的省份有广东、江苏、山东、四川、辽宁、浙江、河南和湖北，其中广东装机容量已超过 2 000 万 kW。水能资源较丰富的中西部地区，十分注重水电开发，水电装机容量已在电力总装机容量中占有相当大的比重。例如，西南地区的四川占 46%，贵州占 48.2%，云南占 74.7%，广西占 60.7%；华中地区的湖北占 62.9%，湖南占 54.3%，华中电网占 37.42%；西北地区的青海占 75%，甘肃占 51%，全西北电网占 39.9%。这些地区基于地区电力结构情况和地区电网供电需要，也在发展火电，提高火电比重。在北方和东部地区，为满足电力系统供电需要，也修建了一些抽水蓄能电站。2000 年，全国电力设备总装机容量 31 932.08 万 kW，其中水电装机容量 7 935.23 万 kW。全国总发电量 13 684.82 亿 kW·h，其中水电发电量 2431.35 亿 kW·h。全国已建、在建大中型水电站约 220 座，其中装机容量 100 万 kW 以上大型水电站共 20 座。截至 1998 年年底，全国水电总装机容量 6 506.5 万 kW，约为 1949 年的 400 倍；水电年发电量达 2 042.95 亿 kW·h，是 1949 年的 170 倍。水电装机容量和年发电量分别为世界的第 3 位和第 4 位。

（4）2001—2010 年

进入 21 世纪，国家继续推进西部大开发战略，建设西部水电能源基地，加速了金沙江、红水河、黄河上游、澜沧江、雅砻江等水电基地建设，"十五""十一五"期间，龙滩、公伯峡、拉西瓦、小湾、构皮滩、洪家渡、瀑布沟、彭水、三板溪、水布垭、溪落渡、向家坝、锦屏一二级、长洲等大型和巨型水电站相继开工建设。大型抽水蓄能电站西龙池、张河湾、惠州、黑麋峰等也在"十五"期间相继开工建设，中小河流滚动开发，蓬勃展开，迎来了水电建设的第 4 次高潮。2000—2003 年，国家发改委还组织 1 000 余名工程技术人员，历时 3 年，对我国水力资源总量进行了复查。复查结果：大陆水力资源理论蕴藏量 6.944 亿 kW，年发电量 60 829 亿 kW·h；技术可开发量为 5.416 亿 kW，年发电量 24 740 亿 kW·h；经济可开发量为 4.017 9 亿 kW，年发电量 17 534 亿 kW·h。2000—2009 年，全国水电装机容量从 7 279 万 kW 增长至 18 210 万 kW，增长量为新中国成立后前 50 年总装机容量的 1.5 倍。2000—2009 年累计发电量 3 5519 亿 kW·h，占 60 年水电累计发电量 67 273 亿 kW·h 的 52.8%，装机容量和年发电量双双位居世界第一，实现了新世纪的跨越式发展。随着黄河公伯峡水电站首台 30 万 kW 机组的投产，我国水电总装机容量突破 1 亿 kW，至 2007 年已超过美国的 9 573 万 kW，成为世界第一。2006 年年底，全国电力设备装机容量达到 6.22 亿 kW（水电装机容量约占全国电力设备装机容量的 16%）。2009 年随着黄河上的拉西瓦，云南澜沧江上的小湾和乌江上的构皮滩、彭水等一批大型水电站机组的集中投产，全年水电装机规模净增 2 369 万 kW（与 2008 年相当），居历史最高水平，年增长率达到 13.7%。截至 2009 年年底，水电装机容量占全国电力设备装机容量的比重达到 22%，比"十五"期间有大幅度提高，增加了 5.5%。这一时期，全国水电基地建设部分已接近完成，部分在建设中，部分已经起步。2010 年 8 月 25 日，云南澜沧江上的小湾水电站（装机容量 420 万 kW）最后 1 台机组（4 号机组）建成投产，全国水电装机容量突破 2 亿 kW，标志着我国水电装机容量达到一个新的历史起点。与此同时，我国电力建设技术已进入世界先进行列，有的处于国际领先地位。30 万 kW、40 万 kW、55 万 kW 机组先后建成投产，70 万 kW机组也顺利投产运行，100 万 kW 已完成机组试验设计。到"十一五"期间，我国不仅水能资源蕴藏量居世界第一（据 2005 年国家水能资源复查公布资料，全国技术可开发装机容量为 5.42 亿 kW，经济可开发装机容量为 4.02 亿 kW，年发电量为 2.26 万亿 kW·h，居世界第一位），而且水电站装机容量和年发电量已位居世界第一，成为世界水电第一大国。世界已建和在建装机容量排前 10 位的水电站中，我国拥有长江三峡、溪落渡、向家坝、龙滩等 4 座（分别位居世界第 1、3、7、9 位）。

14.3.2　水电建设技术达到了世界水平

新中国成立 60 年来，水电建设始终坚持"独立自主，自力更生"方针，积极学习和引进国外先进技术，培养壮大技术队伍。新中国成立初期学习苏联的技术知识，并得到苏联专家不少帮助。水电建设实践中努力探索，发奋图强，建成了新安江等一批大中型水电站。20 世纪 80 年代改革开放以来，面向世界，派出工程技术人员到欧美学习考察，积极学习和引进国外先进技术，并且在水电建设实践中努力探索，发奋图强，我国水电建设规模和技术水平得到快速发展，工程设计、施工、设备制造、安装和运行管理达到了世界水平，有些领域处于世界领先地位。

（1）水电工程地质勘测

新中国成立初期，地质勘测基础十分薄弱。由于力量薄弱、技术落后，走了不少弯路，地勘工作跟不上水电建设发展需要。为适应水电工程建设的需要，建立起了全国水电地质勘测的专业队伍，并采取措施提高勘测技术水平。各水电勘测设计院都建立了地质勘测队伍，国家聘请苏联地质专家来华帮助指导工作，并翻译出版了苏联的水电地质勘察规程、规范、手册和地质勘察方面的专业书籍。特别是改革开放以来，国家高度重视地质勘察工作，随着对水电开发投入的增加，派出工程技术人员到欧美学习考察，引进国外勘探测试设备和技术，地质勘察工作有了长足的进步。把工程中的地质问题列入国家重点科技攻关项目，这些研究对解决水电工程地质问题发挥了作用。经过 60 年水电建设实践，摸索总结出了具有中国特色的水电工程地质勘察、分析方法，积累了解决工程地质问题经验。地质勘察工作已进入世界先进行列。

（2）工程规划设计

新中国水电建设从一开始就在苏联专家帮助下注意到了河流综合利用和梯级开发。20世纪 50 至 60 年代完成了黄河、长江、珠江、黑龙江、汉江、乌江、闽江等大江大河的河流综合利用规划，并在一些支流如福建古田溪、重庆龙溪河、云南以礼河和贵州猫跳河等完成了河流梯级开发。20 世纪 80 年代以后，对一些主要河流的规划进行了补充修订，水能资源丰富的长江中上游、黄河上中游、金沙江、雅砻江、大渡河、澜沧江、乌江、红水河等都有了河流（河段）规划或水电开发规划。对严重缺电的华东、中南地区的中小河流也进行了水电开发规划。在此基础上，编写了中国《十大水电基地设想》和《十二大水电基地》。在河流规划上虽然重视了综合利用梯级开发，但对流域综合治理与环境保护重视不够，进入 21世纪以来有很大改进。在河流梯级开发上，不仅已完成若干支流的梯级开发，一些较大河流如新安江、清江、乌江等的梯级开发也已经完成，并且探索出了"流域梯级滚动开发"的新模式，加快了水电建设速度。总结历史经验教训，工程设计上严格执行按规划、可行性研究、初步设计和技术设计与施工详图 4 个阶段，分阶段设计和审查的制度。在学习和引进国外先进技术的同时，积极开展科学研究，不断探索创新，使工程设计、施工、设备制造与工程管理水平不断提高。20 世纪 60 年代除建成一批中型水电站外，首先在浙江省建成我国自己设计、施工、制造设备和安装的第一座大型水电站——新安江水电站。其后，又修建了丹江口、柘溪、新丰江、龚嘴等大型水电站。20 世纪 80 年代开始，改革开放政策极大地促进了水电建设的发展，水电站装机容量突破了 100 万 kW。在 20 世纪建成了葛洲坝、刘家峡、龙羊峡、天生桥一级、天生桥二级、岩滩、隔河岩、李家峡、漫湾、大朝山、莲花、五强溪、水口等装机容量 100 万 kW 级以上的水电站和天荒坪、广蓄一期两座装机容量 100万 kW 以上的抽水蓄能电站。从 20 世纪 90 年代开始，计算机在水电工程勘测、设计、施工和运行管理领域得到广泛应用，这大大加快了水电工程的设计进程。随着 21 世纪初长江三峡、二滩、枸皮滩、小湾、瀑布沟、拉西瓦等装机容量 200 万 kW 以上的水电站的建成，三峡水利枢纽成为目前世界上装机容量最大的水电站，广蓄一二期共装机容量 240 万 kW，也列为同类电站之冠。我国是世界上筑坝最多的国家，大规模的实践，使我国水电建设技术达到了世界水平，其中有的领域进入了世界先进行列。已修建多座坝高 100 m 以上的常规土石坝，如小浪底、碧口、鲁布革等。20 世纪 80 年代以来，大力推广混凝土面板堆石坝和碾压混凝土坝，已成功建设碾压混凝土坝 50 多座，并形成了有中国特色碾压混凝土筑坝技术。其中江亚碾压混凝土重力坝坝高 131 m，列世界第三位，沙牌碾压混凝土拱坝也居世界前列。已建坝高 100 m 以上的混凝土面板堆石坝十余座，其中天生桥一级坝高 178 m，居亚洲第一；成功建设坝高 240 m 的二滩混凝土双曲拱坝，在世界高坝中名列第三。在地下洞室建设上也取得了长足进步，已成功建设大跨度的地下洞室和洞室群，二滩水电站地下厂房的跨度超过 25 m。除此之外,在基础处理、高速水流及消能工程建设等方面均有独特建树。

(3) 工程建设施工与管理

在施工技术方面,已掌握修建装机容量 100 万 kW 级大型水电站的成套技术,有能力修建 100 m~200 m 量级的面板堆石坝和碾压混凝土坝及坝高 240 m 的双曲拱坝。成功修建了坝高 183 m 的长江三峡水利枢纽,装机容量超过 2 000 万 kW,居世界第一。其施工截流流量与截流抛填强度是世界之冠,打破了巴西伊泰普水电站所创纪录。工程管理方面,改革开放以前,在计划经济模式下,施工管理还比较落后。鲁布革水电站 1984 年率先使用世界银行贷款,世界银行贷款要求实行国际招标,日本大成公司中标进入中国。工程投标暴露出的问题,揭示出了计划经济体制下,水电建设在管理上、技术上的差距。为此,开始推行招标承包制,引入竞争机制。学习日本大成公司经验,进行了以项目为中心的施工体制改革试点,为施工企业的"项目法施工"打下了基础,为企业发展走出了具有决定意义的第一步。二滩水电站是中央与地方合资,部分利用世界银行贷款,建设管理与国际全面接轨,全面实施"业主责任制、合同管理制、招投标制、工程监理制"的四制管理,通过国际招标,引进国外承包商,按国际通用的 FIDIC 合同条款进行建设管理。由项目法人组建的二滩水电开发有限责任公司积极引进和采用国际先进的项目管理模式对大坝主体工程、地下厂房进行管理,使工程建设进度、质量和投资三大目标得以顺利实现。

(4) 机电设备制造与安装

水电站的机电设备,包括水轮发电机组、变压器、高低压配电装置,以及调速器、励磁装置、继电保护、控制系统等,新中国成立前全靠进口。新中国成立后机械制造行业从无到有、从小到大,经过 60 年的发展,到现在除高水头大容量抽水蓄能机组外,所有机电设备全部能够自己设计、制造,不仅满足国内需要,还向国外出口。我国大中型水电建设始于丰满水电站的恢复和改建,丰满水电站 7 号和 8 号机,由苏联提供设备和派专家指导。通过这两台机组及其配电设备的设计、安装实践,使一大批工人和工程技术人员学习并掌握了大型水电站机电设备设计、安装和调试技术。20 世纪 60 年代,由于中苏关系紧张,苏联撤走了在华的全部专家,在党的"自力更生,奋发图强"的号召下,我国工人和工程技术人员通过精心试验、摸索,取得了大型转轮分瓣焊接的成功经验,摸索出自制大型转轮的方法,哈尔滨电机厂也研制成功了双水内冷水轮发电机。这一时期制造出的机电设备满足了当时水电建设的需要。20 世纪 70 年代末建成的刘家峡水电站,单机容量已达到 22.5 万 kW,标志着我国机电设备设计、制造和安装水平达到了一个新的里程碑。20 世纪 80 年代开始,特别是 20 世纪 90 年代以来,在改革开放政策的指导下,国家加快了水电建设速度。适应水电建设发展需要,通过考察、交流和引进设备方式,学习国外机电设备设计、制造、安装方面的新技术,使我国机电设备的设计、制造、安装技术水平有了很大的提高,赶上了世界先进水平,如水头高达 800 m 的三机式羊湖抽水蓄能机组,十三陵、广蓄、天荒坪等抽水蓄能电站机组(单机容量 20 万 kW~30 万 kW)以及 220 kV、330 kV、550 kV 的气体绝缘金属封闭电器、±500 kV 直流换流站设备,微机调速器以及计算机监控系统等。到 20 世纪末,二滩等水电站投产,大型水轮发电机组的单机容量达到 55 万 kW。随着三峡水利枢纽的兴建,水轮发电机组采取合资共同制造方式,水轮发电机组的单机容量达到 70 万 kW,不仅建造了世界上最大的 5 级船闸,并且研制成功了平衡重式升船机的机电设备。

（5）电站运行管理

在水电站运行管理方面，60年来随着大量水电站的建成投产，电力系统的扩大，由中小型水电站组成的区域性电力系统发展到以大中型为骨干的省区级电力系统。由于电力行业是生产消费随时都要保持平衡的特殊行业，电力系统的发电、输电与配电要求十分严格，电站运行管理越来越复杂，自动化程度要求越来越高。在学习国外先进技术与管理经验、引进先进设备的同时，自主创新开展科学研究，电站运行管理水平不断提高，达到了国际水平。主要体现在：实现了电站运行自动监测与计算机控制；对电站运行实行集中管理、统一调度，优化运行；实现了水库水文监测与水情预测，并开发出了防洪调度与发电优化调度软件；研制成功了大坝安全监测系统，可自动采集和处理数据等。电站管理水平不断提高，通过体制改革精减了机构和人员，实现了少人值守。

通过60年的努力奋斗，中国水利水电建设技术达到了世界水平，但与世界先进科学技术水平相比，有些方面仍存在差距。主要体现在：我国高坝技术还处于发展阶段，坝高超过200 m的二滩双曲拱坝建成还不久，成熟的经验不够，而国外已建200 m以上的大坝有28座（其中坝高200 m～300 m的大坝有22座），这些高坝已经过多年运行考验，技术上比较成熟；我国大容量水轮发电机组（包括抽水蓄能机组）和大型施工设备，目前多数还是以引进为主，或合资共同制造，总体上讲，还处在引进仿制阶段；工程运行管理方面，电站工作人员数量、自动化管理水平、无人或少人值守等与国外相比存在明显差距；我国水利水电环境保护技术，包括施工的环保，近年来虽受到重视，技术水平有所提高，但与国外相比还存在明显差距。

第 15 章 川渝地区水能开发利用

15.1 川渝地区河流及其水能资源

川渝地区河流众多，除长江干流金沙江和川江河段外，有长江主要支流雅砻江、岷江及其支流大渡河、嘉陵江、乌江等几大水系。长江上游干流水能资源及河流水能规划已在第10 章中介绍，本章仅介绍川渝境内主要河流水能资源及河流水能利用规划。

15.1.1 雅砻江及大渡河

雅砻江：雅砻江位于四川省西部，是金沙江左岸支流，也是金沙江上最大的支流。源出青海省巴颜喀拉山南麓，向西南流至清河镇，在呷衣寺以下进入四川境内。青海省境内称为清水河，又称为扎曲，入四川境后称为雅砻江，在攀枝花市注入金沙江。干流全长 1 571 余千米，流域面积 12.8 万 km²，自然落差 3 820 m，多年平均流量 1 810 m³/s，年水量591 亿 m³，占金沙江的 1/3 以上。流域植被良好，河流含砂量小，流域落差集中、水量充沛，水能资源十分丰富，干支流水能理论蕴藏量 3 372 万 kW。干流自呷衣寺至河口，河道长 1 368 km，天然河道落差 3 180 m，水能理论蕴藏量 2 200 万 kW，其中两河口以下，河道长 681 km，集中落差 1 700 m，水能蕴藏量 1 800 万 kW，占干流水能资源总量的 80% 以上。

大渡河：大渡河是岷江支流，源出青海省果洛山南麓，分东、西两源，东源麻尔柯河又称足木足河，西源为桌斯甲河，两源在双江口汇合后称大金川，在四川省丹巴县纳小金川后始称大渡河。流经泸定、石棉、峨边等县，至乐山市草鞋渡纳青衣江后注入岷江。河道全长1 155 km，流域面积 7.74 万 km²（不包括青衣江），自然落差 4 177 m，多年平均流量1 570 m³/s。大渡河水量丰沛，径流稳定，年水量约 470 亿 m³，与黄河相当。河源至河口天然落差 4 175 m，水能理论蕴藏量 3 556 万 kW，居长江各支流之首。主要支流有小金川、青衣江、田湾河、南桠河、天泉河等。

15.1.2 川渝地区境内其他主要河流

岷江干流：岷江古称汶江，又名都江。古时曾误认为是长江正源，故曾名叫大江。岷江是长江上游左岸支流，源出四川岷山南麓。有两源：西源潘州河，源出松潘县郎架岭；东源漳腊河，源出潘县弓杠岭斗鸡台。两源汇合后，南流经松潘县，至都江堰市被都江堰引水工程分为内外二江，外江为干流。内外二江复合后，经乐山市纳大渡河及其支流青衣江，流至宜宾市与金沙江汇合后注入长江。河道长 711 km，流域面积 13.58 万 km²，河道总落差4 035 m。水能理论蕴藏量 4 888.6 万 kW，其中支流大渡河为 3 132.2 万 kW（未包括青衣江 424 万 kW），是长江水能资源最丰富的支流。支流除大渡河外，主要有黑水河、杂谷脑河、渔子溪、马边河等。

嘉陵江：嘉陵江古称白水、渝水，是长江上游左岸支流。有两源：东源为正源，源出陕西省凤县秦岭南麓东谷沟；西源西汉水，源出甘肃省天水市南平南川。两源在陕西省略阳县两河口汇合后，南流经阳平关，于广元市大滩乡入四川省境，至广元市昭化镇纳右岸支流白龙江后，向南流至合川纳渠江和涪江，在重庆市汇入长江。河长 1 120 km，流域面积 16 万 km²，居长江各支流之冠。自然落差 2 300 m，多年平均流量 2 100 m³/s，含砂量 2.37 kg/m³，年平均输砂量 1.61 亿 t，是长江流域的多砂河流。水能理论蕴藏量为 1 525 万 kW。其他支流有大小通江、火溪河、安昌河等。嘉陵江水系（含重庆市境内河段）水能理论蕴藏量为 1 051.35 万 kW。

15.2　川渝地区河流水能利用规划与实施概况

15.2.1　川渝地区河流水能利用规划

（1）雅砻江

雅砻江干流自温波寺至河口河段，初步规划为 21 个梯级，总装机容量 2 265 万 kW，保证出力 1 126 万 kW，年发电量 1 360 亿 kW·h。其中两河口以下河段，规划为 11 个梯级，梯级总装机容量为 1 940 万 kW，保证出力 965 万 kW，年发电量 1 181.4 亿 kW·h。这 11 座梯级水电站为两河口、牙根、蒙古山、大空、杨房沟、锦屏一级、锦屏二级、官地、二滩和桐子林等。这 11 座梯级水电站的主要技术经济指标见第 13 章雅砻江水电基地部分。

（2）大渡河干流

大渡河是岷江支流，可开发装机容量 2 348 万 kW，大渡河双江口以上河源区，大渡河干流双江口至铜街子河段规划作 16 级开发，总装机容量 1 805.5 万 kW，梯级单独运行保证出力 415.3 万 kW，年发电量 921.9 亿 kW·h，联合运行保证出力 723.8 万 kW，年发电量 1 009.6 亿 kW·h。后在岷江汇合口以上增加了 1 级沙湾，共 17 座水电站。这 17 座梯级水电站为独松、马奈、季家河坝、猴子岩、长河坝、冷竹关、泸定、硬梁包、大岗山、龙头寺、老鹰岩、瀑布沟、深溪沟、枕头沟、龚嘴、铜街子和沙湾。前 16 座梯级水电站的主要指标见第 13 章大渡河水电基地部分。

（3）岷江干流及其支流

岷江干流规划修建的大中型水电站有天龙湖、金龙潭、沙坝、福堂、吉鱼、铜钟、姜射坝、太平驿、映秀湾、紫坪铺、沙嘴、龙溪口、偏窗子等。此外，岷江右岸支流杂谷脑河规划为 1 库 7 级开发，这 7 座梯级水电站为狮子坪、红叶二级、理县、危关、甘堡、薛城、古城等。支流渔子溪规划有耿达、渔子溪。青衣江干流规划有硗碛、民治、宝兴、小关子、铜头、灵关、飞仙关、雨城、槽渔滩、止水岩等，支流周公河上有瓦屋山、炳灵。

（4）嘉陵江干流及其支流

嘉陵江是交通部规划的水运主要通航水道。嘉陵江开发以航运为主，兼顾发电等综合利用。嘉陵江上游规划建有宝珠寺、碧口、安康等大型水电站，中下游结合河道渠化通航，所建电站装机规模一般不大。嘉陵江水系规划建大小水电站 225 座，总装机容量 550.58 万 kW，年发电量 274.4 亿 kW·h（其中，四川境内目前规划建 13 级航电枢纽，总装机容量 237 万 kW）。嘉陵江干流规划电站主要有宝珠寺、亭子口、马回、东西关寨、草街等。支流涪江上规划有武都、螺丝池、金华、金华电航桥、文峰、明台等。

除此之外，南垭河规划有 4 个梯级，总装机容量 50.25 万 kW；龙溪河规划有 4 个梯级，总装机容量 10.45 万 kW。

15.2.2 川渝地区河流水能利用规划实施概况

20 世纪 50、60 年代开发中小河流，首先修建了龙溪河梯级 4 座电站，20 世纪 60 年代开始实施岷江干支流开发，先后在岷江干支流上建成映秀湾、渔子溪梯级水电站。20 世纪 70 年代建成龚嘴大型水电站，水电站建设水平迈上了一个新台阶。20 世纪 80 年代起继续开发岷江，在岷江干流上修建了天龙湖、金龙潭、福堂、铜钟、姜射坝、太平驿等水电站，支流上修建了红叶二级、理县、甘堡、沙牌、草坡、铜头、雨城、槽渔滩等大中型水电站。在岷江支流大渡河上修建了龚嘴、铜街子、沙湾等大型水电站。20 世纪 90 年代在雅砻江上首先修建了二滩水电站，并对支流南垭河实施梯级连续开发。21 世纪初岷江干流上建成紫坪铺水利枢纽，并在支流大渡河上修建了瀑布沟水电站。嘉陵江开发始于 20 世纪 70 年代，在干流上已建成宝珠寺、马回、东西关寨、草街等水电站，并在支流涪江上修建了武都、螺丝池、金华、金华电航桥、文峰、明台等中型水电站；支流渠河上建起凉滩、四九滩电站；支流州河上修建了江口等水电站。20 世纪 90 年代国家实施西部大开发战略，进行能源基地建设，列入"十二大水电基地"的大型或巨型水电站项目除界河金沙江上的溪落渡、向家坝水电站外，雅砻江上的锦屏一级、锦屏二级水电站得以开工建设。重庆市境内，乌江最后一个梯级彭水水电站也在 21 世纪初建成投产。

15.3 川渝地区已建、在建大型水电站

15.3.1 四川已建大型水电站

二滩水电站：二滩水电站位于四川省攀枝花市境内的长江支流雅砻江上，是雅砻江梯级开发的第一期工程。电站距攀枝花市 40 余千米，距成都 727 km。坝址控制流域面积 11.64 万 km²，多年平均流量 1 670 m³/s。电站以发电为主，兼有漂木等综合利用任务。电站装机容量 330 万 kW，保证出力 100 万 kW，年发电量 170 亿 kW·h。电站供电四川主网，并就近供电攀枝花、西昌地区，是四川电网大型骨干电站。设计洪水频率为 0.1%，相应设计洪水流量为 20 600 m³/s，校核洪水频率为 0.02%，相应校核洪水流量为 23 900 m³/s。多年平均悬移质输砂量 2 027 万 t，平均含砂量 0.52 kg/m³，推移质年输砂量约 67 万 t。水库正常蓄水位为 1 200 m，水库总库容 58 亿 m³，有效库容 33.7 亿 m³，属季调节水库。二滩水电站枢纽建筑物主要由拦河大坝、左岸地下厂房、泄洪建筑物、木材过坝转运设施等组成。拦河大坝为混凝土双曲拱坝，最大坝高 240 m，拱冠顶部厚 11 m，拱冠梁底部厚 55.74 m，拱端最大厚度 55.74 m，拱圈最大中心角 91.49°，拱坝弧长 775 m。二滩枢纽工程泄洪量大，水头高，河床狭窄，经优化设计确定采用坝身表孔、中孔和右岸 2 条泄洪洞等泄洪设施组成的泄洪方式。3 套泄洪设施均按单独泄放常年洪水设计，大洪水时，3 套泄洪设施联合泄洪。表、中孔采用挑流消能，使水舌碰撞、分散，以增加消能效果。7 个表孔布置在拱坝坝顶中部，每孔宽 11 m、高 11.5 m，采用相邻孔大差动 30 度与 20 度的俯角跌坎，齿上设分流齿坎消能工，水流经充分扩散自由跌落，利用水垫塘水垫进行消能。6 个中孔设于坝身，为使中孔水舌与表孔水舌有较大的碰撞角，中孔体形呈上翘形；孔口宽 6 m、高 5 m，出口高程 1 120 m；为避免水流的径向集中，中孔在平面上实行压力偏转，并用 30°、

17°、10°三组不同挑角，将水舌在横向和纵向拉开，以避免水舌重叠而加深对下游的冲刷。2 条泄洪洞布置在右岸，采用浅水式短进水口和龙抬头式直线布置明流洞，方圆形断面，宽 13 m、高 13.5 m，进口底高程 1 163 m，龙抬头段集中水头约 70 m，洞内最大流速 45 m/s。为了防止高速水流产生的气蚀破坏，分别在 1 号、2 号泄洪洞设了 5 个和 7 个掺气设施。这种采用坝身表、中孔水舌撞击消能，表孔大差动加分流齿坎分散方式，泄洪洞采用新型掺气形式，为高拱坝大流量泄洪创出了一条新路。电站引水发电系统布置在左岸地下，建筑物包括进水口、压力钢管、地下主厂房、主变压器室、尾水调压室及尾水洞等。厂房为河岸式地下厂房，主厂房、主变压器室和尾水调压室平行布置，地下主厂房洞室与主变压器洞室之间的净间距为 35 m，主变压器洞室与尾水调压室之间的净间距为 30 m。主厂房洞室长 280.29 m、宽 25.5 m、高 65.68 m，主变洞室长 214.9 m、宽 18.3 m、高 24.6 m，1 号尾水调压室长 92.9 m、宽 19.5 m、高 58.1 m，2 号尾水调压室长 92.9 m、宽 19.5 m、高 65.3 m。尾水洞两条，其中 2 号尾水洞与施工导流洞结合。根据岩石裂隙组合及最大主应力方向，综合考虑选择三大洞室轴线方向为北偏东 6°。压力钢管共 6 根，直径均为 9 m，采取平行布置，在平面上布置成直线形，管道轴线与主厂房轴线成 65°斜交，立面上为两平（上、下平段）一竖布置方式。压力钢管仅下弯段起点至蜗壳进口段采用钢板衬砌，其余均为钢筋混凝土衬砌。木材过坝采用滚动机与皮带机联合运输方式，年过木能力为 90 万 m³，过木机道布置在左岸地下，洞室全长为 2 450 m，断面为宽 17 m、高 6.74 m 的方圆形。工程由国家能源投资公司与四川省合资建设，投资比例分别为 60% 和 40%。该工程由成都勘测设计研究院设计，二滩水电开发公司组织建设，于 1991 年 9 月正式开工，1993 年 11 月截流，1998 年 7 月第一台机发电，2000 年全部工程竣工。

龚嘴水电站：龚嘴水电站位于大渡河中游四川省乐山市境内，是大渡河梯级开发修建的第一座水电站。坝址控制流域面积 76 130 km²，多年平均流量 1 530 m³/s。电站以发电为主，兼有漂木和航运任务。工程原规划兴建 146 m 高坝，库容 18.8 亿 m³，可装机容量 210 万 kW。由于高坝方案涉及成昆铁路改线，故改为"高坝设计，低坝施工"分期开发方案。低坝方案最大坝高 85.5 m，坝顶高程 530 m。正常蓄水位为 528 m，库容 3.57 亿 m³，死水位 518 m，死库容 2.01 亿 m³，有效库容 1.17 亿 m³，只能进行日、周调节。电站装机容量为 70 万 kW，保证出力 18.3 万 kW，年发电量 34.2 亿 kW·h。电站用 5 回 220 kV 的高压输电线联入四川电力系统，主要向乐山、成都供电。龚嘴水电站坝址处为"U"形河谷，坝基为前震旦系花岗岩，坝址地质构造简单，条件较优越，适合修建高坝。龚嘴水电站枢纽建筑物主要由拦河大坝、发电厂房、漂木道和高压开关站等组成。拦河大坝布置在河床中央，右边为非溢流坝，左边为溢流坝段。漂木道布置在溢流坝段中间（长 400 m，高差 53 m，纵坡降 13%），高压开关站布置在左岸岸边。电站厂房由非溢流坝坝后地面厂房和左岸地下厂房组成。大坝为混凝土重力坝，初期坝高 86 m。坝身设有 3 个冲砂底孔，分散布置：非溢流段布置 1 孔，断面宽 5 m、高 18 m；溢流坝段布置 2 孔，断面宽 5 m、高 6 m。水电站引水系统均采用单元引水方式，压力钢管管径 8 m。坝后地面厂房长 127 m、宽 24.7 m、高 52.9 m，安装 4 台机组。岸边地下厂房长 106 m、宽 24.5 m、高 54.9 m，安装 3 台机组。机组单机容量均为 10 万 kW 的机组，水轮机型号为 HL702-LJ-550，设计水头 48 m。该工程由成都勘测设计研究院设计，水电第七工程局施工，于 1966 年 3 月开工，1972 年 2 月第一台机组发电，1978 年全部建成。

铜街子水电站：铜街子水电站位于四川省乐山市境内，上距龚嘴水电站 33 km。坝址控制流域面积 7.64 万 km²，多年平均流量 1 490 m³/s。电站以发电为主，兼有漂木和改善通航条件等综合利用任务。电站装机容量为 60 万 kW，保证出力 13 万 kW，年发电量 32.1 亿 kW·h。电站以 220 kV 高压输电线路并入四川电网，在电力系统中担任基荷。铜街子水电站水库对龚嘴水电站进行反调节，可解除龚嘴水电站受下游航运要求的运行限制，可充分发挥在系统中的调峰、调频作用。铜街子水电站坝址位于青杠坪峡谷出口，河谷断面呈"U"形，左岸有阶地和漫滩，地质构造复杂。枢纽建筑物由拦河大坝、河床式厂房、过木筏道、开关站等组成。河床式厂房布置在主河槽左岸漫滩，右边深槽布置溢流坝段，两边布置堆石坝，漂木道布置在右岸岸坡上，开关站布置在左岸岸边。大坝最大坝高 80 m，坝顶全长 1 082 m。溢流坝全长 100 m，共设 5 个表孔。漂木道为 4 级筏闸，由 5 个闸首，4 个闸室及上、下游引航道组成，全长 685 m。左、右岸堆石坝为刚性心墙砂砾外壳堆石坝。河床式厂房前缘长 130 m，厂坝底宽 111 m，厂房长 178.5 m、宽 30 m、高 69.7 m。厂房内安装 4 台型号为 ZZ440−LH−850 的水轮机机组，单机容量均为 15 万 kW。厂房两侧导墙设有宽 5 m、高 6 m 的冲砂底孔。该工程由成都勘测设计研究院设计，水电第七工程局施工，于 1980 年开工，1992 年发电，1994 年竣工。

瀑布沟水电站：瀑布沟水电站是大渡河干流梯级开发中的第 17 个梯级，坝址位于大渡河中游尼日河汇口上游觉托附近，控制集水面积为 68 512 km²，占大渡河流域面积的 88.5%。瀑布沟水电站是一座坝式大型水电站，以发电为主，兼有防洪、拦砂等综合利用效益。电站装机容量为 360 万 kW，保证出力 92.6 万 kW，多年平均年发电量 147.9 亿 kW·h。供电四川电网，主要送电成都和川西北地区，采用 500 kV 电压等级接入系统。电站出线 7 回，采用 LGJQ−4×400 型导线，其中 5 回至眉山东坡 500 kV 变电站，1 回接深溪沟水电站，1 回备用。水库正常蓄水位 850 m，校核洪水位 853.78 m，汛期运行限制水位 841 m，死水位 790 m，水库总库容 53.37 亿 m³，其中调洪库容 10.53 亿 m³、调节库容 38.94 亿 m³，具有不完全年调节性能。瀑布沟水电站枢纽建筑物主要由拦河大坝、泄水、引水发电、尼日河引水等组成。拦河大坝为砾石土心墙堆石坝，坝顶高程 856 m，最大坝高 186 m，坝顶长 540.5 m，上游坝坡 1∶2 和 1∶2.25，下游坝坡 1∶1.8，坝顶宽度 14 m。坝体断面主要分为 4 个区，即砾石土心墙、反滤层、过渡层和堆石区；围堰与坝体堆石部分结合。大坝抗震设防烈度为 8 度。心墙顶高程 854 m，顶宽 4 m，上、下游侧坡度均为 1∶0.25，底高程 670 m，底宽 96 m。心墙上、下游侧各设 2 层反滤层，层厚上游均为 4 m，下游均为 6 m。泄水建筑物由溢洪道、泄洪洞和放空洞组成。溢洪道紧靠左坝肩布置。设 3 孔宽 12 m、高 17 m 的开敞式进水闸，堰顶高程 833 m，堰底长度 42.4 m，堰后接泄水陡槽，泄槽断面为矩形，槽宽由 48 m 渐变为 34 m。出口采用挑流消能，挑流鼻坎坎顶高程 793.26 m。溢洪道总长约 575 m，最大泄量 6 941 m³/s，最大流速 36.3 m/s。泄洪洞为深孔无压泄洪洞，由进口、洞身（含补气洞）、出口 3 部分组成。进口为岸塔式，塔顶高程 856 m，塔体长 52 m、宽 22 m、高 67 m，进口底板顶高程为 795 m，采用有压短管进口。进口岸塔内设有事故检修闸门和工作闸门各一道，工作闸门为弧形闸门，孔口宽 11 m、高 11.5 m。洞身段长约 2 024.82 m，圆拱直墙式断面，宽 12 m，洞高 15 m~16.5 m，底坡 $i=0.058$。最大泄量 3 418 m³/s，最大流速约 40 m/s。隧洞沿线设有掺气槽，间距 200 m。出口位于瀑布沟沟口附近，采用挑流消能，挑流水舌冲坑靠河床左岸。扭曲挑流鼻坎坎顶高程 687.88 m，长度 43 m，反弧半径为 96.12 m，挑角 30°7′32″。放空洞进口布置在右岸，距离坝轴线上游 300 m 处，采用深式有压进口与竖井式闸门井结合的布置形式。进口底板顶高程为 730 m，事故检修闸门井高 126 m，平板检修闸门孔宽 7 m、高 9 m，最大泄量 1 398 m³/s。进口至事故检修闸门井段为有压盲肠洞段，由直段和两弯段组成，直段长 122.36 m，底坡为平坡，洞径为 10 m；两弯段洞长约 457.15 m，底坡坡率为 0.006 287 8，洞径 9 m。工作闸室设在右岸防渗帷幕线下游的Ⅱ类围岩区，闸门孔口宽 6.5 m、高 8 m，闸室底高程727.5 m，在 757.5 m 高程设启闭机操作平台和对外交通洞。工作闸室后接直线布置的圆拱直墙式无压洞，长 556.54 m，平均底坡坡率为 0.056 575，洞内最大流速达 30 m/s，采用C40 的抗冲磨混凝土衬砌。在距出口 200 m 处设有一掺气坎，其后 40 m 范围内的底坡为0.15，出口底板高程 679 m，采用挑流消能，水流泄入大渡河与尼日河的汇口段。放空洞承担施工期导流洞下闸封堵后向下游供水，保证下游龚嘴和铜街子水电站发保证出力的用水需要。电站采用单元独立供水方式，引水发电建筑物由进水口、引水隧洞、地下厂房系统、开关站等组成。进水口为塔式，进水前沿总宽度为 175.1 m，总高度为 96 m。每台机组进水口宽 28.86 m，顺水流长 28.3 m，结构顶高程 856 m，底高程 760 m 左右。进水段长 19.3 m，进水孔宽 7 m、高 9.5 m，底高程 765 m，顶高程 774.5 m，最小淹没水深 15.5 m。塔体段设有检修门、工作门各一道，检修门井断面 2.3 m×10.5 m，工作门井断面 4.2 m×10 m；工作门后通气孔断面 4 m×1.5 m，兼作进人孔。启闭设备选用轨距 14 m 的门机，6 个进水单元共用一台。引水隧洞共 6 条，内径 9.5 m，最大引用流量 435 m³/s。压力管道平行布置，中心间距 28.86 m，长 533.69 m～398.73 m，与水平面夹角 55°，6 条压力管道总长2 797.27 m。地下厂房系统由主副厂房、主变室、尾水闸门室、尾水管及连接洞、母线洞和2 条无压尾水洞及其他附属洞室等组成，深埋于左岸山体内，埋深 220 m～360 m，厂区围岩多数为Ⅱ、Ⅲ类岩体，厂房纵轴线方向为北东 42°，主厂房洞室长 294.1 m、宽 26.8 m、高70.1 m，主厂房内安装 6 台单机容量为 55 万 kW 的水轮发电机组。在主厂房的下游平行布置有主变洞室和尾水闸门洞室。开关站布置在地下厂房顶部地面，高程为 910 m。尼日河引水建筑物：尼日河系大渡河的一条支流，全长 140 km，流域面积 4 090 km²，多年平均流量128 m³/s，在坝址下游右岸约 700 m 处汇入大渡河。为利用尼日河水量，在尼日河上游建低闸，枯期引尼日河水入瀑布沟水库，引用流量 80 m³/s，可增加瀑布沟水电站保证出力 6万 kW，年发电量 5.4 亿 kW·h。尼日河引水工程由首部枢纽和引水隧洞两部分组成。首部枢纽在距尼日河河口 15 km 的开建桥建低闸挡水；无压引水隧洞沿尼日河左岸布置，沿线山体雄厚、地势陡峻，断面宽 5.2 m、高 6.2 m，总长约 13.1 km。该工程由成都勘测设计研究院设计，于 2004 年 3 月开工建设，建设过程中，在 2004 年 9 月因移民补偿问题停工，2005 年 9 月正式复工。2009 年年底首批 2 台机组发电，2010 年 4 月 7 日第 3 台机组发电，6月 29 日第 4 台机组发电，计划 2011 年全部投产。

泸定水电站：泸定水电站位于四川甘孜州泸定县境内大渡河干流中游河段，是大渡河干流梯级规划 22 个梯级方案的第 12 级水电站，坝址距下游泸定县城 2.5 km。泸定水电站的开发目标主要是发电，电站开发方式为混合式。水库正常蓄水位为 1 378 m，总库容 2.195亿 m³，具有日调节性能。电站装机容量为 92 万 kW。单独运行时，年发电量为37.82 亿 kW·h，装机年利用小时数为 4 111 h；与双江口水库联合运行时，年发电量为39.89 亿 kW·h，装机年利用小时数为 4 335 h。泸定水电站枢纽建筑物主要由拦河大坝、引水发电系统及厂房等组成。厂房为引水式地面厂房，厂房长 179.22 m、高 59.25 m。厂房内安装 4 台单机容量为 23 万 kW 的混流式水轮发电机组。该工程由成都勘测设计研究院设计，首台机组于 2011 年发电。

福堂水电站：福堂水电站位于四川省汶川县境内岷江上游，距成都市 111 km，是岷江上游第一个梯级水电站。电站分两期开发：一期开发目标为发电，开发方式为低闸引水式水电站，电站装机容量为 36 万 kW；二期开发目标以发电为主，兼有供水综合利用任务。二期是在距一期厂房约 4.5 km 处修建高坝，电站开发方式为混合式。水库正常蓄水位 1 300 m，总库容 8.82 亿 m³，二期建高坝后水库调节增加的引用流量用于供水，电站不扩大装机。坝址多年平均流量为 363 m³/s，历史最大洪水流量为 3 870 m³/s，多年平均悬移质输砂量为 642 万 t，多年平均含砂量为 0.576 kg/m³，多年平均推移质输砂量为 65 万 t。一期工程首部枢纽主要由拦河闸、取水口及引渠闸等建筑物组成。根据岷江河流多砂的特点，首部枢纽布置遵循"侧向取水、正向冲砂"及"表层取水、底层防砂冲砂"的原则，在左岸顺河侧向布置取水口水闸，闸底板高程 1 251 m，设 4 孔宽 12 m、高 4 m 的底孔，孔顶以上设有防漂墙和防漂檐，以防表层漂木。取水口后布置沉砾塘，使进入取水口的泥砂在此落淤后通过排砂闸排往下游河道。沉砾塘后布置有 5 孔净宽 8.5 m 的拦污栅闸，闸室底板高程 1 252 m，通过过渡渐变段与引水隧洞进水口和无压引水洞段连接。紧靠取水口闸下游河道正向布置开敞式冲砂闸，冲砂闸宽 12 m，闸底板高程 1 248.5 m，形成侧向取水、正向冲砂。排砂闸闸宽 6 m，孔高 12 m，底板高程 1 248.5 m，下接排砂道，将进入取水口的淤砂排往下游。根据泄洪要求，冲砂闸以右布置 3 孔宽 12 m 的开敞式泄洪闸，底板高程 1 250.5 m，作为泄洪兼溯源冲砂之用。各闸室顺水流向宽 40 m，闸室两侧为混凝土挡水坝与两岸岩坡相接。拦河闸顶高程 1 270.5 m，闸轴线长 189 m。闸室上游设 90 m 长的钢筋混凝土铺盖，闸底板下设深 40 余米、厚 1 m 的混凝土防渗墙。闸前铺盖厚 2.5 m，顶部 40 cm 为花岗岩条石衬护。闸室下游设置长 80 m 的护坦，护坦末端设置防冲沉井。护坦左右两岸均采取一定的护坡措施，以保证在消能洪水工况下边坡的安全。电站引水系统由无压引水隧洞沉砾段、有压隧洞、调压室和压力钢管组成。引水隧洞进水闸布置在玉龙乡下游 800 m 处岷江左岸靠山侧，为平底板开敞式闸，闸室净宽 8 m，闸底板高程 1 248.5 m，闸体长 12.5 m，宽 15 m，高 26 m。进水闸后接无压隧洞沉砾段，无压隧洞沉砾段长 413.5 m，断面为方圆形，宽 8 m~10 m，高 21 m，纵坡为 2‰。隧洞沉砾段末端设有排砾廊道，将沉砾排入岷江。引水隧洞经长 105 m 的陡坡段（$i = 0.138\ 55$）后隧洞底高程降至 1 242.5 m，成为圆形有压引水隧洞，洞长 18 615 m，洞径 9 m，隧洞纵坡 $i = 0.002\ 556\ 3$。调压室为新型差动式，位于厂房上游侧花岗岩体内，与厂房水平距离约 272 m，大井内径 27 m，有效面积 465.14 m²，两闸门井兼作升管，总有效面积 42.33 m²，调压室底板顶高程 1 210.2 m，顶高程 1 366 m，升管溢流堰顶高程 1 321 m。压力管道为地下埋管，在调压室底部"Y"形分岔为 2 条主管，主管上平段中心高程 1 205.6 m，2 条主管分别长 343.4 m 和 355.7 m，内径均为 5.2 m。两条主管在下平段经"Y"形分岔为 4 条内径 3.4 m 的支管进入厂房，向 4 台水轮发电机组供水发电。厂房为引水式地面厂房，主厂房长 69.5 m、宽 20 m、高 43.4 m，安装 4 台单机容量为 9 万 kW 的水轮发电机组。安装间和副厂房分别长 24.3 m 和 20 m。福堂水电站二期工程沙坝水库建成后，电站取水口改建到福堂沟上游 4 km 岷江左岸，新建一条洞径 9 m、长 1.1 km 的引水隧洞与一期工程引水隧洞末段（长约 4.4 km）相连。二期工程进水口底高程 1 225 m，引水隧洞长 5.5 km。该工程由成都勘测设计研究院设计，水电第七工程局施工，工程于 2001 年开工，2004 年发电。

太平驿水电站：太平驿水电站位于四川省汶川县境内，是岷江上游（都江堰至汶川河段）第二个梯级电站，距成都市约 97 km。电站为低闸引水式水电站，以发电为主，兼有漂木综合利用任务，电站装机容量为 26 万 kW。闸址位于彻底关附近，水文泥砂资料与福堂水电站相同。河床覆盖层深约 86 m，两岸滑坡基岩裸露，均需进行防渗处理。引水隧洞位于岷江右岸，围岩主要由坚硬的花岗岩和花岗闪长岩组成。地下厂房位于岷江右岸太平驿沟上游侧。水库总库容 75 万 m³，回水长度约 1 km。首部枢纽包括拦河闸、漂木道、取水口及引渠闸等建筑物。取水口布置在左岸，设 4 孔宽 12 m、高 4 m 的底孔；紧靠取水口的下游侧布置有 1 孔宽 12 m 的开敞式冲砂闸；冲砂闸以左布置 1 孔宽 12 m 的漂木道；冲砂闸右侧布置 4 孔宽 12 m 的开敞式溢洪闸，闸顶高程 1 082.5 m，闸底板高程 1 065 m。电站取水口后分设引渠闸和引水隧洞进水口。引水建筑物包括引水隧洞、调压室和压力管道等。引水隧洞长 10.6 km，内径 9 m，采用混凝土和钢筋混凝土等多种衬砌形式。调压室为差动式，室内设 2 个升管，大井内径为 25.6 m、井高 76 m，每个升管下游各接 1 条内径为 6 m 的压力管道，其进口处各设宽 4.5 m、高 6 m 的事故检修平板闸门，压力管道倾角为 45°，在下平段对称分岔为 2 条内径 4 m 的支管进入厂房。厂房为地下式，主厂房布置在靠山里侧，副厂房位于靠岸坡侧，呈"一"字形排列，总长 110.7 m、宽 19.7 m、高 41.9 m。主厂房内安装 4 台单机容量为 6.5 万 kW 水轮发电机组，每台机尾水管各接一条形状相同的尾水连接洞进入尾水闸门室，再接 1 条支洞汇入宽 8.5 m、高 13.5 m 的无压尾水洞与原河流衔接。该工程由成都勘测设计研究院设计，引水隧洞由铁道部隧洞工程局施工，闸坝及厂房由水电第十工程局施工，于 1991 年开工，1994 年发电。

紫坪铺水利枢纽： 紫坪铺水利枢纽位于四川省都江堰市境内岷江干流上，距都江堰市约 9 km，距成都市 50 km。紫坪铺水利枢纽是一座以灌溉、供水为主，兼有发电、防洪、环境保护、旅游等综合利用效益的大型水利枢纽工程。坝址控制流域面积 22 662 km²，多年平均流量 469 m³/s，年径流量总量 148 亿 m³。水库正常蓄水位 877 m，死水位 817 m，汛期限制水位 850 m。水库设计洪水位 871.1 m，校核洪水位 883.1 m，校核洪水位下总库容 11.12 亿 m³，正常蓄水以下兴利库容为 9.98 亿 m³，正常蓄水位至汛期限制水位之间库容 4.247 亿 m³，死库容 2.24 亿 m³。水库防洪库容，可控制下游洪水，削减下游洪峰流量。电站装机容量为 76 万 kW，保证出力 16.8 万 kW，年发电量 34.176 亿 kW·h，年平均利用时数 4 496 h。电站建成后可承担四川电网的调峰调频任务和担负一定的事故备用，并有较长时间带部分负荷运行。紫坪铺水利枢纽是都江堰灌区和成都地区工业和城市供水的水源工程，通过紫坪铺水库调节，可增加枯水期供水 7.75 亿 m³，设计枯水年可增加宝瓶口进水量 6.86 亿 m³，可大大提高枯水期引用流量。枢纽建筑物主要由拦河大坝、溢洪道、泄洪排砂洞和电站厂房等组成。溢洪道、电站厂房和泄洪排砂洞均布置在大坝右边，厂紧靠大坝布置，溢洪道和泄洪排砂洞靠岸边布置。拦河大坝为混凝面板堆石坝，最大坝高 156 m，坝顶高程 884.0 m，坝趾板基础高程 728 m，坝顶长 663.77 m，坝顶宽 12 m，上游坝坡 1:4，下游坝坡 1:5。溢洪道为开敞式，电站厂房为坝后式地面厂房，主厂房内安装 4 台单机容量为 19 万 kW 的 HL209－LJ－495 水轮发电机组，水轮机最大水头 131.4 m，设计水头 100.0 m，最小水头 68.4 m。泄洪排砂洞共 2 条，由初期导流洞改建而成。另外设有一条冲砂放空洞。紫坪铺水利枢纽由四川水利水电勘测设计院设计，紫坪铺开发有限责任公司负责建设和运营，于 2001 年动工修建，2002 年截流，2005 年第一台机组发电，2006 年竣工。紫坪铺水库大坝是按 8 级抗震设计，2008 年"5·12"汶川发生了里氏 8 级大地震，大坝虽受损伤，出现裂缝，但大坝结构稳定、安全，经受住了考验。紫坪铺泄洪洞闸受损，2008 年 8 月完成修复，并恢复发电。

宝珠寺水电站：宝珠寺水电站位于四川省广元市境内嘉陵江支流白龙江上，是一座以发电为主，兼有灌溉、防洪综合效益的大型水电站。坝址控制流域面积 28 428 km²，多年平均流量 335 m³/s，年径流量 105 亿 m³。多年平均输砂量 2 160 万 t，多年平均含砂量 2.04 kg/m³。水库正常蓄水位 588 m，死水位 558 m，总库容 28.5 亿 m³，有效库容 13.4 亿 m³，具有不完全年调节性能。电站装机容量为 70 万 kW，保证出力 15.6 万 kW，年发电量 22.8 亿 kW·h。电站至绵阳直线距离约 140 km，至成都直线距离约 270 km，电站供电四川。除发电外，可引水灌溉下游农田，并可改善嘉陵江航运条件。每年从水库中引水 10 亿 m³ 用于灌溉，可灌溉嘉陵江、渠江地区 233 万亩土地。枢纽建筑物由拦河大坝、厂房、开关站、过木道、工业和灌溉取水口等组成。厂房布置在河道中央，泄洪建筑物布置在厂房两侧，过木道布置在右岸山坡上，采用 3 条纵向传送机过木方式。拦河大坝为混凝土实体重力坝，最大坝高 139 m，采用坝身泄洪方式，设有 2 孔宽 16 m、高 16.3 m 的表孔，2 孔宽 13 m、高 18 m 的中孔和 4 孔宽 4 m、高 8 m 底孔。厂房为坝后式地面厂房，长 120 m、宽 26 m、高 46 m，安装 4 台单机容量为 17.5 万 kW 的水轮发电机组，电站最大水头 103 m。该工程由西北勘测设计研究院设计，水利水电第五工程局施工，第一台机组于 1992 年发电。

15.3.2　四川在建大型水电站

锦屏一级水电站：锦屏一级水电站位于四川省凉山彝族自治州盐源县和木里县境内雅砻江干流下游，是雅砻江干流梯级开发中的第 7 级水电站，下距河口约 358 km，是雅砻江下游河段的龙头电站。坝址控制流域面积 10 300 km²，多年平均流量 1 220 m³/s。开发任务主要是发电，是西电东送骨干电源之一，主要送电华东。水库正常蓄水位 1 880 m，死水位 1 800 m，正常蓄水位以下库容 77.6 亿 m³，调节库容 49.1 亿 m³，属年调节水库。工程开发任务主要是发电，结合汛期蓄水兼有减轻长江中下游防洪负担的作用。电站装机容量为 360 万 kW，保证出力 108.6 万 kW，年发电量 166.2 亿 kW·h。锦屏一级水电站枢纽建筑物主要由拦河大坝、泄洪消能及引水发电三大系统组成，此外左右岸各布有一条施工导流洞。枢纽建筑物地基为大理岩，地震基本烈度为 7 度，枢纽主要建筑物按地震基本烈度 8 度设计。拦河大坝为混凝土双曲拱坝，最大坝高 305 m，坝顶高程 1 885 m，坝顶厚度 13 m，坝底厚度 60 m，顶拱中心线弧长 556.71 m，最大中心角 92.87°，厚高比 0.197，弧高比 1.182 5，坝体混凝土方量 428.409 万 m³。枢纽泄洪采用坝身泄洪与岸边泄洪隧洞相结合的泄洪方式，坝身设 4 个表孔和 5 个深孔，在右岸布置有一条泄洪隧洞，坝身设 4 个表孔和 5 个深孔，采取"分层出流、空中水舌碰撞、水垫塘消能"，为形成水垫塘，在拦河大坝下游布置有二道坝。表孔宽 11.5 m、高 10 m，泄洪流量为设计洪水 2 993 m³/s（校核洪水 4 508 m³/s）；深孔宽 5 m、高 6 m，泄洪流量为设计洪水 5 465 m³/s（校核洪水 5 566 m³/s）。泄洪洞布置在右岸岸边，采用"龙抬头"的布置形式与出口挑流鼻坎连接，控制闸门宽 14 m、高 12 m，泄洪流量为设计洪水 3 651 m³/s（校核洪水 3 780 m³/s）。引水发电系统布置在右岸紧靠坝肩，主要由进水口、压力管道、主厂房、主变压器室、尾水调压室、尾水洞及其出口等建筑物组成。电站采取单元供水方式，进水口为岸塔式，引水管道共 6 条，洞径 9.5 m，每条洞引用流量 337.4 m³/s。厂房为地下式，主厂房长 276.99 m、宽 25.9 m、高 68.83 m，安装 6 台单机容量为 60 万 kW 的水轮发电机组，水轮机型号 HL（148.5）－LJ－650，发电机型号 SF600－42/1280。尾水系统采用 1 洞－3 机布置，共设 2 个简单圆筒式尾水调压室（直径 34 m，高 8.7 m）。有压尾水洞为方圆形，宽 15 m、高 16.5 m。出线洞为圆形，洞径 7 m。该工程由成都勘测设计研究院设计，计划 2012 年首台机组发电。

锦屏二级水电站：锦屏二级水电站位于凉山州木里、盐源、冕宁三县交界处的雅砻江锦屏大河湾上，是雅砻江梯级开发第 8 级水电站，是西电东送骨干电源之一，主要送电华东。锦屏二级水电站利用锦屏 150 km 大河湾的天然落差，截弯取直引水发电，开发方式为低闸引水式水电站。闸址上游 7.5 km 是具有年调节性能水库的锦屏一级水电站，本电站水库正常蓄水位为 1 646 m，死水位 1 640 m，正常蓄水位以下库容 1 428 万 m³，调节库容为 402 万 m³。按一级与二级水电站同步运行并考虑坝址下游减水河段环保等需要，锦屏二级水电站装机 8 台，总容量 480 万 kW，保证出力 205.1 万 kW，多年平均发电量 249.9 亿 kW·h，装机年利用时数 5 680 h。锦屏二级水库具有日调节能力，与锦屏一级同步运行同样具有年调节性能。锦屏二级水电站枢纽建筑主要由拦河闸、引水发电系统及尾部式地下厂房三大部分组成。首部拦河闸位于西雅砻江的猫猫滩，最大闸高 37 m，闸顶长 162 m，共设 5 个闸孔，每孔宽 12 m。电站进水口位于西雅砻江的景峰桥，地下厂房位于东雅砻江的大水沟，引水隧洞共 4 条，隧洞一般埋深为 1 500 m～2 000 m，最大埋深达 2 525 m。引水发电系统由进水口、引水隧洞、上游调压室、高压管道、尾水调压室、尾水隧洞及尾水出口等建筑物组成。进水口采用开敞式联合进水布置，底板高程为 1 618 m。引水系统采用 1 洞-2 机布置方式，共 4 条引水隧洞。引水隧洞平均长度 16.6 km，开挖直径 12 m，衬砌后直径 11 m。上游调压室采用阻抗+溢流式布置，大井直径 24 m，井高 150.3 m。引水隧洞在大井底部分岔为 2 条高压管道，采用竖井式布置，竖井高 259.2 m，内径 7 m，下平洞段采用钢板衬砌，内径 6 m，在高压管道上平洞段进口设高压闸阀。尾水调压室采用了阻抗长廊式，尾水事故闸门设在尾水调压室内，尾水隧洞直径 11 m，出口底板高程为 1 310.5 m。发电厂房采用尾部式地下厂房布置方式，厂址位于东雅砻江的大水沟，埋深 300 m～470 m。主、副厂房、主变室、尾水调压室三大洞室平行布置。此外，还有进厂交通洞、通风洞、排水洞、出线洞、母线洞、安全兼施工洞等洞室，组成以三大洞室平行布置为主体的厂区地下洞室群。主厂房轴线方向为北东 60°，开挖尺寸为长 335.2 m、宽 25.2 m、高 75.1 m。主厂房内安装 8 台单机容量为 55 万 kW 的水轮发电机组，额定水头 288 m。出线场布置在地面。为解决东西雅砻江之间的交通问题，在引水隧洞的南侧先行修建 2 条辅助洞，该洞同时兼作锦屏二级引水隧洞的勘探、试验和施工辅助洞，满足锦屏一级水电站对外交通要求和锦屏二级水电站引水隧洞施工要求。辅助洞于 2003 年 9 月开工修建，2008 年上半年竣工投入使用。该工程由华东勘测设计研究院设计，主体工程于 2007 年 1 月开工建设，计划 2013 年第一台机组发电，2015 年全部建成。

15.3.3　重庆市已建大型水电站

彭水水电站：彭水水电站位于重庆市彭水县境内乌江干流下游，在彭水县城上游 11 km，距乌江口涪陵市 147 km，是乌江干流梯级开发中的第 7 级水电站。彭水水电站以发电为主，兼有航运、防洪及其他综合利用任务。水库正常蓄水位 293 m，死水位 278 m，调节库容 5.6 亿 m³，为季调节水库。电站装机容量为 175 万 kW，保证出力 57.1 万 kW，年发电量 63.5 亿 kW·h。彭水水电站是重庆地区最大的水电站，担任重庆电力系统调峰、调频及事故备用任务。坝址控制流域面积 7 万 km²，占乌江流域总面积的 78.5%。多年平均流量 1 320 m³/s，年平均含砂量 0.354 kg/m³。彭水水电站坝址处在高山峡谷之中，是一座坝式水电站。建库后可渠化库区航道，经水库调节可改善下游航运条件，使通航等级从 5 级提高到 4 级。彭水水电站枢纽建筑物主要由拦河大坝、泄洪建筑物、引水发电系统、通航建筑物及渗控工程等组成。大坝为弧形碾压混凝土重力坝，最大坝高 116.5 m，挡水前缘总长 325.5 m，其中船闸坝段长 32 m。采用坝身泄洪，河床 10 个坝段中，共设 9 个泄流表孔。电站引水发电系统布置在右岸，厂房为地下式厂房，主厂房长 252 m、宽 30 m、高 84.5 m，安装 5 台单机容量 35 万 kW 的大型混流式水轮发电机组。尾水洞长 350 m～470 m，按调节保证要求需设尾水调压室。但彭水水电站机组过水流量大（单机 578 m³/s）、水头相对较低（极端最小水头仅 44 m），且下游水位变幅大（变幅达 37 m～61 m），为保证尾水洞为有压流，调压室尺寸巨大，且对山体围岩稳定不利。彭水水电站在国内首次采用了一种能适应下游水位变化的新型尾水洞形式——变顶高尾水洞，使尾水洞中不出现明满交替水流，能满足电站调节保证和运行稳定要求。彭水水电站尾水系统采用 1 机-1 洞布置，1 号机～5 号机尾水洞长 402 m～288 m，变顶高尾水洞的前部顶拱采用二次曲线，其后的隧洞采用不同的顶坡和底坡与尾水出口相接，断面为城门洞型，断面宽 12.6 m、高 22.28 m 至断面宽 12.6 m、高 27.5 m。通航建筑物布置在左岸，由单线船闸和升船机两种过坝建筑物组成，船闸过 500 t 级船舶。渗控工程采用垂直防渗帷幕，其轴线穿过大坝、左岸船闸上闸首后向左岸山体延伸接相对隔水层；右岸穿过地下厂房引水隧洞垂直岩层走向接至隔水层，防渗线路总长 850 m。主帷幕面积约 15 万 m²，河床最大帷幕深 85 m。该工程由水利部长江水利委员会长江勘测规划设计研究院设计，大唐集团公司建设，于 2003 年 3 月开工建设，2004 年 12 月截流，2008 年 2 月第 1 台机组发电，2010 年建成。

草街水利枢纽：草街水利枢纽位于重庆市合川区草街乡境内嘉陵江干流上，是为了嘉陵江通航，河道渠化而修建的一座水利枢纽，以航运为主，兼有发电、灌溉等综合利用效益。水库正常蓄水位为 203 m，死水位 202 m，总库容 24.08 亿 m³。渠化Ⅲ级航道里程 70 km、Ⅳ级航道里程 88 km，船闸过闸吨位 21 000 t。电站装机容量为 50 万 kW，年发电量 19.96 亿 kW·h。草街水利枢纽建筑物主要由船闸、河床式厂房、冲砂闸和泄洪闸等组成。通航建筑物布置在左岸，包括上、下游引航道，船闸上、下闸首和闸室，总长 1 095 m，宽约 67 m。发电厂房为河床式，由主、副厂房和安装间组成，布置在左河床（主厂房位于右侧，副厂房位于左侧），主厂房沿闸轴线长 146.15 m，顺河向宽 90.6 m，主厂房内安装 4 台单机容量为 12.5 万 kW 的水轮发电机组，最大水头 25.4 m，额定水头 20 m。副厂房和安装间沿闸轴线长 60 m，顺河向宽 82 m。冲砂闸布置在河心滩中碛坝，共 5 孔冲砂闸，沿闸轴线总长 97.4 m，顺河向宽 46 m，建基面高程 170 m。泄洪闸布置在中碛坝右侧河床上，沿闸轴线长 279.2 m，顺河向宽 40 m，建基面高程 159 m～172 m。右岸挡水坝沿闸轴线长 30.3 m，顺河向坝顶宽 22 m、坝底宽 41 m，坝高 53 m，坝顶高程 222.5 m。该工程由成都勘测设计研究院设计，于 2007 年动工修建，2011 年投入运行。

15.4　川渝地区已建中型水电站

四川省已建 10 万 kW 以上部分中型水电站主要技术经济指标见表 15-1。

表 15-1　四川省已建 10 万 kW 以上部分中型水电站主要技术经济指标统计

电站名称	所在市（县）及河流	水库容积（亿 m³）	设计水头（m）	装机容量（万 kW）	保证出力（万 kW）	年发电量（亿 kW·h）
天龙湖	茂县、岷江	海子		18.0	4.81	9.95
金龙潭	茂县、岷江	径流式		18.0		9.27
映秀湾	汶川、岷江	径流式	54	13.5	5.50	7.03
渔子溪一级	汶川、渔子溪	0.004 03	270	16.0	4.10	9.60
渔子溪二级	汶川、渔子溪	0.006 95	260	16.0	3.80	8.90
南垭河一级	石棉、南桠河	2.98		24.0		
南垭河三级	石棉、南垭河	0.000 70	265	12.0	3.00	6.53
南垭河四级	石棉、南垭河			13.2		
自一里	平武、火溪河		400	12.0	3.50～5.29	5.57～5.73
东西关	武胜、嘉陵江	1.65	17	18.0	5.21	9.55
紫兰坝	广元、嘉陵江	径流式		10.2		
瓦屋山	眉山、周公河			20.0		

川渝地区已建 5 万 kW 以上部分中型水电站装机容量及发电量见表 15-2。

表 15-2　川渝地区已建 5 万 kW 以上中型水电站装机容量及发电量统计

电站名称	所在省（区）及河流	装机容量（万 kW）	年发电量（亿 kW·h）	电站名称	所在省（区）及河流	装机容量（万 kW）	年发电量（亿 kW·h）
石板	重庆、丰都	9.9	4.55	大河江	重庆、黔江	6.9	3.75
城东	四川、洪雅	7.5	4.10	大桥	冕宁、安宁河	9.0	3.50
水牛家	四川、平武	5.0	2.00	铜头	芦山、宝兴河	8.0	4.73
江口	四川、宣汉	5.1	2.11	槽渔滩	洪雅、青衣江	7.5	4.17
雨城	洪雅、青衣江	6.0	3.11				

第 16 章　云贵两省水能开发利用

16.1　云南省河流及其水能资源

云南省境内河流分属长江、澜沧江、怒江、红河、珠江和伊洛瓦底江等六大水系。这六大水系中，除长江和珠江外，均属国际河流。长江干流金沙江是四川、云南两省界河，流入金沙江的河流有以礼河和小江等。全省水能理论蕴藏量为 10 364 万 kW，年发电量为 3 944.53亿 kW·h，占全国蕴藏量的 15.3%，仅次于西藏自治区和四川省。

16.1.1　澜沧江及怒江

澜沧江：澜沧江是云南省的主要河流之一，是一条国际河流。澜沧江发源于青藏高原唐古拉山北麓查加日玛的西侧，流经西藏自治区，在布衣附近流入云南省，在云南省西双版纳州南腊河口处流出国境。出国后称为湄公河，流经老挝、缅甸、泰国、柬埔寨、越南等国，在越南胡志明市附近注入南海。全河长 4 500 km，总落差 5 500 m，流域面积约 74.40 万 km²，是东南亚著名的河流。我国境内河长 2 000 km，落差约 5 000 m，流域面积 17.40 万 km²。云南省境内由布衣至南腊河口，全长 1 240 km，落差 1 780 m，流域面积 9.10 万 km²。出境处多年平均流量 2 180 m³/s，年径流量 688 亿 m³。澜沧江水能理论蕴藏量约 1 800 万 kW。

怒江：怒江是云南省的主要河流之一，发源于西藏自治区境内唐古拉山南麓安多县境内的将美尔岗朵楼冰川，是一条国际河流，从云南省出国境流入缅甸后称为萨尔温江，最后注入印度洋的安达曼海。这条国际河流在我国境内干流全长 2 018 km。怒江水能理论蕴藏量 1 974.01万 kW。

16.1.2　云南省其他诸河流

伊洛瓦底江有东、西两源，东源恩梅开江（我国称为独龙江）发源于我国察隅县境内，西源迈西开江发源于缅甸北部山区。两江在密支拉城北约 50 km 处汇合后称伊洛瓦底江，全河长 2 714 km，流域面积 43 万 km²，水能理论蕴藏量 410.2 万 kW。红河水能理论蕴藏量 980 万 kW，珠江水能理论蕴藏量 424.65 万 kW。以礼河是云南省境内一条长江较小的支流，西洱河是洱海的泄水河道。

16.2　云南省河流水能利用规划与实施概况

16.2.1　澜沧江及怒江河流水能利用规划

澜沧江：澜沧江干流开发方针是以发电为主，兼有防洪、灌溉、航运、渔业等综合利用任务。全河流规划为 14 个梯级（上游河段 6 级，中、下游河段 8 级），其中以中、下游河段最优越，被列为近期重点开发河段。总装机容量 2 137 万 kW，保证出力 996.51 万 kW，年发电量 1 093.96 亿 kW·h。这 14 座梯级水电站为溜筒江、佳碧、乌弄龙、托巴、黄登、铁门坎、功果桥、小湾、漫湾、大朝山、糯扎渡、景洪、橄榄坝、南阿河口。这 14 座梯级水电站的主要技术经济指标见第 13 章澜沧江水电基地部分。

怒江：怒江水能理论蕴藏量 1 974.01 万 kW，早先初步规划建水电站 22 座，总装机容量 1 030.93 万 kW，年发电量 615.05 亿 kW·h。21 世纪国家发展与改革委员会主持通过了《怒江中下游水电规划报告》。怒江中下游梯级开发方案规划为 2 库 13 个梯级水电站，包括怒江中下游松塔、丙中洛、马吉、鹿马登、福贡、碧江、亚碧罗、泸水、六库、石头寨、赛格、岩桑树和光坡，总装机容量达 2 132 万 kW。其中，除丙中洛采用引水式开发外，其他梯级电站均采用堤坝式开发。为开发怒江丰富的水能资源，中国华电集团公司、云南省开发投资有限公司、云南电力集团水电建设有限公司、云南怒江电力集团公司四方约定初期投入 2 亿元资金，共同组建云南华电怒江水电开发有限公司。其中，中国华电集团公司占有 51% 的股份。并且已在怒江中下游开工建设装机容量为 18 万 kW 的 6 座电站，同时启动亚碧罗等 6 座梯级电站的前期工作。

16.2.2　云南省其他河流水能利用规划

红河初步规划建水电站 115 座，总装机容量 357 万 kW，年发电量 201.24 亿 kW·h；珠江初步规划建水电站 77 座，总装机容量 187.02 万 kW，年发电量 92.83 亿 kW·h；伊洛瓦底江初步规划建水电站 8 座，总装机容量 29.5 万 kW，年发电量 172 亿 kW·h；以礼河规划建水电站 4 座，总装机容量 32.15 万 kW；西洱河规划建水电站 4 座，均为引水式水电站，利用洱海作为调节水库（总库容 31.6 亿 m³），梯级总装机容量 25.5 万 kW。

16.2.3　云南省河流水能利用规划实施概况

云南省境内 20 世纪 30 年代修建的石笼坝小水电站，是我国最早修建的水电站。20 世纪 50 至 60 年代开发以礼河和绿水河水能资源，在以礼河已建毛家村、水槽子、盐水沟和小江等 4 座水电站（总装机容量 32.15 万 kW）和六郎洞、绿水河等水电站。20 世纪 70 至 80 年代后建成了西洱河 4 级水电站，总装机容量 25.5 万 kW。20 世纪 80 年代开始转入大江大河的水能开发。怒江等国际河流涉及下游供水上的矛盾以及河流开发对生态环境、动植物及文化保护的负面影响引起的争议，河流开发利用进展缓慢。云南省河流水能开发利用主要集中在长江干流金沙江和澜沧江以及一些中小河流上。20 世纪 80 年代首先在黄泥河上建成装机容量为 60 万 kW 的鲁布革水电站，20 世纪 90 年代以后先后在澜沧江上建成漫湾和大朝山 2 座装机容量为 100 万 kW 以上的大型水电站。21 世纪初建成装机容量为 420 万 kW 的小湾水电站。

16.3　云南省已建、在建大中型水电站

16.3.1　云南省已建、在建大型水电站

（1）云南省已建大型水电站

漫湾水电站：漫湾水电站位于云南省西部云县与景东县境内的澜沧江干流上，是一座以发电为开发目标（目前无防洪、灌溉和航运要求）的大型坝式水电站。电站距昆明直线距离

约 240 km，距攀枝花市约 250 km，主要供电云南电网，并送电攀枝花与四川电网联网。坝址控制流域面积 11.45 万 km²，多年平均降雨量 1 027.66 mm，多年平均流量 1 230 m³/s，多年平均径流量 388 亿 m³，多年平均含砂量 1.2 kg/m³，年输砂量 4 704 万 t。坝址河谷狭窄，冲积层薄，仅 4 m～7 m。坝址岩石为流纹岩，岩性较均一，但区域地质构造背景复杂，地震基本烈度为 7 度。水库正常蓄水位 994 m，死水位 982 m。水库总库容 9.2 亿 m³，死库容 6.63 亿 m³，有效库容 2.57 亿 m³，具有不完全季调节性能。电站装机容量初期为 125 万 kW，小湾电站投入后，最终达到 150 万 kW。初期保证出力 35.5 万 kW，多年平均发电量 63.03 亿 kW·h；后期保证出力 78.5 万 kW，多年平均发电量 77.95 亿 kW·h。漫湾水电站枢纽建筑物主要由拦河大坝、泄洪建筑物、厂房及开关站等组成。拦河大坝为混凝土重力坝，最大坝高 132 m，坝顶高程 1 002 m，坝顶全长 421 m，共分 20 个坝段，其中河床部分布置溢流坝段，两岸布置非溢流坝段。泄洪方式以坝顶表孔为主，并辅以左岸泄洪隧洞和左岸泄洪底孔泄洪。左、右岸底孔除排砂和放空水库外，兼作常年洪水泄洪之用。溢流坝段共设 5 个表孔，每孔设有宽 13 m、高 20 m 的弧形闸门。溢流坝段旁边两岸各设有一个冲砂底孔，左、右底孔底板高程分别为 910.5 m 和 896 m，内径 6 m，出口处各安装有一扇宽 3.5 m、高 3.5 m 的弧形工作门，最大工作水头分别为 83.5 m 和 90.5 m。左岸仅靠左冲砂底孔设置泄洪底孔 2 个，兼作排砂用，孔口底板高程为 930 m，孔口断面宽 5 m、高 8 m。左岸泄洪洞采用有压孔口进水，无压隧洞泄流，进口堰顶高程 965.5 m，采用 1 孔 12 m×12 m 的弧形工作闸门，下接无压泄洪洞，长 313 m，纵坡为 0.08，方圆形断面宽 12 m、高 15 m。上述泄洪方式均采用挑流消能。电站厂房为坝后厂前挑流式厂房，采用单管单机引水方式，主厂房长 195 m、宽 34.5 m、高 59.9 m，安装 6 台单机容量为 25 万 kW 的水轮发电机组。电站最大水头 100 m，设计水头 89 m，单机引用流量 316 m³/s。主变压器室布置在主厂房上游侧坝体内，长约 215 m、宽 20 m、高 19.75 m。安装间布置在主厂房右侧，长 50.5 m、宽 32 m、高 26.75 m。进厂公路采用运输洞，长 425 m、宽 8.5 m、高 9 m。开关站采用户内式，布置在右岸坝后。该工程由昆明勘测设计研究院设计，水电第十四工程局承担施工导流隧洞工程、水电第三工程局承担左右岸开挖工程、水电第八工程局承担人工砂石料系统、葛洲坝工程局承担主体工程混凝土浇筑及机电安装工程。该工程于 1986 年开工，1987 年截流，1993 年第一台机组发电，1995 年全部投产。

大朝山水电站：大朝山水电站位于云南省云县和景东彝族自治县交界的澜沧江中游，在澜沧江梯级水电站开发中位于小湾水电站下游和漫湾水电站上游，是一座以发电为开发目标的大型坝式水电站。电站装机容量为 135 万 kW，保证出力 36.31 万 kW，年发电量 59.31 亿 kW·h（经上游漫湾水电站水库调节发电量可达 70.2 亿 kW·h）。大朝山水电站是电力体制改革中多家集资办电修建的工程，由国家开发投资公司、云南省红塔集团红塔实业有限责任公司、云南省开发投资公司、云南省电力公司，以 5∶3∶1∶1 的出资比例投资建设的。坝址控制流域面积 12.1 万 km²，多年平均流量 1 342 m³/s。水库正常蓄水位 899 m，死水位 882 m，水库总库容 9.4 亿 m³，有效库容 2.4 亿 m³，具有月调节性能。坝址地基以玄武岩为主，岩层中夹有薄层凝灰岩。大朝山水电站枢纽建筑物主要由拦河大坝、引水发电系统、厂房及开关站等组成。拦河大坝为碾压混凝土重力坝，最大坝高 111 m，坝顶高程 906 m，坝顶总长 460.4 m，其中碾压混凝土拦河坝段长 254 m。泄洪设施由 5 孔宽 14 m、高 17 m 的表孔，3 孔宽 7.5 m、高 10 m 的底孔和 1 孔宽 3 m、高 6 m 的排砂底孔组成。发电厂房布置在右岸地下，采用首部地下厂房、长尾水布置方式和 1 洞－1 机－1 管的单独供水方式，上游引水隧洞共 6 条，下游 6 条尾水管直接与长廊式尾水调压室相连，尾水调压室后用 2 条尾水洞将水排入下游河道。右岸地下厂房洞室群包括主、副厂房洞室，主变洞室，母线洞室及其他辅助洞室。地下主厂房长 225 m、宽 28 m、高 61.3 m，内装 6 台单机容量为 22.5 万 kW 的 HLD75-LJ-580 型混流式水轮发电机组。该工程由昆明勘测设计研究院设计，八三联营体、葛洲坝集团、水电第十四工程局和水电第八工程局等施工，于 1997 年开工，2001 年建成发电。

小湾水电站：小湾水电站位于云南省西部南涧县与风庆县交界的澜沧江中游河段与支流黑惠江交汇处下游 1.5 km 处，是澜沧江中下游河段规划 8 个梯级中的第 2 级水电站。电站距昆明公路里程为 455 km。电站以发电为主，兼有防洪、灌溉、拦砂及航运等综合利用任务。电站装机容量为 420 万 kW，保证出力 185.4 万 kW，年发电量 188.53 亿 kW·h。电站建设可满足云南电力系统 2010—2015 年的负荷增长需求，并可大大改善系统水电的调节性能，提高水电站保证电量的比例。小湾水电站以 500 kV 等级电压接入系统。出线 6 回，其中 2 回至昆明，1 回经楚雄至昆明，1 回至漫湾经漫昆线到昆明，1 回至下关，1 回留为备用。小湾水电站水库是澜沧江中下游河段的"龙头水库"。坝址控制流域面积 11.33 万 km²，多年平均流量 1 210 m³/s。水库正常蓄水位 1 242 m，死水位 1 162 m，水库总库容 151.32 亿 m³，有效库容 97 亿 m³，水库具有多年调节性能。小湾水库在坝址以上平均每年可拦蓄悬移质泥砂 4 800 万 t 和推移质泥砂 150 万 t，从而解决漫湾和大朝山水电站的泥砂问题。小湾水库可提供与兴利库容结合的调洪库容为 13.18 亿 m³，通过小湾水库调洪可削减洪峰 12%。小湾水电站所处河段目前不通航，水库建成后可形成干流库区深水航道 178 km，支流黑惠江库区深水航道 123 km，为发展库区航运创造了条件，经水库调节后使澜沧江下游河道的枯水期流量增加，可改善下游航运条件。同时还可发展当地旅游业。枢纽工程区虽不属强震发生区，但被强震发生带所包围。经国家地震局复核、地震烈度评定委员会审查，确定工程建筑物地区的地震基本烈度为 8 度。枢纽区河谷深切呈"V"形，岩石为致密坚硬的黑云母花岗片麻岩和角闪斜长片麻岩，但新鲜完整的片岩仍属坚硬类岩，岩石完整、强度高、质量好。坝址地形地质条件适于修建高约 300 m 的拱坝和跨度 30 m 左右的地下厂房。小湾水电站枢纽建筑物主要由拦河大坝、坝后水垫塘及二道坝、泄洪洞、引水发电系统及厂房等组成。2 条泄洪隧洞布置在左岸，引水发电系统及地下厂房布置在右岸。大坝为混凝土双曲拱坝，最大坝高 292 m，坝顶高程 1 245 m，坝顶长 922.74 m，拱冠梁顶宽 13 m，底宽 69.49 m。枢纽采用坝身泄洪，坝身设有 5 个开敞式表孔溢洪道、6 个泄水中孔和 2 个放空底孔。枢纽总泄量在设计洪水位时为 17 680 m³/s，校核洪水位时为 20 680 m³/s（其中，坝身表孔泄 8 625 m³/s，中孔泄 6 730 m³/s，左岸泄洪洞泄 5 325 m³/s）。左岸 2 条泄洪洞由短有压进水口、龙抬头段、直槽斜坡段以及挑流鼻坎组成。2 条泄洪洞轴线间距为 40 m，1 号洞长为 1 490 m，2 号洞长为 1 550 m。单独泄洪时，可以宣泄常年洪水（考虑机组过流量）。引水发电系统采用 1 机-1 管供水方式，系统由竖井式进水口、6 条埋藏式压力管道、尾水调压室及 2 条尾水隧洞组成。埋藏式压力管道，管道内径为 9 m～9.6 m，每管最大引水流量为 390 m³/s。厂房为河岸式地下厂房，洞室群位于右岸坝端下游山体内，垂直埋深 300 m～500 m。厂房、主变压器开关室和尾水调压室平行布置。厂房洞室总长 326 m（其中，主安装间长 55.5 m，机组段长 210 m，副安装间长 15 m，副厂房长 45.5 m）。最大开挖跨度为 29.5 m，最大开挖高度 65.5 m。地下厂房长 298.1 m、宽 30.6 m、高 86.43 m，内装 6 台单机容量为 70 万 kW 的混流式水轮发电机组。主变开关室长 257 m、宽 22 m、高

32 m，尾水调压室长 251 m、宽 19 m、高 69.1 m。该工程由昆明勘测设计研究院设计，水电第八工程局施工，于 2002 年正式开工，2009 年底第一台机组发电。

景洪水电站：景洪水电站位于云南省西双版纳州境内澜沧江下游河段，是澜沧江梯级开发 14 个梯级水电站中的第 12 级水电站（中下游两库 8 级中的第 6 级水电站），距景洪市约 5 km。景洪水电站是上游糯扎渡水电站的反调节水电站，下游为橄榄坝水电站，坝址多年平均流量 1 840 m³/s。电站以发电为主，兼有航运、防洪、城市供水及旅游等综合利用任务。电站装机容量为 175 万 kW，无上游水库调节时保证出力 34.65 万 kW，年发电量 63.62 亿 kW·h；有上游小湾水库调节时保证出力 63.62 万 kW，年发电量 68.74 亿 kW·h；有上游糯扎渡水库调节时保证出力 86.74 万 kW，年发电量 79.31 亿 kW·h。水库正常蓄水位 602 m，总库容 11.39 亿 m³，调节库容 11.39 亿 m³。景洪水电站枢纽建筑物主要由拦河大坝、泄洪建筑物、厂房及通航建筑物等组成。拦河大坝为碾压混凝土重力坝，最大坝高 110 m，坝顶总长 704.5 m。大坝非溢流坝段布置在左岸，右岸为溢流坝段，厂房布置在非溢流坝段坝后，为坝后式地面厂房。枢纽采用坝身泄洪方式，设表孔泄洪。厂房内安装 5 台单机容量为 35 万 kW 的混流式水轮发电机组。电站用 500 kV 及 220 kV 电压接入云南电力系统，在系统中担负基荷和调峰、调频及事故备用任务。通航过坝建筑物采用水力式垂直升船机，按 5 级航道 300 t 级标准设计。该水电站由昆明勘测设计研究院设计，于 2003 年开工建设，2008 年第一台机组发电。

（2）云南省在建大型水电站

糯扎渡水电站：糯扎渡水电站位于云南省思茅市境内澜沧江下游河段，是澜沧江梯级开发 14 个梯级中的第 11 级水电站，是梯级中库容最大、装机最多的水电站。坝址控制流域面积 14.47 万 km²，多年平均流量 1 750 m³/s。糯扎渡水电站是云南省主要外送电源，建成后送电广东。电站以发电为主，兼有防洪、航运、养殖等综合利用任务。水库正常蓄水位 812 m，总库容 227.41 亿 m³，调节库容 113.35 亿 m³，相当于 11 个滇池的蓄水量，具有多年调节性能。电站装机容量为 585 万 kW，保证出力 240 万 kW，多年平均发电量 239.12 亿 kW·h。糯扎渡水电站枢纽建筑物主要由拦河大坝、左岸溢洪道、左岸泄洪隧洞、右岸泄洪隧洞、左岸引水发电系统及地下厂房及通航建筑物等组成。拦河大坝为心墙堆石坝，最大坝高 261.5 m。左岸地下厂房长 418 m、宽 31 m、高 77.47 m，安装 9 台单机容量为 65 万 kW 的水轮发电机组。糯扎渡水电站建设总工期为 11.5 年（不含筹建期），其中施工准备期 3 年，主体工程施工期 5.5 年，完建期 3 年。该工程由昆明勘测设计研究院设计，计划在 2013 年首批机组发电，2017 年全部建成投产。

16.3.2　云南省已建中型水电站

云南省已建 5 万 kW 以上部分中型水电站的装机容量及年发电量见表 16—1。

表 16—1　云南省已建 5 万 kW 以上部分中型水电站装机容量及年发电量统计

电站名称	所在县及河流	装机容量（万 kW）	年发电量（亿 kW·h）	电站名称	所在县及河流	装机容量（万 kW）	年发电量（亿 kW·h）
盐水沟	会泽、以礼河	14.40	7.16	螺丝湾	迪庆	6.00	2.89
小江	会泽、以礼河	14.40	7.19	腊庄	罗平、黄泥河	6.00	3.30
西洱河一级	下关、西洱河	10.50	4.41	大寨	罗平、丰收河	5.59	3.63

电站名称	所在县及河流	装机容量 （万 kW）	年发电量 （亿 kW·h）	电站名称	所在县及河流	装机容量 （万 kW）	年发电量 （亿 kW·h）
西洱河二级	下关、西洱河	5.00	2.20	绿水河	蒙自、绿水河	5.75	3.30
西洱河三级	下关、西洱河	5.00		徐村	漾濞、漾濞江	7.80	3.39
西洱河四级	漾濞、西洱河	5.00	2.34	户宋河	德宏、户宋河	6.30	2.76
柴石滩	宜良、南盘江	6.00	2.61				

16.4　贵州省河流及其水能资源

贵州省河流分属长江和珠江两个水系，长江水系河流主要有乌江、沅江、赤水河等。珠江水系河流主要有南盘江、北盘江、红水河、柳江、猫跳河等。乌江是贵州省最大的河流，其次是南盘江和北盘江。全省水能理论蕴藏量 1 874.5 万 kW。

16.4.1　乌江及其水能资源

乌江是长江上游右岸最大的一条支流，发源于黔西北乌蒙山东麓，流经贵州省和重庆市，于重庆市涪陵汇入长江。流域面积 8.792 万 km²（贵州境内 6.75 万 km²）。乌江有南、北两源，从南源至河口全长 1 037 km，天然落差 2 124 m，河口多年平均流量 1 690 m³/s，年径流量 534 亿 m³。全流域水能理论蕴藏量 1 043 万 kW，其中干流 580 万 kW。乌江有地理位置适中、径流丰沛稳定、河道含砂量少、落差集中、电站规模适当、坝址地形条件优越等优点。支流猫跳河发源于贵州省安顺地区，河流全长 181 km，天然落差 550 m，水能资源丰富，开发条件优越。

16.4.2　贵州省其他诸河及水能资源

沅江在贵州境内流域面积为 3.04 万 km²，水能理论蕴藏量为 204 万 kW；赤水河在贵州境内流域面积为 1.38 万 km²，水能理论蕴藏量为 103.6 万 kW；南盘江在贵州境内流域面积为 0.8 km²，水能理论蕴藏量为 212.4 万 kW；北盘江在贵州境内流域面积为 2.04 万 km²，水能理论蕴藏量为 274.2 万 kW；红水河在贵州境内流域面积为 1.67 万 km²，水能理论蕴藏量为 173.9 万 kW；猫跳河是乌江支流，水能理论蕴藏量为 20.42 万 kW。

16.5　贵州省河流水能规划与实施概况

16.5.1　贵州省河流水能规划

乌江流域初步规划建水电站 3 131＋19/2 座，总装机容量 1 235 万 kW。乌江干流水能理论蕴藏量 580 万 kW。乌江开发主要是发电，但必须考虑航运问题。河流梯级开发规划修建水电站 11 座。这 11 座水电站为北源上的洪家渡，南源上的普定、引子渡，两源汇口以下 8 座水电站是东风、索风营、乌江渡、构皮滩、思林、沙沱、彭水和大溪沟。这 11 座梯级水电站的主要技术经济指标见第 13 章乌江水电基地部分。

沅江：沅江干流规划有挂治、远口、白布等水电站，上源清水江规划有三板溪水电站。

猫跳河：猫跳河规划为 6 个梯级，这 6 座梯级水电站为红枫、百花、修文、窄巷口、红林和红岩。

16.5.2　贵州省河流水能规划实施概况

贵州省水电建设始于 20 世纪 50 年代，首先在乌江支流猫跳河上建成猫跳河梯级 6 座水电站，总装机容量 23.9 万 kW。20 世纪 70 年代开始开发乌江干流，70 年代末已建成装机容量 63 万 kW 的乌江渡水电站，水电建设水平上了一个台阶。20 世纪继乌江渡水电站后，建成了普定、引子渡、东风、索风营等水电站。

20 世纪 90 年代起国家实施西部大开发战略，建设西部能源基地向华东、华南送电，乌江干流规划的大型或巨型水电站先后开工建设。到 2010 年底乌江干流梯级除重庆市涪陵境内的大溪沟水电站外，其余 10 座水电站已全部建成投产。除此之外，北盘江界河上修建的天生桥水电站属界河上的水电站，已在第 11 章珠江治理与水能利用中介绍。

16.6　贵州省已建大中型水电站

16.6.1　贵州省已建大型水电站

洪家渡水电站：洪家渡水电站位于贵州省织金县与黔西县交界的乌江干流北源六冲河下游，距贵阳市 154 km，距下游东风水电站 65 km，为乌江梯级开发级中的第 3 级，是乌江梯级中唯一具有多年调节性能水库的龙头水电站。电站以发电为主，兼有防洪、供水、养殖、旅游及改善生态环境和航运等综合利用任务。坝址控制流域面积 9 900 km²，占六冲河流域面积的 91%，多年平均流量 155 m³/s。水库为山区峡谷和湖泊混合型水库，水库正常蓄水位为 1 140 m，死水位 1 080 m，总库容 49.47 亿 m³，调节库容 32.2 亿 m³，属多年调节水库。电站装机容量为 54 万 kW，保证出力 17.15 万 kW，年发电量 15.94 亿 kW·h。洪家渡水电站对下游梯级电站补偿效益很大，近期可提高下游东风、乌江渡二级电站保证出力 23.9 万 kW，可增加年发电量 11.79 亿 kW·h。远景可使下游梯级电站保证出力增加 83.31 万 kW，年发电量增加 15.96 亿 kW·h。洪家渡水电站在电网中主要担任调峰、调频和事故备用，对优化电网水火电结构、提高电网供电质量作用很大。坝址上游转弯点右岸发育有底纳河伏流，下游有 K40 溶洞，河床覆盖层深 4 m～7 m，坝址区地震基本烈度为 6 度。洪家渡水电站枢纽建筑物主要由拦河大坝、洞式溢洪道、泄洪洞、放空洞、引水发电系统及厂房等组成。枢纽建筑物除拦河大坝外，主要水工建筑物均布置在左岸。拦河大坝为钢筋混凝土面板堆石坝，最大坝高 179.5 m，坝顶高程 1 147.5 m，坝顶长 447.43 m，坝顶宽 10.95 m，上、下游坝坡均为 1∶1.4。洞式溢洪道进口为开敞式溢流堰，堰顶高程 1 122 m，无压隧洞长 788.65 m，纵坡 7.5%，断面宽 14 m、高 21.54 m。泄洪洞仅参加宣泄校核洪水，在底板高程 1 082 m 的进口接长 699 m 的无压隧洞。无压隧洞为城门洞型，断面宽 7 m、高 12.41 m，隧洞纵坡为 7.5%。放空洞由 1 号导流洞按"龙抬头"形式改建而成，进口底板高程 1 030 m，导流洞利用洞段长 647 m，占导流洞全长的 66%。引水发电系统采用 1 洞－3 机布置方案，引水线路位于左坝肩、泄洪洞右侧。进水口为岸墙式，底板高程 1 055 m，塔顶高程 1 147 m，发电引水隧洞洞径 12 m～7 m，总长 228.23 m，1～3 号压力钢管分别长 256.86 m、233.46 m 和 250.90 m，洞径 5.5 m。厂房位于坝脚左岸岸边，属河岸式地面厂房，主厂房上游侧与山体间布置上游副厂房，上游副厂房顶和开挖平台上布置 GIS 开关站和出线杆塔，中央控制室布置在上游副厂房右端。主厂房长 90 m、宽 55.2 m、高 54.96 m，主厂房内安装 3 台单机容量为 18 万 kW 的水轮发电机组，单机引用流量为155 m³/s，机组安装高程为 974 m。该工程由贵阳勘测设计研究院设计，于 2000 年开工，2001 年截流，2004 年第一台机组发电，2006 年竣工。

东风水电站：东风水电站位于贵州省清镇和黔西 2 县交界的乌江干流上，是乌江干流梯级中第一个梯级，是一座坝式大型水电站，距贵阳市 90 km。坝址控制流域面积 1.816 1 万 km²，多年平均流量 355 m³/s。电站开发目标是发电，主要向贵阳市供电，并与四川电网联网运行。水库正常蓄水位 970 m，死水位 936 m，总库容 8.64 亿 m³，调节库容 4.9 亿 m³。电站装机容量为 51 万 kW，保证出力为 24.8 万 kW，多年平均发电量为 30.5 亿 kW·h。东风电站水库对下游梯级有较大补偿作用，可增加下游乌江渡水电站保证出力 3 万 kW，年发电量 0.7 亿 kW·h。坝址区为深切峡谷型，坝址基岩为三叠系下统永宁镇组灰岩。东风水电站枢纽建筑物由拦河大坝、泄水建筑物、引水发电系统、厂房及压开关站等组成。拦河大坝为混凝土双曲拱坝，最大坝高 168 m，坝顶弧长 259.35 m，坝顶厚 6 m，坝底厚 27 m，拱高比约 0.176，属薄拱坝。溢洪道布置在左岸，坝身设有表孔和中孔与溢洪道联合泄洪。引水发电系统布置在右岸，采用 1 机－1 洞布置方式，共 3 条发电引水洞，洞长约 192 m。尾水洞 1 条，长约 210 m。厂房为河岸式地下厂房。厂房长 107 m、宽 21.7 m、高 47.9 m，主厂房内安装 3 台单机容量为 17 万 kW 的水轮发电机组。东风水电站施工导流采取隧洞导流，导流洞为方圆形，宽 12 m、高 14.13 m、长 610 m。该工程由水电部贵阳和中南勘测设计院设计（前者承担总体和大坝设计，后者承担引水系统和地下厂房设计），水利水电第九工程局施工，首批机组于 1994 年发电。

索风营水电站：索风营水电站位于贵州省黔西、修文 2 县交界的乌江干流上，是乌江干流第 2 级水电站，上距东风水电站 35.5 km，下距乌江渡水电站 74.9 km。坝址控制流域面积 2.186 2 万 km²，占全流域面积的 24.9%，多年平均流量 395 m³/s。电站地处黔中腹地电力负荷中心，以发电为主，兼有灌溉、养殖、旅游等综合利用任务。水库正常蓄水位 835 m，死水位 813 m，总库容 2.012 亿 m³，调节库容 0.9 亿 m³，具有日调节性能，承担地区电网调峰、调频、事故备用等任务。电站装机容量为 60 万 kW，保证出力 16.3 万 kW，年发电量 20.4 亿 kW·h，年利用时数 3 352 h。水库上下游河谷两岸不同高程发育有十多个喀斯特大泉或暗河系统，水库不具备封闭的防渗条件。坝址为基本对称的"U"形河谷，谷宽 50 m～70 m，基岩裸露。坝基为三叠系下统夜朗组玉龙山灰岩，岩石坚硬完整。根据枢纽的复杂地质条件，设计中进行了 5 种枢纽布置方案比较，最终选定碾压混凝土重力坝挡水、表孔泄洪、右岸单元式引水发电系统、地下厂房及右岸导流洞的布置方案。碾压混凝土重力坝，最大坝高 115.8 m，坝顶全长 164.5 m，顶宽 8 m、底宽 97 m，宽高比 1.42。索风营水电站采用坝身表孔泄洪，水头高、流量大，校核洪峰流量达16 300 m³/s。在河床坝段设有 5 孔宽 13 m 的开敞式溢流表孔，采用"X"形宽尾墩＋台阶坝面＋消力池组合消能方式。水力学试验和减压箱空化试验表明，泄洪能力大，消能率达 70%，高于"Y"形宽尾墩，水流掺气率达 4% 以上，不会发生空化空蚀，水流雾化程度轻微。引水系统采用 3 洞－3机单元供水方式，进水口为岸塔式，布置在大坝上游右岸，尾水出口位于消力池下游30 m处，引水隧洞和压力钢管内径分别为 9.9 m 和 8.4 m，尾水隧洞为城门洞型，宽 10 m、高 16.13 m。厂房为河岸式地下厂房，主、副厂房及主变压器洞室，靠河侧埋深 50 m～70 m，垂直埋深 200 m～300 m。地下厂房长 135.5 m、顶宽 24 m（中下部宽 21 m）、高 58.405 m，厂房内安装 3 台单机容量为 20 万 kW 的水轮发电机组。主变压器和 GIS 开关站均布置在地下，主变洞室长 85 m、宽 15.3 m、高 29.757 m，洞间岩体壁厚 42.5 m。索风营水电站对不良地质处理采取了多种措施：开挖卸载＋削坡＋排水，锚固＋混凝土围护，预应力锚索＋抗剪洞＋抗滑桩＋灌浆。该工程由贵阳勘测设计研究院设计，于 2002 年 7 月开工，同年 12 月截流，2005 年 8 月第一台机组发电。

乌江渡水电站：乌江渡水电站位于贵州遵义附近的乌江干流上，是乌江梯级开发的第一期工程，是乌江干流梯级开发中的第 3 个梯级，是我国在岩溶地区兴建的第一座大型水电站。坝址控制流域面积 27 790 km²，多年平均流量 511 m³/s。电站以发电为主，兼有通航、防洪等综合利用任务。电站装机容量为 63 万 kW（扩机后为 105 万 kW），保证出力 38.7 万 kW，年发电量 33.4 亿 kW·h（扩机后为 44.2 亿 kW·h）。用高压输电线分别接入贵州和重庆电网。水库正常蓄水位 760 m，死水位 730 m，水库总库容 23 亿 m³，调节库容 13.5 亿 m³。坝址地处石灰岩峡谷地区，岸坡陡峭，地质结构复杂。两岸岩溶及暗河发育，坝肩附近洞穴容积达 8 万 m³，坝脚下游 50 m 处有厚达 80 m 深的软弱页岩层及破碎带，给坝基防渗、泄洪消能、防冲保护带来较大困难。乌江渡水电站枢纽建筑物主要由拦河大坝、泄洪建筑物、厂房及开关站等组成。拦河大坝为拱形重力坝，最大坝高 165 m，坝顶长 368 m。泄洪建筑物由布置在大坝中央的 6 个泄洪孔、左右岸滑雪道式溢洪道和左右岸泄洪洞组成。中间 4 表孔为厂前挑流式溢流表孔，孔宽 13 m、高 19 m，两侧 2 中孔宽 4 m、高 4 m。左、右岸滑雪道式溢洪道表孔宽 13 m、高 19 m，左、右岸泄洪洞洞径分别为 9 m 和 7 m。溢洪道最大单宽流量为 201 m³/(s·m)，最大流速达 42 m/s。左、右岸泄洪洞最大单宽流量为 240 m³/(s·m)，最高水头达 104 m，最大流速达 43.1 m/s。为解决高水头、大流量和狭窄河床的泄洪消能问题，利用汛期下游河床水垫较深的特点，将各泄洪建筑物出口远、近、高、低错开布置，使水舌落点沿河床纵向扩散，并远离易被冲刷的页岩层。厂房为坝后式厂前挑流封闭厂房，厂房长 105 m、宽 32 m、高 56.1 m，内装 3 台单机容量为 21 万 kW 的水轮发电机组。电站枢纽建筑物布置在深窄峡谷中，由于地形狭窄，溢洪道、厂房、开关站等建筑物采用多层重叠布置。4 孔溢洪道布置在河床中央，溢流坝段后接封闭式厂房，110 kV 开关站布置在坝内，紧靠发电厂房。该工程由长江流域规划委员会勘测设计研究院、中南勘测设计研究院设计，水电第八工程局施工，于 1970 年 4 月开工，1979 年第一台机组发电。

构皮滩水电站：构皮滩水电站位于贵州省余庆县境内的乌江干流上，是乌江干流梯级开发中的第 4 个梯级，是乌江梯级中装机规模最大的水电站，是"黔电送粤"的标志性工程。电站以发电为主，兼有防洪、航运、养殖、旅游等综合利用任务。水库正常蓄水位 630 m，死水位 570 m，总库容 55.64 亿 m³，调节库容 36.6 亿 m³，在上游水库的调节下，可起到多年调节作用。电站装机容量为 300 万 kW，保证出力 75.18 万 kW，年发电量 96.67 亿 kW·h。坝址控制流域面积 43 251 km²，占全流域面积的 49.2%，多年平均流量 742 m³/s。坝址处为坚硬灰岩形成的"V"形河谷，两岸山体雄厚，临江峰顶高程 722 m～837 m。河床覆盖层厚 2.5 m～8 m，局部达 13 m。坝址区地表有大小断层 77 条，延伸长度以小于 100 m 为主。坝址以碳酸盐岩为主，岩溶发育，主要岩溶形态为地表溶沟、溶槽与地下的溶洞、竖（斜）井及溶缝等。坝址区地震基本烈度为 6 度。构皮滩主要地质缺陷是坝基和坝肩有与岩层走向基本平行的层间错动，以及一些喀斯特溶洞，坝肩岩体压缩变形条件差。在大坝持力层范围内对大坝应力、变形及渗漏有较大影响的溶洞进行回填混凝土处理。构皮滩水电站为大型坝式水电站，枢纽建筑物主要由拦河大坝、右岸引水发电系统及地下厂房、左岸通航建筑物及泄洪洞等组成。工程属一等工程，大坝和泄洪建筑物为 1 级建筑物，引水发电系统为 2 级建筑物。拦河大坝为混凝土抛物线形双曲拱坝，最大坝高 232.5 m，坝顶弧长 557.11 m，坝顶高程 640.5 m，建基面高程 408.0 m。构皮滩水电站拱坝是世界上喀斯特地区最高的薄拱坝。坝身布置有 6 个泄洪表孔、7 个泄洪中孔和 2 个放空底孔。泄洪表孔堰顶高程为 617 m，孔口宽 15 m、高 12 m，设有弧形闸门。泄洪中孔进、出口均为有压流形式。为了分散入塘水流落点，出口分为上挑压板型和平底型 2 种。孔口宽 6 m、高 7 m。为增加泄洪的安全余度，在左岸设 1 条辅助泄洪洞，分流最大泄量为 3 100 m³/s，采用有压进水口接明流隧洞形式直线布置，全长 545 m。隧洞断面为城门洞型，宽 11 m、高 17 m 至宽 11 m、高 13 m，底板纵坡 8%，洞内最大流速约 43 m/s。在大坝 490 m 高程设有 2 孔放空底孔，孔口宽 4 m、高 6 m。为满足后期导流要求，在高程 460 m，布置有 6 孔宽 6 m、高 9 m 的导流底孔（后期导流后封堵）。水垫塘是坝身泄洪水流的主要消能区，底板高程为 412 m，长 303 m，底宽 70 m。为满足抗浮要求，水垫塘底板布置锚筋，两侧护坡也用锚筋锚固。设置 2 道坝的主要作用是稳定水跃和阻挡回砂，并为水垫塘检修提供一定条件，其顶高程为 441 m。为充分保护水垫塘的安全，2 道坝下游设置了长约 70 m 的防冲护坦段。防渗帷幕在河床范围采用悬挂帷幕，沿坝基廊道布置，两岸与韩家店不透水层相连，左右岸分设 4 层和 5 层灌浆平洞，防渗线路长 1 756 m。引水发电系统布置在右岸山体内，主要建筑物由进水口、引水隧洞、主厂房洞室、主变压器洞室、调压室、尾水隧洞及尾水出口明渠组成。厂房为河岸式地下厂房，主厂房、主变洞、调压室三大洞室平行布置，主厂房洞室开挖尺寸为长 230.45 m、宽 27.0 m、高 75.32 m，厂房内安装 5 台单机容量为 60 万 kW 的水轮发电机组。主变压器洞室断面形式为城门洞型，开挖尺寸为长 178.27 m、宽 15.8 m、高 21.34 m，室内装有 5 台单相双卷强油循环水冷升压变压器，额定容量为 223 MVA。尾水调压室长 158 m、宽 19.3 m、高 110 m。尾水隧洞由 2 部分组成：在调压室前采用 1 机-1 洞平行布置形式，断面采用城门洞型，尺寸为宽 10 m、高 14.5 m；调压室后采用 2 机-1 洞与 1 机-1 洞联合布置方式，其中 1#、2# 机与 3#、4# 机分别共用一条尾水洞，采用圆形断面，直径 14.2 m；5# 机为单机单洞布置，直径 10 m。尾水隧洞段布置有调压室，在 482 m 高程以下为 3 个相互独立的矩形调压井以对应下游 3 条尾水洞；在 482 m 以上连通成为闸门廊道，顶高程为 514 m，宽 19.7 m，长 172.5 m。通航建筑物为 3 级升船机（预留），过坝船舶吨位 300 t～500 t，年过坝能力 290 万 t。施工导流洞布置在左岸，高程为 430 m，是 2 条宽 13 m、高 17 m 的城门洞形隧洞。该工程由水利部长江水利委员会长江勘测规划设计研究院设计，于 2003 年开工建设，2004 年截流，2009 年第一台机组发电。

思林水电站：思林水电站位于贵州省思南县境内乌江干流上，是乌江干流梯级开发中第 5 级水电站，上距构皮滩水电站 89 km，下距沙沱水电站 120.8 km。电站以发电为主，其次为航运，兼顾防洪及灌溉等综合利用任务。水库正常蓄水位 440 m，死水位 431 m，水库总库容 12.05 亿 m³，调节库容 3.17 亿 m³，防洪库容 1.84 亿 m³，属日、周调节水库。电站装机容量为 100 万 kW，保证出力 37.65 万 kW，年发电量 40.64 亿 kW·h。过坝船舶吨位为 500 t 级，年过坝能力 375.69 万 t。坝址多年平均流量 863 m³/s。思林水电站枢纽建筑物主要由拦河大坝、泄洪建筑物、引水发电系统及厂房、通航建筑物等组成。拦河大坝为碾压混凝土重力坝，最大坝高 117 m，坝顶高程 452 m，坝顶全长 310 m。采用坝身泄洪方式，在河床溢流坝段设有 7 孔宽 13 m、高 21.5 m 的溢流表孔，堰为 WES 实用堰，弧形闸门控制。在弧形闸门前设有一道检修闸门门槽。采用"X"形宽尾墩＋台阶坝面＋消力池的组合消能方式。引水发电系统及厂房布置在右岸山体内，采用 1 洞－1 机布置方式，由 3 条内径 12.6 m 和 1 条内径 10 m 的隧洞引水至厂房发电，发电后的水经 4 条尾水隧洞排到下游河道，没有设置调压室。厂房为河岸式地下厂房，主厂房内安装 4 台单机容量为 25 万 kW 的水轮发电机组。通航建筑物布置在左岸，通航建筑物由上游引航道、中间通航渠道、垂直升船机本体段和下游引航道 4 部分组成，全长约 1 100 m。升船机为钢丝绳卷扬机平衡重式垂直升船机。该工程由贵阳勘测设计研究院设计。

沙沱水电站：沙沱水电站位于贵州省北部沿河县境内乌江干流上，上距思林水电站 120.8 km，下游 7 km 为沿河县城，是乌江干流梯级开发中的第 6 级水电站。电站以发电为主，兼有航运、防洪及灌溉等综合利用任务。坝址控制流域面积 54 508 km²，多年平均流量 953 m³/s。水库正常蓄水位 365 m，死水位 350 m。水库总库容 9.21 亿 m³，调节库容 3.8 亿 m³。电站装机容量为 112 万 kW，与上游构皮滩水电站联合运行保证出力 35.66 万 kW，多年平均发电量 45.52 亿 kW·h。沙沱水电站枢纽建筑物主要由拦河大坝、泄水建筑物、通航建筑物、引水发电系统及厂房等组成。拦河大坝为碾压混凝土重力坝，最大坝高 117 m，坝顶高程 452 m，坝顶全长 310 m。采用坝身泄洪方式，主河床布置溢流坝段，溢流堰堰型为 WES 实用堰，由弧形闸门控制。在弧形闸门设有一道检修闸门门槽。引水坝段布置在河床左岸，厂房为坝后式地面厂房，安装 4 台单机容量为 28 万 kW 的水轮发电机组。采用 1 机－1 管供水方式，压力水管采用钢衬钢筋混凝土结构，钢管内径 10 m，外包混凝土 1.5 m，单条钢管轴线长 107.809 m。通航建筑物为垂直升船机，可通航 500 t 机动驳船。工程由贵阳勘测设计研究院设计，武警水电第四支队施工，于 2006 年动工修建，2009 年第一台机组发电。

三板溪水电站：三板溪水电站位于贵州省黔东南锦屏苗族侗族自治县境内，沅水干流上游河段的清水江上，是沅水干流规划 15 个梯级水电站中的第 2 级水电站，是沅水继五强溪水电站后第 2 个装机容量为 100 万 kW 级的大型水电站，也是国家西电东送"十五"重点工程之一。三板溪坝址控制流域面积 11 051 km²，水库正常蓄水水位 475 m，水库库容 40.94 亿 m³，水库面积 79.56 km²，具有多年调节能力。三板溪水电站以发电为主，兼有防洪等综合利用任务。电站主要供湖南电网，电站装机容量为 100 万 kW，保证出力 23.49 万 kW，年发电量 24.28 亿 kW·h。三板溪水电站是梯级中唯一具有多年调节能力的龙头电站，可增加下游洪江、五强溪、凌津滩等水电站年发电量 14.7 亿 kW·h，并可极大地提高沅水中游安江河段和下游常德、益阳、桃源以及洞庭湖区的防洪能力，使防洪标准由目前的 5 年一遇提高到 20 年一遇。坝址为不对称"V"形峡谷，两岸基岩多裸露，河床覆盖层薄。右岸山体雄厚，右岸岸坡 45°～60°；左岸岸坡 40°～45°，高程 478 m 以上较单薄，为条形山脊。坝址岩性主要为元古界板溪群清水江组变余凝灰岩、变余凝灰质砂岩等，工程地质条件较好，具备建高坝和大地下洞室群条件，地震基本烈度为 6 度。三板溪水电站枢纽建筑物主要由拦河大坝、泄洪洞、引水发电系统及厂房、开关站等组成。河床布置主坝，左岸条形山脊上布置副坝，溢洪道布置在左岸，位于主、副坝之间。泄洪洞布置在溢洪道左侧山体中，导流洞布置在左岸穿过副坝。引水发电系统及地下厂房布置在右岸。主坝和副坝均为混凝土面板堆石坝，坝顶高程 482.5 m，坝顶宽 10 m，主坝坝顶长 423.75 m，最大坝高 185.5 m，副坝坝顶长 233.78 m，最大坝高 50.5 m。主、副坝上下游坝坡均为 1：1.4。三板溪混凝面板堆石坝，最大坝高仅次于湖北水布垭电站，属 200 m 级高坝，坝高位居全国第二、世界第三。左坝侧溢洪道为开敞陡槽式溢洪道，长 686 m，溢流堰为 WES 实用堰，堰顶高程

456 m，设 3 孔宽 20 m、高 19 m 溢流表孔，采用挑流消能。设计洪水位和校核洪水位时的下泄流量分别为 10 360 m³/s 和 13 100 m³/s，采用挑流消能。下泄流量为 13 100 m³/s 时，鼻坎单宽流量为218.3 m³/（s·m），最大流速为 45.6 m/s。泄洪洞位于溢洪道左侧，为城门洞型无压隧洞。进水口为塔式进水口，设 2 孔宽 5 m、高 9 m 的深孔，底板高程 400 m，进水口后接宽 13 m、高 13.5 m 的城门洞型无压隧洞，总长约 816 m，其中隧洞长约 745 m，采用挑流消能。设计洪水位和校核洪水位时下泄流量分别为 2 880 m³/s 和 2 940 m³/s，洞内最大流速为 42.1 m/s。引水发电系统位于右岸，进水口为岸塔式，采用 1 机－1 洞布置方式，引水隧洞洞径为 7 m。发电厂房为河岸式地下厂房，布置在右岸山体内，厂房内安装有 4 台单机容量为 25 万 kW 的混流式水轮发电机组。主厂房长 132 m、宽 23.5 m、高 55.8 m，主变压器和开关室位于主厂房下游，洞室长 111 m、宽 23 m、高 31.8 m。尾水系统采用 2 机－1 井－1 洞布置方式，尾水系统设有 2 个阻抗式调压室，调压室内径为 24 m，高度约 61.8 m。2 条尾水隧洞的内径均为 12 m。施工导流采用隧洞导流，一次拦断河床的导流方式。导流隧洞布置在左岸，过水断面尺寸为宽 16 m、高 18 m，隧洞断面为城门洞型，隧洞长 734 m。该工程由中南勘测设计研究院设计，总工期为 5 年，主体工程于 2002 年 7 月正式开工，2007 年第一台机组发电。

16.6.2 贵州省已建中型水电站

贵州省已建部分中型水电站的装机容量及年发电量见表 16－2。

表 16－2　贵州省已建部分中型水电站装机容量及年发电量统计

电站名称	所在县及河流	装机容量（万 kW）	年发电量（亿 kW·h）	电站名称	所在县及河流	装机容量（万 kW）	年发电量（亿 kW·h）
红林	修文、猫跳河	10.2	3.830	响水	水城、北盘江	11.0	6.020
红枫	清镇、猫跳河	2.0	0.689	田边寨	盘县、北盘江	2.5	1.450
百花	贵阳、猫跳河	2.2	0.804	普定	普定、三岔河	7.5	3.400
修文	修文、猫跳河	2.0	0.819	大七孔	荔波、方村河	4.8	1.980
窄巷口	修文、猫跳河	4.5	1.610	关脚	安顺、打邦河	4.8	1.845
红岩	修文、猫跳河	3.0	1.430				

第 17 章　鄂湘两省水能开发利用

17.1　湖北省河流及其水能资源

湖北省境内较大河流有 20 余条，多属长江水系，主要河流除长江干流外，有汉江、乌江、清江、香溪河、澧水、沅江、富水等。

全省水能理论蕴藏量约 2 600 万 kW。其中，长江水系河流合计水能理论蕴藏量 1 821.18 万 kW（长江干流水能理论蕴藏量 834 万 kW），汉江水能理论蕴藏量 389.3 万 kW，清江水能理论蕴藏量 250.42 万 kW，乌江水能理论蕴藏量 40.94 万 kW，香溪河水能理论蕴藏量 34.57 万 kW，澧水水能理论蕴藏量 52.67 万 kW，富水水能理论蕴藏量 14.46 万 kW。

17.2　湖北省河流水能规划与实施概况

17.2.1　湖北省河流水能规划

全省规划建水电站 6 733 座（其中，装机容量 500 kW 以下 5 868 座），总装机容量为 2 511.50 万 kW。

长江：属长江水系河流规划建水电站 854 座，总装机容量为 2 461.14 万 kW。长江干流上游河段规划的 5 座梯级水电站中长江三峡水利枢纽和葛洲坝水利枢纽位于湖北省境内。长江支流黄柏河上规划有西北口、东山寺等水电站。

汉江：长江支流汉江水系规划建水电站 194 座，总装机容量为 246.56 万 kW，年发电量 105.03 亿 kW·h。汉江干流上规划有石泉、安康、丹江口、王甫洲等 6 座水电站（仅丹江口和王甫洲位于湖北省境内），支流堵河上规划有黄龙滩等水电站。

清江：汉江支流清江是湖北省境内除长江干流外，水能资源最丰富的河流，与长江上游干流（宜宾—宜昌）河段一起被列入国家重点开发的"十二大水电基地"。清江分 3 级开发，总装机容量为 289.1 万 kW，保证出力 72.5 万 kW，年发电量 84.9 亿 kW·h。这 3 座梯级水电站为水布垭、隔河岩和高坝水电站。

其他诸河：乌江水系规划建水电站 19 座，总装机容量为 14.84 万 kW，年发电量 8.1 亿 kW·h；香溪河规划建水电站 9 座，总装机容量为 5.06 万 kW，年发电量 2.03 亿 kW·h；澧水规划建水电站 14 座，总装机容量为 3.78 万 kW，年发电量 1.71 亿 kW·h；富水规划建水电站 50 座，总装机容量为 11.26 万 kW，年发电量 4.39 亿 kW·h。

17.2.2　湖北省河流水能规划实施概况

湖北省水能资源开发主要集中在长江干、支流上，最早修建的大型水电工程是丹江口水利枢纽初期工程，1958 年开工，1968 年第一台机组发电，1973 年全部建成。1970 年 12 月动工修建葛洲坝水利枢纽，1981 年第一台机组发电，1988 年建成。全国最大也是世界最大的三峡工程于 1994 年动工修建，2003 年 6 台机组并网发电，2009 年全部建成投产。湖北省除开发长江干流外，主要集中开发支流清江，清江上修建的第一座水电站是隔河岩水电站，1986 年开工，1992 年发电。高坝水电站是隔河岩水电站的反调节电站，于 2000 年建成投产。水布垭水电站已于 2002 年截流，发电工期是 7 年半，即将投入运行。湖北省已建中型水电站有黄龙滩、潘口、陆水等。

17.3 湖北省已建、在建大中型水电站

17.3.1 湖北省已建、在建大型水电站

（1）湖北省已建大型水电站

长江三峡水利枢纽：三峡工程位于长江干流三峡河段下段西陵峡的湖北省宜昌市三斗坪，下距三峡出口南津关 38 km，在葛洲坝水电站上游约 40 km。三峡坝址控制流域面积 100 万 km²，占全流域面积的 56%。坝址多年平均流量 14 300 m³/s，年平均径流量 4 530 亿 m³。控制了长江宜昌以上的全部洪水，集中了川江河段的大部分落差。开发任务主要是防洪、发电、航运、旅游、供水及养殖等，是长江综合治理和开发的关键性工程。三峡工程兴建的设想，始于 1919 年孙中山先生提出的实业计划。新中国成立后，开展了大规模的考查研究，经过长期比较论证，综合考虑防洪、航运要求和泥砂淤积、水库淹没与移民等问题，最后选用水库正常蓄水位 175 m、大坝坝顶高程 185 m 和"一级开发，一次建成，分期蓄水，连续移民"的建设方案。1992 年 9 月 3 日，第七届全国人民代表大会第五次会议通过了《关于兴建长江三峡工程的决议》，批准将兴建长江三峡工程列入国民经济和社会发展十年规划。三峡工程于 1994 年 12 月 14 日正式开工兴建。长江三峡水利枢纽是我国最大的水利水电工程。三峡工程建成后荆江河段的防洪标准可由 10 年一遇提高到 100 年一遇，可不启用荆江分洪区；如遇大于 100 年一遇特大洪水，配合分蓄洪措施，可避免荆江两岸发生毁灭性灾害。由于上游洪水得到有效控制，可减轻洪水对武汉地区及下游的威胁。三峡电站是世界上最大的水电站，总装机容量为 2 240 万 kW（其中，坝后地面厂房装机 1 820 万 kW，地下电站装机容量 420 万 kW），年发电量 846.8 亿 kW·h（不包括地下电站发电量），相当于 1993 年全国发电量的 1/9，相当于建设 10 座 200 万 kW 的大型火电厂和 1 座 5 000 万 t 原煤的特大型煤矿；除为华东、华中、川东提供能源外，还可促进全国统一电网联网，仅华东、华中两大电网联网，就可取得 300 万 kW～400 万 kW 的错峰效益。三峡水库位于长江上中游交界处，对上可淹没上游航道险滩，显著改善三斗坪至重庆航道；对下可有效增加长江中游航道枯季水深，万吨级船队每年有半年时间可汉渝直达。此外，三峡工程还有利于南水北调，发展灌溉、水产和旅游事业。三峡工程为一等工程，主要建筑物为一级建筑物，按千年一遇洪水流量（98 800 m³/s）设计，万年一遇洪水流量加大 10%（124 200 m³/s）进行校核。水库正常蓄水位 175 m，总库容 393 亿 m³，其中防洪库容 221.5 亿 m³，兴利库容 165 亿 m³。长江三峡水利枢纽水工建筑物主要由拦河大坝、水电站厂房和通航建筑物三大部分组成。溢流坝段布置在河床中部，两侧非溢流坝段后为坝后式厂房，升船机紧靠左岸厂房，永久船闸位于岸边。地下厂房位于右岸岸边"白尖山"山体内。拦河大坝为混凝土重力坝，最大坝高 175 m，坝顶高程 185 m，坝轴线全长 2 335 m，坝顶宽 15 m，坝顶长度 1 983 m。溢流坝段总长 483 m，泄洪建筑物采用挑流消能形式，最大泄洪能力为

11 600 m³/s。三峡工程泄洪建筑物还设有泄洪冲砂闸（由施工期临时船闸改建）。水电站厂房由左、右岸坝后式厂房和右岸地下式厂房 3 部分组成。坝后式地面厂房共安装 26 台单机容量为 70 万 kW 的水轮发电机组（其中，左岸 14 台，右岸 12 台）。三峡水利枢纽坝后电站主要建筑物包括进水口、压力钢管、主厂房、副厂房和尾水渠，按一级建筑物和地震设防烈度 7 度设计，基础岩体均为坚硬完整的闪云斜长花岗岩。电站进水口为大坝的一部分，为防止泥砂与漂污物影响电站正常取水，将左、右岸电站分别布置在泄洪坝段两侧，可充分利用泄洪时排砂与排漂。此外，在进水口前沿分别设有 7 个直径为 5 m 的排砂孔和 3 个排漂孔，用以实现进水口门前清，保证电站长期安全运行。由于三峡坝后电站单机流量大（996.4 m³/s）、闸门设计水头高（70 余米），电站采用单孔小进水口，1 机－1 管布置形式，压力水管自进口起顺坝坡而下接入厂房。钢管直径 12.4 m，厂外段与外包混凝土联合受力；厂内段算至水轮机蜗壳入口，上半环外包 3 cm 厚弹性垫层与混凝土相隔；厂内段与厂外段的连接有两种形式：7～14 号机组段对应河床坝段，坝高较大，采用伸缩节连接；1～6 号机组段对应岸坡坝段，在 10 m 管段范围内，全环外包 5 cm 厚的弹性垫层形成垫层管以替代伸缩节。水轮机蜗壳采用充水加压埋入混凝土，使蜗壳与外围混凝土完全贴合，联合受力，以增加蜗壳结构刚度，提高其抗震性能。左岸电站厂房包括 14 个机组段和 3 个安装场。顺厂房轴线，安 1 段长 9 m，安 2 段、安 3 段和 1～13 号机组段均长 38.3 m，14 号机组段加长为 41.2 m，故电站厂房全长 644.7 m；顺水流方向，主厂房与下游副厂房为一整体结构，自尾水平台 82 m 高程以上宽 39 m，以下宽 68 m；上游副厂房宽为 17 m；从竖向看，主厂房开挖高程为 19.9 m～22.2 m，屋顶高程 114.5 m，总高度为 92.3 m～94.6 m。主厂房内安装有 14 台混流式水轮发电机组，水轮机额定出力 71 万 kW，发电机为伞式，额定容量 71 万 kW。其中，1～3 号和 7～9 号共 6 台由 VGS 集团供货，其余 8 台由 GANP 集团供货。主厂房安装高程 57 m；水轮机层高程 67 m，设有调速器和油压装置；发电机层高程 75.3 m，上方设有两层桥机：下层为 2 台 12 000 kN/200 kN 单小车桥机，并车运行时可起吊发电机转子；上层设有 2 台 1 000 kN/320 kN 桥机。上游副厂房共 5 层，自下而上布置励磁变压器、配电盘、主变压器和 GIS 断路器，屋顶布置有引出线设施和出线门构。安 1 段地面高程为 82 m，大门宽 12 m，与进厂道路相通，是主要卸货场地，也是发电机上机架组装场地，下层布置透平油系统设备；安 2 段和安 3 段是主要机组组装场地，地面高程均为 75.3 m，发电机转子、下机架、水轮机转轮和顶盖等设备均在此组装。地面以下，安 2 段设有 1 个排砂孔、安 3 段设有 2 个排砂孔，并布置有压缩空气系统和暖通系统设备。下游副厂房上游方向为尾水平台，地面高程 82 m，设有 2 台 2×1 250 kN 双向门机，用于尾水检修闸门和排砂孔检修闸门启闭。主厂房 67 m 高程以下为大体积混凝土，埋有水轮机蜗壳和尾水管。尾水管为大型空腔结构，弯管段最宽为 30.96 m；扩散分成 3 孔，单孔宽 9 m。尾水闸门槽上游侧底板厚 4.8 m，为与边、中墩整体浇筑结构，门槽下游侧底板为分离式结构，底板厚 0.8 m。蜗壳采用充水加压埋入混凝土方案。主厂房 67 m 高程以上，上、下游侧均为实体墙，厚度分别为 2.2 m 和 2 m，屋顶为大跨度网架。上游副厂房为多层混凝土框架结构，与主厂房结构之间设有永久缝分隔。右岸地下厂房采用 1 洞－1 机供水方式，6 条引水洞单洞长 215.6 m，洞径 13.5 m，进口中心高程 112.75 m。尾水系统采用 2 机－1 洞布置，尾水洞后接明渠。6 条尾水支洞长 54 m，城门洞型，宽 18 m、高 20.92 m；变顶高尾水洞为城门洞型，长 150 m、宽 20 m，顶高程 63 m～75 m，底高程 37.5 m～40 m；尾水渠三段总长 465 m。厂房长 301.3 m、宽 31 m、高 83.84 m，安装 6 台单机容量为 70 万 kW 的水轮发电机组。水电站总装机容量为 2 240 万 kW，保证出力 499 万 kW，多年平均发电量 846.8 亿 kW·h（不包括右岸地下电站丰水期增发的季节性电能），是世界上最大的水电站。通航建筑物包括永久船闸和升船机。永久船闸位于制高点坛子岭左侧山体开挖形成的深槽中，深槽最大深度达 170 m，总开挖量 3 685 万 m³，约为三峡工程总开挖量的 40%。永久性船闸为双线 5 级大型船闸，单线全长 1 607 m，由低到高依次为 1～5 闸室，每个闸室长 280 m、宽 34 m、水深 5 m，可通过万吨级大型船队（与葛洲坝 1、2 号船闸尺寸相同），过闸时间为 2.5 h～3 h。升船机为单线一级垂直升船机，采用全平衡钢丝绳卷扬机的结构形式，承船厢有效尺寸为长 120 m、宽 18 m、高 3.5 m，可供 3 000 t 级客货轮快速过坝。卷扬机最大提升高度 113 m，最大提升重量 11 800 t，年单向通过能力 350 万 t，每次过坝仅需 49 min。三峡工程分三期建设：一期工程 5 年（1994—1998 年），除准备工程外，主要修建一期上、下游围堰及纵向围堰，开挖导流明渠及左岸临时船闸，并开始修建左岸永久船闸、升船机及左岸部分坝段的施工；二期工程 6 年（1998—2003 年），主要任务是修建二期围堰，修建左岸大坝、厂房及机组安装，并同时继续进行升船机和永久性双线 5 级船闸施工；三期工程 6 年（2003—2009 年），主要进行右岸大坝和电站厂房施工，并完成全部机组安装。施工期临时辅助建筑物主要有左岸临时船闸和右岸导流明渠及二期围堰等。临时船闸主要承担施工期汛期通航任务。闸室长 240 m、宽 24 m、水深 4 m，可满足长江 20 000 m³/s～45 000 m³/s 的通航要求。2003 年永久船闸投入运行后，改建为永久性继洪冲砂闸。导流明渠，为人工开挖的临时航道，宽约 359 m，长 3 401 m。为满足二期阶段工程施工时通航需要而设，于 1997 年正式通航。设计通航流量为 20 000 m³/s。当江水流量超过 20 000 m³/s，船舶通过临时船闸。二期围堰分为上、下游围堰，是在长江深水中筑起的两道横断长江的土石大坝，它与混凝土纵向围堰共同形成二期施工基坑。上游围堰堰顶高程 88.5 m，轴线长 1 400 m，可抵御 100 年一遇洪水；下游围堰堰顶高程 81.5 m，轴线长 1 075 m，可抵御 50 年一遇洪水。三峡工程共需开挖土石方约 8 789 万 m³，填筑土石方约 3 124 万 m³，浇筑混凝土 2 689 万 m³。水库淹没耕地 38.86 万亩，迁移人口 84.46 万。工程分三期施工，总工期 17 年。三峡工程由长江水利委员会勘测设计研究院设计，葛洲坝工程局、武警总队等单位施工。三峡工程于 1994 年 12 月开工，1997 年 11 月大江截流，2002 年 11 月导流明渠截流合龙，2003 年 6 月正式下闸蓄水，2003 年 7 月 10 日第一台机组并网发电，2003 年年底左岸厂房共有 6 台机组投产，创造出一年内连续投产 6 台 70 万 kW 的水电安装和投产世界纪录，2008 年 10 月 29 日右岸电厂最后一台机组发电。

葛洲坝水利枢纽：葛洲坝水利枢纽位于湖北省宜昌市境内长江三峡出口南津关下游 2.3 km 处，是长江干流上修建的第一座水利工程。葛洲坝水利枢纽主要开发目标是发电和航运，兼有旅游等综合利用效益。葛洲坝水利枢纽是长江三峡水利枢纽的重要组成部分，是三峡水利枢纽的反调节航运梯级，用它调节控制三峡水利枢纽下游河道水位的日变化幅度，以保证航道的通航和港口的停泊条件。三峡水利工程建成前主要任务是发电和航运，供电华中、华东地区，改善三峡河段的航运条件。坝址控制流域面积 100 万 km²，多年平均流量 14 300 m³/s。长江出三峡峡谷后，水流由东急转向南，江面由 390 m 突然扩宽到坝址处的 2 200 m。由于泥砂沉积，在河面上形成葛洲坝、西坝两岛，把长江分为大江、二江和三江。大江为长江的主河道，常年通航，二江和三江在枯水季节断流。葛洲坝水利枢纽工程横跨大江、葛洲坝、二江、西坝和三江，故以最大江心洲命名，取名为葛洲坝水利枢纽。水库正常蓄水位 66 m，总库容 15.8 亿 m³，无调洪削峰作用，由于受航运限制也不能在电力系统中调峰。水库反调节库容 8 500 万 m^3，上游三峡水电站建成后，可对三峡电站调峰下泄不均匀流量起反调节作用。葛洲坝水利枢纽建筑物主要由拦河大坝、船闸、河床式厂房、泄水闸、冲砂闸、左右岸土石坝和混凝土重力坝组成。拦河大坝总长 2 595 m，坝顶高程 70 m，混凝土重力坝最大坝高 53.8 m，坝轴线全长 2 065.6 m。葛洲坝水利枢纽布置采取挖除葛洲坝小岛，在正对主流深槽布置泄水闸，以利泄洪、排砂。在长江两岸布置两线航道，两线航道上游均无防淤堤，下游均设有导航墙，使两线航道与主流分开，形成 2 条独立的人工航道。左岸三江航道上自左至右分别布置 3 号船闸、三江冲砂闸（6 孔）、非溢流重力坝和 2 号船闸。二江泄水闸左侧布置二江厂房、右侧布置大江厂房。2 号船闸与二江厂房之间布置有黄草坝重力坝，坝后西坝上设有开关站。大江 1 号船闸与岸边之间布置有大江冲砂闸（9 孔）。枢纽建筑物与两岸用土坝连接。在大江和三江上设置的冲砂闸采用"静水通航，动水冲砂"的运行方式，以保证航运畅通。二江泄洪闸共 27 孔，是主要的泄洪建筑物，控制闸门为上平下弧的新型闸门，最大泄洪量为 83 900 m^3/s。三江和大江分别建有 6 孔和 9 孔冲砂闸，最大泄水流量分别为 10 500 m^3/s 和 20 000 m^3/s。冲砂闸主要功能是引流冲砂，以保持船闸和航道畅通，在防汛期也参加泄洪。泄洪闸和冲砂闸全部开启后的最大泄洪量为 11 万 m^3/s。葛洲坝水电站为径流式水电站，厂房为河床式，最大水头 27 m，最大引用流量 17 935 m^3/s。水电站分为大江和二江 2 个厂房。大江电站厂房安装 14 台单机容量为 12.5 万 kW 的机组，装机容量为 175 万 kW。二江电站厂房安装 5 台 12.5 万 kW 机组和 2 台 17 万 kW 机组，装机容量为 96.5 万 kW。整个电站总装机容量为 271.5 万 kW，多年平均发电量为 157 亿 kW·h。二江电站的 17 万 kW 水轮发电机组的水轮机，直径11.3 m，发电机定子外径 17.6 m，是当前世界上最大的低水头转桨式水轮发电机组之一。葛洲坝水利枢纽船闸为 1 级船闸，共 3 座。1、2 号两座船闸闸室有效长度为 280 m，净宽 34 m，一次可通过载重为 1.2 万 t～1.6 万 t 的船队。每次过闸时间 50 min～57 min，其中充水或泄水 8 min～12 min。3 号船闸闸室的有效长度为 120 m，净宽为 18 m，可通过 3 000 t 以下的客货轮。每次过闸时间约 40 min（其中充水或泄水 5 min～8 min）。上、下闸首工作门均采用"人"字形门，其中 1、2 号船闸下闸首"人"字形门，单扇门宽 19.7 m、高 34.5 m、厚 27 m，重量约 600 t，是目前世界上内河通航最大的闸门之一。3 号船闸可通过 3 000 t 的大型客货轮。为解决过船与坝顶过车的矛盾，在 2 号和 3 号船闸桥墩段建有铁路、公路、活动提升桥，大江船闸下闸首建有公路桥。整个工程分两期建设，第一期工程于 1981 年完工，实现了大江截流、蓄水、通航和二江电站第一台机组发电；第二期工程 1982 年开始，1988 年年底整个葛洲坝水利枢纽工程建成。葛洲坝水利枢纽工程的研究始于 20 世纪 50 年代后期，水利枢纽的设计水平和施工技术，体现了我国当时水平，是我国水电建设史上的里程碑。工程由长江水利委员会勘测设计研究院设计，葛洲坝工程局负责施工，于 1970 年动工修建，1974 年主体工程施工，1981 年大江截流，同年第一台机组发电，1988 年建成。

丹江口水利枢纽：丹江口水利枢纽位于湖北省境内的汉江干流上，是汉江上最大的水利工程。丹江口水利枢纽正常蓄水位最早定为 170 m（坝顶高程 175 m），相应的总库容 330 亿 m^3。1963 年改为分期开发，按高坝设计，先按正常高水位 155 m，坝顶高程 162 m 施工。建成投入运行后，正常高水位又提高到 157 m，相应库容 174.5 亿 m^3。设计死水位 138 m，相应库容 68 亿 m^3，有效调节库容 106.5 亿 m^3，相当于坝址多年平均年水量379 亿 m^3 的 28%，水库调节性能为多年调节水库。设计洪水位为159.8 m，校核洪水位为161.3 m，水库总库容为208.9 亿 m^3，正常高水位以上有防洪库容34.4 亿 m^3。丹江口水利枢纽具有防洪、发电、灌溉、航运、水产养殖等综合利用效益。通过水库拦洪，并结合其他分洪措施，控制新城的下泄流量，可确保汉江中、下游地区的安全；丹江口水电站装机容量为90万 kW，保证出力24.7万 kW，年平均发电量38.3亿 kW·h。由7回110 kV和5回220 kV高压输电线路分别向湖北、河南两省供电；1985年前后灌溉年引水量约15亿 m³，灌溉河南、湖北两省360万亩农田；坝址上、下游约850 km的航道得到改善；水产养殖业也得到相应发展。丹江口水利枢纽水工建筑物主要由拦河大坝、泄洪建筑物、水电站厂房、过坝通航设施和灌溉取水口等组成。拦河大坝河床部分为混凝土宽缝重力坝，连接段为重力坝，两岸为土石坝。混凝土坝段长1 141 m，最大坝高97 m。两端土石坝总长1 353 m，最大坝高56 m。泄洪建筑物有深孔泄洪闸和堰顶溢洪道2部分。深孔泄洪闸段长144 m，位于河床右侧，设12个深孔，孔口宽5 m、高6 m，底坎高程为113 m，用弧形闸门控制，正常高水位时泄洪能力为9 200 m³/s。溢流段位于中间，长240 m，导墙右侧96 m、导墙左侧144 m，设20孔，堰顶高程138 m，孔口宽8.5 m、高22.5 m，装有平板闸门，正常蓄水位时泄洪能力为28 200 m³/s，校核洪水位时可泄40 000 m³/s。溢洪道下用鼻坎挑流消能。发电厂房位于河床左侧，发电厂房为坝后地面厂房，长175.5 m、宽26.2 m、高48.5 m，进水口底坎高程115 m，用6根直径为7.5 m的压力钢管引水至坝后厂房发电。厂房内装有6台单机容量为15万 kW的水轮发电机组，年平均发电量38.3亿 kW·h。过坝通航设施位于右岸，上段用垂直升船机，下段为斜面升船机。垂直升船机最大提升高度50 m，设计载重能力150 t。中间渠道长410 m，斜面升船机轨道长395 m，坡度1：7。连同上、下游导墙过坝设施总行程1 166 m，设计过坝运输量为83万 t。灌溉渠取水口设在坝上游30 km支流的丹江上，河南陶岔能引水500 m³/s，湖北清泉能引水100 m³/s。保证灌溉引水的库水位为146.5 m，比水库设计死水位高出8.5 m，当库水位降低时灌溉引水有困难。丹江口水利枢纽由长江流域规划委员会勘测设计研究院设计，水电第十二工程局施工，于1959年9月开工，1962年停工，1964年复工，1968年第一台机组发电，1974年2月竣工。

隔河岩水电站：隔河岩水电站位于湖北省长阳县城附近的清江干流上，距离葛洲坝水电站约50 km，距武汉市约350 km。坝址控制流域面积1.443万 km²，占清江流域面积的85%。多年平均流量390 m³/s。多年平均含砂量为0.744 kg/m³，多年平均输砂量约1 020万 t。坝址岩层为寒武系石龙洞组灰岩，岩层厚148 m～185 m。隔河岩水电站是清江干流主要梯级之一，以发电为主，兼有防洪和航运等综合利用效益。水库正常蓄水位200 m时，总库容34亿 m³，死水位160 m时，库容为12.2亿 m³，调节库容21.8亿 m³，具有年调节性能。电站装机容量为120万 kW，保证出力18.7万 kW，年发电量30.4亿 kW·h。水库正常蓄水位以下预留有5亿 m³防洪库容，对提高荆江河道防洪能力将产生有利影响。隔河岩水电站枢纽建筑物主要由拦河大坝、泄洪建筑物、斜坡式升船机、电站进水口、引水式地面厂房及开敞式开关站等组成。拦河大坝为混凝土重力拱坝，最大坝高151 m，坝顶弧长648 m。溢流坝段布置在河床中部，坝顶5表孔，孔口宽6 m、高8 m，采用底流消能。电站进水口及厂房布置在右岸，开关站布置在厂房上游。厂房为岸边地面厂房，长142 m、宽26.2 m、高66.3 m，内装6台单机容量为18万 kW的水轮发电机组。2级垂直升船机布置在左岸，按5级航道、最大船舶吨位300 t及年运输能力270万 t设计。施工导流采用枯水期隧洞导流、汛期围堰和基坑过水的导流方式，导流标准3 000 m³/s。导流隧洞布置在左岸，全长951 m（其中进出口明渠分别长128 m和199 m，洞身段624 m），隧洞断面尺寸宽13 m、高16 m。该工程由长江流域规划办公室设计，葛洲坝工程局和铁道部第十八工程局等施工，于 1986 年 10 月主体工程开工，1993 年开始发电。

高坝水电站：高坝水电站位于湖北省枝城市长阳县城附近的清江干流上，是清江干流最下游一个梯级，上距隔河岩水电站 50 km，是隔河岩水电站的反调节电站。坝址控制流域面积 1.565 万 km²，占清江流域面积的 85%，多年平均流量 435 m³/s，多年平均含砂量为 0.744 kg/m³，多年平均输砂量约 1 020 万 t。高坝水电站具有发电、航运、养殖、旅游等综合利用效益。水库正常蓄水位 80 m 时，相应水库库容 4.3 亿 m³，电站装机容量为 25.2 万 kW，年发电量 8.98 亿 kW·h。高坝水电站枢纽建筑物主要由拦河大坝、发电厂房、通航建筑物及开关站等组成。枢纽布置自左至右依次为左岸非溢流坝段、电站厂房、泄洪深孔坝段、纵向围堰坝段、泄洪表孔坝段、通航建筑物、右岸非溢流坝段。220 kV 开敞式开关站布置在左岸坝下游侧，地面高程 74 m。拦河大坝为混凝土重力坝，最大坝高 57 m，坝顶全长 439.5 m，坝顶高程 83 m，上游坝面垂直，下游坝坡为 1∶0.75。厂房为河床式，主厂房长 124 m、宽 19 m，副厂房布置在主厂房下游，共 4 层。厂房内安装 4 台单机容量为 8.4 万 kW 的水轮发电机组。深孔泄流坝在厂房右侧，设有 3 个泄洪底孔，孔宽 9 m、高 9.808 m，底高程 45 m，采用宽尾墩加水垫式消力池消能。表孔溢流坝段设有 6 个泄洪孔，孔宽 14 m，堰顶高程 62 m，安有 6 扇弧形工作闸门和 1 扇检修闸门。通航建筑物布置在右岸，为一级垂直升船机，通航吨级为 300 t，提升高度为 40 m。采用湿运方式，承船箱有效尺寸为长 42 m、宽 10.2 m、水深 1.7 m。工程由长江流域规划委员会勘测设计研究院设计，葛洲坝工程局施工，首批机组于 1999 年发电，2000 年全部建成。

（2）湖北省在建大型水电站

水布垭水电站：水布垭水电站位于湖北省巴东县境内汉江支流清江中游水布垭镇。坝址上距恩施水电站 117 km，下距隔河岩水电站 92 km，距清江入长江口 153 km，是清江梯级开发的龙头水电站。工程以发电、防洪为主，兼有航运、养殖等综合利用效益。水库正常蓄水位 400 m，相应库容 43.12 亿 m³，总库容 45.8 亿 m³，有效库容 24.8 亿 m³，具有多年调节性能，并为长江中、下游预留防洪库容 7.68 亿 m³，可有效减轻荆江河段的防洪压力，提高长江中、下游地区的防洪标准。水电站装机容量为 160 万 kW，保证出力 31 万 kW，多年平均发电量 39.2 亿 kW·h。电站建成后与隔河岩电站同步调峰，并承担系统事故备用。坝址地壳稳定，区内无有害地震构造，工程按基本烈度 6 度设防。水布垭工程为一等大（1）型水利水电工程，永久主要建筑物为 1 级，次要建筑物为 3 级。拦河大坝、溢洪道、地下厂房采用千年一遇洪水标准设计，万年一遇洪水标准校核；电站尾水按 500 年一遇洪水标准设计，千年一遇洪水标准校核。水布垭水电站枢纽建筑物主要由拦河大坝、溢洪道、放空洞、引水发电系统及厂房等组成。拦河大坝位于主河道，岸边溢洪道布置在左岸，引水发电系统及地下厂房布置在右岸的地下，兼作中后期导流用的放空洞布置在右岸。拦河大坝坝型为混凝土面板堆石坝，最大坝高 233 m，为目前世界上最高的面板坝，坝顶高程 409 m，坝轴线长 660 m，坝顶宽度 12 m。坝顶设钢筋混凝土防浪墙，墙顶高程 410.2 m，墙高 5.2 m。大坝上游坝坡 1∶1.4，下游坝面设置"之"字形马道，马道宽 4.5 m，下游综合坝坡 1∶1.4。溢洪道由引水渠、控制段、泄槽段和下游防冲段组成。溢洪道引水渠，渠底高程 350 m，底宽 90 m，轴线长 890.32 m，横断面为复式断面，两侧边坡坡比：覆盖层为 1∶1.5；上部龙潭组页岩为 1∶1，每 15 m 高设一级宽 3 m 的马道；下部茅口组灰岩为直立式，每 15 m 高设一级宽 4.5 m 的马道。控制段由 6 个溢流坝段和 4 个非溢流坝段组成，坝轴线全长 163 m，坝顶高程 407 m。溢流坝段设 5 个表孔，孔口宽 14 m，高 21.8 m，堰顶高程为 378.2 m。每个表孔均设有平板检修闸门槽和弧形工作门各一道，平板检修门由坝顶门机操作，弧形工作门由设在闸墩下游侧的液压启闭机操作。溢流坝段从上游至下游分别布置有防浪墙、人行道、坝顶公路、门机轨道、电缆廊道、启闭机房等。泄槽段轴线呈直线，泄槽底板纵坡有一坡度为 0.158 4 的斜坡段，上接溢流坝的反弧段，下接抛物线段，再接 1:1.2 的陡坡段。泄槽总宽度 92 m，由纵向隔墙将泄槽分为 5 个区，即 5 个表孔各成一区，总泄洪宽 80 m，隔墙宽 3 m。挑流鼻坎采用阶梯式窄缝挑坎，鼻坎长度即收缩段长度 30 m，收缩比为 0.20～0.25。反弧段半径 $R=35$ m，挑角 10°。泄槽设 3 道跌坎式掺气槽。下游防冲段采用防淘墙加混凝土护岸的结构形式。防淘墙墙底最低高程 160 m，顶高程 200 m，最大墙高 40 m，高程 200 m 以上为混凝土护坡。防淘墙采用钢筋混凝土结构，墙厚 3 m。发电站厂房为岸边引水式地下厂房。电站引水发电系统建筑物包括引水渠、进水口、引水隧洞、主厂房、安装场、母线洞、尾水洞、尾水平台、尾水渠、500 kV 变电所、交通洞、通风洞和厂外排水洞等。引水隧洞采用 1 机-1 洞布置，平均洞长 387.9 m，圆形断面内径为 8.5 m～6.9 m；地下厂房长 165.5 m、宽 21.5 m、高 51.47 m，安装 4 台单机容量为 40 万 kW 的水轮发电机组，机组安装高程 189 m。尾水洞采用 1 机-1 洞布置方式，平均洞长 313.18 m，圆形断面内径为 11.5 m。放空洞位于右岸地下电站的右侧，主要作用有水库放空、中、后期导流和施工期向下游供水等。建筑物由引水渠、有压洞（含喇叭口）、事故检修闸门井、工作闸门室、无压洞、交通洞、通气洞及出口段（含挑流鼻坎）等组成。有压洞长 530.24 m，洞径11 m，有压洞底板为平底，底高程 250 m。工作闸门室长 25.86 m，洞室开挖宽度为 22.3 m～26.16 m，长 14.3 m、高 52.96 m，闸室内设一扇孔口尺寸为宽 6 m，高 7 m 的偏心铰式弧形工作门。无压洞段为城门洞形，长 532.63 m，底板坡度为 0.042～0.2，洞室净空尺寸为宽 7.2 m、高 12.0 m。工程施工总工期为 9 年半，发电工期为 7 年半，施工准备期为 3 年，主体工程施工期为 4 年半，工程完工期为 2 年。水布垭水电站由湖北省清江水电投资公司和华中电力集团投资合建，投资比例为各 50%，由湖北清江水电开发有限责任公司负责工程建设。水布垭水电站由长江水利委员会勘测设计研究院设计，葛洲坝集团公司等施工，于1999 年年底获得国家批准立项，2002 年实现工程截流，属在建大型工程。

（3）湖北省已建抽水蓄能电站

白莲河抽水蓄能电站：白莲河抽水蓄能电站位于湖北省黄冈市罗田县，电站建成后承担湖北电网调峰、调频任务。蓄能电站分两期建设，总装机容量 120 万 kW，初期装机容量 60万 kW。白莲河抽水蓄能电站上水库建于白莲河水库右岸山头，集水面积 2.71 km²，初期正常蓄水位 308 m，死水位 285 m，总库容 2 663 万 m³，调节库容 2 107 万 m³。利用 20 世纪60 年代建成的白莲河水库作为下水库，水库正常蓄水位 104 m，相应库容 8 亿 m³。蓄能电站最大水头 210 m，最小水头 174 m。白莲河抽水蓄能电站分两期开发，两期工程的输水系统和厂房分开布置。工程于 2009 年 7 月建成投入运行。

17.3.2 湖北省已建中型水电站

湖北省已建部分中型水电站的装机容量和年发电量见表 17-1。

表 17-1　湖北省已建部分中型水电站装机容量和年发电量统计

电站名称	所在市、县及河流	装机容量（万 kW）	年发电量（亿 kW·h）	电站名称	所在市、县及河流	装机容量（万 kW）	年发电量（亿 kW·h）
黄龙滩	郧县、堵河	15.00	7.59	白莲河	浠水、浠水	4.50	1.03
潘口	竹山、堵河	3.52	1.25	富水	阳新、富水	3.40	1.41
陆水	蒲圻、陆水	3.52	1.12	小溪口	建始、马水河	3.00	1.02
锁金山	五峰、湾潭河	4.50	1.91				

17.4　湖南省河流及其水能资源

湖南省境内河流除了洞庭湖水系注入长江的湘、资、沅、澧 4 条河外，还有鄱阳湖水系、北江及西江水系等其他河流。全省水能理论蕴藏量 1 912.92 万 kW。

湘江：湘江是湖南最大河流，发源于广西临桂县与桂江上源，与灵渠相通。河长 844 km，流域面积 9.47 万 km²，自然落差 756 m。主要支流有来水、潇水、涟水等。湘江水系水能理论蕴藏量 522 万 kW（70% 集中在各支流上）。

资水：资水介于湘、沅二江之间，有两源，南源夫夷水为主源，源出广西资源县，至双江口与西源汇合，汇合后称资水。河长 713 km，流域面积 2.814 万 km²，自然落差 972 m。主要支流有春陵水等。资水水系水能理论蕴藏量 224 万 kW。

沅江：沅江是湖南省第二大河，上源马河源出贵州省云雾山。河长 1 022 km，流域面积 8.916 3 万 km²。洪江以上为上游；洪江至凌津滩为中游，其间有 90 km 峡谷段；凌津滩以下为下游。沅江水量充沛，居四水之冠。主要支流有酉水、渠水等。沅江水系水能理论蕴藏量 793.83 万 kW。

澧水：澧水南以武陵山脉与沅江分界，北与湖北清江流域相邻，有南、中、北三源，北源为主流。河长 388 km，流域面积 1.849 6 万 km²，自然落差 621 m。主要支流有溇水、溧水等。澧水水系水能理论蕴藏量 205.46 万 kW（50% 以上集中在支流溇水、溧水上）。

此外，洞庭湖及其他河流水能理论蕴藏量 140.2 万 kW，北江及西江水系水能理论蕴藏量 27.43 万 kW。

17.5　湖南省河流水能规划与实施概况

17.5.1　湖南省河流水能规划

湖南全省水能理论蕴藏量为 1 912.92 万 kW，规划建水电站 1 024 座，总装机容量为 1 083.84 万 kW，年发电量 488.91 亿 kW·h。

湘江：湘江规划建水电站 362 座，总装机容量为 318.29 万 kW，年发电量 138.04 亿 kW·h。湘江干流上规划的水电站有土谷塘、萱洲、淦田、易家湾等。湘江规划水电站主要集中在支流上，支流来水上规划建水电站 13 座（主要是中型水电站），总装机容量为 139.7 万 kW。这 13 座水电站为石磨岭、花木桥、东江、小东江、石面坦、遥田、白渔潭等。支流潇水上规划有双牌、南津渡、水府庙等水电站。

资水：资水规划建水电站 187 座，总装机容量为 147.71 万 kW，年发电量为

75.84 亿 kW·h。资水干流上规划的水电站有柘溪、马迹塘、犬木塘、敷溪口、金塘冲、白竹洲、修山等。

沅江：沅江规划建水电站 290 座，总装机容量为 460.21 万 kW，年发电量 206.73 亿 kW·h。湖南省境内规划的水电站有托口、洪江、安江、虎皮溪、大伏潭、凌津滩、五强溪等。支流酉水上规划有凤滩、碗米坡等水电站。

澧水：澧水规划建水电站 82 座，总装机容量为 137.11 万 kW，年发电量 59.35 亿 kW·h。澧水干流规划有鱼潭、花岩、宜冲桥、岩泊渡等水电站，支流溇水上规划有中军渡、皂市，支流涔水上规划有淋溪河、江垭、长潭河等水电站。

洞庭湖及其他河流规划建水电站 51 座，总装机容量为 13.65 万 kW，年发电量 5.73 亿 kW·h；鄱阳湖水系河流，规划建水电站 7 座，总装机容量为 0.58 万 kW，年发电量 0.23 亿 kW·h；北江及西江水系规划建水电站 45 座，总装机容量为 6.29 万 kW，年发电量 2.99 亿 kW·h。

17.5.2　湖南省河流水能规划实施概况

湖南省湘、资、沅、澧 4 条河流是国家重点开发的"湘西水电基地"，河流开发进展较快。20 世纪 60 年代初建成装机容量为 44.75 万 kW 的柘溪水电站。20 世纪 70 年代开发湘江支流来水，陆续建成花木桥、东江、小东江、遥田、白渔潭等中型水电站。20 世纪 80 年代动工修建装机容量为 120 万 kW 的五强溪水电站，在 90 年代初建成投产。

17.6　湖南省已建大中型水电站

17.6.1　湖南省已建大型水电站

柘溪水电站：柘溪水电站位于湖南省安化县境内资水中游溶塘峡谷。坝址控制流域面积 2.264 万 km^2，多年平均流量 586 m^3/s。水电站以发电为主，兼有防洪、航运等综合利用任务。电站装机容量为 44.75 万 kW，保证出力 12.8 万 kW，年发电量 22.9 亿 kW·h。水库正常蓄水位 167.5 m，死水位 144 m，总库容 35.7 亿 m^3，调节库容 19.3 亿 m^3，可改善上游至新化县 120 km 和下游至益阳市 170 km 的航道状况，可提高下游防洪标准，减轻下游洪水灾害。坝址河谷呈"V"字形，地基为轻微变质的前震旦系板溪群砂岩与板岩互层。枢柘溪水电站枢纽建筑物主要由拦河大坝、泄洪设施、厂房及开关站等组成。拦河大坝由溢流坝段的单支墩大头坝与非溢流坝段的宽缝重力坝组成，最大坝高 104 m，坝顶长 330 m。泄洪设施为 9 孔宽 12 m、高 9 m 的坝顶溢洪道，采用差动式梯形收缩鼻坎挑流消能。电站厂房布置在右岸，厂房为岸边地面式厂房，采用 1 机–1 洞引水，引水洞长 160 m～200 m，洞径 5.5 m 和 6.5 m。厂房长 146.2 m、宽 18.7 m、高 38.7 m，厂房内安装 1 台单机容量为 7.25 万 kW 和 5 台单机容量为 7.5 万 kW 的水轮发电机组，最大水头 74 m，设计水头 60 m，最小水头 46.8 m。通航建筑物位于左岸，为斜面干式拖运筏道，可通行 30 t 级船舶，年过坝能力为 25 万 t。该工程由长沙勘测设计院设计，柘溪水电工程局施工，于 1958 年开工，1962 年建成发电。

五强溪水电站：五强溪水电站位于湖南省沅陵县境内长江支流沅江干流下游，是一座以发电为主，兼有防洪、航运等综合利用效益的大型水电站。电站距长沙 300 km，主要供电湖南，并与华中电网联网运行。坝址控制流域面积 8.38 万 km²，占沅水流域面积的 93%，多年平均流量 2 040 m³/s。水库正常蓄水位为 108 m，总库容 29.9 亿 m³，有效库容 20.2 亿 m³，为季调节水库。电站装机容量为 120 万 kW，保证出力 25.5 万 kW，年发电量 53.7 亿 kW·h。在凤滩水库配合下，可提高下游的防洪标准。下游枯水流量可加大到 390 m³/s，配合航道整治，上、下游共可改善航道 220 km。五强溪水电站枢纽建筑物主要由拦河大坝、厂房、泄洪及通航建筑物等组成。拦河大坝为混凝土重力坝，最大坝高 87.5 m，坝顶长 724 m。枢纽采用坝身泄洪方式和"宽尾墩—挑射底孔—消力池"联合消能工。溢洪道布置在河床左侧主河槽，设有 10 个表孔（孔宽 19 m、高 21 m），1 个中孔（孔宽 8 m、高 12 m）。厂房布置在右岸浅滩，为坝后式地面厂房，长 251.1 m、宽 38 m、高 67.7 m，装有 5 台单机容量为 24 万 kW 的水轮发电机组。通航建筑物为船闸，布置在左岸岸边，设计货运量 250 万 t。该工程由长沙勘测设计院设计，五强溪工程局施工，于 1980 年开工，1982 年停建，1986 年复工，1994 建成发电。

凌津滩水电站：凌津滩水电站位于湖南省桃源县境内，是沅水干流最下游一个梯级，上距五强溪水电站 47.5 km，是一座以发电为主，兼有航运效益，并作为五强溪水电站反调节电站的大型水电站。坝址控制流域面积 8.58 万 km²，多年平均流量 2 090 m³/s。水库正常蓄水位 51 m，总库容 6.34 亿 m³，有效库容 0.46 亿 m³。电站总装机容量为 27 万 kW，保证出力为 5.66 万 kW，年发电量 12.15 亿 kW·h。电站在汛期主要承担基荷，枯水期除承担航运基荷 4 万 kW 外，还与五强溪水电站同步调峰，并承担系统事故备用。凌津滩水电站水库使五强溪水电站到凌津滩水电站近 50 km 航道得到改善，可通航 2×500 t 轮驳船队。凌津站枢纽建筑物从左至右依次为堆渣坝、发电厂房、泄洪闸、船闸及混凝土重力坝等。坝顶高程 65.5 m，坝顶全长 915.11 m，最大坝高 52.05 m。左岸石渣坝长 242.36 m，最大坝高 33.5 m。厂房为河床式，厂房坝段长 180 m、宽 88.65 m、高 52.05 m，厂房内安装有 9 台单机容量为 3 万 kW 的灯泡贯流式机组，单机引用流量 403 m³/s，额定水头 8.5 m，转轮直径 6.9 m，机组间距 20 m。副厂房分为下游副厂房和左副厂房两部分，下游副厂房沿尾水平台布置，左侧副厂房布置在主安装场下游侧，长 40 m、宽 9.24 m。主厂房左侧为主安装场，净宽 45 m；右侧为副安装场，净宽 35 m。泄洪闸坝段长 305 m，为开敞式布置，共 14 孔，每孔净宽 18 m，闸墩宽 4.5 m。利用地形设两种堰顶高程：左侧 5 孔深槽部位为 35 m，右侧 9 孔位于礁滩部位为 36 m，中间用导墙分隔。采用平板定轮闸门，每扇工作门由 1 台 2× 1 600 kN 的盘香式启闭机进行操作。泄洪消能采用底流消能方式，左消力池长 30 m，净宽 130.5 m，池底高程 32 m；右消力池长 30 m，净宽 175.5 m。尾坎形式为差动式，坎顶高程分别为 35 m 和 37 m。通航建筑物为单级船闸，布置在右岸岸边，位于右岸重力坝与溢流坝间，船闸坝段长 30 m。船闸由上、下游引航道，上、下闸首和闸室组成。闸室尺寸为长 120 m、宽 12 m，槛上水深 2.5 m，设计年货运量 250 万 t。该工程由中南勘测设计院研究设计，水利水电第八工程局施工，葛洲坝集团公司监理，于 1995 年开工，1999 年建成发电。

凤滩水电站：凤滩水电站位于湖南省沅陵县境内沅水支流酉水下游，是一座以发电为主，兼有防洪、航运、灌溉等综合利用效益的大型坝式水电站。坝址控制流域面积 17 500 km²，多年平均流量 504 m³/s。水库正常蓄水位 205 m，死水位 170 m，总库容 17.15 亿 m³，调节库容 10.6 亿 m³，具有季调节性能。电站装机容量为 40 万 kW，保证出力 10.3 万 kW，年发电量 20.43 亿 kW·h。可改善航道 150 km，灌溉农田近 7 万亩。坝址地处"U"形河谷，坝基为前震旦系板溪群地层，夹有少量板岩夹层，断层节理发育。凤滩水电站枢纽建筑物主要由拦河大坝、通航建筑物、厂房及开关站等组成。拦河大坝为定圆心定半径的混凝土空腹重力拱坝，坝轴线半径 243 m，拱顶中心角 115°，坝顶弧长 488 m，坝基最大底宽 65.5 m，最大坝高 112.5 m。两岸坝肩以实体重力坝与岸坡相接。厂房为坝内式厂房，主厂房长 143.8 m、宽 20.5 m、高 40.1 m。空腹中设有电站厂房和 220 kV 开关站。空腹断面形式为向上游倾斜的椭圆形，腹顶为二心圆组合。空腹坝段迎水面 155 m 高程以下设有钢筋混凝土预制板沥青砂浆的防渗墙。电站进水口布置在溢流坝段闸墩首部，采用高压深孔闸门。坝内厂房安装 4 台单机容量为 10 万 kW、型号为 HL702—LJ—410 的水轮发电机组，电站最大水头 91 m，设计水头 73 m，最小水头 54 m。溢流坝段净宽 182 m，布置在河床中部，坝顶溢流，高低坎挑流消能。最大下泄流量达 32 600 m³/s，是世界上拱坝泄流量最大的工程。放空底孔和过坝筏道均布置在右岸，过坝筏道采用桥式垂直升船机，通过能力为 50 t 级，单向过坝能力为：货物 14.5 万 t，木材 10 万 m³。该工程由长沙勘测设计院设计，柘溪水电工程局施工，于 1970 年开工，1978 年 3 台机组相继发电。

东江水电站：东江水电站位于湖南资兴县境内湘江支流来水上游，是一座以发电为主，兼有防洪、航运、养殖等综合利用效益的大型坝式水电站。电站装机容量为 60 万 kW，年发电量 13.2 亿 kW·h。水库总库容 81.2 亿 m³，具有多年调节性能，是湖南已建水电工程中库容最大的水电站。电站单独运行保证出力 12.3 万 kW，联合运行保证出力 30 万 kW。该电站在系统中起补偿调节作用，提高枯水期系统供电的可靠性。此外，经水库调洪，可使下游 1.07 万亩农田免除洪水灾害，并可提高下游白渔潭、遥田水电站及京广铁路来阳站的防洪标准和改善来水河道航运条件。东江坝址河谷呈对称的"V"字形。坝基为花岗岩，岩性致密，构造较为简单，但有断层横切河床，岸坡卸荷节理较发育。东江水电站枢纽建筑物主要由拦河大坝、厂房、溢洪道、泄洪放空洞等组成。拦河大坝为混凝土双曲拱坝，最大坝高 157 m，底宽 35 m，坝顶弧长 438 m。枢纽采用坝身泄洪，河床左、右岸顺岸坡各布置两孔滑雪道式溢洪道，采用鼻坎消能，另外在左岸布置有 1 级放空洞、右岸布置有 2 级放空洞，作泄洪和放空水库之用。厂房为坝后式地面厂房，长 106 m、宽 23 m、高 52.8 m，采用单元式供水方式，厂房内安装 4 台单机容量为 15 万 kW 的水轮发电机组。过木设施布置在右岸，年过木能力为 30 万 m³。该工程由中南勘测设计研究院设计，第八工程局施工，于 1978 年开工，1987 年第一台机组发电。

17.6.2 湖南省已建中型水电站

湖南省已建部分中型水电站的装机容量及年发电量见表 17-2。

表 17-2 湖南已建部分中型水电站装机容量及年发电量统计

电站名称	所在市、县及河流	装机容量（万 kW）	年发电量（亿 kW·h）	电站名称	所在市、县及河流	装机容量（万 kW）	年发电量（亿 kW·h）
双牌	双牌、潇水	13.50	6.200	马迹塘	桃江、资水	5.55	2.760
花木桥	汝城、沤江	5.40	2.830	欧阳海	桂阳、春陵水	3.60	1.990
水府庙	湘乡、涟水	3.00	1.090	潇湘	冷水滩、湘江	5.20	2.153
近尾洲	衡南、湘江	6.48	2.924	白云	邵阳、巫水	5.40	1.168
三江口	石门、澧水	6.25	3.250	南津渡	永州、潇水	6.00	2.930

电站名称	所在市、县及河流	装机容量（万 kW）	年发电量（亿 kW·h）	电站名称	所在市、县及河流	装机容量（万 kW）	年发电量（亿 kW·h）
小东江	资兴、来水	5.50	1.540	遥田	遥田、来水	5.00	2.000
石面坦	郴县、来水	2.82	1.116	水兴	永兴、来水	2.50	1.023
鱼潭	大庸、澧水	5.00	2.290	白云	城步沅江支流	5.40	1.169
满天星	汝城、浙水	3.00	1.290	高滩	沅陵、酉水	5.60	2.800
珠矶滩	来阳、来水	3.60	1.625				

第 18 章　闽浙赣三省水能开发利用

18.1　福建省水能资源与河流水能利用规划

18.1.1　福建省河流及其水能资源

福建省是华东地区水能资源最丰富的一个省，主要河流有闽江、九龙江、晋江、韩江和交溪等，全省水能理论蕴藏量 1 045.11 万 kW。

闽江：闽江是福建省最大的河流，干流全长 577 km，流域面积 6 万 km²，约占全省土地面积的一半。闽江水系主要支流有建溪、沙溪、大樟溪、龙溪等。闽江是福建省水能资源最丰富的河流，闽江水系水能理论蕴藏量 506.42 万 kW，占全省 60% 以上。

其他诸河：九龙江水能理论蕴藏量 100.58 万 kW，晋江水能理论蕴藏量 47.0 万 kW，韩江（含支流汀江）水能理论蕴藏量 76.95 万 kW，交溪（含支流穆阳溪）水能理论蕴藏量 62.24 万 kW，霍童溪水能理论蕴藏量 26.15 万 kW，鳌江水能理论蕴藏量 21.79 万 kW，闽东诸河水能理论蕴藏量 11.83 万 kW，闽中诸河水能理论蕴藏量 9.99 万 kW，沿海河流水能理论蕴藏量 176.98 万 kW，长江流域水能理论蕴藏量 5.98 万 kW。

18.1.2　福建省河流水能利用规划与实施概况

（1）福建省河流水能利用规划

全省规划建水电站 999 + 1/2 座，总装机容量 705.12 万 kW，年发电量 320.2 亿 kW·h。福建省河流规划中的水电站主要是中型水电站，大型水电站不多。

闽江：闽江是福建省最大的河流，闽江水系规划建水电站近 331 座，装机容量 437.11 万 kW，年发电量 194.88 亿 kW·h。闽江水系规划修建的大型水电站有干流上的水口，支流西溪上的沙溪口、龙溪上的街面和汀江干流上的棉花滩等水电站。

其他诸河：九龙江规划建水电站 53 座，装机容量 37.14 万 kW，年发电量 18.19 亿 kW·h；韩江规划建水电站 31 座，装机容量 62.60 万 kW，年发电量 33.05 亿 kW·h；交溪规划建水电站 30 + 1/2 座，装机容量 46.35 万 kW，年发电量 20.41 亿 kW·h；晋江规划建水电站 29 座，装机容量 21.23 万 kW，年发电量 9.69 亿 kW·h；霍童溪规划建水电站 15 座，装机容量 21.22 万 kW，年发电量 10.44 亿 kW·h；鳌江规划建水电站 10 座，装机容量 15.82 万 kW，年发电量 5.67 亿 kW·h；闽东诸河规划建水电站 18 座，装机容量 2.08 万 kW，年发电量 1.9 亿 kW·h；闽中诸河规划建水电站 14 座，装机容量 4.91 万 kW，年发电量 2.5 亿 kW·h；沿海河流规划建水电站 463 座，装机容量 54.03 万 kW，年发电量 23.21 亿 kW·h；长江流域规划建水电站 5 座，装机容量 0.63 万 kW，年发电量 0.26 亿 kW·h。

（2）福建省水能利用规划实施概况

福建省水能开发利用始于 20 世纪 50 至 60 年代，首先完成古田溪梯级开发，修建了古田、龙亭、高洋、宝湖 4 座水电站，总装机容量为 25.9 万 kW。20 世纪 70 年代起修建了安砂、高砂、池潭等一批中型水电站。20 世纪 80 年代在闽江支流西溪上修建了装机容量为 30 万 kW 的沙溪口和在汀江上修建了装机容量为 60 万 kW 的棉花滩 2 座大型水电站。20 世纪 80 年代末在闽江干流动工修建装机容量为 140 万 kW 的水口水电站，并于 20 世纪 90 年代初建成。

18.2　福建省已建大中型水电站

18.2.1　福建省已建大型水电站

水口水电站：水口水电站位于福建省闽清县境内的闽江干流上，上游距南平市 94 km，下游距闽清县城 14 km，距福州市 84 km。水口水电站是一座以发电为主，兼有航运、水产养殖等综合利用效益的大型坝式水电站。电站装机容量为 140 万 kW，保证出力 26 万 kW，年发电量 49.5 亿 kW·h，是华东地区最大的水电站。坝址控制流域面积 5.243 8 万 km²，占闽江全流域面积的 86%。多年平均流量 1 728 m³/s，年平均悬移质输砂量 718 万 t，平均含砂量 0.143 kg/m³。水库正常蓄水位 65 m，汛期（4—7 月）限制水位 61 m。电站向华东电网和福州供电，与新安江、富春江水电站补偿可增加系统保证出力 5 万 kW，可承担系统 100 万 kW 的峰荷。水口至南平段河道长 94 km，目前仅能通航 60 t～80 t 轮船，电站建成后，配合整治下游河道，可使 500 t 级货船从马尾直达南平。坝址地基为中生代燕山期黑云母花岗岩，覆盖层一般 5 m～10 m，地区地震基本烈度为 7 度。水口水电站枢纽建筑物由拦河大坝、溢洪道、过坝建筑物、厂房及开关站等组成。溢流坝段布置在主河槽右侧，厂房布置在左侧，过坝建筑物布置在右岸，开关站布置在大坝下游左岸。拦河大坝为混凝土重力坝，最大坝高 101 m，坝顶长 783 m。大坝溢流段设有 12 个表孔（孔口宽 15 m、高 22 m）和 2 个底孔（孔口宽 5 m、高 8 m）。厂房为坝后式地面厂房，长 312.9 m、宽 34.7 m、高 73.1 m，安装有 7 台单机容量为 20 万 kW 的轴流式水轮发电机组。过坝建筑物按 4 级航道设计，包括船闸和升船机各 1 座。船闸为 3 级船闸，总提升水头 57.36 m，闸室长 160 m、宽 12 m、水深 3 m。升船机布置在船闸右边，船厢有效尺寸为长 124 m、宽 12 m、水深 2.5 m，输水系统采用国际上较先进的二区段等惯性分散式输水方式，水流经闸墙内左右支廊道，通过闸室中部立体分流墩汇入闸室底板下部主廊道，分两区共 24 个出水孔进入闸室。升船机位于右岸，并列于 3 级船闸右侧。主体建筑物由上游导航段、上闸首段、上工作门段、塔楼上下游提升段、上下游平衡重段、下闸首（含下工作门）段及下游导航段组成。上工作门段顺水流长 15 m，垂直水流向最大宽度 33 m，顶部高程 74 m。上工作门段口门宽 12 m，帷墙顶面高程 52.5 m，其上设置定轮支承下沉式平面钢闸门。升船机主体部分全部荷载由塔楼支承。塔楼提升段、平衡重段平面尺寸分别为宽 8 m、高 25 m 和宽 8 m、高 22 m。塔楼为薄壁结构，总高度 79.5 m，在塔楼顶设有主机房、控制室，安装提升机构和重力平衡滑轮装置。升船机机型为钢丝绳卷扬机提升全平衡式湿运垂直升船机，最大升程 59 m，船厢有效尺寸为长 114 m、宽 12 m、水深 2.5 m，船厢重量加水体重量为 530 t，平衡重量为 530 t。船闸和升船机共用上、下游引航道及上、下游停泊区。上游引航道全长 356 m，最小宽度 65 m。下游引航道全长 330 m，最小宽度 65 m。年通航能力货物 400 万 t，竹木 200 万 m³～250 万 m³。该工程由华东勘测设计研究院设计，华田联营公司承担土建工程施工，于 1987 年开工，1989 年截流，1993 年第一台机组发电，1996 年建成。

沙溪口水电站：沙溪口水电站位于福建省南平市境内闽江支流西溪上，距南平市 14 km，距福州市 13.5 km。电站以发电为主，兼有航运、过木等综合利用任务，坝址控制流域面积 2.556 2 万 km²（占闽江流域总面积的 42%），多年平均流量 778 m³/s。水库正常蓄水位 88 m，死水位 85 m，水库总库容 1.5 亿 m³，有效库容 0.8 亿 m³，具有日调节性能。沙溪口水电站是一座低水头河床式水电站，装机容量 30 万 kW（初期 22.5 万 kW），保证出力 5 万 kW（初期 3.88 万 kW），多年平均发电量 9.6 亿 kW·h（初期 7.42 亿 kW·h）。电站设有 300 t 级船闸，除通航外，兼有过竹木用，年运输能力 329.1 万 t。沙溪口水电站枢纽建筑物主要由拦河大坝、河床式厂房、开关站及通航船闸等组成。拦河大坝为混凝土重力坝，最大坝高 40 m，溢流坝段位于河床中间偏左岸，设有 16 孔敞开式溢流堰，堰顶高程 74.3 m（初期 10 孔，堰顶高程 69.6 m），孔口宽 17 m、高 14.8 m，采用消力戽戽池式消能方式。河床式厂房位于右岸，主厂房长 160 m，宽 25.3 m，高 62.2 m，厂房内安装 4 台单机容量为 7.5 万 kW 的水轮发电机组。船闸位于左岸主河槽中，采用 1 级船闸，船闸闸室有效尺寸为长 130 m、宽 12 m、水深 2.5 m。开关站为户外式，设在右岸。工程采用分期导流施工，并利用二期围堰发电。该工程由华东勘测设计研究院设计，闽江工程局施工，于 1985 年开工，1987 年第一台机组发电。

棉花滩水电站：棉花滩水电站位于福建省永定县境内的汀江干流棉花滩峡谷河段中部，距永定县城 21 km，距厦门市 246 km。坝址控制流域面积 7 907 km²，占汀江流域面积的 67%，多年平均流量 234 m³/s。电站以发电为主，兼有防洪、航运、水产养殖等综合利用任务。电站装机容量为 60 万 kW，保证出力 8.8 万 kW，年发电量 15.2 亿 kW·h，是闽西南地区最大的水电站。该电站地理位置适中，可担任省网的调峰、调频任务。电站主要向福建省网的龙岩、漳州及厦门地区供电，有 5 回 220 kV 输电线路与省网连接。水库正常蓄水位 173 m，死水位 146 m，校核洪水位 177.8 m，水库总库容 20.35 亿 m³，调节库容 11.22 亿 m³，具有不完全年调节能力。坝址地处峡谷，河谷呈"V"字形，基本对称，枢纽区基岩为黑云母花岗斑岩。左岸地下厂房洞室群区，上覆盖岩层厚度 50 m~140 m，洞室围岩新鲜，稳定性较好。棉花滩水电站枢纽建筑物主要由拦河主坝、副坝，泄洪消能设施，左岸引水发电系统及地下厂房，开关站和右岸航运过坝设施等组成。拦河主坝为碾压混凝土重力坝，坝顶高程 179 m，最大坝高 111 m，坝顶总长 300 m，坝顶宽 7 m，最大坝底宽 84.5 m。坝体不设纵缝，由 5 条横缝分成 6 个坝段，其中③和④坝段各宽 33 m，位于主河槽为溢流坝段。①、②和⑤、⑥坝段分别为左右岸非溢流坝段，坝段宽各为 50 m、50 m、64 m 和 70 m。⑤坝段设有泄洪兼放空水库用的底孔，孔口宽 5 m、高 7.2 m。坝顶溢洪道和泄水底孔均采用收缩式消能工，能纵向拉开水舌，不直接冲刷岸坡，不影响厂房尾水出流，消能效果较为理想。副坝设在坝址北东向 5 km 处的湖洋里村垭口，为均质土坝，最大坝高 5.6 m，坝顶长 30 m。左岸引水发电系统建筑物由进水口、引水隧洞、压力钢管组成，厂房为河岸式地下厂房，洞室群包括主厂房、主变压器室、母线洞、电缆竖井、尾水管加长段、尾水调压室、尾水支洞、支管、尾水隧洞等洞室组成。采用 1 机－1 洞引水，2 机－1 尾水洞出水的布置形式。进水口为岸塔式，位于坝前 30 m~120 m，前沿总宽度 84 m。采用一列式布置方式，设有 4 个进水口，进水口 2 道拦污栅槽水流可以互通，闸门槽段放在内径为 8.6 m 的圆筒内。4 条引水隧洞平行布置，间距 21 m，圆形洞直径 7.5 m，由上平段、竖井段、下平段组成，上平段和下平段的平面转角 97°，互相交错布置，使每条引水隧洞长度基本相等。压力钢管长 35 m，直径 5.4 m，垂直进入厂房。主厂房、主变压器室、尾水调压室平行布置。

主厂房洞室长 129.5 m、宽 21.9 m、高 52.18 m，厂房内安装 4 台混流式竖轴水轮发电机组。主变压器洞室与主厂房洞室净间距 22 m，洞室长 97.35 m、宽 16 m、高 14.8 m，内装 2 台 220 kV 三相 360 MVA 双卷主变压器。主厂房与主变压器室之间布置有 4 条母线洞。尾水管加长段与尾水调压室相接，共设 2 个阻抗式尾水调压室，1、2 号机组和 3、4 号机组共用一个调压室，尾水调压室尺寸分别为长 40.7 m、宽 12 m、高 42 m 和长 37.7 m、宽 12 m、高 42 m，两个尾水调压室在高程 82.5 m 处合二为一，总长 87 m。尾水调压室后接 4 条尾水支洞，经过 2 个岔管合并为 2 条洞径为 11 m、坡度为 2.5% 的尾水隧洞，并在坝下 500 m 左右与下游河床相接。整个输水系统的输水管道，除压力钢管外，均采用钢筋混凝土衬砌，发电厂房洞室群则采用锚杆挂钢筋网喷混凝土支护，主厂房和尾水调压室都采用岩壁吊车梁。开关站布置在左岸大坝下游高程 180 m 的上坝公路内侧，为 GIS 洞内式，洞室长 37 m、宽 13 m、高 15 m。在同高程的毗邻部位设置了一座 6 层的控制楼，楼内布置有中央控制室及大部分电气辅助用房。20 t 级的转盘式斜面升船机布置在右岸⑥坝段部位，设计远景年过竹、木、杂货的过坝量为 11.2 万 t。该工程由上海勘测设计研究院设计，水电第十四工程局施工，第一台机组于 2001 年发电，2002 年竣工。

18.2.2　福建省已建中型水电站

福建省所修建的水电站主要是中小型水电站，已建部分中型水电站的装机容量及年发电量见表 18-1。

表 18-1　福建省已建部分中型水电站装机容量及年发电量统计

电站名称	所在市、县及河流	装机容量（万 kW）	年发电量（亿 kW·h）	电站名称	所在市、县及河流	装机容量（万 kW）	年发电量（亿 kW·h）
古田一级	古田、古田溪	6.20	3.200	安砂	永安、九龙溪	11.50	6.140
龙亭二级	古田、古田溪	13.00	4.780	高砂	沙县、沙溪	5.00	
高洋二级	古田、古田溪	3.30	1.300	斑竹	三明、沙溪	4.50	1.660
宝湖四级	古田、古田溪	3.40	1.340	竹洲	三明、沙溪	3.75	1.860
龙门滩一级	德化、大樟溪	1.80	0.745	安丰桥	南平、建溪	18.00	6.250
龙门滩二级	德化、大樟溪	2.60	1.000	坤口	建溪、松溪	10.00	3.610
龙湘	永泰、大樟溪	8.10	2.340	山美	南安、东溪	6.00	1.520
上界竹口	永泰、大樟溪	7.40	2.220	华安	华安、北溪	6.00	4.000
涌口	永泰、大樟溪	5.20	1.510	旧馆	浦城、南浦溪	6.80	2.370
上杭	上杭、汀江	5.60	1.380	船场溪	南靖、船场溪	2.50	0.830
回龙	回龙、汀江	5.00	1.900	南靖一级	南靖、船场溪	2.00	0.676
金山	上杭、汀江	5.10	1.740	南靖二级	南靖、船场溪	2.50	0.970
芹山	周宁、穆阳溪	7.00	1.450	池潭	泰宁、金溪	10.00	5.000
桑园	福鼎、赤溪	4.00	1.456	孔头	将乐、金溪	4.05	1.710
万安	龙岩、九龙江	3.75	1.100	范历	将乐、金溪	3.60	1.580
圆坪	屏南、霍童溪	3.00	1.248	良浅	泰宁、金溪	3.00	1.230

电站名称	所在市、县及河流	装机容量（万 kW）	年发电量（亿 kW·h）	电站名称	所在市、县及河流	装机容量（万 kW）	年发电量（亿 kW·h）
水东	尤溪、尤溪	8.00	2.520	涌溪三级	德化、涌溪	4.00	1.190
雍口	尤溪、尤溪	5.00	1.765	宝石岩	建欧、西溪	18.00	6.060
万安溪	龙岩、万安溪	4.50	1.367	白濑	安溪、晋江	5.00	1.900
斑竹溪	三明、沙溪	4.13	1.660	金山	上杭、汀江	4.00	1.260

18.3　浙江省水能资源与河流水能利用规划

18.3.1　浙江省河流及其水能资源

浙江省主要河流有钱塘江、瓯江、曹娥江、飞云江等。除此之外，有灵江、甬江、鳌江、浙闽水系、长江水系和独流入海的河流等。全省水能理论蕴藏量 606 万 kW。

钱塘江：钱塘江是浙江省最大河流，干流全长 424 km，流域面积 4.2 万 km²，主要支流有新安江等，水能理论蕴藏量 215.1 万 kW，占全省水能理论蕴藏量的 35% 以上。

其他河流：瓯江是浙江第二大河，干流全长 167 km，流域面积 1.8 万 km²，水能理论蕴藏量 190 万 kW；曹娥江水能理论蕴藏量 19.6 万 kW；飞云江水能理论蕴藏量 48.5 万 kW；灵江水能理论蕴藏量 47 万 kW；甬江水能理论蕴藏量 9.1 万 kW；鳌江水能蕴藏量 8.6 万 kW；浙闽水系水能理论蕴藏量 36.63 万 kW；长江水系水能理论蕴藏量 15.47 万 kW；独流入海的河流水能理论蕴藏量 16 万 kW。

18.3.2　浙江省河流水能利用规划与实施概况

（1）浙江省河流水能利用规划

全省规划建电站 844＋1/2 座，总装机容量为 465.52 万 kW，年发电量 145.63 亿 kW·h。浙江省河流规划中的大型水电站不多，主要是中型水电站。

钱塘江水系：钱塘江水系规划建水电站 336 座，总装机容量为 193.37 万 kW，年发电量 58.28 亿 kW·h。钱塘江水系规划修建的大型水电站有干流上的富春江，支流乌溪江上的湖南镇、黄坛口和支流新安江上的新安江等。

其他河流：瓯江水系规划建水电站 214 座，总装机容量 167.03 万 kW，年发电量 53.96 亿 kW·h，瓯江水系规划修建的大型水电站有干流上的黄浦、支流小溪上的滩坑和龙泉溪上的紧水滩等；曹娥江规划建水电站 64 座，装机容量 11.48 万 kW，年发电量3.27 亿 kW·h；灵江规划建水电站 87 座，装机容量 20.19 万 kW，年发电量 6.75 亿 kW·h；飞云江规划建水电站 39 座，装机容量 40.04 万 kW，年发电量 12.26 亿 kW·h；甬江规划建水电站 24 座，装机容量 3.91 万 kW，年发电量 1.26 亿 kW·h；鳌江规划建水电站 16 座，装机容量3.57 万 kW，年发电量 1.25 亿 kW·h；浙闽水系规划建水电站 23＋1/2 座，装机容量 18.80 万 kW，年发电量 6.28 亿 kW·h；长江水系规划建水电站 21 座，装机容量 2.58 万 kW，年发电量 0.92 亿 kW·h；独流入海河流规划建水电站 20 座，装机容量4.55 万 kW，年发电量 1.40 亿 kW·h。

（2）浙江省水能利用规划实施概况

浙江省水能开发利用始于 20 世纪 50 年代，最早修建的水电站是黄坛口水电站。20 世纪 60 年代建成的新安江水电站是我国自己设计、施工、制造设备和安装的第一座大型水电站，装机容量 66.25 万 kW，是当时全国最大的水电站。20 世纪 60 年代还修建了装机容量 29.72 万 kW 的富春江水电站。浙江省河流水能规划中大型水电站不多，主要是中小型水电站。20 世纪 80 年代以后建成规模较大的有瓯江上的紧水滩水电站（装机容量 30 万 kW）和飞云江上的珊溪水电站（装机容量 24 万 kW）。除此之外，为适应华东地区供电调峰的需要，还修建了天荒坪等抽水蓄能电站。

18.4　浙江省已建大中型水电站

18.4.1　浙江省已建大型水电站

（1）浙江省已建常规大型水电站

新安江水电站： 新安江水电站位于浙江建德县新安江上，是一座以发电为主，兼有防洪、养殖、旅游等综合利用效益的大型坝式水电站。该水电站是我国第一座自己设计、自己施工、自制设备和自行安装的大型水电站。坝址控制流域面积 1.048 万 km²，多年平均流量 357 m³/s。电站总装机容量为 66.25 万 kW（先装 6 台机，预留 3 台机），保证出力 17.8 万 kW，年发电量 18.6 亿 kW·h。水库正常蓄水位 108 m，死水位 86 m，水库总库容为 220 亿 m³，调节库容 102.7 亿 m³。水库具有多年调节能力，经它调节可增加下游富春江水电站保证出力 4.4 万 kW。新安江水电站不仅为华东电网提供大量电能，更重要的是在电力系统中担负调峰、调频和事故备用任务，对保证跨省电网安全经济、灵活可靠运行起到了重要作用。防洪上减轻了下游建德、桐庐、富阳等城镇和 30 万亩农田的洪水灾害。坝址地处铜官峡谷，两岸高山坡陡，河道狭窄，汛期洪量较大，地质较为复杂。新安江水电站枢纽建筑物主要由拦河大坝、泄洪设施、发电厂房和高压开关站等组成。采取库内码头接铁路，进行过坝运输，拟在左岸建船闸。拦河大坝为混凝土宽缝重力坝，最大坝高 105 m，采用坝身泄洪。厂房布置在主河槽，两边为非溢流坝。开关站布置在下游右岸。厂房为坝后溢流式厂房，紧靠坝下游布置，厂房长 215 m、宽 22 m、高 42.7 m，厂房内安装 4 台单机容量为 7.5 万 kW 和 5 台单机容量为 7.25 万 kW 的水轮发电机组，水轮机型号为 HL662−LJ−410。最高洪水位至厂房顶的落差 62 m，最大下泄流量 13 200 m³/s。根据厂房顶泄洪动水压力和对厂房上部结构的影响，厂坝连接采取下部结构完全脱开，厂房顶板为钢筋混凝土拉板简支坝体。坝体采用大宽缝，缝宽为坝段宽的 40%，以降低坝基扬压力，改善混凝土浇筑的散热条件，并可节约坝体混凝土 9 万 m³。施工期采用底孔导流，在 20 m 宽的坝段内设有宽 10 m、高 12 m 的底孔。该工程由上海勘测设计院设计，新安江工程局施工，1957 年开工，1960 年第一台机组发电，1965 年竣工（预留机组 1977 年全部投产发电）。新安江水电站于 1999 年对 9 号机组扩容改造，将 7.25 万 kW 机组更换为 9 万 kW 机组。

富春江水电站： 富春江水电站位于浙江桐庐县钱塘江上游富春江上，坝址在七里垅峡口，故又名七里垅水电站。坝址控制流域面积 3.13 万 km²，多年平均流量 1 000 m³/s。富春江水电站以发电为主，兼有改善航运、发展灌溉及养殖业等综合利用效益。水库正常蓄水位 23 m，死水位 21.5 m，总库容 9.2 亿 m³，调节库容 0.7 亿 m³，具有日调节能力。电站装机容量为 29.72 万 kW，保证出力 5.1 万 kW，年发电量 9.23 亿 kW·h，以 110 kV 和 220 kV 输电线路并入华东电网。水库船闸通航能力为 100 t～300 t 级船舶，年过坝量 80.5 万 t。设有灌溉渠首，可增加下游灌溉面积 6 万亩。富春江水电站为河床式水电站，枢纽建筑物由溢流坝、河床式厂房、船闸、灌溉渠首及鱼道等组成。枢纽溢流坝布置在主河槽，厂房布置在溢流坝左侧，采用重力式混凝土溢流坝，大坝全长287.3 m，最大坝高47.7 m，连续鼻坎，面流消能。河床式厂房长189.2 m、宽24.7 m、高57.4 m，安装1台单机容量为5.72万kW和4台单机容量为6万kW的转桨式水轮发电机组。船闸布置在右岸，上闸首为挡水重力式结构，下沉式工作闸门。灌溉渠首分设左、右两岸，引水流量分别为1.5 m³/s和5 m³/s。鱼道长158.57 m、宽3 m，采用"Z"字形布置，形成3层盘梯，为使鱼上溯产卵之用。该工程由上海勘测设计院设计，水电第十二工程局施工，于1958年开工，1962年停工缓建，1965年复工，1968年第一台机组发电，1977年竣工。

紧水滩水电站：紧水滩水电站位于浙江省云和县境内的瓯江支流龙泉溪上，是瓯江开发的第一期工程，是一座以发电为主，兼有防洪、灌溉、航运等综合利用效益的大型水电站。坝址控制流域面积2 761 km²，多年平均流量100 m³/s。水库正常蓄水位184 m，死水位164 m。水库总库容13.93亿m³，有效库容5.5亿m³，具有年调节性能。电站装机容量为30万kW，保证出力3.03万kW，年发电量4.9亿kW·h。电站以220 kV线路接入华东电网，并以110 kV线路向云和、龙泉县和丽水地区供电。通过其水库调节，可提高下游丽水、温州等城镇的防洪标准和碧湖、丽水两平原6万多亩农田的抗洪能力。紧水滩水电站是一座大型坝式水电站，坝址地处峡谷，两岸地形对称，岩石裸露，零星覆盖层仅0.5 m～2 m。坝基为花岗斑岩，岩性均一，岩层完整，地质构造简单，是较好的高坝地基。枢纽建筑物主要由拦河大坝、发电厂房、通航设施及竹木过坝筏道等组成。拦河大坝为混凝土三心双曲变厚拱坝，最大坝高102 m，坝顶弧长350.6 m，坝顶宽5 m，最大底宽26.5 m。厂房为坝后式地面厂房，位于河床中部坝后，采用1机—1管供水方式，用直径为4.5 m的压力钢管分别引水到厂房发电，厂房长108.3 m、宽18 m、高35.8 m，安装6台单机容量为5万kW的水轮发电机组。厂房两侧各布置有1孔中孔和浅孔泄水道，采用挑流消能。船只过坝设施采用高低轮斜面升船机，设计过船吨位为30 t，竹木过坝采用链钣输送机，年最大通过能力为33.3万t。该工程由华东勘测设计研究院设计，水电第十二工程局施工，于1980年开工，1976年第一台机组发电。

珊溪水电站：珊溪水电站位于浙江省文成县境内飞云江上，是一座以发电为主，兼有灌溉、防洪综合利用效益的工程。坝址控制流域面积1 529 km²，多年平均流量59.7 m³/s。水库正常蓄水位160 m，死水位130 m。水库总库容23亿m³，有效库容12亿m³，具有多年调节性能。珊溪水电站是一座坝式水电站，电站装机容量为24万kW，保证出力4.1万kW，多年平均发电量4.1亿kW·h。坝基岩石为流纹斑岩、凝灰岩。珊溪水电站枢纽建筑物由拦河大坝、泄洪设施、引水发电系统工程及厂房组成。拦河大坝为砂砾石沥青混凝土心墙坝，最大坝高146 m，采用坝身泄洪方式，共设8个表孔（其中4孔宽12 m、高15.8 m，另4孔宽12 m、高19.9 m）和1个深孔（宽7 m、高7 m）。厂房为河岸式地面厂房，采用1机—1洞引水方式，引水隧洞长368.7 m，洞径9 m，厂房长80.2 m、宽23.8 m、高35 m，安装4台单机容量为6万kW的混流式水轮发电机组。该工程由上海勘测设计研究院设计，水电第十二工程局施工，于1996年开工，2000年第一台机组发电。

湖南镇水电站：湖南镇水电站又名乌溪江水电站，位于浙江省衢县境内钱塘江支流乌溪江上，距下游黄坛口水电站25 km。坝址控制流域面积2 197 km²，占乌溪江流域面积的85.2%，多年平均流量83.4 m³/s。湖南镇水电站以发电为主，兼有防洪、灌溉、航运、供水等综合利用任务。水库正常蓄水位230 m，相应水库容积15.82亿m³。校核洪水位

240.25 m，校核洪水位以下总库容 20.6 亿 m³。水库死水位为 190 m，正常蓄水位与死水位间发电调节库容为 11.34 亿 m³，水库具有不完全多年调节性能。电站装机容量为 17 万 kW，保证出力 5.21 万 kW，多年平均发电量 5.4 亿 kW·h，以 220 kV 和 110 kV 输电线路与华东电力系统联网。湖南镇水电站是一座混合式水电站，从水库库区取水，用引水隧洞对坝下游河流弯道裁弯取直布置引水发电系统，在弯道出口河道右岸布置厂房。湖南镇水电站枢纽建筑物主要由拦河大坝、引水发电系统和电站厂房等组成。泄水坝段布置在河道中央，两边为非溢流坝段，在左岸坝段预留有一条管径 5.4 m 的钢管，以备将来扩机引水之用。拦河大坝为混凝土梯形支墩坝（与单支墩大头坝类似，坝体支墩断面在任一高程上均呈梯形），最大坝高 129 m，坝顶高程 241 m。枢纽采用坝顶溢流与底孔泄流相结合方式，溢流坝段布置在河道中央，设有 5 个宽 14.5 m、高 15 m 的表孔，4 个泄水底孔布置在溢流坝段支墩内，形式为坝内深式半管道型，全长 78.43 m，前部为压力短管，末端设弧形闸门，门后断面扩大成为明渠流。引水发电系统布置在右岸，引水隧洞长 1 100 m，洞径 7.8 m，隧洞末端设有差动双井式调压室与高压钢管相接，主钢管内径 7.2 m，以月牙形内加强肋岔管，分岔为 4 条内径 3.2 m 的支管引水至各机组发电。厂房为引水式地面厂房，长 75.2 m、宽 19.6 m、高 42 m，安装有 HL009-LJ-250 和 HL200-LJ-250 2 种水轮机，单机容量为 4.25 万 kW，电站最大水头 117 m，设计水头 90 m，最小水头 65 m。该工程由上海勘测设计院设计，水电第十二工程局施工，第一台机组于 1979 年发电，1980 年竣工。20 世纪 90 年代，湖南镇水电站进行了扩机，在大坝左岸另建左岸地面厂房，厂房长 44.5 m、宽 22 m、高 41.32 m，安装 1 台单机容量为 10 万 kW、水轮机型号为 HL200-LJ-410 的水轮发电机组。扩机后湖南镇水电站装机容量为 27 万 kW。

（2）浙江省已建大型抽水蓄能电站

天荒坪抽水蓄能电站：天荒坪抽水蓄能电站位于浙江省安吉县境内，形式为纯蓄能电站，装机 3 台，总装机容量为 180 万 kW。上水库蓄能能力为 1 046 万 kW·h，其中日循环蓄能量 866 万 kW·h，年发电量 31.6 亿 kW·h，年抽水用电量（填谷电量）42.86 亿 kW·h，承担系统峰谷差 360 万 kW。电站设置的事故备用库容一次可向电网提供 180 万 kW·h的事故电能，担负系统事故备用和旋转备用，并可承担系统调相任务。年发电利用时数 1 408 h，年抽水利用时数 2 008 h。水轮机额定水头 510 m，单机过流量 70.3 m³/s，电站综合效率 70%。该蓄能电站除了可增加华东电网的调峰能力外，还可改善火电机组的运行条件，减少电网的燃料消耗，提高电网运行的可靠性和经济运行水平。电站的上、下水库都位于太湖流域西苕溪的支流大溪（又名山河港）上。上水库：坝址位于大溪小支流源头，控制流域面积 0.327 km²，多年平均降水量 1 820 mm。上水库利用天然洼地挖填而成，建有主坝和 4 座副坝。主、副坝均采用土石坝坝型。水库总库容 804.91 万 m³，有效库容 774.19 万 m³，水库工作深度 42.2 m，正常运行水位日变幅 29.43 m。上水库基本上没有天然径流，为防止水渗漏，设置了沥青混凝土防渗护面。下水库：坝址位于大溪中游，水库总库容 854.19 万 m³，有效库容 774.19 万 m³，正常发电库容 805 万 m³，水库工作深度 49.50 m，正常运行水位日变幅 43.60 m。坝型为钢筋混凝土面板堆石坝，最大坝高 92 m，坝顶长 233.5 m。左岸岸边布置有侧槽式溢洪道，溢洪道末端设置有曲面贴角斜鼻坎，以满足峡谷中泄洪的要求。输水系统和厂房布置在上、下水库之间的山体内，机组为发电与抽水结合的两机式可逆机组。输水道采用 1 洞-3 机、抽水与发电结合的布置方式，共设两条主高压输水隧洞，每条隧洞从上库进（出）水口至岔管长约 915 m，衬砌内径 7 m，其主要部分为倾角 58°的斜洞，在进厂前的下平段分岔为 3 条内径 3.2 m 的支管，6 条支管的长度在 215 m～280 m 之间，每条与一台机组相连。岔管承受最大静水头 680 m，最大动水头 800 m。尾水洞共 6 条，内径 4.4 m，长 217 m～238 m。厂房形式为地下式，地下厂房洞室群主要有主、副厂房洞室，主变压器洞，母线洞，尾水闸门洞和其他辅助洞室。主副厂房洞长 193 m、宽 21 m、高 47.5 m。其纵向轴线与压力钢管进厂房方向呈 64°夹角。主隧洞及岔管均用钢筋混凝土衬砌。厂房设岩壁吊车梁。主变压器洞长约 180 m、宽 17 m、高 24.3 m，它与主、副厂房洞之间有 6 条母线洞及 1 条主变运输洞相连，每条母线洞长 34 m。尾水闸门洞在主变洞的下游。500 kV 开关站和中央控制楼布置在下水库左岸尾水隧洞出口上方的地面。开关站面积 110 m×35 m。厂房内安装 6 台单机容量为 30 万 kW 的可逆机组，水泵水轮机采用竖轴单转轮可逆混流式。水轮机额定水头 526 m，单机额定出力 30.6 万 kW，水泵工况单机最大出力 33.28 万 kW，转速 500 r/min，吸出高度为 −70 m。发电电动机采用竖轴悬吊式空气冷却，发电工况单机额定容量 33.3 万 kVA（电气输出），电动机工况单机额定容量 33.6 万 kW（轴输出），额定电压 18 kV。水泵工况启动采用可控硅变频装置，并以"背靠背"同步启动为备用。主变压器 6 台，每台容量为 36 万 kVA。每台机组接 1 台主变，2 个发电机−变压器单元在 500 kV 侧并联成为联合单元。全厂 3 个联合单元分别用 500 kV 电缆引至地面。地面开关站有 3 回进线、2 回出线，主接线采用双内桥接线，选用 GIS 全封闭组合电器，全厂设有计算机监控系统。电站以 500 kV 等级电压接入华东电网，出线 2 回均接至瓶窑变电所。该工程由华东勘测设计研究院设计，下库及地下厂房土建工程由水电第十四工程局施工，上库开挖及填筑工程由水电第五工程局施工，上游输水系统土建工程由水电第一工程局施工。

桐柏抽水蓄能电站：桐柏抽水蓄能电站位于浙江天台县城关镇，距杭州市 150 km。电站装机容量 120 万 kW，平均年发电量 21.18 亿 kW·h，年抽水耗电量 28.13 亿 kW·h，接入华东电网，担任调峰填谷、调频、调相和事故备用。利用原桐柏水电站（装机容量 0.8 万 kW）小电站水库作为上库，年平均入库流量 1.71 m³/s。下水库位于始丰溪支流上的百丈坑。

18.4.2 浙江省已建中型水电站

浙江省已建部分中型水电站的装机容量及年发电量见表 18−2。

表 18−2　浙江省已建部分中型水电站装机容量及年发电量统计

电站名称	所在市、县及河流	装机容量（万 kW）	年发电量（亿 kW·h）	电站名称	所在市、县及河流	装机容量（万 kW）	年发电量（亿 kW·h）
黄坛口	衢县、乌溪江	5.20	1.760	珊溪	文成、飞云江	24.00	4.340
华光潭	临安、分水江	5.50	1.150	九溪	文成、飞云江	5.20	1.420
青山殿	临安、分水江	4.00	1.040	三插溪	泰顺、飞云江	4.00	1.036
枫树岭	淳安、枫林港	3.00	0.718	龟湖	泰顺、飞云江	6.25	2.140
石塘	云和、龙泉溪	7.80	1.8900	北溪	永嘉、太源溪	3.60	0.7600
玉溪	丽水、龙泉溪	4.00	0.9290	龙宫洞	缙云、方溪	2.00	0.4780
楠溪	永嘉、楠溪	5.00	1.3700	大赤	云和、小溪	13.50	4.9500

电站名称	所在市、县及河流	装机容量（万 kW）	年发电量（亿 kW·h）	电站名称	所在市、县及河流	装机容量（万 kW）	年发电量（亿 kW·h）
百丈漈	文县、泗溪	3.70	1.1070				

注：已扩机水电站，表中所列值为扩机后的值。

18.5　江西省水能资源与河流水能利用规划

18.5.1　江西省河流及其水能资源

江西省河流主要有赣江、抚河、饶河、修水和信江等经鄱阳湖流入长江的五大水系。全省水能理论蕴藏量 682.03 万 kW。

赣江：赣江是江西省最大的河流，河长 769 km，流域面积 8.35 万 km²，约占全省面积的 50%。赣江在南昌以下分 4 支注入鄱阳湖后与长江相连，是长江支流中仅次于岷江、湘江、沅江的第 4 大支流，有湘水、梅江、上犹江等 13 条支流汇入。赣江水能理论蕴藏量为 360.06 万 kW，约占全省的 53%。

其他诸水系：抚河水能理论蕴藏量 60.2 万 kW，信江水能理论蕴藏量 85.91 万 kW，修水水能理论蕴藏量 67.24 万 kW，饶河水能理论蕴藏量 37.47 万 kW，长江水系水能理论蕴藏量 46 万 kW，鄱阳湖水系水能理论蕴藏量 4.90 万 kW，洞庭湖水系水能理论蕴藏量 5.52 万 kW，珠江水系水能理论蕴藏量 14.25 万 kW。

18.5.2　江西省河流水能利用规划与实施概况

（1）江西省河流水能利用规划

全省水能资源开发可建水电站 23 821 座，总装机容量为 610.89 万 kW，年发电量 315.62 亿 kW·h。江西省河流规划中的的水电站主要是中型水电站。大型水电站有峡山、万安、峡江和柘林等。

赣江：赣江水能理论蕴藏量为 360.06 万 kW，规划建电站 275 座，总装机容量为 332.87 万 kW，年发电量 125.67 亿 kW·h。

其他诸河流：抚河规划建水电站 46 座，装机容量 38.5 万 kW，年发电量 14.16 亿 kW·h；信江规划建水电站 62 座，装机容量 45.82 万 kW，年发电量 16.87 亿 kW·h；饶河规划建水电站 35 座，装机容量 41.31 万 kW，年发电量 13.34 亿 kW·h；修水规划建水电站 60 座，装机容量 45.40 kW，年发电量 17.12 亿 kW·h。

（2）江西省水能利用规划实施概况

20 世纪 50 年代，在赣江支流上犹江上首先建起装机容量为 6 万 kW 的上犹江水电站。20 世纪 70 年代在修水上修建了装机容量为 18 万 kW 的柘林水电站（后扩机为 42 万 kW）。20 世纪 80 年代在赣江干流上动工修建装机容量达到 50 万 kW 的万安大型水电站，1990 年第一台机组发电。

18.6 江西省已建大中型水电站

18.6.1 江西省已建大型水电站

柘林水电站：柘林水电站位于赣西北修河中游末端的永修县柘林镇附近，是一座大型水利水电工程。坝址控制流域面积达 9 340 km²，占全流域面积的 63.5%，多年平均流量 256 m³/s。柘林水电站以发电为主，兼有防洪、灌溉、航运和水产养殖等综合利用任务。水电站装机容量为 18 万 kW（扩建后为 42 万 kW），保证出力 5.59 万 kW，多年平均发电量 6.3 亿 kW·h。水库正常蓄水位 65 m，水库总库容 79.2 亿 m³，有效库容 50.17 亿 m³，具有多年调节性能。柘林水电站枢纽建筑物由主坝、3 座副坝、2 座溢洪道、泄空洞、发电引水系统及厂房、灌溉隧洞和通航建筑物等组成。主坝为黏土及混凝土防渗心墙土石坝，坝顶高程 73.5 m（防浪墙顶高程 75.2 m），最大坝高 63.5 m，坝顶长 590.75 m。Ⅰ副坝为均质土坝，设计坝顶高程 73.4 m（防浪墙顶高程 74.6 m），最大坝高 20.7 m，坝顶长 455.6 m。Ⅱ副坝为黏土心墙坝，坝高仅 3 m。Ⅲ副坝为混凝土防渗心墙均质土坝，设计坝顶高程 73.4 m（防浪墙顶高程 74.4 m），最大坝高 18.4 m，坝顶长 225 m。第一溢洪道位于主坝右岸，为 3 孔陡槽式溢洪道，孔口尺寸为宽 12 m、高 7 m，3 级底流消能，堰顶高程 54 m，最大泄流量 3 620 m³/s。第二溢洪道位于Ⅰ副坝左端，为 7 孔开敞式溢洪道，孔口宽 11 m，面流消能，堰顶高程 54 m，最大泄量 11 270 m³/s。泄洪洞位于主坝左岸山头内，为压力隧洞式，洞径 8 m，进口底板高程 35 m，2 级底流消能，最大泄流量 990 m³/s。发电进水闸位于接头混凝土重力坝左端，厂房布置在坝后，安装 4 台单机容量为 4.5 万 kW 的水轮发电机组。电站于 1958 年动工兴建，1970 年复工续建，1972 年第一台机组发电，1975 年 4 台机组全部并网发电。20 世纪末对柘林水电站进行扩建，扩建工程采用 1 机–1 洞布置方式，引水系统建筑物由引水明渠、隧洞式进水口、2 条平行布置的引水隧洞和压力钢管、发电厂房及尾水渠等组成，扩建电站安装 2 台单机容量为 12 万 kW 的水轮发电机组，扩建后水电站总装机容量为 42 万 kW。该工程由贵阳勘测设计研究院设计，葛洲坝集团公司、水利水电第七工程局、江西省水电工程局等施工，于 2001 年建成发电。

万安水电站：万安水电站位于江西万安县境内赣江中游上，是江西省所修建的最大水利水电工程，坝址多年平均流量 947 m³/s。工程以发电为主，兼有防洪、航运、灌溉、养殖等综合利用效益。电站装机容量为 40 万 kW，年发电量 10.6 亿 kW·h（远景装机容量 50 万 kW，年发电量 19.35 亿 kW·h）。水库总库容 21.2 亿 m³，通过水库的调节作用，可提高吉安、南昌、丰城地区的防洪能力，增加下游航道水深，使万安至赣州河段可通航 500 t 轮船，自流引水灌溉农田约 30 万亩，并可利用水库发展养殖业。万安坝址地处低山丘陵区边缘峡谷出口，河面开阔，枯水期河面宽 450 m，坝基为朱罗系浅变质砂岩及砂质页岩，右岸阶地壤土、砂砾石覆盖层厚 10 m～18 m。万安水电站为低坝河床式电站，枢纽建筑物主要由拦河大坝、河床式厂房、单级船闸和灌溉渠首等组成。河床部分为混凝土重力坝，最大坝高 56 m，坝顶长 674 m，采用表孔与底孔相结合的泄洪方式，左边为溢流坝段，右边为底孔坝段，中间用导墙分隔，各设护坦。右岸阶地为黏土心墙砂壳坝，坝高 25 m，全长 492.341 m，坝基采用混凝土防渗墙防渗。河床式厂房位于河床右岸，长 197 m、宽 26.5 m、高 68.1 m，进口设有侧向拦砂底槛与坝轴线呈 75°交角，厂房内安装 5 台单机容量为 10 万 kW 的水轮发电机组（初期安装 4 台，预留 1 台）。单级船闸布置在右侧河岸，闸室尺寸为长 175 m、宽 14 m、水深 2.5 m，年货运量 200 万 t～300 万 t，木材年过坝量 50 万 m³。两岸分设灌溉引水渠首，引用流量分别为 4 m³/s 和 15 m³/s。该工程由长江流域规划委员会勘测设计院设计，基建工程兵 00639 部队施工，于 1990 年建成发电。

18.6.2　江西省已建中型水电站

江西省已建部分中型水电站的装机容量及年发电量见表 18-3。

表 18-3　江西省已建部分中型水电站装机容量及年发电量统计

电站名称	所在市、县及河流	装机容量（万 kW）	年发电量（亿 kW·h）	电站名称	所在市、县及河流	装机容量（万 kW）	年发电量（亿 kW·h）
泰和	泰和、赣江	18.00	6.320	斗晏	寻乌、珠江	3.75	1.180
大坳	上饶、信江	4.00	0.908	夏寒	信丰、桃江	10.00	3.660
柘林	永修、修水	18.00	6.300	龙王庙	吉安、孤江	14.00	2.680
东津	修水、修水	6.00	1.160	江口	新余、袁水	3.52	1.400
南丰	南丰、抚河	5.00	1.760	洪门	南城、黎滩河	2.25	1.170
樟树坑	景德镇、昌江	12.96	3.500	龙潭	龙潭、上犹江	4.00	0.880

第 19 章　粤桂及海南水能开发利用

19.1　广东省水能资源与河流水能利用规划

19.1.1　广东省河流及其水能资源

　　广东省河流主要有珠江、韩江两大水系。珠江为西江、北江、东江三江汇合后的总称，是广东省最大河流，水量十分丰富，约为黄河的 8 倍。全省水能理论蕴藏量为 723.91 万 kW，其中包括：北江水能理论蕴藏量 249.6 万 kW，西江水能理论蕴藏量 118.27 万 kW，东江水能理论蕴藏量 121.97 万 kW，韩江水能理论蕴藏量 110.03 万 kW，粤东沿海诸河水能理论蕴藏量 49.12 万 kW，粤西沿海诸河水能理论蕴藏量 74.92 万 kW。

19.1.2　广东省河流水能利用规划

　　广东省河流规划修建的大型水电站不多，主要是中型水电站。除常规水电站之外，广东省为满足电力系统调峰需要，修建了一些大型抽水蓄能水电站。全省初步规划建水电站 1 260 座，总装机容量 570.36 万 kW，年发电量 215.87 亿 kW·h，其中包括：北江规划建水电站 390 座，装机容量 200.24 万 kW，年发电量 73.80 亿 kW·h；西江规划建水电站 225 座，装机容量 102.08 万 kW，年发电量 40.4 亿 kW·h；东江规划建水电站 272 座，装机容量 141.43 万 kW，年发电量 52.45 亿 kW·h；韩江规划建水电站 107 座，装机容量 75.78 万 kW，年发电量 28.19 亿 kW·h；粤东沿海诸河规划建水电站 126 座，装机容量 29.08 万 kW，年发电量 11.1 亿 kW·h；粤西沿海诸河规划建水电站 140 座，装机容量 30.75 万 kW，年发电量 9.93 亿 kW·h。全省水电装机容量和年发电量未包括小于 500 kW 的小水电站，全省小于 500 kW 小水电站装机容量 99 万 kW，年发电量 25 亿 kW·h。

19.2　广东省已建大中型水电站

19.2.1　广东省已建大型水电站

（1）广东省已建常规大型水电站

新丰江水电站：新丰江水电站位于广东省河源县境内的东江支流新丰江上，是一座以发电为主，兼有防洪、灌溉、航运等综合利用效益的大型水电站。电站装机容量为 29.25 万 kW，保证出力 12.13 万 kW，年发电量 5.76 亿 kW·h。坝址控制流域面积 5 734 km²，多年平均流量 192 m³/s。水库正常蓄水位 116 m，死水位 93 m，总库容 139 亿 m³，调节库容 64.4 亿 m³。水库库容系数达 99%，具有多年调节性能，是广东省已建水电站中调节性能最好的水电站。通过新丰江水库调节，可使下游 147 万亩农田免受洪水灾害，并能发展电力排灌，增加灌溉面积，还可提高下游航运能力。坝基为燕山三期花岗岩，地质条件较好。新丰江水电站是一座坝式水电站，枢纽建筑物主要由拦河大坝、厂房及开关站组成。溢流坝段和厂房坝段布置在河床上，厂房坝段位于溢流坝左边，两侧为非溢流坝。拦河大坝坝型为混凝土大头坝，最大坝高 105 m。枢纽采用坝身泄洪，在溢流坝段设有 3 孔宽 15 m、高 10 m 的泄流表孔泄洪，采用鼻坎挑流消能，最大下泄流量 17 300 m³/s。厂房为坝后式地面厂房，长 102.7 m、宽 19.6 m、高 42 m，厂房内安装 3 台单机容量为 7.25 万 kW、水轮机型号为 HL662−LJ−410 的水轮发电机组和 1 台单机容量为 7.5 万 kW、水轮机型号为 HL741−LJ−410 的水轮发电机组。电站最大水头 84.7 m，设计水头 73 m，最小水头 57 m。该工程由广东水电设计院设计，广东新丰江工程局施工，于 1958 年开工，1960 年第一台机组发电，1969 年竣工。水库蓄水后，库区曾发生过诱发地震，为确保大坝安全，于 1961 和 1962 年对大坝进行过两次加固，并增建了一条长 700 m、洞径 10 m 的泄水洞。

（2）广东省已建大型抽水蓄能电站

广东省大型水电站不能满足电力系统调峰、调频的需要，主要靠修建抽水蓄能电站来担负电力系统调峰、调频和事故备用，并已完成广州抽水蓄能电站一、二期工程的建设。

广州抽水蓄能电站：广州抽水蓄能电站位于广州市东北方向的从化县，是一座纯抽水蓄能电站。电站分两期建设，一期工程和二期工程装机容量均为 120 万 kW，蓄能电站总装机容量为 240 万 kW。蓄能电站的任务是配合大亚湾核电站安全运行，担负广东电力系统调峰任务。一期、二期工程共用相同的上水库和下水库，均采用上游 1 洞−4 机和下游 2 机−1 洞布置方式，厂房均布置在地下，两期工程输水线路平行布置。

一期工程：一期工程装机 4 台，总装机容量 120 万 kW。2000 年水平可将 31.38 亿 kW·h 低谷电量变为 23.8 亿 kW·h 高峰电量。平均年发电量 23.8 亿 kW·h，平均年抽水耗电量 31.38 亿 kW·h，年发电利用时数 1 983 h，年抽水利用时数 2 615 h，水轮机额定水头 500.61 m，单机过流量 68.25 m³/s，电站综合效率 75.84%。上、下水库水源属流溪河水系。上水库坝址位于召大水上游的陈禾洞盆地，控制流域面积 5 km²，多年平均流量 0.209 m³/s，正常蓄水位 810 m，总库容 1 700 万 m³，有效库容 1 000 万 m³。拦河大坝为钢筋混凝土面板堆石坝，最大坝高 60 m，坝顶高程 813 m，上水库采用侧槽式岸边溢洪道泄洪，侧堰宽 40 m，堰顶与正常蓄水位齐平，不设闸门，自由溢流。下水库坝址位于九曲水，控制流域面积 13 km²，多年平均径流量 0.544 m³/s，正常蓄水位 283 m，总库容 1 750 m³，有效库容 1 000 万 m³。拦河大坝也是钢筋混凝土面板堆石坝，最大坝高 37 m，坝顶高程 286.3 m。在下水库右坝头设有 2 孔宽 9 m 的有闸门控制的侧槽式岸边溢洪道泄洪，堰顶高程 281 m。蓄能电站输水系统全长 3 856 m，输水流量 240 m³/s～290 m³/s，上输水道采用 1 洞−4 机布置方式，自上水库进（出）水口至上游调压室长约 925 m，衬砌内径 9 m，上游调压室为阻抗式，大井内径 18 m，连接管内径 9 m。上游隧洞在调压室后采用斜井布置，进厂前用"卜"型岔管分岔为 4 条支管进入厂房，主管长 1 395.4 m，内径 8 m～8.5 m。下游采用 4 条支洞合为一条隧洞进入下游调压室，调压室也是阻抗式，大井内径 20 m，连接管内径 9 m，调压室高 63 m，底板高程 250 m，下游调压室至下游出口洞长约 1 230.7 m。地下厂房采用中部式布置，厂房长 147 m、宽 25 m、高 48.5 m，安装 4 台单机容量为 30 万 kW 的可逆式机组。为使进（出）水口运行可靠和检修灵活方便，将进（出）流道用中墩分隔开，中墩两侧各设有一扇检修闸门。该工程由广东省水利水电勘测设计院设计，于 1991 年建成投入运行。

二期工程：二期工程同样安装 4 台单机容量为 30 万 kW 的可逆式机组。二期工程上水库正常蓄水位 816.8 m，死水位 797 m，相应库容分别为 2 406 万 m³ 和 722 万 m³。下水库正常蓄水位 287.4 m，死水位 275 m，相应库容分别为 2 340 万 m³ 和 629 万 m³。输水系统建筑物包括：上水库进（出）水口、上输水隧洞、上游调压室、上游高压隧洞、下游调压室、下游输水隧洞和下水库进（出）水口等。上、下水库进（出）水口均为岸坡式，上输水隧洞长 883.5 m，洞径 9 m，采用钢筋混凝土衬砌。上游调压室为带有上室的阻抗式调压室，上室直径 25 m，大井直径 14 m，连接管直径 8.5 m，阻抗孔口直径 6.3 m。上游高压隧洞采用二级斜井布置，坡度 50°，上下斜井总长 694.2 m，中间平洞长 207.8 m，洞径 8.5 m。下斜井后接水平洞，洞径由 8.5 m 变至 8 m 后即为岔管段，岔管段主管直径由 8.5 m 渐变到 3.5 m，4 条支管洞径为 3.5 m，与主管呈 60°角，"卜"型分岔斜向接入厂房。高压隧洞以及岔管段采用钢筋混凝土衬砌，4 条支管采用钢板衬砌。下游输水隧洞长 2 190.34 m，洞径 9.0 m，采用钢筋混凝土衬砌。下游输水系统采用 2 机-1 洞布置方式，设有 2 个调压室。下游调压室采用带上廊道的阻抗式调压室，上廊道利用部分调压室通气洞，大井直径 14 m，连接管直径 5.6 m，阻抗孔口直径 4 m。地下厂房采用中部式布置方式，地下厂房洞室与主变洞室平行布置，净间距 35 m，由 4 条母线洞连接，安装间位于主厂房东端，副厂房在西端。尾水闸阀廊道在主变洞室下游侧净间距 17.075 m。厂房长 146.5 m、宽 21 m、高 47.64 m，安装 4 台单机容量为 30 万 kW 的可逆式机组。主变洞室长 138.07 m、宽 17.24 m、高 17.6 m。开关站布设于户外，通过高压电缆洞将其与主变洞连接，开关站平面尺寸为 102 m×55.5 m。二期工程由广东省水利水电勘测设计院设计，水电第十四工程局广东分局施工。于 1999 年 4 月建成投产，广州抽水蓄能电站总装机容量达到 240 万 kW，成为当今世界上最大的抽水蓄能电站。

19.2.2　广东省已建中型水电站

广东省已建部分中型水电站的装机容量及年发电量见表 19-1。

表 19-1　广东省已建部分中型水电站装机容量及年发电量统计

电站名称	所在市、县及河流	装机容量（万 kW）	年发电量（亿 kW·h）	电站名称	所在市、县及河流	装机容量（万 kW）	年发电量（亿 kW·h）
枫树坝	龙川、东江	16.00	5.760	长湖	英德、滃江	7.20	2.800
南水	乳源、南水	7.50	2.920	南告	陆丰、螺水	4.50	1.663
流溪河	从化、流溪河	4.20	1.530	高塘	怀集、绥江	3.60	0.960
潭岭	连县、连江	3.75	1.429	孟州坝	韶关、北江	4.40	1.522
大河	阳春、漠阳江	3.00	0.821	白石窑	英德、北江	7.20	2.780
飞来峡	清远、北江	14.04	5.546	双溪	大埔、韩江	3.60	0.970
青溪	大埔、汀江	14.40	3.700	长潭	焦岭、石窟河	6.00	1.540
都平	封开、贺江	3.00	1.280	锦江	仁化、锦江	2.50	0.940
秤架一级	连山、秤架河	2.50	1.100				

19.3　广西壮族自治区水能资源与河流水能规划

19.3.1　广西壮族自治区河流及其水能资源

广西壮族自治区主要河流有红水河、郁江、柳江、桂江等。广西壮族自治区水能资源丰富，特别是红水河（含上源南盘江）水能资源尤其丰富，是著名的"水能富矿"。全区水能理论蕴藏量 1 751.83 万 kW。

南盘江－红水河：红水河是珠江水系西江上游干流，其上源南盘江发源于云南省沾益县马雄山，在贵州省蔗香与北盘江汇合后称为红水河。红水河干流在广西石龙三江口与柳江汇合后称黔江。南盘江全长 927 km，总落差 1 854 m，流域面积 5.49 万 km²，其中天生桥至纳贡段河长仅 18.4 km，集中落差 184 m。红水河全长 659 km，落差 254 m，流域面积13.1 万 km²。黔江长 123 km，有著名的大藤峡谷，大藤峡以上流域面积 19.04 万 km²，年径流量 1 300 亿 m³。南盘江、红水河流域地处云贵高原及其边缘地带，上游为高山峡谷，中下游主要为丘陵、平原。流域拟重点开发河段（兴义至桂平），长 1 143 km，落差 692 m，水能理论蕴藏量约 860 万 kW。

其他诸河流：郁江水能理论蕴藏量 297.64 万 kW，柳江水能理论蕴藏量 341.82 万 kW，桂江水能理论蕴藏量 131.43 万 kW，其他河流水能理论蕴藏量 126.4 万 kW。

19.3.2　广西壮族自治区河流水能利用规划

广西壮族自治区全区规划建大中型水电站 41 座，总装机容量为 1 227.15 万 kW，年发电量 626.19 亿 kW·h。

南盘江－红水河梯级水能利用规划：南盘江－红水河规划为 10 级开发，红水河的开发方针是以发电为主，兼顾防洪、航运、灌溉等综合利用要求。南盘江－红水河梯级开发规划修建 10 座水电站，与鲁布革水电站一起被列为国家重点开发的"十二大水电基地"。总装机容量为 1 312 万 kW，保证出力 347.12 万 kW，年发电量 532.90 亿 kW·h。这 11 座梯级水电站中，龙滩、岩滩、大化、百龙滩、恶滩、桥巩、大藤峡 7 座水电站位于广西壮族自治区境内，天生桥水电站位于广西、贵州两省界河上，鲁布革水电站位于云南、贵州两省界河上。

其他诸河水能利用规划：郁江规划建水电站 11 座，装机容量为 132.84 万 kW，年发电量 59.50 亿 kW·h；柳江规划建水电站 14 座，装机容量为 98.51 万 kW，年发电量45.59 亿 kW·h；桂江规划建水电站 4 座，装机容量为 37.25 万 kW，年发电量 17.33 亿 kW·h；其他河流规划建水电站 1 座，装机容量为 6.8 万 kW，年发电量 3.60 亿 kW·h。

19.4　广西壮族自治区已建大中型水电站

广西壮族自治区境内河流规划的水电站大多为中型水电站，大型水电站主要集中在红水河上。20 世纪 90 年代开始开发红水河，到 21 世纪初实现了红水河梯级连续开发。

19.4.1　广西壮族自治区已建大型水电站

百色水利枢纽：百色水利枢纽位于广西百色境内郁江上游的右江上，距百色 22 km，是开发治理郁江的关键性工程，以防洪为主，兼有发电、灌溉、航运、供水等综合利用效益。坝址控制流域面积 1.96 万 km^2，占右江流域面积的 47%，多年平均径流量 82.3 亿 m^3。水库正常蓄水位 228 m，相应库容 48 亿 m^3，死水位 203 m，死库容 21.8 亿 m^3，调节库容 26.2 亿 m^3，库容系数 0.316，属不完全多年调节水库。水库防洪限制水位 214 m，相应防洪库容 16.4 亿 m^3，与右江防洪堤结合运用，可使右江沿岸的防洪能力达到防御 50 年一遇洪水，保护人口 187.3 万，保护耕地 7.28 万 km^2。电站装机容量为 54 万 kW，保证出力 12.3 万 kW，多年平均发电量 16.9 亿 kW·h。通过百色水库调节并辅以航道整治，可使百色至田东河段航道可通过 300 t 级船舶，达到 5 级航道标准；田东至南宁河段航道可通过 500 t 级船舶，达到 4 级航道标准。百色水利枢纽主坝址呈"V"形河谷，河面宽 50 m～140 m，左岸地形较完整，右岸地形较平坦且岩石破碎，地基较为复杂。百色水利枢纽分为主坝区枢纽和通航建筑物两部分，此外还有两座副坝。工程分两期建设，主坝区和两座副坝为一期工程，通航建筑物为二期工程。主坝区枢纽建筑物有主坝、引水系统、厂房及开关站等。主坝为全断面碾压混凝土重力坝，最大坝高 130 m，坝顶高程 234 m，坝顶长 700 m、宽 10 m，最大坝底宽 103.9 m。上游边坡分为两级：142 m 高程以下为 1∶0.2，142 m 高程以上为垂直。下游边坡为 1∶0.75（溢流段为 1∶0.7）。溢流段设在河床中部偏左，长 88 m，设有 4 孔宽 14 m、高 18 m 的溢流表孔，堰顶高程为 210 m，采用"宽尾墩挑流加底流式消力池"的联合消能方式。两座副坝远离主坝区：银顿副坝位于主坝东侧约 5 km，最大坝高 50 m，坝顶长 375 m，为混合料心墙堆石坝；香顿副坝位于主坝东北约 4.8 km，最大坝高 30 m，坝顶长 96 m，坝型为均质土坝。百色电站厂房为河岸式地下厂房，进水口为塔式，位于主坝上游左侧库岸，进口底高程为 179 m，塔高 59 m、宽 82 m、长 24 m，设有 4 扇宽 5.1 m、高 6.5 m 的快速闸门和 1 扇检修门，通过 50 m 长的工作桥与左岸公路相连。电站采用 1 机－1 洞单元引水方式，引水隧洞共 4 条，最长的 1 号隧洞长 284 m，洞径均为 6.5 m，钢筋混凝土衬砌（下平段长 45 m 用钢板衬砌），不设调压室。厂房布置在左坝头下游的辉绿岩中，受辉绿岩厚度限制，主厂房洞轴线与岩层走向几乎平行，主厂房洞室总长 123 m、宽 20 m、高 50 m，安装 4 台单机容量为 13.5 万 kW 的水轮发电机组，有一交通洞与下游高程 137 m 的公路相连。尾水闸门室与地下升压站结合布置，地下升压站洞室宽 19.2 m、高 26 m，与主厂房洞室平行，净距 20.6 m，布置有尾水闸门室、主变压器层、电缆廊道层及全封闭高压开关设备层。尾水洞由 4 条宽 8 m、高 9.3 m 的支洞和 1 条宽 13 m、高 25 m 的主洞组成，尾水渠底板高程为 117 m。百色水利枢纽通航建筑物进口设在水库左岸，距主坝区 3.3 km，在主坝下游 7 km 处进入右江河道，全长 4 338 m，采用 2×300 t 两级升船机，最大提升高度 115 m（一级 25 m，二级 90 m）。该工程由广西水利电力勘测设计院设计。

大化水电站：大化水电站位于广西都安和马山两县交界的红水河上，是红水河梯级开发的第一期工程，是一座以发电为主，兼有航运综合利用效益的大型水电站。电站近期单独运行时，装机容量为 40 万 kW，保证出力 10.5 万 kW，年发电量 20.6 亿 kW·h。远期上游天生桥、龙滩、岩滩等电站水库建成后，经上游水库调节、联合运行，装机容量可增至 60 万 kW，年发电量可达 32.6 亿 kW·h，并可使上游 87 km 河道航运条件得到改善。坝址控制流域面积 11.22 万 km^2，多年平均流量 1 900 m^3/s。水库正常蓄水位 155 m，死水位 153 m，总库容 3.54 亿 m^3，调节库容 0.7 亿 m^3。大化水电站坝址为低山丘陵，河床两侧岩漫滩以缓坡与低山相接。枯水期河宽 50 m～80 m，洪枯水位变幅达 41 m。大化水电站是一座河床式水电站，枢纽建筑物主要由拦河坝溢流坝段、河床式厂房、通航建筑物及两岸挡水坝组成。溢流坝段布置在主河槽,坝型为混凝土重力坝和空腹重力坝,共设 13 个宽 14 m、高 14 m 的溢流表孔,采用面流消能,最大坝高 78.5 m。左、右岸挡水坝为混凝土重力坝、土坝与两岸山坡相接。河床式厂房位于河床右侧,由于汛期下游水位高,厂房采用全封闭式;副厂房在主厂房之上重叠布置,进厂采用垂直升降机运输。厂房长 175 m、宽 75.6 m、高 83.3 m,厂房内安装 4 台单机容量为 10 万 kW 的水轮发电机组,水轮机型号为 ZZ440-LH-850。最大水头 39 m,设计水头 22 m,最小水头 13 m。电站用 220 kV 和 110 kV 的输电线路,向南宁、马山等地送电。升船机和开关站布置在右岸,采用衡重式升船机,升船机全长 1 180.6 m,可通航 250 t 船舶。该工程由广西壮族自治区水电设计院设计,广西壮族自治区大化水电工程指挥部施工,于 1975 年开工,1983 年第一台机组发电,1985 年竣工。

岩滩水电站:岩滩水电站位于广西都安和巴马两县交界的红水河上,在大化水电站上游,距巴马县城 30 km,是一座以发电为主,兼有航运、养殖等综合利用效益的大型水电站。电站装机容量为 110 万 kW,保证出力 23.1 万 kW,年发电量 53.7 亿 kW·h。经上游天生桥、龙滩电站水库调节后,能量指标有大幅度的提高。坝址控制流域面积 10.658 万 km²,多年平均流量 1 760 m³/s。水库正常蓄水位 223 m,死水位 204 m。水库总库容 33.4 亿 m³,调节库容 15.3 亿 m³,具有季调节性能。电站以 4 回 500 kV 输电线路向南宁、柳州和广州送电,送电距离分别为 200 km、210 km 和 600 km,使两广连成华南电网。枢纽主要建筑物由拦河大坝、溢洪道、发电厂房及通航建筑物等组成。拦河大坝为宽缝重力坝,最大坝高 108 m,总长 536 m。溢流坝段和厂房坝段布置在河床上,溢流坝段位于左边主河槽,左、右岸挡水坝为混凝土重力坝,土坝与两岸山坡相接。枢纽采用坝身泄洪,大坝为混凝土重力坝和空腹重力坝,共设 13 个孔宽 14 m、高 14 m 的溢流表孔,采用面流消能,最大坝高 78.5 m。厂房为坝后式,由于汛期下游水位高,厂房为全封闭形式,副厂房布置在主厂房之上,进厂采用垂直升降机运输。厂房长 175 m、宽 75.6 m、高 83.3 m,厂房内安装 4 台单机容量为 27.5 万 kW 的水轮发电机组,水轮机型号为 ZZ440-LH-850。最大水头 39 m,设计水头 22 m,最小水头 13 m。升船机和开关站布置在右岸,采用平衡重式升船机,升船机全长 1 180.6 m,可通航 250 t 船舶。工程由广西壮族自治区电力局水电设计院设计,广西壮族自治区大化水电工程指挥部施工,于 1992 年建成发电。

恶滩水电站:恶滩水电站位于广西壮族自治区忻城县境内的红水河上。坝址控制流域面积 11.8 万 km²,多年平均流量 2 050 m³/s,多年平均径流量 640 亿 m³。恶滩水电站以发电和航运为开发目标,分两期建设。先建低坝修建径流式水电站(安装一台单机容量为 6 万 kW 的机组),后期加高大坝改建坝后式厂房(总装机容量为 56 万 kW)。初期低坝水库正常蓄水位 93.8 m,死水位 93.8 m,无调节性能。水电站装机容量为 6 万 kW,保证出力 4.7 万 kW,多年平均发电量 3.4 亿 kW·h,年利用时数为 5 700 h。恶滩水电站大坝坝型为混凝土重力坝,最大坝高 33 m,采用坝身表孔泄洪,泄洪流量 2.77 万 m³/s。水电站为径流式,厂房为圆筒式,圆筒直径 32 m、高 78 m。工程于 1981 年建成发电。恶滩水电站后期扩建工程包括加高大坝和修建坝后式厂房,加高后大坝最大坝高 60 m,水库正常蓄水位112 m,死水位 110 m。扩建后的坝后式水电站厂房内安装 4 台单机容量为 12.5 万 kW 的水轮发电机组。水电站装机容量为 56 万 kW(4×12.5+6),保证出力 8 万 kW,多年平均发电量 24 亿 kW·h。该工程由广西壮族自治区电力局水电勘测设计院设计,广西壮族自治区水电基建公司施工。

龙滩水电站:龙滩水电站位于广西壮族自治区天娥县境内的红水河上,是红水河梯级开发 10 个梯级水电站中第 4 级水电站，是红水河梯级中库容最大、装机容量最大的龙头水电站。电站距南宁、贵阳均为 250 km，距广州 670 km。龙滩水电站以发电为主，兼有防洪、航运等综合利用任务，是西电东送的骨干工程，主要向广东送电。坝址控制流域面积 9.58 万 km²，占红水河流域面积的 71%，多年平均流量 1 640 m³/s。坝址河谷为开阔的"V"形河谷，河床覆盖层 0 m～6 m。电站分两期开发，一期水库正常蓄水位 375 m，相应库容 162.1 亿 m³，死水位 330 m，调节库容 111.5 亿 m³，防洪库容 50 亿 m³。电站装机 7 台，总装机容量为 490 万 kW，保证出力 123.4 万 kW，年发电量 156.7 亿 kW·h，同时可使下游梯级（岩滩、大化、百龙滩、恶滩、桥拱、大藤峡等水电站）净增保证出力 72.2 万 kW、年发电量 20.2 亿 kW·h。二期水库正常蓄水位 400 m，相应库容 272.7 亿 m³，死水位 340 m，调节库容 205.3 亿 m³，防洪库容 70 亿 m³。电站增加装机 2 台，总装机容量达 630 万 kW，保证出力 168 万 kW，年发电量 188.5 亿 kW·h，同时可使下游梯级净增保证出力 100 万 kW，年发电量 38.5 亿 kW·h。水库预留防洪库容 50 亿 m³ 和 70 亿 m³，可使下游防洪标准提高至 40 年和 50 年一遇。库区干流 200 km～250 km 范围内将形成 90%保证率的深水航道，坝址以下最小流量经龙滩水库调节后可达 1000 m³/s，为天然河道枯水流量的 5～6 倍，加上岩滩、大化梯级渠化，将显著改善红水河通航条件。龙滩水电站枢纽主要建筑物由拦河大坝、泄水建筑物、地下厂房及通航建筑物等组成。拦河大坝为碾压混凝土重力坝，河床坝段布置泄水建筑物，右岸布置通航建筑物，左岸布置引水发电系统及厂房。一期最大坝高 192 m，坝顶长 382.5 m，坝体混凝土方量约 535 万 m³。二期最大坝高 216.5 m，坝顶长 406.5 m，坝体混凝土方量约 680 万 m³。溢流坝段设有 7 个表孔和 2 个底孔，均采用鼻坎挑流。右岸通航建筑物为两级平衡重垂直升船机。整个通航建筑物包括上游引航道、第一级垂直升船机、错船明渠、第二级垂直升船机、下游引航道等 5 个部分，全长 1 800 m。升船机可通过 500 t 驳船，船厢尺寸为长 70 m、宽 12 m、水深 2.2 m，两垂直升船机的最大升程为 88.5 m 和 90.5 m。发电厂房布置在左岸山体内，为河岸式地下厂房，发电引水管共 9 条，内径为 10 m，最大长度 364.3 m。主厂房洞室长 388.5 m、宽 30.7 m、高 75.4 m，厂房内共安装 9 台（一期 7 台）单机容量为 70 万 kW 的水轮发电机组，设计水头 125 m。主变压器洞室布置在主厂房洞室下游侧，长 397 m、宽 19.5 m、高 22.5 m。每 3 台机共用 1 个尾水调压室和 1 个尾水洞，尾水洞直径 21 m，最大长度 732.3 m。中央控制楼、开关站及出线平台设在坝轴线下游约 500 m 处的左岸山坡，高程为 335 m 和 350 m 的两级平台上。该工程由中南勘测设计研究院设计，中国葛洲坝集团公司、龙滩江桂水电工程联营体等施工，二滩国际工程咨询有限责任公司监理，于 2001 年 7 月主体工程开工，2003 年截流，2007 年第一台机组发电。

19.4.2　广西壮族自治区已建中型水电站

　　广西壮族自治区已建水电站大多属于中小型水电站，已建部分中型水电站的装机容量及年发电量见表 19-2。

表 19-2 广西壮族自治区已建部分中型水电站装机容量及年发电量统计

电站名称	所在市、县及河流	装机容量（万 kW）	年发电量（亿 kW·h）	电站名称	所在市、县及河流	装机容量（万 kW）	年发电量（亿 kW·h）
西津	横县、郁江	23.44	10.930	麻石	融水、融江	10.00	4.550
合面狮	贺县、贺江	3.40	3.600	恶滩	忻城、红水河	6.00	3.280
拉浪	宜山、龙江	5.10	2.410	洛东	宜山、龙江	4.00	2.360
澄碧河	百色、澄碧河	2.60	1.090	百龙滩	都安、红水河	19.20	9.850
贵港	贵港、郁江	12.00	6.910	昭平	昭平、桂江	6.30	3.045
京南	苍梧、桂江	6.90	2.880	浮石	融安、融江	5.40	2.880
左江	崇左、左江	7.20	3.570	叶茂	宜山、龙江	3.75	1.875

19.5 海南省水能开发利用

19.5.1 海南省水能资源与河流水能规划概况

海南省主要河流有万泉河等。全省水能理论蕴藏量 99.5 万 kW，规划建水电站 138 座，总装机容量为 58.7 万 kW，年发电量 24.01 亿 kW·h。

19.5.2 海南省已建水电站

大广坝水利工程：大广坝水利工程位于海南省昌化县境内的昌化江上，距海口市 275 km，是一座具有发电、灌溉和供水等综合利用效益的水电站。电站装机容量为 24.2 万 kW，保证出力 3.42 万 kW，年发电量 5.2 亿 kW·h，是海南省最大的水电站，在系统中承担调峰、调频及调相任务。坝址控制流域面积 3 498 km²，多年平均降雨量 1 595 mm，5～10 月占 89%，多年平均流量为 96.6 m³/s，年径流量 30.5 亿 m³。设计洪水流量 31 800 m³/s，可能最大暴雨入库流量 46 000 m³/s。水库正常蓄水位 140 m 时，总库容 17 亿 m³，具有多年调节性能。通过水库调节，可灌溉农田 99.6 万亩，每年向昌江和东方两市县供应工业和居民生活用水 8 190 万 m³。与该工程枢纽配套建设的高干渠是大广坝灌区的重要组成部分，可自流灌溉 19 万亩，同时补水乐梅水库，扩灌农田 6.9 万亩，共计可灌溉 25.9 万亩。大广坝坝址枯水天然河面宽约 500 m，两岸地势平坦，距坝轴线下游 700 m 处有一天然落差为 40 m 的瀑布。河床基岩裸露，为斑状花岗岩。地震基本烈度 7 度。大广坝水利工程枢纽建筑物主要由拦河大坝、高干渠取水口、引水发电系统及厂房组成。拦河大坝由两岸土坝和河床混凝土坝组成：左岸土坝最大坝高 44 m，坝顶长 2 972 m，坝顶宽 7 m；右岸土坝坝顶长 2 316 m，坝顶宽 7 m；河床混凝土坝，最大坝高 55 m，坝顶长 719 m，溢流坝段布置在河床偏左岸，长 314.5 m，堰顶高程 126 m，设有 16 个宽 16 m、高 14.5 m 的泄流表孔。引水发电系统及厂房布置在右岸，采用 1 机-1 管布置方式，进水口为坝式，共 4 个，每个进口坝段长 15 m。压力钢管内径 5 m，长约 110 m。厂房布置在地下，厂房长 87 m、宽 14 m、高 35.7 m，厂房内安装 4 台单机容量为 6 万 kW 的水轮发电机组。电站尾水系统采用 2 机-1 洞布置，设有调压室，尾水调压室横截面为 7.5 m×55 m，高 32 m，两条尾水隧洞直径均为 8 m，分别长 422 m 和 430 m。电站副厂房、变压器场和 220 kV 开关站位于地下厂房顶部。灌区高干渠取水口布置在河床左岸非溢流混凝土坝段内。该工程系利用世界银行贷款建设项目，外资额度为 6 700 万美元，国内配套资金由能源部、水利部、广东省和海南省共同筹集。该工程由中南勘测设计研究院设计，葛洲坝工程局施工，于 1989 年开工，1992 年第一台机组发电。

海南省已建中型水电站不多，规模较大的有建在万泉河上的牛路岭水电站，水库容积 7.79 亿 m^3，装机容量为 8 万 kW，保证出力 1.78 万 kW，年发电量 2.81 亿 kW·h。

为配合核电站运行，正兴建海南琼中抽水蓄能电站。该电站位于琼中黎族苗族自治县，电站总装机容量 60 万 kW，安装 4 台单机容量为 15 万 kW 的混流可逆式机组。

第 20 章　东北及内蒙古水能开发利用

20.1　东北地区水能资源与河流水能利用规划

20.1.1　东北地区水能资源

东北三省主要河流有黑龙江、松花江和鸭绿江 3 大水系，其他河流有流经辽宁、吉林两省的辽河，流经黑龙江、吉林两省的绥芬河以及辽宁省入海的沿海诸河等。东北诸河水能资源丰富，被列入我国重点开发的"十二大水电基地"。

20.1.2　东北地区河流水能利用规划

黑龙江干流：黑龙江干流水能理论蕴藏量 640 万 kW，初步规划为 6 个梯级水电站，总装机容量为 820/2 万 kW，保证出力 187.4/2 万 kW，年发电量 270.88/2 亿 kW·h。6 座梯级水电站均位于中俄界河上（中国境内均位于黑龙江省）。这 6 座梯级水电站为漠河、连崟、鸥浦、呼玛、黑河、太平沟。

第二松花江：第二松花江上游发源于长白山主峰白头山天池，最上游河段称漫江，在松抚镇附近与松江河汇合后称为头道松花江，头道松花江流至两江口与二道松花江汇合后称为第二松花江。第二松花江上游水能理论蕴藏量 138.16 万 kW，规划为 9 个梯级水电站（均位于吉林省境内）。这 9 座水电站除第 1 级松山装机规模未定外，其余 8 座水电站总装机容量为 327.4 万 kW，保证出力 48.36 万 kW，年发电量 59.52 亿 kW·h。这 8 座梯级水电站为小山、双沟、石龙、两江、四湖沟、白山、红石和丰满。

鸭绿江干流：鸭绿江水能理论蕴藏量 212.5 万 kW，干流规划为 6 个梯级水电站，总装机容量 228/2 万 kW，保证出力 63.17/2 万 kW，年发电量 91.2/2 亿 kW·h。这 6 座梯级水电站均位于中朝两国界河上（中国境内属辽宁省），为临江、云峰、渭源、水丰、太平湾和义州。

浑江（鸭绿江支流）：浑江规划为 5 个梯级水电站（均位于辽宁省境内），总装机容量 61.95 万 kW，保证出力 9.62 万 kW，年发电量 15.67 亿 kW·h。这 5 座水电站为桓仁、回龙、太平哨、高岭和金坑。

牡丹江干流：牡丹江干流规划为 4 个梯级水电站（均位于黑龙江省境内），总装机容量 91.6 万 kW，保证出力 13.44 万 kW，年发电量 18.17/2 亿 kW·h。这 4 座梯级水电站为镜泊湖、莲花、二道沟和长江屯。

嫩江（松花江支流）：嫩江规划为 15 个梯级水电站（上游 5 级位于黑龙江省，其余位于内蒙古自治区），总装机容量 126.60 万 kW，保证出力 26.45 万 kW，年发电量 34.28 亿 kW·h。

东北河流规划中，大中型水电站的主要技术经济指标见第 13 章东北水电基地部分。

20.2 黑龙江省水能开发利用

20.2.1 黑龙江省水能资源与河流水能利用规划

黑龙江省河流主要有黑龙江、松花江、绥芬河等。全省水能理论蕴藏量 739.49 万 kW，规划修建水电站总装机容量 612.53 万 kW，年发电量 186.47 亿 kW·h。其中包括：黑龙江水能理论蕴藏量 388.31 万 kW，装机容量 410 万 kW，年发电量 135.44 亿 kW·h（黑龙江干流系中俄边境界河，按一半计算）；松花江水能理论蕴藏量 341.91 万 kW，装机容量 194.29 万 kW，年发电量 47.90 亿 kW·h；绥芬河水能理论蕴藏量 9.27 万 kW，装机容量 8.24 万 kW，年发电量 3.13 亿 kW·h。

20.2.2 黑龙江省已建大中型水电站

(1) 黑龙江省已建大型水电站

莲花水电站：莲花水电站位于黑龙江省海林市境内，系牡丹江下游梯级电站之一，距牡丹江市约 130 km，是黑龙江省已建最大的水电站，以发电为主，兼有防洪、灌溉等综合利用任务。水库正常蓄水位 218 m，总库容 41.8 亿 m³，有效库容 27.2 亿 m³，属不完全多年调节水库。电站装机容量为 55 万 kW，保证出力 5.58 万 kW，多年平均发电量 7.97 亿 kW·h。坝址控制流域面积 3.02 万 km²，多年平均流量 228 m³/s。多年平均悬移质输砂量 102 万 t，多年平均含砂量 0.14 kg/m³。坝区河谷为不对称"U"形河谷，平水期水面宽约 155 m。右岸为凹岸，因受河流冲刷，沿江形成基岩裸露的陡壁。左岸为凸岸，分别布有漫滩和Ⅰ、Ⅱ级阶地，坝头处为一近东西向的条形山脊。莲花水电站枢纽建筑物由拦河大坝（包括大坝和副坝）、溢洪道、引水发电系统及厂房组成。拦河大坝为钢筋混凝土面板堆石坝，最大坝高 71.8 m，坝顶高程 225.8 m，坝顶长 902 m、宽 8 m，上、下游坝坡均为 1∶1.4。下游在高程 200 m 设有一宽 3 m 的马道，在高程 173 m 设有一宽 10 m 的进厂公路。混凝土面板顶厚 0.3 m，向下渐增，至底部厚 0.5 m。因岩石风化层较深，而此段水头很低，把趾板建基在强风化岩的中上部。趾板最大宽度 6 m，厚 0.6 m，趾板和面板间设周边缝。通过趾板进行灌浆。帷幕灌浆为一排孔布置，最大深度约 25 m，固结灌浆于帷幕孔上下游各一排孔，孔深约 6 m。二坝为黏土心墙坝，最大坝高 64 m，坝顶高程 226 m，坝顶长 270 m、宽 8 m，上、下游坝坡分别为 1∶2 和 1∶2.25。心墙建基在呈块状的全风化岩下部，通过心墙底板进行灌浆，向右与大坝帷幕相接，向左坝肩延长 120 m。溢洪道位于右岸低分水岭处，为开敞式岸坡溢洪道，由引水渠、溢流堰、泄槽、挑流鼻坎及出水渠组成，总长 650.5 m。溢流堰顶高程为 205.6 m，设 7 孔宽 16 m、高 13.4 m 的弧形闸门，设计洪水位 220.58 m 时下泄流量 12 210 m³/s。泄槽由 130 m 宽变至 90 m 宽，泄槽侧墙为钢筋混凝土衬砌，设有掺气槽。挑流鼻坎半径 50 m，挑角 30°。引水发电系统布置在右岸，包括进水口、引水隧洞、调压室、压力管道、发电厂房及开关站等建筑物。岸塔式进水口位于右岸坝头上游约 300 m 处，设两扇宽 6 m、高 14 m 的平板检修闸门。两条圆形引水隧洞，洞径 13.75 m，分别长 541 m 和 663 m。在引水隧洞尾部各设一个阻抗式调压室，调压室采用双圆弧复式断面，打破圆形调压室常规断面形式，节省了工程量。双圆弧调压室断面上游侧圆弧半径 9.1 m，圆心角 140°；下游侧圆弧半径 12.5 m，圆心角 98°51′。调压室净面积折合直径 15.88 m，内设 2 扇宽 7 m、高 8.4 m 的快速闸门。每个调压室后对称分岔为 2 条直径

8.4 m、长 160.4 m 的压力管道向机组供水发电。这种断面调压室为国内首创。厂房为河岸式地面厂房，厂房长160 m、宽 28.9 m、高 57.6 m，内装 4 台单机容量为 13.75 万 kW 的水轮发电机组。4 台主变压器安放在厂房后部，开关站布置在厂房左后方。该工程由东北勘测设计研究院设计，水电部第一工程局施工，于 1992 年开工，1996 年发电。

尼尔基水利枢纽：尼尔基水利枢纽位于黑龙江省和内蒙古自治区交界的嫩江干流上，下距齐齐哈尔市约 130 km。坝址控制流域面积 6.64 万 km²，占嫩江流域面积的 22.4%，多年平均流量 332 m³/s。尼尔基水利枢纽是松花江流域水资源开发利用的核心工程，具有防洪、工业供水、发电、航运、灌溉、环境保护等综合利用效益。水库正常蓄水位 216 m，校核洪水位 219.7 m，汛期限制水位 212.6 m，死水位 195 m。水库总库容 83.24 亿 m³，调节库容 58.1 亿 m³，防洪库容 23.68 亿 m³。工程建成后，将使下游齐齐哈尔市的防洪标准由 50 年一遇提高到 100 年一遇；坝址至齐齐哈尔市之间两岸农田（包括大庆油田）的防洪标准由 20 年一遇提高到 50 年一遇。可为水库下游工农业、环境、航运等方面提供水量 48.55 亿 m³，并可向流域外引水 7.56 亿 m³。水电站装机容量 25 万 kW，年发电量 5.4 亿 kW·h，并承担黑龙江省电网调峰和备用任务。坝址处河谷底宽 1 770 m，基岩以花岗闪长岩为主，河谷中部分布有深埋藏谷，谷宽 1 270 m，其上为 30 m～70 m 的砂砾石层，有丰富的建筑材料，可满足工程需要。尼尔基水利枢纽建筑物主要由拦河大坝、溢洪道、电站厂房及左右岸灌溉引水建筑物等组成。拦河大坝全长 7 242 m，位于河谷内的主坝长 1 709 m，坝型为沥青混凝土心墙砂砾石坝，坝顶高程 221 m，最大坝高 40 m，坝顶宽 8 m，上游二级坡分别为 1：2.25 和1：2.5，下游二级坡分别为 1：2 和 1：2.25。上、下游两级坡间 205 m 高程各设 4 m 宽的马道。沥青混凝土心墙厚 0.6 m～0.7 m，坝基砂砾石层采用混凝土防渗墙防渗，基岩进行帷幕灌浆。左、右岸副坝为黏土心墙土石坝。左副坝坝长 1 438 m，最大坝高 27 m，坝顶宽 8 m，上、下游坡分别为 1：2.25 和 1：2。坝基为 16 m～30 m 厚的黄土状壤土和黏土，上、下游方向为连续良好的天然铺盖，坝基不另作防渗处理。右副坝坝长 3 775 m，最大坝高 15 m，坝顶宽 8 m，上、下游坡分别为 1：2.25 和 1：2。尼尔基水利枢纽泄洪建筑物为岸坡溢洪道，由 11 孔开敞式溢流表孔组成，单孔净宽 14 m，总宽 200 m，堰顶高程 203 m，溢流堰采用 WES 型堰，由弧形闸门控制泄流，升槛式泄水消能，消力池长 70 m。校核洪水位时最大泄洪流量17 800 m³/s。电站厂房为河床式，紧靠河床右岸布置，主厂房长120 m、宽27 m、高 60.1 m。内装 3 台 ZZ587A－LH－732 型水轮发电机组，单机容量为 8.334 万 kW。开关站布置在右岸台地上，面积为 70 m×80 m。左岸灌溉引水建筑物，采用坝下埋管，管长 115 m，断面宽 2.2 m、高 2.3 m；右岸灌溉引水建筑物，采用有压隧洞，隧洞为圆形断面，洞长 840 m，洞径 4 m。该工程由东北勘测设计研究院设计。

（2）黑龙江省已建中型水电站

黑龙江省已建部分中型水电站的装机容量及年发电量见表 20-1。

表 20-1　黑龙江省已建中型水电站装机容量及年发电量统计

电站名称	所在市、县及河流	装机容量（万 kW）	年发电量（亿 kW·h）	电站名称	所在市、县及河流	装机容量（万 kW）	年发电量（亿 kW·h）
镜泊湖老厂	宁安、牡丹江	3.8	2.12	西沟	黑河、公别拉河	3.6	0.95
镜泊湖新厂	宁安、牡丹江	6.0					

20.3　吉林省水能开发利用

20.3.1　吉林省水能资源与河流水能利用规划

吉林省河流主要有松花江、鸭绿江、图们江、绥芬河和辽河等。全省水能理论蕴藏量297.98 万 kW·h。规划建水电站 126＋16/2 座，总装机容量为 432.92 万 kW，年发电量109.55 亿 kW·h。其中包括：松花江水能理论蕴藏量 160.79 万 kW，规划建水电站 73＋1/2 座，装机容量 338.62 万 kW，年发电量 74.85 亿 kW·h；鸭绿江水能理论蕴藏量 86.26万 kW，规划建水电站 16＋9/2 座，装机容量 69.27 万 kW，年发电量 26.31 亿 kW·h；图们江水能理论蕴藏量 45.40 万 kW，规划建水电站 19＋6/2 座，装机容量 21.96 万 kW，年发电量 7.71 亿 kW·h；绥芬河水能理论蕴藏量 2.96 万 kW，规划建水电站 5 座，装机容量1.28 万 kW，年发电量 0.41 亿 kW·h；辽河水能理论蕴藏量 2.57 万 kW，规划建水电站 13座，装机容量 1.79 万 kW，年发电量 0.27 亿 kW·h。

20.3.2　吉林省已建大中型水电站

（1）吉林省已建大型水电站

丰满水电站：丰满水电站位于吉林市境内第二松花江上，下距吉林市 24 km。丰满水电站是日本帝国主义侵占东北时期，于 1937 年动工兴建，至 1945 年战败投降时，完成土建工程约 89%、安装工程约 50%。该工程原计划安装 8 台单机容量为 7 万 kVA 机组和 2 台单机容量为 1 500 kVA 的厂用机组，总装机容量 56.3 万 kVA，另外还留有两条压力钢管，可再扩装 2 台机组。1943 年开始发电，至 1944 年已安装 4 台大机组和 2 台小机组，其余 2 台大机组在安装中，还有 2 台大机组的部分设备已经到货。机电设备中，3 台大机组和 2 台小机组的水轮机由瑞士爱雪维斯公司供应，配装美国西屋电气公司的发电机；另外 3 台大机组的水轮机由德国伏伊特公司供应，配装德国通用电气公司的发电机；还有 2 台大机组由日本的日立制作所仿制。日本投降时，先由苏联红军接管，拆走了几台机组。后来我国接收时，仅剩下 2 台大机组和 2 台小机组，合计 14.3 万 kVA（相当于 13.25 万 kW）。丰满水电站大坝为混凝土重力坝，最大坝高 90.5 m。日本投降时，大坝尚未完工，一些坝段还没有按设计断面浇完，且坝基断层尚未处理，已浇混凝土质量很差，廊道里漏水严重，坝面冻融剥蚀成蜂窝状态，大坝安全处于危险状态。1946 年国民党接收后，原资源委员会曾派水力发电工程处的美国顾问戈登和我国工程师研究修复计划。当时曾提出炸低溢流堰，用降低水库水位来确保大坝安全。工程只凿掉了少量混凝土，没有继续进行。1948 年，委托当时的苏联列宁格勒水电设计院作出丰满水电站修复和扩建的工程设计。为了确保大坝安全，首先采取了加固大坝的措施，在 1950 年突击浇筑 5.736 万 m³ 混凝土，以确保大坝安全度汛。接着在坝基和坝体进行钻孔灌浆，共钻孔 7.268 5 万 m，补修坝面 2.742 6 万 m²。改建后的丰满水电站大坝为混凝土重力坝，最大坝高 108 m，大坝全长 1 080 m。水库正常蓄水位 261 m，相应库容 88.5 亿 m³，死水位 242 m，死库容 27.6 亿 m³，有效库容 53.5 亿 m³，相当于坝址平均年降水量 136 亿 m³ 的 39%，调节性能良好。设计洪水位为 266 m，校核洪水位（即坝顶高程）266.5 m，坝顶以上还设有 2.5 m 的防浪墙。正常蓄水位至校核洪水位之间有防洪库容 26.7 亿 m³，水库总库容达到 107.8 亿 m³。丰满水电站枢纽建筑物包括大坝非溢流坝、溢流坝、发电厂房和泄洪洞等。电站厂房和溢流坝布置在河床中央，厂房为坝后式，电站坝段长 216 m，厂房长 189 m、宽 22 m、高 38 m。厂房左侧为溢流坝，溢流坝段长 198 m，为孔口式溢流堰，堰顶高程 252.5 m，共设 11 个孔，孔宽 12 m、高 6 m。设计泄洪流量 9 020 m³/s，校核洪水最大泄量 9 240 m³/s，用差动式跃水槛消能。左岸非溢流坝坝长 144 m，右岸非溢流坝坝长 522 m。泄洪放空洞布置在左岸岸边，长 683 m，洞径 9.2 m，隧洞进口位于库区正常水位以下 39 m，采用水下岩塞爆破方法，岩塞方量 3 794 m³，一次爆破成功。丰满水电站从 1953 年起陆续安装由苏联供应的机组（其中 1 台发电机是哈尔滨电机厂制造的），到 1959 年，除原有 2 台 6.5 万 kW 大机组和 1 台 1 250 kW 小机组外（拆掉了 1 台小机组移作他用），新装 6 台大机组（1 台 6 万 kW 和 5 台 7.25 万 kW）。一期工程 8 台机组全部投产，总装机容量为 55.375 万 kW，超过了日本原设计的装机规模，年发电量 18.9 亿 kW·h。用 1 回 154 kV 和 5 回 220 kV 的高压输电线，分别向吉林、长春和哈尔滨市等地供电，是东北电网中的一座骨干电站，不仅为系统提供大量电能，还起到系统调峰、调频和事故备用等重要作用。经改建的丰满水电站已成为一座以发电为主，兼有防洪、城市供水、农田灌溉、航运、养殖及旅游等综合利用效益的大型水电站。除发电外，丰满电站水库是松花江上最大的水库，可保护下游吉林、哈尔滨市及沿江 11 个县，300 万亩地，1 000 多万人口免受洪水灾害；经水库调节，下泄流量一般不低于 120 m³/s，可满足下游城市供水和 347 万亩农田灌溉需要；水库面积达 500 km²，最大水深 70 余米，是理想的天然渔场；水库库区形成长为 100 多千米的优良航道，已成为两岸粮食、木材、煤炭、生活用品的重要运输航道。经丰满水库调节，下游松花江航道加深，已成为吉林、黑龙江两省的主要水上交通。随着上游白山水电站水库的建成，提高了径流调节能力，系统的调峰要求越来越多，适应这种变化，实施丰满水电站扩机已提上日程。20 世纪 70 年代开始就对发电机组进行增容改造，以增加机组发电出力和提高电厂的调峰能力。到 1987 年已完成 6 台机组的改造，使最大发电容量达到 63.4 万 kW，6 台增容机组多发季节性电能 0.89 亿 kW·h。1989 年二期扩建利用原预埋的 9、10 号压力钢管安装了 2 台单机容量为 8.5 万 kW 的水轮机组，增加装机容量 17 万 kW（1992 年投产运行）。1994 年，三期扩建工程利用大坝左岸泄洪放空洞，扩装 2 台单机容量为 10 万 kW 的发电机组。扩容后，丰满水电站的装机容量达到 100.4 万 kW，年发电量 20.3 亿 kW·h。工程由东北勘测设计研究院设计。

　　白山水电站：白山水电站位于吉林桦甸县与靖宇县交界处，是第二松花江梯级开发最上一级水电站，下距丰满水电站 250 km。坝址控制流域面积 1.9 万 km²，多年平均流量 239 m³/s。白山水电站是一座以发电为主，兼有防洪、防凌、水产养殖等综合利用效益的大型骨干电站。水库正常蓄水位 413 m，死水位 372 m。水库总库容 64 亿 m³，有效库容 47.3 亿 m³。电站分两期装机，第一期装机容量为 90 万 kW，第二期装机容量为 80 万 kW，最终电站装机容量为 170 万 kW，保证出力 16.7 万 kW，年发电量 20.37 亿 kW·h。白山水电站枢纽主要建筑物由拦河大坝、泄洪建筑物、一期引水发电系统及厂房、二期引水发电系统及厂房组成。拦河大坝为混凝土重力拱坝，最大坝高 149.5 m，坝顶弧长 676.5 m。等厚三心圆拱坝，中部小半径 320 m，两翼大半径 770 m，坝顶宽 9 m，坝底宽 63.7 m，坝剖面宽高比为 0.425。泄洪建筑物布置在河道中央，为 4 个宽 12 m、高 13 m 的堰顶溢流表孔和 3 个出口控制断面为宽 6 m、高 7 m 的深式泄水孔。一期引水发电系统及地下厂房布置在右岸，引水发电系统的进水口布置在坝头左侧，用 3 条直径 7.5 m 的压力隧洞引水到布置在右岸坝下游约 90 m 的山体内的地下厂房发电，发电后的水经 3 条尾水洞排入下游河道。地下主厂房的开挖尺寸为长 121.5 m、宽 25 m、高 54.25 m，厂房内安装 3 台单机容量为 30

万 kW 水轮发电机组。以 6 回 220 kV 的高压输电线向系统送电。主变压器室和尾水调压室均布置在地下洞室内。二期引水发电系统及厂房布置在左岸，由 2 条长约 470 m、钢衬内径8.6 m 的隧洞引水到下游岸边的地面厂房发电，发电后的尾水经尾水渠排入河道。二期河岸式地面厂房平面尺寸为长 110 m、宽 26 m，厂房内安装 2 台单机容量为 40 万 kW 水轮发电机组。由于二期厂房及开关站位于左岸太平沟中，需在此沟内设置拦洪设施（堆石坝及泄洪洞）。因此，二期工程还包括堆石坝和泄洪洞。堆石坝坝高 21 m；无压泄洪洞为城门洞形，宽 3.8 m、高 4.5 m。工程由东北勘测设计研究院设计，水电部第一工程局施工，1983 年一期工程 3 台机组发电，二期工程 1991 年发电。

双沟水电站：双沟水电站位于白山市抚松县境内，是松江河梯级电站中的第二级电站。工程以发电、防洪为主，兼有灌溉、养殖、旅游等综合利用效益。水库总库容 3.88 亿 m³，电站总装机容量为 28 万 kW，年均发电量 3.78 亿 kW·h。水库承担有下游防洪任务，电站担负地区电网调频和事故备用。双沟水电站枢纽建筑物由拦河大坝、岸坡溢洪道、引水系统和发电厂房等组成。拦河大坝为混凝土面板堆石坝，最大坝高 110.5 m，坝顶长 294 m。水电站厂房安装 2 台单机容量为 14 万 kW 的水轮发电机组。该工程由东北勘测设计研究院设计，于 21 世纪初动工修建，2010 年建成发电。

云峰水电站：云峰水电站位于吉林省吉安县和朝鲜满浦境内的鸭绿江上，是中、朝两国在国际河流鸭绿江上游共同修建的水电站，它与老虎哨、水丰、太平湾组成鸭绿江梯级电站。水库正常蓄水位 318.75 m，死水位 281.75 m。水库总库容 38.96 亿 m³，调节库容26.61 亿 m³。经水库调节后可提高下游已建水丰水电站保证出力 5%。工程以发电为开发目标，开发方式为混合式，电站装机容量为 40/2 万 kW，保证出力 15/2 万 kW，年发电量17.5/2 亿 kW·h（中、朝各占一半）。云峰水电站枢纽建筑物主要由拦河大坝、引水发电系统、厂房及开关站组成。拦河大坝为混凝土宽缝重力坝，最大坝高 113.75 m，坝顶高程321.75 m。枢纽采用坝顶溢洪道泄洪，共设 21 个宽 7.5 m、高 11 m 的表孔。引水发电系统取水口位于大坝上游右侧，用 2 条分别长 775 m 和 759.32 m、洞径均为 8.6 m 的隧洞引水，隧洞末端设有差动式调压室，调压室后各用 2 条洞径为 5.3 m 的高压管道引入 4 台水轮发电机组发电。发电后的尾水直接排入下游河道。隧洞进口中心高程为 271.25 m，电站正常尾水位 208.5 m，电站设计水头 89 m。厂房为引式地面厂房，主厂房长 109.5 m、宽 18.5 m、高 21.0 m，厂房内安装 4 台单机容量为 10 万 kW 的机组，水轮机型号为 HL741-LJ-380及 HL662-LJ-410。发电厂房在我国境内，由中方运行、管理，发电量中、朝各半，各以2 回 220 kV 高压输电线送电。大坝由朝方设计和施工，引水系统及厂房由东北勘测设计研究院设计，云峰水电工程局施工。工程于 1958 年开工，1965 年第一台机组发电，1967 年竣工。

老虎哨水电站：老虎哨水电站位于吉林省集安县和朝鲜渭源境内的鸭绿江上，是一座以发电为主，兼有灌溉、航运综合利用效益的水电站。坝址岩石为花岗岩，坝址控制流域面积2.627 6 万 km²，多年平均流量 407 m³/s，多年平均径流量 12.8 亿 m³。水库正常蓄水位164 m，总库容 6.3 亿 m³，具有日调节性能。水电站装机容量 39/2 万 kW，保证出力5/2 万 kW，多年平均发电量 11.2/2 亿 kW·h，年利用时数 3 000 h。大坝为混凝土重力坝，最大坝高 55 m。泄洪设施为溢洪道，泄洪流量 3.05 万 m³/s，溢洪道 18 个表孔孔口的尺寸为宽 12 m、高 13 m。电站最大水头 42 m，地面厂房长 63 m、宽 19 m、高 23 m。厂房内安装 6 台单机容量为 6.5 万 kW 的水轮发电机组。工程由中、朝联合设计，朝鲜人民民主共和国建设，于 1979 年开工，20 世纪 80 年代建成。

（2）吉林省已建中型水电站

吉林省已建部分中型水电站的装机容量及年发电量见表 20-2。

表 20-2　吉林省已建部分中型水电站装机容量及年发电量统计

电站名称	所在市、县及河流	装机容量（万 kW）	年发电量（亿 kW·h）	电站名称	所在市、县及河流	装机容量（万 kW）	年发电量（亿 kW·h）
红石	桦甸、第二松花江	20.0	4.400	双沟	抚松、松江河	21.0	4.000
小山	抚松、松江河	16.0	3.244	石龙	抚松、松江河	7.0	1.257
两江	安图、二道松花江	6.0	1.930	满城台		2.5	0.850

20.4　辽宁省水能开发利用

20.4.1　辽宁省水能资源与河流水能利用规划

辽宁省河流主要有辽河、鸭绿江和沿海诸河。全省水能理论蕴藏量 175.19 万 kW，规划建水电站 150 座，总装机容量为 163.34 万 kW，年发电量 55.85 亿 kW·h。其中包括：辽河水能理论蕴藏量 51.62 万 kW，规划建水电站 39 座，装机容量 19.55 万 kW，年发电量 5.00 亿 kW·h；鸭绿江水能理论蕴藏量 92.18 万 kW，规划建水电站 54 座，装机容量 135.08 万 kW，年发电量 47.95 亿 kW·h；沿海诸河水能理论蕴藏量 31.39 万 kW，规划建水电站 57 座，装机容量 8.71 万 kW，年发电量 2.90 亿 kW·h。

20.4.2　辽宁省已建大中型水电站

（1）辽宁省已建大型水电站

水丰水电站：水丰水电站位于辽宁省宽甸县和朝鲜义州境内的鸭绿江上，是一座以发电为主，兼有防洪和航运综合利用效益的坝式水电站。坝址控制流域面积 5.291 2 万 km²，多年平均流量 789 m³/s。水库正常蓄水位 123.3 m，死水位 95 m。水库总库容 146.7 亿 m³，调节库容 79.3 亿 m³。水电站总装机容量 63/2 万 kW，保证出力 36.4/2 万 kW，多年平均发电量 39.3/2 亿 kW·h（中、朝各占一半）。水丰水电站枢纽主要建筑物由拦河大坝和发电厂房组成。枢纽采用坝身泄洪，溢流坝段布置在河道中央，两侧为非溢流坝段，厂房布置在非溢流坝坝后为坝后地面厂房。拦河大坝为混凝土重力坝，最大坝高 106 m，坝顶高程 126.4 m。溢流坝段设有溢洪道 26 个宽 12 m、高 7.3 m 的溢流表孔。水电站厂房内安装 7 台单机容量为 9 万 kW 的水轮发电机组。水电站设计水头 77 m。该水电站修建于日伪时期，该工程由伪满鸭绿江水电公司和朝鲜鸭绿江水电公司设计，于 1937 年开工，1940 年发电，1943 年竣工。

水丰水电站（扩建）：根据 1971 年中朝鸭绿江水力发电公司理事会议决议（中、朝双方在自己境内各自修建一座装机容量为 15 万 kW 的地下水电站，地下水电站由各自投资修建和管理，不纳入公司财产）。水丰水电站扩建工程位于鸭绿江干流下游中方侧的辽宁省宽甸县境内，距安东市约 70 km，是利用已建成的水丰水电站水库、大坝及泄洪设施等扩建电站，承担电力系统峰荷，可改善东北电网调峰能力，并可增加年发电量 0.85 亿 kW·h。坝址控制流域面积 47 586 km²，多年平均流量 755.6 m³/s。扩建电站位于左岸，建筑物由引水系统和地面厂房组成。进水口位于距大坝 1 100 m 的哑叭沟中，进口底板高程为 80 m，引水隧洞前段为方圆形喷锚结构，后段采用圆形钢筋混凝土结构，长约 1.6 km。调压室为圆形断面，引水式地面厂房位于大坝右岸下游 750 m 处，内装 2 台共 15 万 kVA 水轮发电机组，电站以 2 回 220 kV 出线与东北主网连接。该工程由东北勘测设计院设计，水电部第六工程局施工，于 1988 年建成。

（2）辽宁省已建中型水电站

辽宁省已建部分中型水电站的装机容量及年发电量见表 20—3。

表 20—3 辽宁省已建部分中型水电站装机容量及年发电量统计

电站名称	所在市、县及河流	装机容量（万 kW）	年发电量（亿 kW·h）	电站名称	所在市、县及河流	装机容量（万 kW）	年发电量（亿 kW·h）
桓仁	桓仁、浑江	22.25	4.77	回龙山	桓仁、浑江	7.20	2.74
太平湾	宽甸县、鸭绿江	19.00/2	7.20/2	高岭	宽甸、浑江	5.00	1.50
葠窝	辽阳、太子河	3.72	0.8	金坑	宽甸、浑江	8.40	2.20
大伙房	抚顺、浑江	3.20	0.70				

注：表中国际河流水电站的装机容量及年发电量按 1/2 计。

20.5 内蒙古自治区水能开发利用

20.5.1 内蒙古自治区水能资源与河流水能利用规划

（1）内蒙古自治区水能资源

内蒙古自治区主要河流分属黄河、辽河、黑龙江、松花江几大水系，全区水能理论蕴藏量 497.56 万 kW。其中包括：黄河水系水能理论蕴藏量 178.31 万 kW，辽河水系水能理论蕴藏量 49.25 万 kW，黑龙江水系水能理论蕴藏量 107.81 万 kW，松花江水系水能理论蕴藏量 161.25 万 kW，滦河水能理论蕴藏量 0.94 万 kW。

（2）内蒙古自治区河流水能利用规划

全区规划建电站 114+8/2 座，总装机容量 243.98 万 kW，年发电量 83.25 亿 kW·h。其中包括：黄河水系规划建水电站 23＋1/2 座，装机容量 71.72 万 kW，年发电量 27.47 亿 kW·h；辽河水系规划建水电站 24 座，装机容量 6.25 万 kW，年发电量 2.01 亿 kW·h；黑龙江水系规划建水电站 20＋1/2 座，装机容量 55.00 万 kW，年发电量 21.22 亿 kW·h；松花江水系规划建水电站 46＋6/2 座，装机容量 110.41 万 kW，年发电量 32.40 亿 kW·h；滦河规划建水电站 1 座，装机容量 0.6 万 kW，年发电量 0.15 亿 kW·h。列入国家东北水电基地的松花江上源—嫩江流域梯级开发共建水电站 15 座，总装机容量 126.6 万 kW，保证出力 2.45 万 kW，年发电量 24.28 亿 kW·h。其中卧都河、窝里河、固固河、库莫屯、布西等 5 座水电站位于黑龙江省与内蒙古自治区界河上，其余位于内蒙古自治区境内的 10 座水电站为柳家屯、矿河桥、龙头、毕拉河口、库如其、塔贫山、乌克特、黑莫尔、广门山、文得根。这 15 座水电站的技术经济指标见第 13 章东北水电基地部分。

20.5.2　内蒙古自治区已建水电站

内蒙古自治区所建水电站装机规模不大，均属中型水电站。内蒙古自治区已建部分中型水电站的装机容量及年发电量见表 20—4。

表 20—4　内蒙古自治区已建部分中型水电站装机容量及年发电量统计

电站名称	所在市、县及河流	装机容量（万 kW）	年发电量（亿 kW·h）	电站名称	所在市、县及河流	装机容量（万 kW）	年发电量（亿 kW·h）
柳家屯	莫旗、嫩江	12.33	3.31	毕拉河口	鄂旗、嫩江	17.00	3.90
广门山	扎旗、嫩江	7.00	1.30	塔贫山	鄂旗、嫩江	5.00	2.00
库如其	鄂旗、嫩江	5.00	1.30	黑莫尔	布旗、嫩江	6.00	2.93

第 21 章　西北及西藏水能开发利用

西北地区包括陕西省、甘肃省、青海省、宁夏回族自治区和新疆维吾尔自治区等五省（区）。境内主要河流为黄河和长江两大水系，黄河是我国水能资源丰富的河流之一。黄河上游河段和中游北干流河段是我国重点开发的"十二大水电基地"中的 2 个水电基地。黄河上游河段梯级开发规划的 16 个梯级水电站中，龙羊峡、拉西瓦、李家峡、公伯峡、积石峡等5 座水电站位于青海省境内，寺沟峡位于青海和甘肃两省界河上，刘家峡、盐锅峡、八盘峡、小峡、大峡、乌金峡、小观音等 7 座水电站位于甘肃省境内，大柳树、沙坡头、青铜峡3 座水电站位于宁夏回族自治区境内。黄河中游北干流（河口镇—禹门口）河段，梯级开发规划的 8 级水电站中，万家寨、龙口 2 座水电站位于山西和内蒙古界河上，其余 6 座水电站（天桥、积口、军渡、三交、龙门、禹门关）位于山西和陕西两省界河上。黄河综合治理规划和梯级开发规划已在第 8 章中介绍，黄河梯级开发已建大型水电站，凡属两省（区）界河上的水电站已安排在第 8 章中介绍。其余大型水电站，按所属省（区）纳入其中介绍。

21.1　陕西省水能开发利用

21.1.1　陕西省水能资源与河流水能利用规划

陕西省河流分属长江、黄河两大水系，主要河流有长江支流嘉陵江、汉江和黄河干流及支流渭河等。全省水能理论蕴藏量 1 274.88 万 kW，装机容量 639.65 万 kW。长江水系水能理论蕴藏量 725.02 万 kW，装机容量 378.28 万 kW。其中汉江水系水能理论蕴藏量616.61 万 kW，装机容量 325.9 万 kW；嘉陵江水系水能理论蕴藏量 108.41 万 kW，装机容量 52.38 万 kW。黄河流域水能理论蕴藏量 549.86 万 kW，装机容量 234.37 万 kW。其中黄河干流水能理论蕴藏量 258.05 万 kW，装机容量 167.6 万 kW；渭河水系水能理论蕴藏量232.13 万 kW，装机容量 49.47 万 kW；渭河外水系水能理论蕴藏量 59.68 万 kW，装机容量 17.30 万 kW。陕西与内蒙古和陕西与山西界河上规划有天桥、前北会、碛口、军渡、三交、龙门、禹门等 7 座梯级电站，总装机容量 335 万 kW，年发电量 133 亿 kW·h（陕西省占一半）。汉江上游干流初步规划有黄金峡、石泉、喜河、安康、旬阳、蜀河、夹河等 7 座梯级电站，总装机容量 200 万 kW 以上，年发电量约 72 亿 kW·h。

2.1.2　陕西省已建大中型水电站

（1）陕西省已建大型水电站

安康水电站：安康水电站位于汉江上游陕西省安康县境内，是一座大型坝式水电站，以发电为主，兼有航运、防洪和灌溉综合利用效益。坝址控制流域面积 3.57 万 km²，多年平均流量 608 m³/s，设计洪水频率为 0.2%，相应设计流量 35 700 m³/s，校核洪水频率为

0.01%，相应校核流量 48 000 m³/s。水库正常蓄水位为 330 m，死水位 300 m，总库容 25.85 亿 m³，调节库容 16.7 亿 m³，电站开发方式为坝式，水电站厂房布置在坝后。安康水电站枢纽建筑物由拦河大坝、泄洪设施、发电厂房和高压开关站组成。拦河大坝为混凝土重力坝，最大坝高 128 m，坝顶高程 338 m。大坝布置在河床中央，非溢流坝段布置在右边，溢流坝段布置在左边。厂房布置在非溢流坝后。泄洪设施包括 5 个宽 15 m、高 17.5 m 的表孔，5 个宽 11 m、高 12 m 的中孔和 4 个宽 5 m、高 8 m 的底孔。厂房为坝后地面式厂房，主厂房长 152.55 m、宽 26.5 m、高 57 m。电站最大水头 88 m，设计水头 76.2 m，最小水头 50 m。厂房内安装 4 台单机容量为 20 万 kW 的 HL220-LJ-550 型水轮发电机组，电站总装机容量 80 万 kW，保证出力 17.5 万 kW，年发电量 28.6 亿 kW·h。该工程由西北勘测设计研究院设计，水电第五工程局施工，于 1978 年开工，1990 年第一台机组发电。

（2）陕西省已建中型水电站

陕西省已建部分中型水电站水库容积及电站主要指标见表 21-1。

表 21-1　陕西省已建部分中型水电站水库容积及电站主要指标统计

电站名称	所在市、县及河流	水库容积（亿 m³）	设计水头（m）	装机容量（万 kW）	保证出力（万 kW）	年发电量（亿 kW·h）
石泉	陕西石泉、汉江	4.70	39	13.50	3.0	6.50
石泉扩机	陕西石泉、汉江	4.70	39	9.00	3.0	
石门	陕西汉中、褒河	1.05	67	4.12	0.5	1.42

21.2　甘肃省水能开发利用

21.2.1　甘肃省水能资源与河流水能利用规划

甘肃省河流分属黄河、长江、内陆河三大水系。黄河流域除干流外，主要支流有洮河、渭河、祖历河等。长江水系主要有嘉陵江支流白龙江、西汉水等。内陆河流主要有石羊河、黑河、疏勒河等。全省水能理论蕴藏量 1 426.4 万 kW，规划建水电站 183+2/2 座，总装机容量 910.97 万 kW，年发电量 424.44 亿 kW·h。其中包括：黄河流域水能理论蕴藏量 881.91 万 kW，规划建水电站 67+3/2 座，总装机容量 521.54 万 kW，年发电量 249.53 亿 kw·h 时（其中，干流水能理论蕴藏量 534.65 万 kW，规划建水电站 7+2/2 座，装机容量 407.46 万 kW，年发电量 187.79 亿 kW·h）；长江水系白龙江流域水能理论蕴藏量 366.02 万 kW，规划建水电站 61 座，总装机容量 296.18 万 kW，年发电量 122.75 亿 kW·h（其中，干流水能理论蕴藏量 165.90 万 kW，规划建水电站 9 座，装机容量 247.80 万 kW，年发电量 95.91 亿 kW·h）；内陆河流水能理论蕴藏量 178.47 万 kW，规划建水电站 55 座，装机容量 93.25 万 kW，年发电量 52.16 亿 kW·h（其中，黑河水能理论蕴藏量 95.27 万 kW，规划建水电站 21 座，装机容量 59.29 万 kW，年发电量 35.45 亿 kW·h；疏勒河水能理论蕴藏量 56.65 万 kW，规划建水电站 9 座，装机容量 13.76 万 kW，年发电量 6.71 亿 kW·h；石羊河水能理论蕴藏量 26.55 万 kW，规划建水电站 25 座，装机容量 20.20 万 kW，年发电量 10.00 亿 kW·h）。

21.2.2　甘肃省已建大中型水电站

（1）甘肃省已建大型水电站

刘家峡水电站：刘家峡水电站位于甘肃省永靖县境内，是黄河流域规划中的一期工程之一，也是新中国修建的第一座 100 万 kW 级的大型水电站。坝址控制流域面积 18.1766 万 km²，平均流量 877 m³/s。电站开发目标是发电、防洪、灌溉和供水。设计洪水频率 0.1%，设计流量 8860 m³/s，校核洪水频率 0.01%，校核流量 10600 m³/s。水库正常蓄水位 1735 m，死水位 1694 m，总库容 57 亿 m³，调节库容 41.5 亿 m³。电站总装机容量为 122.5 万 kW，保证出力 55.7 万 kW，年发电量 55.8 亿 kW·h。刘家峡水电站为坝式水电站，枢纽建筑物由拦河大坝、泄水及引水建筑物、坝后及地下厂房组成。拦河大坝为整体式混凝土重力坝，最大坝高 147 m，坝顶高程 1739 m。泄水建筑物为 3 孔溢洪道，孔口宽 10 m、高 8 m。电站共装 5 台机组，总装机容量为 122.5 万 kW，电站最大水头 114 m，设计水头 100 m，最小水头 70 m。坝后地面厂房长 83.7 m、宽 26.5 m、高 56.3 m，安装 3 台型号为 HL001—LJ—550、单机容量为 22.5 万 kW 的水轮发电机组。地下厂房长 86.1 m、宽 26.5 m、高 62 m，厂房内安装 1 台单机容量为 25 万 kW 和 1 台单机容量为 30 万 kW 的水轮发电机组（水轮机型号为 HL008—LJ—550）。电站最大水头 114 m，设计水头 100 m，最小水头 70 m。该工程由北京勘测设计院设计，水电部第四工程局施工，于 1958 年开工，1969 年第一台机组发电，1974 年 12 月建成。

盐锅峡水电站：盐锅峡水电站位于甘肃省永靖县境内，是黄河上游修建的一座以发电和灌溉为开发目标的大型水电站。坝址控制流域面积 18.2 万 km²，多年平均流量 877 m³/s。水库正常蓄水位 1619.0 m，死水位 1618.5 m，总库容 2.2 亿 m³，调节库容 0.7 亿 m³。电站装机容量为 35.2 万 kW（原设计 10 台单机容量为 4.4 万 kW 的水轮发电机组，总装机容量 44 万 kW，1959 年困难时期调整为 8 台），保证出力 20.4 万 kW，年发电量 20.5 亿 kW·h（1970 年扩机前）。供电兰州，是兰州电力系统主要电源，并能使下游 4.5 万亩农田得到灌溉。盐锅峡水电站为坝式水电站，枢纽建筑物主要由拦河大坝、泄洪建筑物、厂房及灌溉取水口等组成。坝址位于盐锅峡峡谷出口，地基以白垩纪砂岩为主，次为砂砾石、粉砂岩及页岩夹层。拦河大坝为混凝土宽缝重力坝，最大坝高 55 m，坝顶高程 1624.2 m。泄洪建筑物是 6 孔宽 12 m、高 10 m 的溢流坝，布置在右岸，用导墙与厂房坝段隔开，设有消力墩和二道坝。厂房为坝后式，原厂房长 192.5 m、宽 18.4 m、高 40.03 m，安装 8 台单机容量为 4.4 万 kW 的水轮发电机组，水轮机型号为 HL240—LJ—410。水电站最大水头 39.5 m，设计水头 38 m，最小水头 28 m。该电站由西北勘测设计院设计，水电部第四工程局施工，于 1958 年开工，1961 年第一台机组发电。20 世纪 80 年代盐锅峡水电站进行了扩机，新建厂房（长 30 m、宽 18.4 m、高 40.03 m），安装 1 台单机容量为 4.4 万 kW 的水轮发电机组（水轮机型号为 PO123—Bb—410），电站装机容量增加为 39.6 万 kW，年发电量为 22.8 亿 kW·h。

大峡水电站：大峡水电站位于甘肃省皋兰县境内，是黄河上游修建的一座以发电为主，兼有灌溉和通航等综合利用效益的大型河床式水电站。坝址控制流域面积 22.7798 万 km²，地基石英片岩。多年平均流量 1030 m³/s，多年平均径流量 325 亿 m³。水库正常蓄水位 1480 m，死水位 1467 m，水库总库容 0.9 亿 m³，有效库容 0.55 亿 m³，具有日调节性能。电站装机容量为 32.45 万 kW，保证出力 14.3 万 kW，年发电量 14.7 亿 kW·h。大峡水电站枢纽建筑物主要由拦河大坝、通航建筑物、灌溉取水口及发电厂房等组成。拦河大坝为混凝土重力坝，最大坝高 72 m，坝顶高程 1 482 m。枢纽采用岸边溢洪道和坝身孔口泄洪。岸边溢洪道 3 个表孔，孔口宽 11 m、高 12 m；坝身设有 5 个宽 5 m、高 7 m 的底孔和 4 个宽 5.8 m、高 1.5 m 的排砂孔，泄洪流量为 8 350 m³/s。厂房为河床式，主厂房长 150.5 m、宽 24.5 m、高 74.5 m，厂房内安装 4 台单机容量为 7.5 万 kW 和 1 台单机容量为 2.45 万 kW 的水轮发电机组，最大水头 123 m。该工程由西北勘测设计院设计，水电第三工程局施工，于 1996 年建成发电。

碧口水电站：碧口水电站位于甘肃文县境内嘉陵江支流白龙江上，是一座以发电为主，兼有防洪、航运、养殖和灌溉等综合利用效益的大型水电站。坝址控制流域面积 2.6 万 km²，多年平均流量 287 m³/s，设计洪水频率 0.5%，设计洪水流量 7 630 m³/s，校核洪水频率 0.02%，校核洪水流量 9 950 m³/s。水库正常蓄水位 704 m，死水位 635 m，总库容 5.21 亿 m³，调节库容 2.21 亿 m³。电站装机容量为 30 万 kW，保证出力 7.8 万 kW，年发电量 14.63 亿 kW·h。除发电外，可引水灌溉下游农田 8 860 亩，并可改善嘉陵江航运条件。坝址地基为绢英千枚岩和变质凝灰岩，上覆盖 25 m～34 m 深的卵砾石层。碧口水电站枢纽建筑物主要由拦河大坝、泄洪建筑物（包括岸边开敞式溢洪道、左右岸泄洪隧洞和左岸排砂洞）、发电引水系统及厂房、过木道等组成。拦河大坝布置在河道弯道末尾，采用壤土心墙土石混合坝，最大坝高 101.8 m，坝顶高程 710 m～711 m。由于坝址覆盖层深、地质条件差，坝体设有宽 1.3 m、深 41 m 及宽 0.8 m、最大深度 68.5 m 的 2 道混凝土防渗墙。泄洪建筑物包括无压泄洪洞（兼作导流洞）布置在大坝右侧河岸；溢洪道宽 15 m、高 16 m，布置在大坝与无压泄洪洞中间；左岸有压泄洪洞布置在发电引水洞左边，洞长 412 m，洞径 10.5 m。电站从库区取水，引水隧洞洞径 10.5 m，调压室是与闸门井相结合的地下阻抗式长方形钢筋混凝土竖井，容积为 3 万 m³。厂房为地面式，长 83 m、宽 20 m、高 46.8 m，安装 3 台型号为 HL702-LJ-410 的水轮发电机组，单机容量为 10 万 kW，设计水头 73 m。排砂洞布置在引水洞与有压泄洪洞中间。过木道布置在大坝右侧，长 420 m，年过坝量 50 万 m³。该工程由西北勘测设计院设计，第五工程局施工，于 1969 年开工，1976 年第一台机组发电，1977 年竣工。

（2）甘肃省已建中型水电站

甘肃省已建部分中型水电站的水库容积及电站主要指标见表 21-2。

表 21-2　甘肃省已建中型水电站水库容积及电站主要指标统计

电站名称	所在市、县及河流	水库容积（亿 m³）	设计水头（m）	装机容量（万 kW）	保证出力（万 kW）	年发电量（亿 kW·h）
八盘峡	甘肃文县、白龙江	0.490	18.0	18.000	10.700	10.50
三甲	甘肃临洮县、洮河	0.010	16.3	2.625	0.722	1.29
小干沟	青海格尔木、格尔木河	0.106	124.0	3.200	1.770	1.94
大峡	甘肃白银市、黄河	0.900	河床式	32.450	14.300	15.58

21.3　宁夏回族自治区水能开发利用

21.3.1　宁夏回族自治区水能资源与河流水能利用规划

宁夏回族自治区河流属黄河水系，是水能蕴藏量较少省份之一。全区水能理论蕴藏量为207.3万kW，规划建水电站11座，总装机容量为79.5万kW，年发电量31.62亿kW·h。其中黄河干流水能理论蕴藏量为202.9万kW，规划建水电站2座，总装机容量77.2万kW，年发电量30.70亿kW·h。

21.3.2　宁夏回族自治区已建水电站

青铜峡水电站：青铜峡水电站位于宁夏回族自治区青铜峡境内黄河上，是一座以灌溉为主，兼有发电、防凌等综合利用效益的大型水电站。宁夏引黄灌溉已有2 000多年历史，著名的汉渠、秦渠、唐徕渠、汉廷渠、惠农渠均由青铜峡引水，素有"天下黄河富宁夏"的美誉。过去采用无坝去水，受自然条件限制，且需要岁修。青铜峡水电站建成后，控制调节自如，不仅可满足灌溉用水需要，还可使灌溉面积由150万亩扩大至600万亩，对农业发展起了重大作用。电站装机容量27.2万kW，承担宁夏电网50%以上负荷，为宁夏地区的工农业发展创造了有利条件。坝址控制流域面积27.50万km²，多年平均流量1 050 m³/s，年平均输砂量2.22亿t。水库正常蓄水位1 156.0 m，死水位1 151.0 m，水库总库容5.65亿m³，调节库容3.2亿m³，具有日调节能力。由于泥砂淤积，1981年实测库容仅0.56亿m³。青铜峡水电站枢纽建筑物主要由东、西灌溉引水渠首，拦河大坝及发电厂房等组成。东、西两座灌溉引水渠首引用流量分别为110 m³/s和400 m³/s。拦河大坝为混凝土重力坝，最大坝高42.7 m，大坝总长666.75 m，坝顶高程1 160.2 m。溢流坝段布置在河床中部，全长98 m，采用面流消能。厂房布置在溢流坝闸墩内，厂房不含安装间总长（7×21 m＋17.25 m）、宽18.6 m、高33.58 m，安装7台单机容量为3.6万kW和1台单机容量为2万kW的转桨式水轮发电机组。两机组段均布置有2个泄水、排砂底孔，可均匀排泄泥砂。开关站布置在左岸，进厂公路由右岸进入厂房。闸墩式水电站是我国独具一格的水电站。该工程由西北勘测设计研究院设计，青铜峡水电工程局施工，于1958年开工，1967年第一台机组发电，1978年竣工。

21.4　青海省水能开发利用

21.4.1　青海省水能资源与河流水能利用规划

青海省河流分属长江、黄河、澜沧江、内陆河四大水系。长江、黄河、澜沧江均发源于青海省。黄河干流在青海省境内的河流长达276 km。全省水能理论蕴藏量2 153.66万kW，规划建水电站166＋6/2座，总装机容量1 799.08万kW，年发电量572.08亿kW·h。其中包括：黄河水系水能理论蕴藏量1 351.76万kW，规划建水电站63＋3/2座，总装机容量1 446.85万kW，年发电量386.99亿kW·h；长江水系水能理论蕴藏量434.87万kW，规划建水电站34＋3/2座，总装机容量188.62万kW，年发电量102.32亿kW·h；澜沧江水系水能理论蕴藏量202.40万kW，规划建水电站20座，总装机容量113.74万kW，年发电量 56.27 亿 kW·h；内陆河总水能理论蕴藏量 164.63 万 kW，规划建水电站 49 座，总装机容量 49.87 万 kW，年发电量 26.50 亿 kW·h。黄河干流自龙羊峡以下，规划有 7 座梯级水电站在青海省境内，总装机容量 788 万 kW，年发电量约 300 亿 kW·h。

21.4.2　青海省已建大型水电站

龙羊峡水电站： 龙羊峡水电站位于青海省共和县境内，是黄河梯级开发中最上游一级水电站，以发电为主，兼有防洪、灌溉、供水等综合利用效益。坝址控制流域面积 13.142 万 km²，占黄河流域面积的 18%，多年平均流量 643 m³/s。工程设计洪水频率 0.1%，设计洪水流量 7 040 m³/s，校核洪水流量 10 500 m³/s。水库正常蓄水位 2 600 m，死水位 2 566 m。水库总库容 247 亿 m³，调节库容 193.5 亿 m³。水库是黄河梯级开发中的"龙头"水库。经过它的调节，可提高下游一系列梯级水电站的保证出力（通过龙羊峡和刘家峡两座水电站水库的联合调度，可使下游刘家峡、盐锅峡、八盘峡、青铜峡等 4 座水电站年发电量增加 5.4 亿 kW·h），并可增加甘、宁、蒙省（区）沿黄河地区灌溉面积 1 500 万亩，提供工业用水 4.6 亿 m³，还可提高兰州市的防洪标准。龙羊峡水电站为坝式水电站，电站装机容量 128 万 kW，保证出力 50 万 kW，年发电量 59.8 亿 kW·h。坝址位于窄深陡峻的峡谷中，坝基为花岗闪长岩，断层发育构造较复杂。大坝设计按 9 度地震设防。枢纽建筑物主要由拦河大坝、厂房、泄洪建筑物等组成。拦河大坝为混凝土重力拱坝，最大坝高 177 m，坝顶高程 2 610 m。由于坝端地面高程较低，设有重立墩及混凝土重力式副坝与岸坡相接。为保证拱端稳定及坝肩可能出现的压缩变形，采用混凝土换置断层、传力洞、传力槽及抗剪洞塞等措施。龙羊峡水电站采用坝身孔口和溢洪道共同泄洪，坝身泄洪孔布置在厂房两边，左边为泄洪中孔，右边为深孔和底孔，泄洪中孔左边预留有 5 号机的位置，泄洪的 3 孔溢洪道布置在右岸岸边。坝体内布置泄洪中孔 1 个，宽 8 m、高 9 m；深孔和底孔各一个，尺寸均为宽 5 m、高 7 m。深孔、中孔和底孔，分泄不同频率洪水和向下游供水，以保证水库调度的灵活性和可靠性。布置在岸边的 3 孔开敞式溢洪道（孔口宽 12 m、高 17 m），最大泄量 5 900 m³/s，泄槽内最大流速 45 m/s，采用宽缝式鼻坎挑流消能。厂房为坝后式，位于坝下游 70 m 处的河谷内，呈一字形斜直布置。厂坝间的钢管，填筑混凝土，上部采用井格式空间传力结构，钢筋混凝土盖板封闭与主厂房相平。坝后地面厂房长 152.5 m、宽 28 m、高 61 m，主厂房内安装 4 台单机容量为 32 万 kW 的水轮发电机组（水轮机型号为 HLD06A-LJ-600），电站最大水头 150 m，设计水头 122 m，最小水头 76 m。该工程由西北勘测设计研究院设计，水电第四工程局施工，于 1976 年开工，1987 年开始发电。

拉西瓦水电站： 拉西瓦水电站位于青海省贵德县与贵南县交界的黄河干流上，是黄河上游龙羊峡至青铜峡河段中紧接龙羊峡水电站的第 2 个梯级水电站。水电站上距龙羊峡水电站 32.8 km，下距李家峡水电站 73 km（均为河道距离）。工程开发目标主要是发电。拉西瓦水电站既是"西电东送"北通道的骨干电源点，也是实现西北水火电"打捆"送往华北电网的战略性工程。水库正常蓄位为 2 452 m，死水位 2 440.9 m。水库总库容 10.79 亿 m³，日调节库容 1.5 亿 m³。电站总装机容量为 420 万 kW，保证出力 99 万 kW，多年平均发电量 102.23 亿 kW·h。拉西瓦水电站是黄河梯级开发中装机容量最大、发电量最多、单位千瓦造价最低的水电站，主要承担西北电网的调峰和事故备用，对实施的西北电网 750 kV 网架起重要的支撑作用。拉西瓦水电站为坝式水电站，枢纽建筑物主要由拦河大坝、泄洪建筑物、引水发电系统及厂房组成。拦河大坝为混凝土双曲拱坝，最大坝高 250 m，坝顶中心长度 459.64 m。拉西瓦水电站采用坝身泄洪，设有泄洪表孔、深孔及底孔，由坝后消力塘消能。引水发电系统布置在右岸，由右岸岸边进水口和地下引水发电系统及厂房组成。厂房装有 6 台单机容量为 70 万 kW 的水轮发电机组，水轮机额定发电水头 205 m。该工程由黄河上游水电开发有限责任公司负责建设和管理，由西北勘测设计研究院设计，第一台机组于 2008 年年底并网发电。

李家峡水电站：李家峡水电站位于青海省尖扎县和化隆县交界处的黄河干流上，上距龙羊峡水电站 110 km，与西宁市直线距离 55 km。李家峡水电站以发电为主，兼有灌溉综合利用效益。坝址控制流域面积 13.674 7 万 km², 多年平均流量 664 m³/s。经上游龙羊水电站水库调节后，20 年一遇洪水流量为 2 000 m³/s, 千年一遇洪水流量 4 100 m³/s, 万年一遇洪水流量 6 300 m³/s。多年平均悬移质含砂量 0.61 kg/m³。水库正常蓄水位 2 180 m, 死水位 2 178 m, 总库容 16.5 亿 m³, 调节库容 0.64 亿 m³。电站总装机容量为 200 万 kW, 保证出力 58.1 万 kW, 年发电量 59 亿 kW·h。李家峡水电站为坝式水电站，枢纽建筑物主要由拦河大坝、泄水及引水建筑物、坝后地面厂房及地下窑洞式地下厂房，以及左右岸灌溉渠首等组成。拦河大坝为三圆心混凝土重力拱坝，最大坝高 165 m, 坝顶高程 2 183 m, 坝顶弧长 460 m（包括重力墩长 30 m）。泄水建筑物由 2 个宽 8 m、高 10 m 的中孔和 1 个宽 5 m、高 7 m 的底孔组成，一个中孔布置在右岸，另一个中孔和底孔布置在左岸。2 根压力管道长 147 m, 直径 8 m。坝后地面厂房长 87 m、宽 28.5 m、高 62.5 m, 安装 3 台机组；窑洞式厂房长 62 m、宽 29 m、高 71 m, 安装 2 台机组，均为单机容量为 40 万 kW 的 HL200-LJ-600 混流式水轮机。安装间位于坝后厂房与地下厂房之间。左、右岸灌溉渠首的设计引水流量为 5 m³/s 和 3 m³/s。电站施工导流采用围堰一次断流，基坑全年施工的导流方式。该工程由西北勘测设计研究院设计，水电第四工程局施工，于 1988 年开工建设，1999 年第一台机组发电。

公伯峡水电站：公伯峡水电站位于青海省循化撒拉族自治县和化隆回族自治县交界处的黄河干流上，距西宁市 153 km, 是黄河上游龙羊峡至青铜峡河段梯级开发中第 4 座水电站。水电站以发电为主，兼有灌溉和供水等综合利用效益。坝址控制流域面积 1.436 19 万 km², 多年平均流量 717 m³/s, 年入库砂量 747 万 t, 泥砂中值粒径 0.03 mm。坝址位于公伯峡谷出口段，河道平直，河床覆盖层一般厚 5 m～13 m。河谷不对称，右岸 1 980 m 高程以下为 40 m～50 m 岩质边坡，以上为 Ⅰ 级阶地的砂卵砾石层；左岸在 1 930 m～1 950 m 有破碎石覆盖的 Ⅱ 级阶地，其余为平均 30° 的岩质边坡。坝址区主要岩性为前震旦系片麻岩、云母石英片岩及石英岩、白垩系紫红色砂岩、加里东期花岗岩等。坝基地震基本烈度为 7 度。水库正常蓄水位 2 005 m, 校核洪水位（2 008 m）时水库总库容 6.2 亿 m³, 调节库容 0.75 亿 m³, 具有日调节性能。电站装机容量为 150 万 kW, 保证出力 49.2 万 kW, 年发电量 51.4 亿 kW·h。公伯峡水电站是西北电网重要调峰电站之一，可改善下游 16 万亩土地灌溉条件。经上游龙羊峡水库调节，大幅度减少入库洪水和提高本电站发电效益。公伯峡水电站枢纽建筑物主要由拦河大坝、右岸引水发电系统、左岸溢洪道、左右岸泄洪洞及左右岸灌溉取水口等组成。拦河大坝为钢筋混凝土面板堆石坝，最大坝高 239 m, 坝顶高程为 2 010 m, 坝顶宽 10 m、长 429 m。上游边坡为 1∶1.4; 下游坝坡设有 10 m 宽的"之"字形上坝公路，净坡度为 1∶1.5～1∶1.4。钢筋混凝土面板厚度 0.3 m～0.7 m。由于两岸坝肩分别为溢洪道和引水发电明渠，故均设有高趾墙与面板连接，高趾墙最大高度 38.5 m。溢洪道位于左岸坝肩，为 2 孔宽 12 m、高 18 m 的表孔，堰顶高程 1 987 m, 引水渠底高程

1 981 m。闸室内设 2 扇宽 12 m、高 18 m 的检修门和弧形工作门。堰后两泄洪槽宽度都是 14 m，长度分别为 642.14 m 和 551.14 m，末端采用挑流消能，最大泄洪流量 4 495 m³/s。左岸泄洪洞为压力洞，进水塔高 75 m，进口底板高程 1 940 m，洞长 607 m，洞径 8.5 m。出口工作闸门室底板高程 1 935 m，内设宽 7.5 m、高 6 m 的弧形工作闸门。闸后明槽宽 7.5 m、长 318.6 m，末端采用挑流消能。最大泄流量 1 190 m³/s。右岸泄洪洞为以"龙抬头"形式与导流洞结合的明流泄洪洞。进口底高程 1 950 m，进水塔高 63 m，内设宽 7 m、高 11.5 m 的检修闸门和宽 7 m、高 10 m 的弧形工作闸门。由渐变段、渥奇段、斜井段（$i=0.4$）和反弧段组成的非结合段长 169.32 m，断面为宽 9 m、高 11.5 m 的城门洞形。反弧后经长 40 m 套衬的扩散段与宽 12 m、高 15 m 的城门洞形导流洞相连接。结合段全长 713.15 m，其中洞内段 312.6 m，底坡 $i=0.5\%$；宽 12 m、高 19 m 城门洞形明涵 220 m；12 m 宽的明槽段 140.55 m。末端设斜扭挑流鼻坎消能，最大泄流量 1 871 m³/s，最大流速 40.8 m/s。引水发电系统由引水明渠、进水口、压力钢管、厂房及开关站等建筑物组成。引水明渠长 300 m、宽 100 m，渠底高程 1 970 m～1 985 m，右侧边坡用混凝土衬护，渠底用混凝土或喷混凝土衬护。进水口为混凝土重力坝式建筑，建基在弱风化花岗岩上，最大坝高 58 m、底宽 69 m。进水口全长 94 m，分 5 个坝段，每个坝段分别设有 4 孔宽 3 m、高 25 m 的拦污栅，1 个孔宽 7 m、高 10 m 的平板检修门和 1 个孔宽 7 m、高 9 m 的快速工作闸门。敷设在钢筋混凝土基础板上的明钢管直径 8 m，外包 0.5 m～1.0 m 厚的混凝土。钢管上弯段埋设在进水口坝内，经伸缩节与 1：2.3 的斜管相连。斜管放射状布置，经下弯段及下平段，以 75°角斜向进入厂房，下弯段镇墩与变压器平台结合，钢管长 252 m～279 m。厂房位于坝脚下游岸边，为坝后岸边地面式厂房。主厂房长 128.35 m、宽 29 m、高 63.55 m，安装 5 台单机容量为 30 万 kW 的水轮发电机组。安装间长 55.7 m，位于主厂房右侧，底板高程与发电机层和尾水平台相同，为 1 909.2 m。尾水副厂房共 6 层（尾水平台以上 1 层），宽度为 12 m。左右岸灌溉取水口分别设在溢洪道进口左侧墙和电站进水口右侧墙旁边，引用流量分别为 3.2 m³/s 和 4.8 m³/s。该工程由西北勘测设计研究院设计，于 2001 年开工，2006 年第一台机组发电。

21.5　新疆维吾尔自治区水能开发利用

21.5.1　新疆维吾尔自治区水能资源与河流水能利用规划

（1）新疆境内河流及其水能资源

新疆维吾尔自治区河流属内陆河，全区内陆河流有 340 多条。水能资源较丰富的河流有额尔齐斯河、伊犁河、玛纳斯河、开都河、渭干河、阿克苏河、克孜河、盖孜河、库山河、盖孜河、库山河、叶尔羌河、喀拉喀什河、玉龙喀什河等 14 条。全区水能理论蕴藏量为 3 355.35 万 kW，其中水能理论蕴藏量在 50 万 kW 以上的河流有：额尔齐斯河水能理论蕴藏量 401.85 万 kW，伊犁河水能理论蕴藏量 705.26 万 kW，玛纳斯河水能理论蕴藏量 94.94 万 kW，开都河水能理论蕴藏量 159.69 万 kW，渭干河水能理论蕴藏量 95.36 万 kW，阿克苏河水能理论蕴藏量 235.89 万 kW，克孜河水能理论蕴藏量 72.58 万 kW，盖孜河和库山河水能理论蕴藏量 117.82 万 kW，叶尔羌河水能理论蕴藏量 606.59 万 kW，喀拉喀什河水能理论蕴藏量 148.40 万 kW，玉龙喀什河水能理论蕴藏量 117.63 万 kW。

（2）新疆河流水能利用规划

新疆维吾尔自治区，全区水能理论蕴藏量为 3 355.35 万 kW，规划建水电站 155 座，总装机容量 830.85 万 kW，年发电量 451.8 亿 kW·h。其中包括：额尔齐斯河规划建水电站 30 座，装机容量 100.7 万 kW，年发电量 50.42 亿 kW·h；伊犁河规划建水电站 38 座，装机容量 268.82 万 kW，年发电量 150.91 亿 kW·h；玛纳斯河规划建水电站 11 座，装机容量 31.16 万 kW，年发电量 12.14 亿 kW·h；开都河规划建水电站 10 座，装机容量 138.38 万 kW，年发电量 90.42 亿 kW·h；渭干河规划建水电站 2 座，装机容量 6.25 万 kW，年发电量 3.66 亿 kW·h；阿克苏河规划建水电站 9 座，装机容量 22.85 万 kW，年发电量 13.21 亿 kW·h；克孜河规划建水电站 12 座，装机容量 85.20 万 kW，年发电量 46.02 亿 kW·h；盖孜河和库山河规划建水电站 15 座，装机容量 70.32 万 kW，年发电量 35.40 亿kW·h；叶尔羌河规划建水电站 17 座，装机容量 82.34 万 kW，年发电量 37.70 亿 kW·h；喀拉喀什河规划建水电站 7 座，装机容量 15.03 万 kW，年发电量 7.12 亿kW·h；玉龙喀什河规划建水电站 4 座，装机容量 9.80 万 kW，年发电量 4.80 亿 kW·h。

21.5.2　新疆维吾尔自治区已建大中型水电站

（1）新疆维吾尔自治区已建大型水电站

吉林台一级水电站：吉林台一级水电站是卡什河流域规划的第 10 个梯级水电站。电站位于卡什河中游的吉林台峡谷段中部，西距尼勒克县城 32 km，距下游托海水电站 95 km，距伊宁市 150 km，距乌鲁木齐市 850 km，交通便利。多年平均径流量 34.61 亿 m³，多年平均输砂量 153.2 万 t。吉林台峡谷是一个地质条件相对稳定的地块，具备修高坝的条件。坝址河谷呈"V"形，谷坡陡峻，出露的岩石主要为凝灰岩、凝灰角砾岩及安山岩等。河床覆盖层厚度 3 m～5 m。坝址区地震基本烈度为 8 度，大坝按 9 度设计。吉林台一级水电站以发电为主，兼有灌溉和防洪等综合利用任务，在北疆电网中担负电力系统调峰、调频和部分事故备用。吉林台一级水电站装机容量为 46 万 kW，保证出力 9.16 万 kW，多年平均发电量 9.38 亿 kW·h。通过水库调节，可使下游 8 个梯级水电站保证出力从单独运行时的 10.05 万 kW 提高到 34.92 万 kW，年发电量增加 10%；可使下游灌区的游灌保证率提高到 75%以上；可使下游防洪标准由 5～10 年一遇提高到 100 年一遇。吉林台一级水电站校核洪水流量为 2 187 m³/s，水库总库容 25.3 亿 m³，调节库容 17 亿 m³，水库调节性能为不完全多年调节水库。水库设计洪水位为 1 420 m，效核洪水位 1 422.98 m，死水位 1 380 m。吉林台一级水电站枢纽建筑物主要由拦河大坝、泄洪隧洞、开敞式溢洪道、引水发电系统、地面厂房及户内 GIS 开关站等组成。拦河大坝为混凝土面板砂砾堆石坝，最大坝高 157 m，坝顶长 44.5 m，坝顶高程 1 427 m（防浪墙顶），上游边坡 1:1.7，下游马道之间坝坡1:1.5，平均坝坡 1:1.96。坝体材料：坝轴线上游为河床砂砾石，下游为爆破开挖料。泄洪建筑物包括开敞式溢洪道和中孔泄洪洞。开敞式溢洪道利用左岸天然垭口及天然冲沟布置，设计泄流量 451.4 m³/s，校核泄流量 710.8 m³/s，最大泄流量 876.7 m³/s。采用明渠开敞式进口，WES 剖面堰，堰顶高程1 411 m，堰宽 8 m，设弧形工作闸门和平板检修闸门各 1 道，堰后设消力池，底流消能。中孔泄洪洞系由导流洞改建而成，设计泄洪量 516.5 m³/s，校核泄洪量 532.9 m³/s。采用岸塔式进水口，孔口尺寸 5 m×5 m，进口底板高程 1 370 m，洞身为圆拱直墙式断面，龙抬头段断面尺寸为 5 m×6.5 m，反弧段末端为 8 m×10.4 m，洞长 807.06 m。进口设拦污栅、弧形工作门和平板检修门各 1 道，出口采用挑流消能。引水发电系统由发电进水口、发电引水隧洞和压力钢管组成，采用 2 机-1 洞布置，共 2 条引水隧洞，单洞过水能力为 250 m³/s。进水口采用岸塔式进水口，分设拦污栅、平板检修门和事故闸门各 1 道。孔口宽 8 m、高 9 m，进口底板高程 1 350 m，闸顶平台高程 1 427 m。隧洞洞径 9 m，洞长分别为 670.485 m 和 660.995 m，两洞中心线间距 32 m。发电厂房布置在大坝下游左岸，为地面厂房，主厂房长 112.2 m、宽 25.5 m、高 52.855 m，内装 4 台单机容量为 11.5 万 kW 的水轮发电机组。一、二副厂房均布置在主厂房上游侧。机组安装高程 1 276.7 m，发电机层高程 1 289.02 m。4 台主变压器布置在厂房上游侧主变压器平台上。开关站采用 GIS 户内布置，共 4 回 220 kV 出线，其中 2 回经精河变电所送乌鲁木齐，1 回送伊犁中心变电所，1 回预留。该工程由新疆水利水电勘测设计研究院设计，总工期 4.5 年，于 2001 年截流，2005 年第一台机组发电。

（2）新疆维吾尔自治区已建中型水电站

新疆维吾尔自治区已建水电站主要是中型水电站。已建部分中型水电站的水库容积及电站主要指标见表 21-5。

表 21-5　新疆维吾尔自治区已建部分中型水电站水库容积及电站主要指标统计

电站名称	所在市、县及河流	水库容积（亿 m³）	设计水头（m）	装机容量（万 kW）	保证出力（万 kW）	年发电量（亿 kW·h）
托海	尼勒克、伊犁喀什河	0.175	38.3	5.00	1.22	2.48
大山口	静县、开都河	0.278	49.0	8.00	1.78	3.10
铁门关	库尔勒、孔雀河	0.086	60.9	4.38	2.10	2.42
喀什一级	疏附、克孜河	0.075	50.0	1.95	0.65	1.28
喀什二级	疏附、克孜河	0.030	99.0	2.64	1.25	1.78
可可托海	富蕴、额尔齐斯	0.400	71.5	1.90	0.62	0.55
玛纳斯二级	石合子、玛纳斯		30.5	1.28	0.16	0.48
玛纳斯三级	石合子、玛纳斯			2.63	0.33	0.95
黑孜	拜城、黑孜河	6.000	25.2	2.60	0.64	1.34
山口	阿勒泰、哈巴河	0.460	30.0	2.52	0.40	1.09
西大桥	阿克苏、库玛拉克河			2.60		1.50
乌鲁瓦提	和田、喀拉喀什河	3.400	70.0	6.00	1.65	2.26
635 水利工程	福梅、额尔齐斯河	2.820	45.0	3.20	0.68	1.25

21.6　西藏自治区水能开发利用

21.6.1　西藏自治区河流及其水能资源

西藏自治区水能资源十分丰富，是全国乃至世界少有的水能资源"富矿"区。水能资源丰富的河流主要有雅鲁藏布江、怒江、澜沧江、金沙江等。根据 20 世纪水能资源普查结果，全区水能理论蕴藏量为 20 055.93 万 kW，其中：雅鲁藏布江 11 347.73 万 kW，澜沧江

903.89 万 kW，怒江 2 625.99 万 kW，金沙江 516.92 万 kW，其他国际河流 4 636.8 万 kW，内陆河 24.6 万 kW。根据水能资源复查结果，全区水能理论蕴藏量为 20 135.8 万 kW，年发电量 17 638.9 亿 kW·h。其中包括：技术可开发装机容量 11000.44 万 kW，年发电量 5 759.69 亿 kW·h；经济可开发装机容量 835.04 万 kW，年发电量 37.625 亿 kW·h。西藏自治区水能理论蕴藏量位居全国第一，技术可开发装机容量居全国第二。2006 年，受国家发改委委托，水电水利规划设计总院组织考察队对雅鲁藏布江干流下游河段进行了全面考查。根据考查结果，重新计算出的雅鲁藏布江干流下游河段技术可开发装机容量为 8 479 万 kW。其中，干流下游河段中派镇—泸公河河段技术可开发装机容量约为 6 962 万 kW，比原来的水能资源复查成果多 2 982 万 kW；泸公河—巴昔卡河段技术可开发装机容量约为 1 517 万 kW，比原来的水能资源复查成果多 339 万 kW。考查后重新计算的西藏自治区水能资源技术可开发装机容量为 1.4 亿 kW，年发电量 7 260 亿 kW·h，占全国总量的 24.5%。西藏自治区水能资源主要集中在雅鲁藏布江、怒江、澜沧江和金沙江几条河流，这几条河流的技术可开发量分别占西藏自治区总技术可开发量的 69.8%、10.1%、4.6% 和 3.4%。

21.6.2 藏东南地区河流水能利用规划

（1）雅鲁藏布江河流梯级开发初步规划

雅鲁藏布江发源于世界屋脊喜马拉雅山北麓西侧，自西向东平行于喜马拉雅山脉，流至西藏东部米林县后，随着横断山脉形成墨脱大河湾，折向南行绕过喜马拉雅山脉东侧，至昔卡流出国境流入印度。流入印度后，称为布拉马普特拉河，在印度和孟加拉国与恒河汇合注入印度洋。雅鲁藏布江在我国境内流域面积仅 24 万 km²，水能理论蕴藏量约 1.14 亿 kW，其中技术可开发装机容量达 5 620 万 kW ~ 6 270 万 kW，年发电量 3 340 亿 kW·h ~ 3 730 亿 kW·h。雅鲁藏布江干流总长 2 057 km，总落差 5 435 m。里孜以上为上游，河长 268 km，海拔 5 590 m ~ 4 350 m；里孜至林芝县派区为中游，河长 1 293 km，海拔 2 912 m ~ 4 350 m；派区以下为下游，河流随横断山脉穿过喜马拉雅山脉流至巴昔卡，河长 496 km，海拔由 2 912 m 骤然降至 155 m，落差高度集中，每千米河长蕴藏水能资源仅次于非洲扎伊尔河下游段，居世界第二。1992 年，对雅鲁藏布江进行了开发利用河流规划，上、中游河段初步规划按 10 级开发，10 级水电站共利用水头 1 144 m，总装机容量为 489 万 kW，年发电量 272 亿 kW·h。这 10 座水电站为岗科（装机容量 27 万 kW）、谷鲁（装机容量 17 万 kW）、仁庆顶（装机容量 15 万 kW）、帕刹（装机容量 13 万 kW）、彭错林（装机容量 30 万 kW）、索朗嘎咕（装机容量 50 万 kW）、曲水（装机容量 9.6 万 kW）、加查（装机容量 165 万 kW）、朗县（装机容量 120 万 kW）、日雪（装机容量 42 万 kW）。其中，以日喀则附近的彭错林和拉萨市附近的索朗嘎咕开发条件较好。下游河段在林芝县派区至墨脱县希让村的大河湾，河道长 260 km，天然落差 2 350 m，规划有如下两种开发方案：①裁弯取直墨脱一级开发方案：在派区附近大渡卡建坝，水库正常蓄水位 2 985 m，水库总库容 175 亿 m³，调节库容 112 亿 m³。在大河弯处裁弯取直，开挖 3 条直径为 13 m、长 33.9 km 的压力隧洞，采用 1 洞 - 3 机布置形式，每条隧洞末端设有 1 个调压室，调压室后分岔为 3 条压力钢管，分别引水至墨脱下游发电，共 9 条直径为 7 m、长 5 km 的埋藏式压力钢管。在里东桥建地下厂房，安装 27 台单机容量为 162 万 kW 的冲击式水轮发电机组。墨脱电站毛水头达 2 421 m，装机容量 4 380 万 kW，年发电量 2 630 亿 kW·h。按此方案开发，墨脱水电站将是世界上最大的水电站。在墨脱水电站下游,还可建一级引水式日果水电站,利用水头284 m,装机容量 350 万 kW,年发电量 208 亿 kW·h。在高山严寒和地质复杂地区开挖很长的大隧洞,采用超世界水平的高水头机组,技术上难度很大。②沿河多级开发方案:初步规划沿大河弯修建 9 座水电站。这 9 座水电站的开发方式和装机容量分别为:大渡卡坝式水电站装机容量 127 万 kW、日陇引水式电站装机容量 352 万 kW、岗郎引水式电站装机容量2 020 万 kW、支流帕隆藏布江入口处索玉引水式电站装机容量 1 400 万 kW、八玉引水式电站装机容量 259 万 kW、卡布坝式水电站装机容量 130 万 kW、解放桥坝式水电站装机容量250 万 kW、希让坝式水电站装机容量 145 万 kW、日果引水式电站装机容量 350 万 kW。共计利用水头 2 703 m,总装机容量 5 030 万 kW,年发电量 3 018 亿 kW·h。此方案的中间几级电站利用流量较大,故总发电能力比裁弯取直一级开发方案还大。但中间几级坝址地质条件较差,交通相对困难。

雅鲁藏布江是我国水能资源最富集的河流,特别是下游大河弯的水能资源极具典型意义和吸引力。虽其开发规模在相当长一段时间内与西藏地区用电需求不相适应,但远距离输送给国内外用电市场是有极大发展前景的。

(2) 怒江梯级开发初步规划

怒江发源于西藏自治区境内唐古拉山南麓安多县境内的将美尔岗朵楼冰川,上源称桑曲,流经那曲比如与左岸支流索曲汇合后,始称怒江。怒江出国境流入缅甸后称萨尔温江,最后注入印度洋的安达曼海。怒江在西藏自治区境内干流长约 1 393 km,流域面积 10.269万 km²,多年平均流量 1 138 m³/s。根据国家发改委委托开展的怒江上游水电规划成果,怒江上游初步规划按"一库十级"方案开发,总装机容量 1 550 万 kW,年发电量 791.2亿 kW·h。自上而下 10 级水电站为沙丁、热玉、新荣、同卡、卡西、怒江桥、拉龙、罗拉、昂曲和俄米。

(3) 澜沧江梯级开发初步规划

澜沧江发源于青藏高原唐古拉山北麓查加日玛的西侧,属青海省境内,经西藏自治区流入云南省,在云南省西双版纳州流出国境。出国后称湄公河,流经老挝、缅甸、泰国、柬埔寨、越南等国,于越南胡志明市附近注入南海。澜沧江由青海省入境流向东南,在布衣附近流入云南省。澜沧江在西藏自治区境内河流长约 479.6 km,流域面积 3.847 万 km²,多年平均流量 660 m³/s。根据国家发改委委托开展的澜沧江上游水电规划成果,澜沧江干流推荐按"一库六级"方案开发,总装机容量 591 万 kW,年发电量 297.98 亿 kW·h。这 6 座水电站从上至下为:侧格、约龙、卡贡、班达、如美和古学。

(4) 金沙江上游河段梯级开发初步规划

金沙江上游河段,其主源沱沱河发源于青藏高原唐古拉山脉主峰格拉丹东雪山的西南侧。沱沱河由南向北流出唐古拉山后折向东流,从右岸汇入当曲后称通天河。通天河至青海玉树附近汇入巴塘河后称金沙江。金沙江流经青、藏、川、滇四省区,流至四川宜宾与岷江汇合后始称长江。玉树(巴塘河口)至石鼓河段称为金沙江上段。金沙江上段河流长974 km,流域面积 7.65 万 km²,多年平均流量 1 100 m³/s。根据国家发改委委托开展的金沙江上游水电规划成果,金沙江上段推荐 13 级开发,总装机容量 1 392 万 kW,年发电量594.03 亿 kW·h。这 13 座水电站从上至下为:西绒、晒拉、果通、岗托、岩比、波罗、叶巴滩、拉哇、巴塘、苏洼龙、昌波、旭龙和奔子栏。

21.6.3　西藏自治区已建水电站

西藏自治区水能资源十分丰富，目前开发利用尚少，仅修建了一些中小型水电站。其中，规模较大的水电站是羊卓雍湖抽水蓄能电站。

羊卓雍湖抽水蓄能电站：羊卓雍湖抽水蓄能电站（以下简称羊湖电站）位于西藏自治区拉萨市西南 90 km 处，电站首部属浪卡子县，厂房属贡嘎县。电站是以羊湖作为上池，以雅鲁藏布江作为下池，利用羊湖与雅鲁藏布江之间 840 m 的水面差和约 9 km 的水平距离，修建的一座装机容量为 11.25 万 kW 的抽水蓄能电站。羊湖电站的运行方式为：夏季利用系统多余电能抽水，只担负系统峰荷；冬季担负系统峰荷和腰荷，只在系统低谷时作短时间抽水蓄能，要求发电用水量与抽水量保持平衡，总体上不动用羊湖水量。上水池（羊湖）：为天然高原封闭湖泊，流域面积 6 100 km²，水面面积 620 km²，水深一般为 30 m，最深处达 60 m，容积 150 亿 m³。近 100 年来湖水位在 4 440 m 左右，湖水位年际变幅 4.28 m，年内变幅仅 1.23 m，处于相对稳定状态。多年平均入湖径流量 9.54 亿 m³，来水主要消耗于蒸发。作下池用的雅鲁藏布江水量充沛，电站厂址位置最枯流量 100 m³/s，常年洪水流量 3 500 m³/s，江水面变幅仅 3.7 m，江水位经常保持在 3 597 m 左右，汛期含砂量约 1 kg/m³。电站枢纽区域地质条件较为复杂，位于滇、缅、印、尼"歹"字形构造头部与喜马拉雅弧形构造的复合地区。雅鲁藏布江断裂带离电站约 4 km，地震基本烈度为 8 度。地层以褶皱为主，共有 7 条断层通过建筑物区，但湖水不存在向邻谷渗漏途径。厂房位于雅鲁藏布江一级阶地，厂房坐落在砂板岩上。羊湖电站枢纽建筑物主要由进水口、出水口、输水隧洞、调压室、压力钢管、主副厂房、沉砂池和江边低扬程泵房等组成。进、出水口位于湖边，底高程 4 426 m，设有拦污栅和工作闸门，闸门尺寸为 2.5 m×2.5 m，最大引用流量 16 m³/s。输水隧洞总长 5 888 m，洞径 2.5 m，承受内水压力为 0.21 MPa～0.72 MPa，采用钢筋混凝土衬砌，并进行固结灌浆和回填灌浆。调压室为差动式，上室大井直径 11 m、高 18 m，升管直径 2.5 m、高54.1 m。压力输水管道 1 根，长 3 067 m，其中上段为埋藏式钢管，长740 m，直径 2.4 m～2.5 m；下段为地面明钢管，长 2 317 m，直径 2.1 m～2.3 m。钢管最大内水压力 9.76 MPa，最小内水压力 5.38 MPa。蓄能电站地面厂房位于雅鲁藏布江右岸一级阶地，内装 5 台单机容量为 2.25 万 kW 的三机式抽水蓄能机组，总装机容量 11.25 万 kW，总抽水流量 8 m³/s（另预留 1 台装机容量为 2.25 万 kW 的常规机组）。厂房尺寸为长 87.65 m、宽14.9 m、高 38 m。一次副厂房平行布置于主厂房下游侧，长 19.8 m、宽 10.7 m、高10.6 m。二次副厂房与主厂房成倒"L"形布置，长 26.5 m、宽 15.5 m、高 19.7 m。低扬程泵房位于雅鲁藏布江江边，泵房长 36.8 m、宽 11 m、高 22 m，内装 5 台水泵（其中 1 台备用），每台抽水流量 2 m³/s。沉砂池工作段长 80 m、宽 24 m、高 8 m，池内从低隔墙分为三厢，采用定期水力冲砂方式，拦截粒径≥0.1 mm 泥砂保证率大于 80%。江水经沉砂池沉淀后进入蓄能机组水泵前的进水钢管，其末端设有抽水系统调压室，形式为圆筒顶部溢流式，直径2 m，高 11.75 m。枢纽运行方式：抽水运行时，由江边低扬程泵房抽水入沉砂池，经沉砂池沉淀后的清水再进入主厂房多级蓄能水泵，经输水系统流入羊湖；发电运行时，直接从羊湖取水，经输水系统隧洞、压力钢管进入主厂房发电，发电后排入雅鲁藏布江。该工程由成都勘测设计研究院负责勘测设计，武警水电部队负责施工，于 1991 年开工，1995 年发电。

西藏自治区已建水电站小型居多。已建部分中型水电站主要技术经济指标见表 21—6。

表 21-6　西藏自治区已建部分中型水电站主要技术经济指标统计

电站名称	所在市、县及河流	水库容积 （亿 m³）	设计水头 （m）	装机容量 （万 kW）	保证出力 （万 kW）	年发电量 （亿 kW·h）
达嘎	日喀则、夏布曲		140	2.52	0.57	1.029
满拉	江孜、年楚河	1.55		2.00		0.610
沃卡河一级	桑日、沃卡河			2.00		0.770

第 22 章　晋豫皖内陆诸省水能开发利用

22.1　山西省水能开发利用

22.1.1　山西省水能资源与河流利用规划

山西省河流分属黄河和海河两大水系。黄河水系除黄河干流外，主要支流有三川河、昕水河、汾河、涑水河、沁河等。海河支流有桑干河、大清河、滹沱河、浊漳河、卫河等。黄河是山西省的主要河流，山西省水能资源主要集中在黄河干流，占全省的 78%。全省水能理论蕴藏量为 511.45 万 kW，规划建水电站 66+9/2 座，总装机容量 263.98 万 kW，年发电量 106.68 亿 kW·h。其中主要河流包括：黄河干流水能理论蕴藏量 397.60 万 kW，规划建水电站 9/2 座，装机容量 228.10 万 kW，年发电量 92.63 亿 kW·h；黄河支流汾河水能理论蕴藏量 27.16 万 kW，规划建水电站 8 座，装机容量 5.55 万 kW，年发电量 2.76 亿 kW·h；黄河支流沁河水能理论蕴藏量 25.44 万 kW，规划建水电站 16 座，装机容量 11.07 万 kW，年发电量 4.24 亿 kW·h；海河支流滹沱河水能理论蕴藏量 22.24 万 kW，规划建水电站 18 座，装机容量 9.36 万 kW，年发电量 3.19 亿 kW·h；海河支流浊漳河水能理论蕴藏量 23.16 万 kW，规划建水电站 16 座，装机容量 7.69 万 kW，年发电量 2.70 亿 kW·h。

22.1.2　山西省已建水电站

山西省修建的水电站，除黄河干流上已建万家寨水电站（山西与内蒙古界河）、龙口水利枢纽（山西与内蒙古界河）和三门峡水利枢纽（山西与河南界河）属大型水电站外，已建中型水电站有黄河北干流山西与内蒙古界河上修建的天桥水电站（装机容量 12.8 万 kW）和沁河上修建的栓驴泉水电站（装机容量 3.5 万 kW）等。

天桥水电站：天桥水电站位于山西保德县，电站厂房在内蒙古河口镇下游，是黄河中游北干流上第一座低水头、大流量、径流式水电站。该电站以发电为主，兼有排凌、排砂、排污等综合利用任务，水库库容为 0.67 亿 m³。电站在山西电网中承担着重要的调峰、调频作用。电站装有 4 台轴流转桨式水轮发电机组，总装机容量 12.8 万 kW，年发电量 6.07 亿 kW·h。电站于 1970 年 4 月 1 正式开工兴建，1977 年第一台机组投产发电，1978 年全部建成。

22.1.3　山西省规划建设的抽水蓄能电站

山西省煤炭资源丰富，水资源较缺乏，主要发展火电。山西电力系统最大峰谷差率达到 34.5%，系统缺乏调峰、调频电源，系统调峰、调频靠修建抽水蓄能电站解决。

西龙池抽水蓄能电站：西龙池抽水蓄能电站位于山西省五台县境内、滹沱河与清水河交汇处，距沂州市和太原市直线距离分别为 50 km 和 100 km，对外交通方便。蓄能电站装机 4 台，总装机容量为 120 万 kW，以 500 kV 级电压接入电网，在系统中担任调峰、调频任务。西龙池抽水蓄能电站枢纽建筑物主要由上、下水库，输水系统，厂房及开关站等组成。上水库位于滹沱河左岸山顶西龙池村，采用开挖筑坝成库。水库正常蓄水位 1 492.5 m，总库容 485.1 万 m³，调节库容 424.1 万 m³。西龙池蓄能电站上水库，设 1 座主坝、2 座副坝，主、副坝均为沥青混凝土面板堆石坝，坝顶高程 1 494.5 m。主坝最大坝高 50 m，坝顶长 499.56 m。1 号、2 号副坝最大坝高分别为 15 m 和 20 m。坝体上游坡度为 1∶2，下游坡度为 1∶1.8。库顶周长为 1 739.1 m，库盆采用沥青混凝土防渗。下水库位于西龙池沟，枢纽建筑物主要由拦河大坝、库区防洪建筑物、补水建筑物、放空设施等组成。拦河大坝为沥青混凝土面板堆石坝，最大坝高 97 m，坝顶高程 840 m，坝顶长 533.06 m，库顶周长 1 694.8 m，水库正常蓄水位 838 m，总库容 492.2 m³，调节库容 421.5 m³。主坝上游坡为 1∶2，下游坡为 1∶1.7。库岸边坡 1∶0.75，库盆采用沥青混凝土防渗，总防渗面积为 17.97 万 m²。输水系统采用 1 管－2 机布置方式，两条管道平行布置，总长 1 859.28 m。主管直径 4.7 m～3.5 m，采用月牙肋岔管"Y"形对称分岔，支管内径为 2.5 m。主管和支管均采用钢板衬砌，主管钢衬最大厚度 57 mm，支管钢衬最大厚度 45 mm。西龙池蓄能电站厂房布置在地下，采用尾部布置方案，主厂房洞室长 145.3 m、宽 22.25 m、高 48.5 m。主厂房内安装 4 台单机容量为 30 万 kW 的竖轴单级混流可逆式水泵水轮机组，安装间位于主厂房中部。主变压器洞室位于主厂房洞室下游，与主厂房洞室平行布置，间距为 50 m。主变压器洞室长 130.4 m、宽 16.4 m、高 17.5 m。主变压器洞室通过 1 条交通洞和 4 条母线洞与主厂房联系。整个地下厂房系统结构采用喷钢纤维混凝土、锚杆、预应力锚索等柔性支护。主要副厂房和 GIS 开关站布置在下水库进（出）水口附近的库岸。该工程由北京勘测设计研究院设计，于 2008 年建成。

22.2　河南省水能开发利用

22.2.1　河南省水能资源与河流水能规划

河南省境内河流主要分属长江、黄河、淮河和海河四大水系。全省水能理论蕴藏量为 477.36 万 kW，规划建水电站 337＋2/2 座，总装机容量 292.88 万 kW，年发电量 111.63 亿 kW·h。其中主要开流包括：黄河水系水能理论蕴藏量 339.69 万 kW，规划建水电站 62＋1/2 座，总装机容量 212.25 万 kW，年发电量 87.54 亿 kW·h；长江水系水能理论蕴藏量 47.13 万 kW，规划建水电站 67＋1/2 座，总装机容量 40.54 万 kW，年发电量 13.34 亿 kW·h；淮河水系水能理论蕴藏量为 43.83 万 kW，规划建水电站 57 座，总装机容量 17.82 万 kW，年发电量 9.64 亿 kW·h；海河水系水能理论蕴藏量为 15.27 万 kW，规划建水电站 43 座，总装机容量 9.64 万 kW，年发电量 2.73 亿 kW·h。

22.2.2　河南省已建水电站

（1）河南省已建大型水电站

河南省已建大型水电站，除河南、山西两省交界的黄河干流上修建的三门峡水利枢纽外（已在第 8 章介绍），还有小浪底水利枢纽。

小浪底水利枢纽：小浪底水利枢纽位于河南省洛阳市以北 40 km 的黄河干流上，距上游三门峡水利枢纽 130 km。坝址所在地孟津县小浪底村是黄河中游最后一段峡谷的出口，控制流域面积 69.4 万 km²，占黄河流域面积的 92.3%。小浪底水利枢纽是黄河干流三门峡以下唯一能够取得较大库容的控制性工程，既可较好地控制黄河洪水，又可利用其淤砂库容拦截泥砂，进行调水调砂运用，减缓下游河床的淤积抬高的水利工程；是一座以防洪、防凌、减淤为主，兼有供水、灌溉、发电等综合利用效益的大型水利工程。水库正常蓄水位 275 m，总库容 126.5 亿 m³，淤沙库容 75.5 亿 m³，长期有效库容 51 亿 m³。死水位 230 m，汛期防洪限制水位 254 m，防凌限制水位 266 m。防洪最大泄流量 17 000 m³/s。电站总装机容量为 180 万 kW，主要供电河南省，在满足水库调水、调砂要求的前提下进行发电。在河南省电网中主要承担调峰、调频任务，在非汛期可担任一定的事故备用。当黄河出现特大洪水（55 000 m³/s）时，即使经过三门峡、陆浑、故县等水库拦蓄后，花园口站的洪峰流量仍将达到 42 000 m³/s。黄河下游防洪工程的设防标准仅为 22 000 m³/s（花园口站），不到百年一遇。小浪底与已建的三门峡、陆浑、故县水库联合运用，并利用东平湖分洪，可使黄河下游防洪标准提高到千年一遇。与三门峡水库联合运用，共同调蓄凌汛期水量，可基本解除黄河下游凌汛威胁。小浪底水利枢纽利用淤沙库容沉积泥砂，可使黄河下游河床 20 年内不淤积抬高。非汛期下泄清水挟砂入海以及人造洪峰冲淤，对下游河床有进一步减淤作用。黄河下游控制灌溉面积约 4 000 万亩，每年平均实灌面积 1 760 万亩，年引水量 80 亿 m³～100 亿 m³，灌溉用水保证率仅 32%，小浪底可提高灌溉用水保证率。山东利津至入海口河段几乎每年断流，水资源供需矛盾十分突出。小浪底可减少下游断流的概率，平均每年可增加 20 亿 m³ 的调节水量。小浪底水利枢纽建筑物主要由拦河大坝，泄洪、排砂建筑物及引水发电建筑物等组成。小浪底水利工程被国际水利学界视为世界水利工程史上最具挑战性的项目之一，技术复杂，施工难度大，现场管理关系复杂。拦河大坝采用带内铺盖的斜心墙堆石坝，以垂直混凝土防渗墙为主要防渗幕，并利用黄河泥砂淤积形成天然铺盖，作为辅助防渗防线，左岸垭口设有壤土心墙副坝一座，最大坝高 160 m，坝顶高程 281 m，坝顶长 1 667 m。泄洪、排砂建筑物包括：3 条直径 14.5 m 的导流洞，3 条由导流洞改建的三级孔板消能泄洪洞，3 条明流泄洪洞，3 条直径 6.5 m 的压力排砂洞，1 条直径 3.5 m 的压力灌溉洞，1 座正常溢洪道，1 座非常溢洪道，10 座进水塔。3 条直径 14.5 m 的导流洞改建成 3 条孔板泄洪洞后，每条孔板消能泄洪洞由进水塔、压力隧洞连接段（俗称龙抬头段）、三级孔板消能段、中间闸室、明流洞段和出口段组成。孔板消能泄洪洞的进水塔进口底板高程为 175 m。因进口高程低，水流含砂量高，且粗砂比例大，为防止事故闸门孔口因流速高产生磨蚀，同时也为控制闸门总水压力不致过大，进口采用双孔布置。塔内设 2 孔宽 4.5 m、高 15.5 m 检修门和 2 孔宽 3.5 m、高 12 m 的事故门。事故门后由宽 14.1 m、高 12 m 渐变为直径 12.5 m 的圆洞。3 条孔板消能泄洪洞渐变段轴线长度分别为：1 号孔板洞为 35.5 m，2 号和 3 号孔板洞为 24.85 m。压力连接洞洞径 12.5 m，以龙抬头方式将进口与设计平洞段内的第一级孔板上游面连接起来。1 号明流泄洪洞布置在洞室群南端，3 号明流泄洪洞布置在洞室群北端，2 号明流泄洪洞位于 1 号与 3 号之间。3 条明流泄洪洞轴线与枢纽其他泄洪建筑物轴线平行，且呈直线布置。3 条明流泄洪洞均由进口段、隧洞段、穿大坝埋管段、泄槽段及出口挑流鼻坎组成，且其进水塔均为深式有压短管进口，在库水位 250 m 时，洞内流速控制在 25 m/s 左右，下泄水流以挑流形式进入综合消力塘消能。排砂洞在泄水建筑物中是运用机会最多的建筑物。排砂洞主要承担排砂、电站进口排污、调节水库下泄流量的作用，并同孔板洞一起保持进口的冲刷漏斗，从而达到保护其进口不被泥砂淤堵的目的。排砂洞进口高程最低，水流含砂量高。排砂洞建筑物由进口塔架、发电压力洞、出口工作闸室、明渠或明流洞和挑流鼻坎组成，发电压力洞直径 6.5 m。每条排砂洞进口与 2 条发电洞进口组合在一座塔架内，进口高程 175 m。为排放电站拦污栅清除的污物，在排砂洞事故门上游设有 6 个与电站进口的拦污栅相对应的宽 3.5 m、高 6.3 m 的进水口，6 个进水口逐步汇合成 2 个宽 3.7 m、高 5 m 的事故门孔，在事故门后合二为一，渐变为洞径 6.5 m 的隧洞。灌溉洞由进水塔、压力洞、工作门闸室组成。进水塔布置在塔群的最北端，根据引水流量要求，库水位 230 m 能引灌溉流量 30 m^3/s，同时考虑灌区总干渠的连接高程，进口高程为 223 m，采用压力洞，洞径 3.5 m。正常溢洪道位于垭口副坝南侧，布置在"T"形山梁上，由引渠控制闸、泄槽、挑流鼻坎组成，进口高程 258 m。进口选用有超泄能力的开敞式三孔洞，闸门宽 11.5 m、高 17.5 m。在库水位 275 m 时泄流量为 3 744 m^3/s。非常溢洪道设在桐树岭以北的宣沟与南沟分水岭处，作为正常泄洪设施的事故备用泄洪建筑物，进口底板高程 268 m、宽 100 m。在非常溢洪道进口设心墙堆石坝挡水，当需要使用非常溢洪道泄洪时，采用爆破方式破坝。库水位 275 m 时，下泄流量 3 000 m^3/s，经南沟入桥沟汇入黄河。非常溢洪道的修建时间根据小浪底水库运行的情况决定。综合消力塘为混凝土衬护消力塘，接纳泄洪洞、排砂洞、正常溢洪道的下泄水流消能。消力塘后接二级消力池和护坦。为便于检修，也为适应单条或几条泄洪洞运用时塘内产生不对称流态和抑制回流和导流洞改建需要，在塘内布置 2 道纵向隔墙，将消力塘、二级消力池分为 3 个可以单独运用的消力塘。消力塘塘底上游端高程为 113 m，下游端高程为 110 m，1 号和 2 号塘底长 140 m，3 号塘底长 160 m。二级消力池底长 35 m，下游接护坦，护坦长 70 m～98 m，后设块石防冲槽，水流经护坦调整后入泄水渠与黄河衔接。为解决消力塘检修期混凝土底板的抗浮稳定问题，在消力塘的周边、塘底中部（垂直流向）的混凝土底板内部设有城门洞形的排水廊道（断面宽 2 m、高 3 m），排水廊道纵、横向相互连通并通向设在消力塘南、北侧的集水井。引水发电系统由进水塔、压力引水隧洞、高压钢管、地下厂房、尾水闸洞、明流尾水洞、尾水明渠和出口防淤闸组成。引水方式采用 1 洞－1 机单元式布置，尾水采用两台机组经尾水叉洞合一明流尾水洞布置。由于排砂排污需要，2 条发电洞与 1 条排砂洞进口呈上下对应布置。发电洞进口高于排砂洞进口 20 m。尾水管采用窄高型，以适应地下厂房布置需要。每台机尾水管出口均设有尾水闸门，当机组较长时间停机时，可关闭尾水闸门，防止尾水管被泥砂淤堵。水电站主厂房为地下式厂房，采取首部式布置方式，并且尽可能地使厂房靠近进水口，以缩短压力引水道长度，在满足调节保证计算和机组稳定运行的情况下，不设上游调压室。厂房底板高程 103.6 m，顶拱高程 165.05 m，上覆岩体厚度为 70 m～110 m，厂房顶拱和边墙大部分位于岩性坚硬、整体稳定性较好的岩层中。主变室及尾水闸门室为地下式，位于主厂房下游，且平行于主厂房布置。尾水闸布置在尾水管末端。地下厂房洞室长 251.5 m，跨度 26.2 m、高 61.44 m，安装 6 台单机容量为 30 万 kW 的水轮发电机组。主变室长 174.7 m，宽 14.4 m、高 17.85 m，布置有 6 台 220 kV 的三相变压器，4 台厂用变压器等。尾水闸门室长 175.8 m、宽 10.6 m、高 20.65 m，布置有 1 台启闭机。厂房三大洞室均采用喷锚作为永久支护。水轮机为混流式，额定水头 112 m，额定流量 96 m^3/s，额定出力 30.6 万 kW。小浪底工程是利用世界银行贷款，实行国际招标兴建的大型水利工程。主体工程开工不久，即出现泄洪排砂系统标（二标）因塌方、设计变更、施工管理等原因造成进度严重滞后，使截流有可能被推迟一年的严峻形势。截流以后，承包商又以地质变化、设计变更、赶工、后继法规影响等理由，向业主提出巨额索赔。中方组织由国内几个工程局组成的联营体（OTFF）以劳务分包的方式，承担截流关键项目的施工，用 13 个月时间，抢回被延误的工期，实现了按期截流，并通过艰苦谈判，协商处理了全部索赔，使工程投资控制在概算范围以内。小浪底水利枢纽工程于 1991 年 9 月 12 日开始进行前期工程施工准备，1994 年 9 月 1 日主体工程正式开工，1997 年 10 月 28 日截流，2000 年初第一台机组发电，2001 年年底主体工程全部完工。

（2）河南省已建抽水蓄能电站

宝泉山抽水蓄能电站：宝泉山抽水蓄能电站位于河南省辉县市境内的峪河上，与郑州市的直线距离 80 km。电站装机 4 台，总装机容量为 120 万 kW，年发电量 20.1 亿 kW·h，年抽水耗电量 26.42 亿 kW·h，综合效率 76%。蓄能电站以 2 回 500 kV 出线接入河南省电网，在电力系统中担负调峰、填谷、调频和调相等任务。宝泉山抽水蓄能电站枢纽建筑物主要由上、下水库、输水系统和厂房等组成。上水库位于峪河左岸支流东沟上，坝址流域面积 6 km²，挡水建筑物为沥青混凝土面板堆石坝，最大坝高 93.9 m，坝顶高程 793.9 m。水库正常蓄水位 788.6 m，死水位 758 m，总库容 827 万 m³。下水库利用峪河上已建成的宝泉山水库，将原有大坝加高、加固改建而成。原宝泉山水库是一座以灌溉为主的水库，大坝为浆砌石坝，坝高 91 m，坝顶高程 252.1 m；坝中间设有溢流堰，堰宽 109 m，堰顶高程 244 m，兴利库容 3 060 万 m³，总库容 4 458 万 m³。原宝泉山水库坝基是按远景规划坝高超过 100 m 修建的，大坝分三期修建至 252.1 m 高程。改建后的宝泉山水库大坝，最大坝高 107 m（大坝加高 16 m），坝顶高程 268 m，坝顶长 533.5 m。改建后的宝泉山水库，以发电为主，兼顾灌溉、防洪等综合利用任务。水库总库容 6 750 万 m³，灌溉库容 3 575 万 m³，发电库容 620 万 m³。宝泉山抽水蓄能电站采用中部式地下厂房、2 洞-4 机布置方式，主洞直径 6.5 m，单洞长 2 238.74 m（1 号洞），输水系统建筑物自上而下包括上水库进（出）水口、上平洞、上游调压室、上斜洞、中平洞、下斜洞、下平洞、地下厂房、下游调压室、下游输水隧洞和下水库进（出）水口。工程由黄河水利委员会勘测规划设计研究院设计，于 2008 年建成投入运行。

（3）河南省已建中型水电站

故县水利工程：该工程是以防洪为主，兼有发电利用效益的水利工程，水电站装机容量为 6 万 kW。

22.3　安徽省水能开发利用

22.3.1　安徽省水能资源与河流利用规划

安徽省河流主要分属长江、淮河两大水系，除长江、淮河两大水系河流外，境内较大河流有新安江。全省水能理论蕴藏量为 398.08 万 kW，规划建水电站 221 座，总装机容量 88.20 万 kW，年发电量 26.09 亿 kW·h。其中包括：淮河流域水能理论蕴藏量为 50.68 万 kW，规划建水电站 64 座，装机容量 24.60 万 kW，年发电量 7.55 亿 kW·h；长江流域水能理论蕴藏量为 299.66 万 kW，规划建水电站 123 座，装机容量 56.80 万 kW，年发电量 16.44 亿 kW·h；新安江水能理论蕴藏量为 47.74 万 kW，规划建水电站 34 座，装机容量 6.80 万 kW，年发电量 2.10 亿 kW·h。

22.3.2　安徽省已建中型水电站

安徽省已建水电站属中型水电站，其中规模较大的有两座：一座是 20 世纪 70 年代建成的陈村水电站，另一座是由响洪甸水电站改建的抽水蓄能电站。

陈村水电站：陈村水电站位于安徽省泾县境内青弋江上，是一座以发电为主，兼有防洪、灌溉等综合利用效益的水电工程。陈村水电站坝址控制流域面积 2 200 km²，多年平均流量 88 m³/s，水库设计洪水流量 16 800 m³/s，校核洪水流量 22 300 m³/s。水库正常蓄水位 119 m，死水位 94 m。水库总库容 24.74 亿 m³，调节库容 15.91 亿 m³。电站装机容量为 15 万 kW，保证出力 2.8 万 kW，多年平均发电量 3.16 亿 kW·h。陈村水电站为坝式水电站，枢纽建筑物主要由拦河大坝、电站厂房和开关站等组成。拦河大坝为拱形混凝土重力坝，最大坝高 76.3 m，坝顶高程 126.3 m。枢纽采用坝身泄洪方式，大坝非溢流段布置在河道中央，坝后布置厂房。大坝两岸各设有 2 个宽 12 m、高 6 m 的泄洪表孔。水电站厂房为坝后式地面厂房，厂房长 93.5 m，宽 21 m，高 38.5 m。电站装有 3 台型号为 HL263−LJ−390 的水轮发电机组。电站最大水头 57 m，设计水头 52 m，最小水头 40 m。工程由安徽省水利水电勘测设计院设计，水利水电第十四工程局施工，第一台机组于 1970 年发电，1975 年竣工。

响洪甸抽水蓄能电站：响洪甸抽水蓄能电站位于安徽省金寨县和六安县境内，距合肥市 137 km。该抽水蓄能电站是利用已建的响洪甸水库作上库，在距坝下游 8.8 km 处筑坝形成下库，并在上、下库之间修建输水系统和地下厂房，由此扩建而成的一座抽水蓄能电站。原响洪甸水库是以防洪、灌溉为主，结合发电的综合利用水利工程。已建的常规水电站装机 4 台，总装机容量 4 万 kW，按灌溉用水要求发电，不能为系统调峰。扩建而成的抽水蓄能电站厂房装设 2 台单机容量为 4 万 kW 的机组，组成总装机容量为 12 万 kW 的混合式抽水蓄能电站，在安徽电网中担负调峰、填谷、调相、调频和事故备用等任务。响洪甸抽水蓄能电站枢纽工程包括先建的上水库拦河大坝、泄洪洞、常规电站坝后地面厂房和引水建筑物等；后建的抽水蓄能电站的输水系统、地下厂房、升压开关站及下库枢纽工程等。上水库坝址控制流域面积 1 400 km²，多年平均流量 35.5 m³/s，总库容 26.32 亿 m³，其中防洪库容 14.05 亿 m³，调节库容 9.93 亿 m³，死库容 2.34 亿 m³。下水库坝址控制区间流域面积 44.7 km²，坝址多年平均流量 1.03 m³/s，下库总库容 950 万 m³，其中有效调节库容 440 万 m³，死库容 220 万 m³。上库枢纽建筑物包括：高 87.5 m 的混凝土拱坝；引水发电主洞 1 条，长 172.78 m，其中洞径 8.5 m～8.7 m（不衬砌），最大过流量 120 m³/s，"卜"型分岔为 4 条钢板衬砌支洞，洞径 3.6 m～2.8 m；常规电站地面厂房位于右岸（安装 4 台单机容量为 1 万 kW 的水轮发电机组）；泄洪洞 1 条，位于右岸，布置在引水发电洞下游侧，与发电洞相距 38 m，洞长 310 m，洞径 7 m，钢筋混凝土衬砌，最大泄洪能力 618 m³/s；110 kV 开关站布置在厂房右侧山坡上。响洪甸抽水蓄能电站枢纽建筑物包括：上下库进（出）水口、输水系统、蓄能电站地下厂房、220 kV 升压开关站等。上库进（出）水口位于大坝左岸上游 200 m 处，断面为 9 m×9 m 城门洞形，采用水下岩塞爆破施工修建。输水系统由上、下输水隧洞组成。上输水隧洞 1 条，长 646.599 m，洞内径 8 m，钢筋混凝土衬砌，接 2 条长 42.591 m、内径 5.5 m 的钢板衬砌支洞。主、支洞呈"Y"形分岔，岔管用钢筋混凝土衬砌。支洞上游 20.273 m 处设有阻抗式调压室，调压室大井内径 18 m，阻抗孔竖井内径 5.5 m。受抽水工况气蚀条件限制，机组安装高程低，采用地下式厂房，厂房长 69.3 m、宽 21.3 m、高 48.2 m。2 条下输水道隧洞分别连接 2 个下库进/出水口，输水隧洞长 85.16 m，洞宽 5 m、高 6 m，除渐变段用钢筋混凝土衬砌外，其余为喷锚支护。下库进/出水口为岸边侧相扩散型，每个进/出水口用隔墩分成 3 孔，每个孔宽 5 m、高 8.4 m，并设有防涡梁和拦污栅。为保证蓄能电站在下库低水位时水流衔接，将下游河道扩挖成长 3 563 m、宽 60 m 的明渠。220 kV 升压开关站位于下库进/出水口与进厂交通洞口之间，长 50 m、宽 37 m，以 1回 220 kV 的线路送六安变电所，与省电网衔接。下库枢纽工程由下库拦河大坝、溢流坝、下库电站和 35 kV 开关站组成。拦河大坝为混凝土重力坝，最大坝高 16 m，坝顶长 260 m。其中：溢流坝段 61 m，挡水坝段 151.5 m，河床式厂房段 31.02 m，左岸接头段 16.48 m。溢流坝段和河床式厂房均位于左岸河床深槽处。厂房内安装 1 台 5 000 kW 的贯流式发电机组。工程于 1994 年开工，1997 年竣工。

安徽省已建部分中型水电站的水库容积及主要技术经济指标见表 22—1。

表 22—1　安徽省已建部分中型水电站水库容积及主要技术经济指标统计

电站名称	所在市、县及河流	水库容积（亿 m³）	设计水头（m）	装机容量（万 kW）	保证出力（万 kW）	年发电量（亿 kW·h）
纪村	泾县、青弋江		28.5	3.4	0.88	1.65
佛子岭	霍山、淠河	4.96	37.0	3.1	0.58	1.24
磨子潭	霍山、淠河	3.36	48.2	1.6	0.70	0.37
响洪甸	金寨、淠河西源	26.32	42.0	4.0	1.03	1.07
梅山	金寨、史河	23.37	46.0	4.0	0.93	1.10
毛尖山	岳西、皖水	0.54	109.0	2.5	0.45	0.48

第 23 章　冀鲁苏及台湾诸省水能利用开发利用

23.1　河北省水能开发利用

23.1.1　河北省水能资源与河流水能利用规划

河北省河流主要属海河水系，境内主要河流有漳卫河、子牙河、大清河、永定河、潮白河、滦河及引滦工程和其他河流等。全省河川水能理论蕴藏量为 199.83 万 kW，初步规划修建水电站 4 924 座，总装机容量 151.77 万 kW。其中包括：漳卫河水能理论蕴藏量为 11.00 万 kW，初步规划修建水电站 295 座，总装机容量 8.0 万 kW；子牙河水能理论蕴藏量为 33.78 万 kW，初步规划修建水电站 1 551 座，总装机容量 21.32 万 kW；大清河水能理论蕴藏量为 51.67 万 kW，初步规划修建水电站 2 234 座，总装机容量 46.55 万 kW；永定河水能理论蕴藏量为 17.3 万 kW，初步规划修建水电站 157 座，总装机容量 11.60 万 kW；潮白河水能理论蕴藏量为 11.77 万 kW，初步规划修建水电站 225 座，总装机容量 2.83 万 kW；滦河及引滦水能理论蕴藏量为 71.52 万 kW，初步规划修建水电站 400 座，总装机容量 60.80 万 kW；其他河流水能理论蕴藏量为 2.79 万 kW，初步规划修建水电站 62 座，总装机容量 0.67 万 kW。

23.1.2　河北省已建大型水电站

潘家口水利枢纽：潘家口水利枢纽位于河北迁西县境内的滦河干流上，是开发滦河水利资源，解决天津、唐山工农业及生活用水，兼有发电、防洪综合利用效益的大型水利工程。坝址控制流域面积 3.37 万 km²，多年平均流量 77.8 m³/s。水库正常蓄水位 222 m，死水位 180 m，总库容 29.3 亿 m³，调节库容 19.5 亿 m³。潘家口水利枢纽建筑物主要由主、副坝，发电厂房及开关站等组成。厂房为坝后式，布置在主河槽，左侧为溢流坝段，两岸为非溢流坝。主坝为混凝土宽缝重力坝，最大坝高 107.5 m，坝顶全长 1 040 m。溢流段坝顶设有 18 孔宽 15 m、高 15 m 的泄洪表孔，部分坝段采用宽尾墩挑流消能。厂房位于溢流坝右侧，长 128.5 m、宽 26.2 m、高 56.8 m，安装 1 台单机容量为 15 万 kW 的常规水轮发电机组（水轮机型号为 HL−702−550），设计水头 63.5 m，年发电量 3.5 亿 kW·h。开关站布置在厂房右边的岸边，用 220 kV 的线路并入华北电网。潘家口水利枢纽分两期建设。一期工程为常规水电站，在系统中担任调峰、调频和事故备用，于 1981 年建成发电，1983 年竣工。工程由水电部天津勘测设计院设计，基建工程兵 00619 部队施工。二期抽水蓄能水电站，系利用一期工程水库作为上水库，在坝址下游 6 km 的黄石哨修建一座拦河闸形成下库，增装 3 台由意大利引进单机容量为 9 万 kW 的"二机式"（水泵/水轮机—电动/发电机）抽水蓄能机组和右坝头 220 kV 开关站而成。二期工程完建后，潘家口水利枢纽已成为一座由 1 台单机容量为 15 万 kW 的常规机组和 3 台单机容量为 9 万 kW 的抽水蓄能机组组成的混合式抽水蓄能电站，总装机容量为 36 万 kW～42 万 kW。发电运行工况调峰时，单机容量最高达 9 万 kW；抽水运行工况，当水泵扬程为 61.4 m 时，输入功率为 9 万 kW。由于水库运行方式以供水为主，年内各月的利用流量和利用水头变幅甚大，因此按保证率 90% 计，蓄能电站容量效益为 10 万 kW 左右。但增设蓄能机组后，有大部分时间可利用 20 万 kW 容量调峰，使水电站从原来担任腰荷或基荷运行区上升到峰荷或腰荷运行区，改善了京津唐电网调度的灵活性。蓄能电站下库枢纽由混凝土非溢流坝、泄洪闸、河床式电厂及 110 kV 变电站等组成。非溢流坝最大坝高 28.8 m，坝顶总长 1 098 m；河床式布置在河床中部，堰顶高程 134.7 m，共 20 孔，每孔闸门宽 12 m、高 10.5 m；泄洪闸右侧为梯形断面溢流坝，长 399 m，堰顶高程 145 m。河床式电站厂房在泄洪闸左侧，内装 2 台单机容量为 0.5 万 kW 的贯流式机组。110 kV 变电站设在左岸，220 kV 开关站设在右岸。二期工程由天津勘测设计院设计，武警部队水电第一总队施工，于 20 世纪 80 年代建成。

张河湾抽水蓄能电站：张河湾抽水蓄能电站位于河北省石家庄市井陉县测鱼镇附近的甘陶河上，距石家庄市直线距离 53 km，距井陉县城 45 km。蓄能水电站装机 4 台，总装机容量为 250 万 kW，年发电量 16.75 亿 kW·h，年抽水电量 22.04 亿 kW·h。蓄能电站接入冀南电网，在系统中担负调峰填谷、调频调相和紧急事故备用任务。张河湾抽水蓄能电站枢纽建筑物主要由上、下水库，输水系统，厂房及开关站等组成。上水库位于甘陶河左岸老爷庙山顶，通过开挖筑坝围库而成。上水库正常蓄水位 810 m，死水位 779 m，水库工作深度 31 m，总库容 785 万 m³，调节库容 720 万 m³。堆石坝采用库盆开挖的砂岩填筑，沥青混凝土面板全库盆防渗，坝顶高程 812 m。最大坝高 57 m，坝顶长 2 846.1 m，上游坡为 1∶1.752，下游坡为 1∶5。下水库为张河湾水库，坝址以上流域面积 1 834 km²，多年平均径流量 1.04 亿 m³。张河湾水库是蓄能发电与灌溉并重的综合利用水库，正常蓄水位 488 m，保证抽水蓄能电站发电水位为 471 m，死水位 364 m，总库容 8 330 万 m³（天然库容），为年调节水库。拦河大坝为浆砌石重力坝，最大坝高 77.35 m。由于甘陶河汛期含砂量较大，因此在下水库大坝上游 1.8 km 处建有拦砂坝，并利用拦砂坝上游右岸垭口扩挖成过流明渠，汛期直接将含砂水流从明渠引至大坝坝前，减轻蓄能电站进（出）水口的泥砂淤积和过机泥砂含量。输水系统采用 1 管－2 机布置方式，2 条管道平行布置，单管长 840 m。上、下进（出）水口均采用岸边侧式布置，高压管道采用竖井，钢板衬砌，主管直径 6.4 m，下平段 5.2 m，采用月牙肋岔管 "Y" 形对称分岔，岔管位于厂房前 42 m 处，支管内径为 3.6 m。主管和支管均采用钢板衬砌，钢衬厚度 16 mm～38 mm。下游输水隧洞为 1 机－1 洞布置，共 4 条洞，与厂房轴线夹角 83°，平行布置，洞径 5 m，输水系统中未设调压室。蓄能电站厂房布置在地下，采用尾部布置方案，距下水库约 160 m。主厂房洞室长 150.08 m、宽 23.4 m、高 48.3 m，机组间距 22 m。主变压器及开关洞室位于主厂房洞室下游，与主厂房洞室平行布置，间距为 43 m，洞室长 119.74 m、宽 17.8 m、高 27.8 m，上部为 GIS 开关站。主变压器及开关洞室通过 1 条交通洞和 4 条母线洞与主厂房联系。主厂房内安装 4 台单机容量为 25 万 kW 的竖轴单级混流可逆式水泵水轮机组，发电工况水头范围 342.56 m～280.48 m，抽水工况水头范围 351.14 m～294.85 m，水轮机转速 333.33 r/min，吸出高度为 －48 m，机组安装高程 418 m，在下水库正常蓄水位（488 m）以下 70 m。水泵工况机组启动以变频方式为主，"背靠背" 同步启动作为备用。地面出线场以 1 回 500 kV 级电压接至石家庄变电站。工程由北京勘测设计研究院设计，于 2008 年 12 月建成。

23.1.3　北京市及天津市已建抽水蓄能电站

北京市及天津市所建常规水电站规模都不大，属中小型水电站。为适应电力系统调峰、调频需要，分别建有规模大的抽水蓄能电站。

十三陵抽水蓄能电站： 十三陵抽水蓄能电站是一座混合式蓄能电站，地址位于北京市。电站担负电网调峰、调频任务，平均年发电量 12 亿 kW·h，平均年抽水耗电量 16.5 亿 kW·h，年发电利用时数 1 500 h，年抽水利用时数 2 020 h，电站综合效率 73%。装机 4 台，总装机容量 80 万 kW，多年平均发电量 10.8 亿 kW·h。十三陵抽水蓄能电站上水库位于十三陵水库左岸蟒山山岭后上寺沟沟头处，通过开挖与拦沟筑坝建成。水库正常蓄水位 560 m，死水位 528 m，总库容 380 万 m^3，有效库容 360 万 m^3。拦河大坝为沥青混凝土面板石渣坝，最大坝高 75 m，坝顶长 463.9 m。下水库是已建成的十三陵水库，控制流域面积 223 km^2，多年平均径流量 0.33 亿 m^3，正常蓄水位 102.8 m，死水位 85 m，总库容 400 万 m^3，有效库容 381 万 m^3。大坝为斜墙土坝，最大坝高 29 m，坝顶长 629 m，泄洪设施为岸边溢洪道（孔口宽 14 m、高 7.5 m，泄洪流量 1 091 m^3/s）。蓄能电站输水系统采用双线平行布置，2 条输水隧洞总长 2 347 m，洞径均为 5 m。厂房为地下厂房，靠近下水库布置。地下厂房洞室群包括主、副厂房，主变压器及开关站，母线廊道及出线洞等。厂房长 147 m、宽 25 m、高 48.5 m，安装 4 台单机容量为 18 万 kW 的可逆式机组，水轮机额定水头 430 m，单机过流量 54.21 m^3/s。工程由北京勘测设计研究院设计，于 1995 年建成投入运行。

桃花寺抽水蓄能电站： 桃花寺抽水蓄能电站位于天津市北部蓟县城东马坊村。20 世纪 90 年代末，天津电网负荷已达 450 万 kW，电源主要是火电，仅 0.5 万 kW 小水电装机，缺乏调峰电源。桃花寺抽水蓄能电站装机容量为 50 万 kW，在天津电力系统中担负调峰、填谷和调频任务。年发电量 8.67 亿 kW·h，年抽水电量 11.56 亿 kW·h，年发电利用时数 1 734 h，年抽水利用时数 2 312 h，合计 4 046 h。蓄能电站站址位于燕山山麓和华北平原的过渡地带，地震烈度为 7 度。桃花寺抽水蓄能电站枢纽建筑物主要由上、下水库，输水系统，厂房及开关站等组成。上水库集水面积 0.72 km^2，多年平均径流量 17.3 万 m^3，正常蓄水位 178 m，死水位 153 m，总库容 930 万 m^3，其中发电库容 685 万 m^3，死库容 127 万 m^3。挡水建筑物为主坝和 1 号、2 号副坝，均为钢筋混凝土面板堆石坝。主坝最大坝高 77 m，1 号、2 号副坝最大坝高 35 m、28 m，坝顶长 328 m、179 m。库岸和库底均采用钢筋混凝土护面防渗。下水库为现有的于桥水库。该水库是一座以防洪、供水、灌溉为主，结合发电的年调节水库，控制流域面积 2 060 km^2，多年平均径流量 5.06 亿 m^3，正常蓄水位 19.81 m，汛期限制水位 18.52 m，死水位 13.65 m，总库容 15.59 亿 m^3，其中防洪库容 12.62 亿 m^3，兴利库容 3.85 亿 m^3，死库容 0.36 亿 m^3。输水系统与厂房采用 1 洞－2 机的布置形式。输水系统：上水库进（出）水口设在右岸，为岸坡式，方形孔口，边长 7.2 m，底高程 140 m；压力管道全长 249.4 m，采用钢板衬砌，主管分为水平段、竖管段和弯管段，长 226.4 m，内径 7.2 m，分支管长 23 m，内径 5 m；下游隧洞主洞长 387.6 m，内径 7.2 m，支洞长 85 m，内径 5.2 m，均采用钢筋混凝土衬砌，2 台机组共用一个调压室，调压室为阻抗式、圆形断面，上、下断面直径分别为 40 m、18.2 m；下水库进（出）水口布置与上水库进（出）水口相同，底板高程 1.65 m，以 1:7 反坡与下游输水明渠相连，输水明渠为梯形断面，底高程 8 m，底宽 40 m，边坡 1:2，全长 604.8 m，浆砌石衬砌。主厂房为地下式，长

115 m、宽18.2 m、高40 m，机组安装高程为－21 m，安装4台单机容量为12.5万 kW的抽水蓄能机组，水轮机型号为 HLNNP－LJ－425，发电机型号为 SFD125－22/6－600，启动方式以变频启动为主，背靠背同步启动为辅。机组额定水头147 m，额定扬程155.8 m。安装间布置在交通洞一端，长23 m；副厂房在主机间一端，长6 m。主变压器开关洞室与主厂房平行，长80 m、宽15 m、高20 m，以220 kV等级电压接入天津电力系统。该工程由天津勘测设计院设计。

23.1.4　北京市及河北省已建部分中型水电站

北京市及河北省已建部分中型水电站的水库容积及主要指标见表23－1。

表23－1　北京市及河北省已建部分中型水电站水库容积及主要指标统计

电站名称	所在市、县及河流	水库容积 （亿 m³）	设计水头 （m）	装机容量 （万 kW）	保证出力 （万 kW）	年发电量 （亿 kW·h）
官厅	北京怀来、永定河	22.70	35.4	3.00	0.56	0.910
下马岭	北京、永定河	95.0	6.50	1.21	2.220
下苇甸	北京、永定河		45.3	3.00	0.88	1.200
密云	北京、潮白河	41.90	41.2	4.00	0.82	1.150
岗南	河北平山、滹沱河	15.71	47.0	4.26	0.47	0.850
岳城	河北磁县、漳河	10.90	28.5	3.40		0.526

23.2　山东省水能开发利用

23.2.1　山东省水能资源与河流水能利用规划

山东省位于黄河下游出海河段，东部山东半岛伸入渤海和黄海之间，水能资源较少，潮汐水能资源较为丰富。境内河流主要分属淮河、黄河、海河水系，其他河流有东南沿海诸河等。全省河川水能理论蕴藏量为73.76万 kW，规划修建水电站89座，总装机容量10.82万 kW，年发电量2.38亿 kW·h。其中包括：淮河水系水能理论蕴藏量为13.92万 kW，规划修建水电站42座，装机容量6.21万 kW，年发电量1.43亿 kW·h；黄河水系水能理论蕴藏量为54.37万 kW，规划修建水电站10座，装机容量0.88万 kW，年发电量0.199亿 kW·h；东南沿海诸河水能理论蕴藏量为5.47万 kW，规划修建水电站36座，装机容量3.66万 kW，年发电量0.742亿 kW·h。

23.2.2　山东省已建抽水蓄能电站

泰安抽水蓄能电站：泰安抽水蓄能电站位于山东省泰安市西郊泰山西南麓，距济南市70 km。泰安抽水蓄能电站装机容量100万 kW，建成后以2回220 kV出线接入山东电网，在电网中担负调峰、填谷，调频、调相及事故备用等任务。电站年发电量13.376亿 kW·h，综合效率为75%。泰安抽水蓄能电站枢纽建筑物由上、下水库，输水发电系统，厂房和变电站等组成。上水库位于泰山山脉西南麓的低山丘陵地带，控制流域面积1.43 km²，多年平均流量 0.01 m³/s。上水库枢纽由混凝土面板堆石坝、放空洞（兼泄洪洞）、库盆防渗工程组成。正常蓄水位 410 m，最大库容 1 043.1 万 m³，调节库容 890 万 m³。混凝土面板堆石坝，最大坝高 98.3 m，上、下游坝坡为 1：1.4，坝顶宽 10 m；放空洞位于左岸，长 505 m，断面宽 2.5 m、高 3.3 m；上水库采用复合土工膜和混凝土面板综合防渗。输水发电系统由上进（出）水口，上、下输水隧洞，下进（出）水口组成。上、下进（出）水口均采用岸边侧式塔式建筑，上、下进（出）水口底板高程分别为 370 m 和 138 m，并分别设有拦污栅（8－6.5 m×13.5 m）和事故、检修门（8－8 m×8.5 m）。上、下输水隧洞全长 1 923.4 m，采用 2 洞－4 机布置，上输水隧洞长 533.7 m，洞径分别为 7 m、8 m、8.5 m。高压岔管采用钢筋混凝土岔管，长 106.9 m，洞径分别为 5.2 m、8.5 m，下游调压室为阻抗式调压井，大井高 62.3 m，直径 17 m。厂房为地下式，主厂房洞室开挖尺寸为长 174.6 m、宽 24.5 m、高 51.3 m。发电机层高程 120.5 m。采用地面户内式开关站，主要场地长 70 m、宽 55 m、高 9.1 m。地下厂房内布置 4 台单机容量为 25 万 kW 的可逆式水泵－水轮机机组，额定水头 220 m，额定转速 300 r/min，吸出高程 －48 m，水泵最大扬程 260.6 m，最大抽水流量 86.5 m³/s。4 台三相强迫油循环水冷双绕组有载调压电力变压器，容量为 280 MVA。下水库原为具有多年调节性能的大河水库。改建后以发电为主，兼有防洪、灌溉和供水任务。水库正常蓄水位 165 m，最大库容 2 997.1 万 m³，调节库容 2030 万 m³。拦河大坝为均质土坝，最大坝高 22 m，坝长 713 m。工程于 2006 年投入运行。

23.3　江苏省水能开发利用

23.3.1　江苏省水能资源与河流水能利用规划

江苏地处长江、淮河下游，东滨黄海。境内河流分属长江、淮河。全省河川水能理论蕴藏量为 199.1 万 kW，总装机容量 13 万 kW，年发电量 3.9 亿 kW·h。其中，淮河流域装机容量 10.5 万 kW，年发电量 3.2 亿 kW·h；长江流域装机容量 2.5 万 kW，年发电量 0.7 亿 kW·h。

23.3.2　江苏省已建水电站

常规小水电站：江苏省河川水能资源不多，潮汐水能资源较为丰富。水电站的特点是水头低、流量大、装机规模小。已建水电站均属小水电站，稍大的小水电站有：朱码水电站（装机 5 台，总装机容量 2 800 kW），高良涧等 4 座小水电站（共装机 35 台，总装机容量 6 720 kW），利用已建水闸建成小水电站 8 座（总装机容量 1 765 kW）。

沙河抽水蓄能电站：沙河抽水蓄能电站位于江苏省溧阳市天目湖镇境内，装机容量 10 万 kW，按日调节运行，承担常州、溧阳地区调峰、填谷任务。年发电量 1.82 亿 kW·h，年抽水电量 2.44 亿 kW·h。沙河抽水蓄能电站枢纽建筑物由上水库、输水系统、尾水渠、厂房和变电站建筑物组成。上水库位于沙河水库东侧龙峁沟源荒田冲处，由主坝、东副坝和库周山岭围成。上水库集水面积 0.145 km²，正常蓄水位 136 m，正常发电消落水位 120 m，死水位 116 m。总库容 244.97 万 m³，其中有效库容 230.2 万 m³。主坝和东副坝均为混凝土面板堆石坝，最大坝高分别为 47 m 和 30 m，坝顶长度分别为 528.71 m 和 234.1 m。输水系统沿竹山和龙兴亭山脊由东向西布置，由上进（出）水口、引水隧洞上平段、上游事故检修闸门井、竖井、引水隧洞下平段、尾水隧洞、下游事故检修闸门井、下进（出）水口等组成。

上、下进（出）水口均采用侧式布置。上游输水系统采用一洞两机联合供水方式，输水隧洞长 574.11 m，内径 6.5 m，采用钢筋混凝土衬砌。下平段靠厂房竖井上游钢衬，主管长 56.78 m，内径 5 m，用"Y"形内加强月牙肋管对称分岔为 2 条内径 2.8 m～3.4 m 的支管，每条长 24.22 m～27.81 m。尾水隧洞采用 1 机－1 洞布置，钢筋混凝土衬砌，内径 4.8 m。引水道和尾水道均不设调压室。尾水渠是连接下水库的通道，长 459 m，梯形断面，底宽 50 m、深 12.5 m，边坡 1∶2，浆砌块石保护。下水库为已运行 30 年的大（2）型沙河水库。电站运行最大水头 121 m。厂房位于龙兴亭山坡西侧，采用一井两机的竖井半地下式布置。厂房竖井内径 29 m，井周采用 1 m 厚的混凝土衬砌，井深 42.3 m。井筒内安装 2 台 5 万 kW 的可逆式水泵水轮机和发电电动机组，分发电电动机层、中间层、水泵水轮机层，下游侧的副厂房有 7 层。地面主厂房长 51 m、宽 23.4 m、高 21.3 m，安装 1 台 125/50 t 的桥机。下游侧的地面副厂房共 4 层，长 51 m、宽 10.1 m、高 18 m，中控室设在顶层。工程由上海勘测设计研究院设计，于 2001 年 4 月投入运行。

23.4 台湾省水能开发利用

23.4.1 台湾省水能资源与河流利用规划

台湾省有大小河流 151 条，河流均较短，最长的仅 186 km，流域面积最大的为 3 257 km²。日月潭是台湾省最大的天然湖泊（面积 5.5 km²）。水能资源较丰富的河流有大甲溪、浊水河、淡水河等 30 条。根据台湾省 1995 年水力资源普查成果，水能理论蕴藏量为 1 173.63 万 kW，技术可开发装机容量 504.8 万 kW，年发电量 201.5 亿 kW·h，经济可开发装机容量 383.5 万 kW，年发电量为 138.3 亿 kW·h。台湾省河流水能资源及其规划成果见表 23－2。

表 23－2　台湾省河流水能资源及其规划成果统计

区域	水能理论蕴藏量（万 kW）	规划电站座数（座）	开发方式			装机容量（万 kW）	年发电量（亿 kW·h）
			坝式座	引水式座	径流式座		
北部	183.97	15	14	1	0	35.00	15.735
中部	384.92	23	6	13	4	47.08	22.555
南部	238.56	10	6	2	2	38.09	17.101
东部	366.18	26	0	15	11	95.90	45.546

除常规水电站和抽水蓄能电站外，台湾省可建抽水蓄能电站总装机容量 1043 万 kW。

23.4.2 台湾省电力建设概况

台湾省的电力建设始于 1888 年，到 1945 年日本投降时全台湾省电力总装机容量只有 32 万 kW。当时水电占 80％左右，到 1953 年水电装机容量仍占总电力装机容量的 85％左右。后来随着工农业的发展，火电、气电、核电得到大力发展，能源结构有了很大变化。到 1968 年，水电装机容量 159.28 万 kW（占可开发水能资源的 31.55％），仅占电力总装机容量的 7.1％。随着火电、气电、核电的发展，系统调峰能力缺乏，20 世纪 70 年代后期开始修建抽水蓄能电站。1992 年台湾省水电装机容量 257.7 万 kW（开发利用程度为 52.2％），

年发电量 83.26 亿 kW·h，分别占全省电力装机总容量（1 924.7 万 kW）和年总发电量
（938.85 亿 kW·h）的 13.38% 和 8.87%。火电和核电装机容量分别为 1 152.6 万 kW 和
514.4 万 kW，分别占总装机容量的 59.89% 和 26.73%。火电和核电的年发电量分别为
530.88 亿 kW·h 和 324.71 亿 kW·h，分别占总发电量的 56.55% 和 34.58%。截至 1997
年年底，抽水蓄能电站总装机容量已达到 260.2 万 kW，约占电力总装机容量的 10%。常规
水电站装机容量仅占电力总装机容量的 6.6%，抽水蓄能电站装机容量已超过常规水电站装
机容量。根据 1985 年统计，台湾省已建成大小水电站 41 座，总装机容量为 159.28 万 kW。
已建水电站中，专为发电的仅 4 座，其他是以灌溉、供水、发电等为目标的综合利用水利工
程。已建部分坝高 80 m 以上坝式水电站见表 23－3，已建部分引水式水电站见表 23－4。

表 23－3　台湾省已建部分坝高 80 m 以上坝式水电站统计

电站名称	所在河流	开发目标	装机容量（万 kW）	水库		大坝	
				总库容（亿 m³）	有效库容（亿 m³）	坝型	最大坝高（m）
德基	大甲溪	灌溉、发电、防洪	23.4	2.47	1.75	混凝土拱坝	180.0
石门	淡水河	防洪、供水、发电	9.0	3.16	2.51	土石坝	133.0
曾文	曾文溪	灌溉、发电、供水	5.0	7.08	5.99	土石坝	133.0
翡翠	淡水河	供水、发电	7.0	4.06	3.59	混凝土拱坝	122.5
雾社	浊水河	发电	2.1	1.50	1.27	拱形重力坝	114.0
鲤鱼潭	大安溪	供水、灌溉、发电	2.5	1.26	1.23	土石坝	96.0
南化	后库溪	供水、灌溉、发电		1.58	1.50	土石坝	87.5
谷关	大甲溪	发电	18.0	0.17	0.09	混凝土拱坝	85.0
荣华	淡水河	发电、拦砂	4.0	0.12	0.08	混凝土拱坝	82.0

表 23－4　台湾省已建部分引水式水电站统计

电站名称	所在市（县）及河流	装机容量（万 kW）	电站名称	所在市（县）及河流	装机容量（万 kW）
德基	台中、大甲溪	23.40	马来	台北、淡水河	2.25
青山	台中、大甲溪	36.00	荣华坝	台北、淡水河	4.00
谷关	台中、大甲溪	18.00	翡翠	台北、淡水河	7.00
天轮	台中、大甲溪	10.60	雾水	花莲、立雾溪	3.20
新天轮	台中、大甲溪	10.55	溪畔	花莲、立雾溪	16.00
日月潭一级	南投、浊水溪	10.00	日月潭二级	南投、浊水溪	4.35

第 24 章 潮汐电站

24.1 潮汐现象及其变化规律

沿海地区海水一般每天有两次涨落，我国古代称日间的海水涨落为潮，夜间的海水涨落为汐，故海水涨落这种自然现象称为"潮汐"。潮汐现象的产生是由于月球离地球较近，它对海水分子的吸引力为地球的 2.2 倍所致。因此，由于天体引潮力所产生潮汐水位涨落日周期变化主要服从太阴日规律，一般情况潮位在一个太阴日内有两个涨落周期，每个周期历时 12 h 25 min。我国沿海地区的海水波动由潮汐和潮流两部分组成，由于沿海各地受潮流影响不同，各地潮汐水位变化有很大差异，呈现出不同的潮汐变化规律。

太阳、地球和月球都在不断运转，这三个天体的相对位置逐日变动的，因此潮汐水位的大小也是逐日变动的。反映潮汐变化规律的潮差（一个涨落周期内高潮和低潮水位高度差），在一个太阴月内（约 29 日半），一月有两次大潮，发生在阴历初一（朔）后 2~3 日和阴历十五（望）后 2~3 日。另有两次小潮，发生在阴历初八（上弦）后 2~3 日和二十二（下弦）后 2~3 日。一年内农历春分和秋分，月球离地球最近，潮差为一年中最大。其他各太阴月内，逐日潮差大小分布，差别不大。潮汐按变化规律可分为以下四种类型。

（1）正规半日潮

正规半日潮是指在一个太阴日内，有两次高潮和低潮，且相邻高潮和相邻低潮的潮水位几乎相等。

（2）不正规半日潮

不正规半日潮是指在一个太阴日内，也有两次高潮和低潮，但相邻低潮的潮水位不相等。

（3）正规日潮

正规日潮是指在半个月中有连续半数以上的天数，在太阴日中只有一次高潮和低潮，而在其余日期则一天内有两次高潮和低潮。

（4）不正规日潮

不正规日潮是指有时可出现一天只有一次高潮和一次低潮的日潮现象，但在半个月中日潮的天数不超过 7 天，其余天数则为不正规半日潮。

24.2 我国沿海潮差与潮汐资源

24.2.1 我国沿海潮汐类型及平均潮差

我国沿海潮汐分布是渤海沿岸多属不正规半日潮；黄海、东海沿岸多属正规半日潮；南海沿岸较复杂，多属正规日潮、不正规日潮和不正规半日潮。我国沿海各海域最大潮差见表

24—1。

表 24—1　我国沿海各海域最大潮差统计

地名	最大潮差（m）	地名	最大潮差（m）	地名	最大潮差（m）	地名	最大潮差（m）
大连	2.07	烟台	1.96	厦门	7.23	汕头	4.08
营口	5.40	青岛	5.25	基隆	1.16	广州	3.06
葫芦岛	4.60	连云港	6.44	淡水	3.38	湛江	5.30
秦皇岛	1.96	高桥	7.49	新港	3.04	海口	3.51
塘沽	5.29	澉浦	9.86	东港	1.38	流沙	5.20
龙口	2.22	温州	6.17	台东	1.82	北海	6.99

24.2.2　我国潮汐资源及其分布

我国大陆海岸线，北起辽宁省鸭绿江口，南到广西壮族自治区北仑河口，总长 18 000 km。据 1981 年普查统计，装机规模在 500 kW 以上的海湾 156 个、河口 33 个，可能开发潮汐资源的装机容量共 2 098 万 kW，年发电量 580 亿 kW·h。我国潮汐资源的特点是，海岸线由厚而松散的砂质或淤泥组成，岸线平直，地形平坦，缺乏良好的发电港湾坝址；杭州湾以南，主要为海湾型海岸，多出露岩礁，岸线曲折，地形陡峻，有优越的发电港湾坝址。我国潮汐资源在沿海各省（市）的分布见表 24—2。

表 24—2　我国潮汐资源统计

序号	省（市）	海湾或河口水库面积（km²）	平均潮差（m）	装机容量（万 kW）	年发电量（亿 kW·h）	占总量比例（%）
1	辽宁	393.4	2.57	58.70	16.100	2.78
2	河北、天津	19.4	1.01	0.46	0.090	0.02
3	山东	119.4	2.36	13.98	2.920	0.50
4	江苏			0.08	0.004	
5	上海	483.0	3.04	70.40	22.800	3.93
6	浙江	2 584.3	4.29	825.00	227.000	39.15
7	福建	2 859.4	4.20	1 033.27	284.400	49.00
8	广东	1 249.5	1.38	69.30	18.370	3.17
9	广西	645.5	2.46	26.98	8.070	1.39
	合计	8 353.9	21.31	2 098.17	579.754	100.00

注：未计入海南省和台湾省。

24.3　潮汐电站运行方式与枢纽布置

24.3.1　潮汐发电原理

潮汐发电是在河口或港湾建设潮汐电站，利用涨落潮的水位差发电。为了发电需在河口或港湾修建海堤将外海和河道或港湾隔开，并在海堤上布置潮汐电站和潮汐电站两侧的水闸供充水和泄水之用。海堤所隔开的河道或港湾称为内库。水闸具有双向流动的功能，即海水既可由外海流入内库，也可由内库泄入外海。单向发电的潮汐电站是涨潮时打开水闸闸门向内库充水；退潮时将水闸闸门关闭，水经潮汐电站由内库流入外海，利用内库与外海水位差形成的水头发电。单向发电潮汐电站在一个潮汐周期（即一次涨落潮过程）仅发一次电。单向发电是潮汐电站早期运行方式，一天发电一次或两次，视潮汐类型而定，潮汐电站发电是不连续的。

24.3.2　潮汐电站运行方式

潮汐电站发电运行方式由 4 个运行参数组合确定，即发电开始时间、发电停止时间、闸门启闭使内库充水时间和闸门启闭使内库排水时间。潮汐电站枢纽布置和机组形式与这些参数有关，潮汐电站的出力和发电量也由这些参数确定。

24.3.3　潮汐电站枢纽布置

（1）单库潮汐电站枢纽布置

单库潮汐电站只有一个内水库，枢纽建筑物由堤坝、潮汐电站和水闸组成。单库潮汐电站的枢纽布置又可分为单库单向发电和单库双向发电两种布置形式。

单库单向发电：单库单向发电是最早的潮汐电站布置形式。枢纽布置简单，用海堤和布置在堤上的电站及电站两侧的水闸将外海和内库分开。涨潮时开启水闸闸门通过水闸向内库充水；退潮时水由内库经潮汐电站流向外海发电，一个涨落潮周期只能发电一次。

单库双向发电：早期修建的潮汐电站，为了使涨潮和落潮都能发电，改变其枢纽布置，将枢纽布置成"工"字形，增加一个海堤，两个海堤平行布置，每个海堤两侧各设一个水闸，通过对闸门的控制，始终保持水流从一个方向进入潮汐电站，就能实现单库双向发电。涨潮和落潮都发电的单库潮汐电站的双向发电运行组合与闸门操作如图 24-1 所示。

单库双向发电潮汐电站的运行组合与闸门操作如下：

$t_1 \sim t_2$：关闸蓄水等待时间，即等待外潮与水库水位差达到发电水头的时间。

$t_2 \sim t_3$：涨潮反向发电时间，外潮水位与水库水位差满足发电水头要求，进行发电。

$t_3 \sim t_4$：开闸充水时间。

$t_4 \sim t_5$：等待外潮水位降落，形成落潮正向发电水头时间。

$t_5 \sim t_6$：落潮正向发电时间。

$t_6 \sim t_7$：开闸排水时间，开闸排水等待第二次涨潮形成发电水头。

单库双向发电不仅可通过潮汐电站枢纽布置来实现，也可利用装设可逆式蓄能机组来实现。采取增加一道闸坝的枢纽布置，虽然可实现涨潮、落潮都能发电，但大大增加了潮汐电站的工程投资。随着科学进步，可逆式水轮发电机组研制成功，装设可逆式蓄能机组的潮汐电站，只要调整桨叶的角度，单库一道闸坝布置的枢纽同样能实现涨潮和落潮都能发电。虽

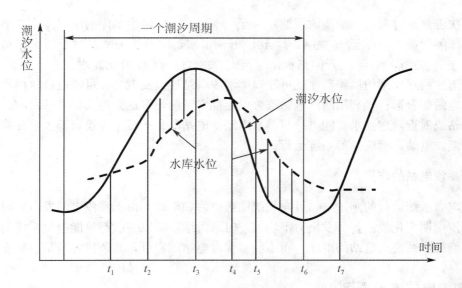

图 24-1　单库双向发电的运行组合与闸门操作

然可逆式机组投资要增加，但工程土建投资大大减少，因此，现代化建设的潮汐电站已普遍采用可逆式机组。

（2）双库潮汐电站枢纽布置

单库双向发电虽然涨落潮都可发电，增加了潮汐电站发电量，但由于潮汐发电要求要有一定的水头，在一次潮汐过程中只能是间断式地发电，不能适应用户的用电需求。

为实现潮汐电站连续供电，需设置两个相邻水库，即将内库分隔成两个水库。通过水闸闸门的操作，使一个水库经常处于高水位状态，另一个水库则经常处于低水位状态。外海潮水只能流入高水位水库，经过水轮机发电后的水只能流入低水位水库经低水位水库泄入外海。双库潮汐电站的连续发电运行组合和闸门操作如图 24-2 所示。

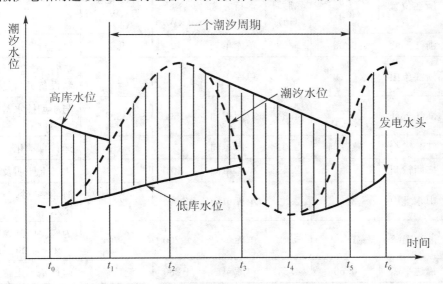

图 24-2　双库连续发电的运行组合与闸门操作

在一次涨落潮过程（一个潮汐周期）t_0 至 t_4 或 t_1 至 t_5 两个水库的闸门操作如下：对于低水位水库闸门操作，t_0 至 t_3 关闸，t_3 至 t_4 开闸泄水，t_4 开始关闸；对于高水位水库闸门操作，t_0 至 t_1 关闸，t_1 至 t_2 开闸充水，t_2 至 t_5 关闸，t_5 至 t_6 开闸充水。

重复上述两水库闸门操作程序就可使双库潮汐电站连续发电。也可就近修建抽水蓄能电站与潮汐电站配合运行，利用潮汐电站部分电能抽水蓄能，来达到连续供电的目的。修建双库潮汐电站或就近修建抽水蓄能电站与单水库潮汐电站配合运行工程投资都大。凡能参加系统运行的潮汐电站，都应参加系统运行。

24.3.4 潮汐电站的作用

参加电力系统运行的潮汐电站可向系统输送电力和电能。由于潮汐电站发电的时间和水头服从潮汐周期变化规律，所发出力不均匀，时断时续，所以一般都只能担负系统的基荷或腰荷，只能替代系统火电站的电能，而不能替代火电站的容量，其装机容量是重复容量。

24.4 潮汐电站建设概况

24.4.1 我国潮汐电站建设概况

1958 年我国召开了首次潮汐发电会议。在会议的推动下，20 世纪 50 年代末期我国建造了 40 余座装机容量为几千瓦至几十千瓦的潮汐电站。后由于设备损坏，泥砂淤积严重或与排灌、通航矛盾等原因多数被废弃，少数通过不断维修坚持到 90 年代初期。在 20 世纪 70 年代后期至 80 年代，我国又建成了 8 座装机容量 100 kW 和 1 000 kW 级较正规的潮汐电站。现存和经过长期运行的潮汐电站有 8 座，其基本情况见表 24-3。

表 24-3 我国已建潮汐电站统计

电站名称	所在位置	水库面积（km²）	平均潮差（m）	运行方式	装机容量（kW）	年发电量（万 kW·h）	说 明
沙山	浙江温岭	0.05	5.08	单库单向	40	9.3	已运行 30 年
岳浦	浙江象山	0.19	3.60	单库单向	300	16	运行 30 年后停产，更新设备又恢复
海山	浙江玉环	上 0.25 下 0.03	4.31	双库单向	150	33.4	与小型抽水蓄能电站联合运行
浏河	江苏太仓	感潮河	2.07	单库单向	150	15	运行自动化，无人值班
果子山	广西钦州		2.49	单库单向	40	2	供岛上照明及农业加工
白沙河	山东乳山	3.20	2.36	单库单向	960	231	海浪挟砂，经常阻塞尾水
江厦	浙江温岭	1.40	5.08	单库单向	3 200	570	为实验电站，规模居国内第一、世界第三
幸福洋	福建平潭	0.66	4.54	单库单向	1 280	315	运行基本正常

注：统计时间为 20 世纪 90 年代末。

24.4.2 江厦潮汐电站

江厦潮汐电站位于浙江省清乐湾江厦港口，是一座潮汐电站的实验电站，也是我国最大的潮汐电站，电站装机容量居世界第三，总共装机 6 台（已装 5 台，预留 1 台作新机型实验），总装机容量为 3 200 kW，5 台机年最高发电量 646 万 kW·h，年最低发电量 504 万 kW·h，多年平均发电量 570 万 kW·h。江厦潮汐电站建成初期，仅向地方电网供电，后联入大电网，其不连续、不均匀的电量均可由大、小电网吸收。江厦港为一狭长形浅水港湾，长约 9 km，坝址处宽约 680 m，最大潮差 8.39 m，平均潮差 5.08 m，潮型属正规半日潮。坝址以上集水面积 29 km²，其中高潮位时海湾水面积为 5.3 km²。海湾两侧海涂十分发育，中、低潮位时出露面积约达 4 km²，约占高潮水面积的 70%，呈阶地状。20 世纪 70 年代初，地方上为围垦海涂先已在江厦坝址着手建坝，其后由水电部接收，利用此海湾建设潮汐发电试验电站，但仍能满足地方上围涂造田的要求。因此，江厦潮汐试验电站水库的设计水位大体上按海涂表面平均高程确定，并在水库周边海涂上修建矮堤，以求在满足造田需要的同时获得较多的电能。在此条件下，电站涨潮落差与落潮落差较为接近，因此，电站采取涨、落潮双向发电的运行方式。水库利用海湾面积 1.4 km²，电站采用 6 台双向贯流灯泡式水轮发电机组，可有正、反双向发电和正、反双向空载泄水四种运行工况。为了进行试验研究，对于各机组赋予了不同特性参数，诸如不同单机容量、叶型、传动方式、额定水头、额定转速等。第 1 台机组于 1980 年投产，第 5 台机组于 1985 年投产。江厦潮汐电站大坝为黏土心墙堆石坝，全长 670 m，最大坝高 15.5 m，基础为厚达 46 m 的海相沉积淤泥质黏土层，其承载力小于 10³N，且坝体交替承受海侧和库侧水压，两侧水位每日各有两次大起大落。根据大坝稳定的需要，海侧坝面平均坡度为 1∶5.75，库侧坝面平均坡度为 1∶5.0，坝顶宽 5.5 m，最大底宽 172 m。大坝施工时采取先在左岸坝肩基岩上修建电站泄水闸，借以平衡海、库两侧水位以利于施工合龙；施工方法上，在坝基上先抛石形成对海底黏土层的镇压层，然后逐步分层抛筑库、海两侧的堆石坝体和中间的黏土心墙，避免因坝体一次加高过快引起坝基整体滑动。堆筑面在平均潮位以下时采用平堵法，堆石体超过平均高潮位后改用立堵法自两岸向中间进占。大坝 1975 年建成，其后几年有不同程度的沉降，至 1982 年已基本稳定，累计沉降量一般为 60 cm。泄水闸为平底胸墙孔口式，闸门双向挡水，共 5 孔，每孔净宽 3 m。泄水闸对电站发电量有重要影响。电厂位于泄水闸与左岸山丘之间，建在良好的凝灰岩基础上，亦为双向挡水建筑物，全长 56.9 m、宽 25 m、高 25.2 m，机组中心线间距 7.5 m，厂房两侧均为人工开挖明渠，分别与水库和海湾相连。电站投产 17 年的运行情况表明，库内泥砂淤积变化不明显，不会威胁电站长期运行。至 1985 年第 5 台机组投产时，电站累计总投资 1 100 万元，早已收回。江厦潮汐试验电站的机组为双向灯泡贯流式，涨潮和退潮都可以发电。为取得更多的电量，要求在海、库两侧水位接近时，利用水轮机正、反向泄水，迅速将水库泄平。因此，机组具有四种运行功能，即正、反向发电和正、反向泄水。江厦潮汐试验电站机组的主体部件由水轮机、发电机、增速行星齿轮及交流励磁机四部分组成。江厦潮汐试验电站的设计、施工和设备的研制均由我国自行完成。江厦潮汐试验电站的机组运行特性见表 24—4。

表 24—4 江厦潮汐试验电站机组运行特性

机组编号	水轮机				发电机		
	额定容量 （kW）	额定水头 （m）	额定转速 （r/min）	最高效率 （%）	额定容量 （kW）	功率因数	额定转速 （r/min）
NO. 1			118	正向 84.8 反向 77.0	500	0.90	500
NO. 2	正向 659 反向 600	正向 545 反向 545	正向 2.5 反向 3.4	正向 84.8 反向 77.0	600	0.90	500
NO. 3～5	正向 773 反向 617	正向 3.0 反向 3.4	125	正向 83.6 反向 69.5	700	0.93	125

注：以水流自水库入海为正向，反之为反向，转轮直径均为 2.5 m。

24.4.3　国外已建最大潮汐电站

19 世纪 60 年代法国建成投产的郎斯潮汐电站（位于英吉利海峡西北的圣马洛湾内郎斯河口，装机容量 24 万 kW）是世界上已建最大的潮汐电站。水库最大面积 22 km²，水位为 13.5 m 时，库容为 1.84 亿 m³。该潮汐电站枢纽横跨河口建坝，堤坝全长 750 m，从左至右分别布置通航船闸、发电厂房、非溢流坝段及泄水闸，变电站布置在左岸高地。左岸通航船闸长 65 m、宽 13 m；右岸泄水闸长 115 m，装有 6 扇闸门，闸门宽 15 m、高 10 m；非溢流坝段长约 163 m；厂房坝段长 309 m，坝型为空腹混凝土坝，坝段内布置发电厂房。厂房长 309 m、宽 53 m，内装 24 台单机容量为 1.0 万 kW 的卧轴布置的灯泡式可逆水轮发电机组（可逆式水轮机和发电机均布置在灯泡形外壳内）。该机组除能发电和作为水泵抽水外，当机组停止运行时，能将导叶和水轮机轮叶全部开启，正向或反向大量泄水。

第 25 章　抽水蓄能电站

25.1　抽水蓄能电站在电力系统中的作用

25.1.1　抽水蓄能电站概述

抽水蓄能电站是一种特殊形式的水电站，具有发电和抽水的双重功能。抽水蓄能电站最早起源于欧洲。欧洲一些多山的国家，利用工业多余电能把汛期的河水抽到山上的水库储存起来，到枯水季节再用来发电。从那时算起，抽水蓄能电站已有近百年历史。早期的抽水蓄能电站是以蓄能为目的的季节性蓄能电站，是在水电站上装设发电和抽水两种机组，即"四机式抽水蓄能电站"。后来出现了将水泵和水轮机与一台兼作电动机和发电机的电机连接在一起形成组合式机组，即"三机式抽水蓄能电站"。到 20 世纪 50 年代，世界上已有 50 座抽水蓄能电站运行，其中多数使用组合式机组，个别机组至今还在运行。具有现代意义的抽水蓄能电站，则是 50 年代后期出现的装设水泵、水轮机合为一体的"可逆式机组"的抽水蓄能电站，即"二机式抽水蓄能电站"。20 世纪 50 年代以来，工业发达国家电力系统不断扩大，负荷迅速增加，系统电力负荷的峰谷差不断增加，为了满足电力系统调峰的需要，遂出现了以电网调节为主要作用的纯水蓄能电站，并且机组形式发展成为两机式可逆式机组。现代所建水头在 600 m 以下的大型抽水蓄能电站，几乎全部采用"可逆式机组"（机组既可发电又可抽水）。安装"可逆式机组"的抽水蓄能电站，不仅电站枢纽布置简单，综合效率也大大提高，运行也十分灵活，其灵活性已超过常规的水力发电机组。

25.1.2　抽水蓄能电站在电力系统中的作用

抽水蓄能电站在电力系统中的作用可归结为：调峰、调频、调相和事故备用。

填谷调峰：夜间系统负荷低的时候，利用系统多余电能抽水蓄能，使火电站在热效率高的情况下运行，利用蓄能机组运行灵活的特点，担负系统变化较急剧的最尖峰部分负荷。

担负系统调频、调相任务：单机容量 30 万 kW、工作水头 530 m 的蓄能机组，从开始担任负荷到满负荷运行仅需 11 s 时间（一般蓄能机组需 1 min～2 min），利用蓄能机组运行灵活的特点，作为调频电站来调整系统频率。靠近负荷中心的蓄能电站和水电站一样，可多带无功，对系统起调相作用。

担负系统事故备用：当库容较大时，抽水蓄能电站也可担负系统的事故备用任务。

25.2 抽水蓄能电站类型与机组形式

25.2.1 抽水蓄能电站类型

（1）纯抽水蓄能电站

纯抽水蓄能电站是指蓄能电站厂房内全部安装纯抽水蓄能机组的抽水蓄能电站，发电用的水量全部或主要是利用电力系统在夜间低谷时的剩余电能抽蓄的水量。常见的布置形式有：下库利用河流上已建水库或用低坝建一个小水库，在下库附近合适的高地上修建上库，在两库之间布置输水管道和厂房。上、下水库水面高差越大越有利，通常在 200 m 以上。如有合适地形条件，也可利用天然湖泊作为上库或下库；另一种布置是利用已开发河流相邻梯级的水库作为上下水库。

（2）混合式抽水蓄能电站

混合式抽水蓄能电站是指电站厂房内同时装有常规机组和可逆式蓄能机组的抽水蓄能电站。这种抽水蓄能电站的上下水库都是现成的。我国已建的密云、潘家口电站都是混合式抽水蓄能电站。目前国外有很多水电站将一部分常规水力发电机组改装为可逆式抽水蓄能机组。为防止叶轮气蚀，可逆式抽水蓄能机组要求较大的淹没深度，下库则需改建或另建。

25.2.2 抽水蓄能电站机组形式

抽水蓄能电站机组有如下三种形式：

（1）四机式

最早修建的抽水蓄能电站，厂房内安装发电和抽水两套机组，水轮机和发电机组成的常规水力发电机组用于发电，水泵和电机组成的机组用于抽水，这种形式的机组称为四机式。

（2）三机式

1927 年以后修建的抽水蓄能电站，将发电机（发电机兼作电动机）、水轮机和水泵连接在一个直轴上，只安三种机器，故称三机式（或"直连式机组"）。在水轮机与水泵间的直轴上设有联轴器。水泵布置在水轮机下面增加淹没深度以防止泵轮产生气蚀。发电时连接断开，由水轮机驱动发电机发电；抽水时接上联轴器，发电机作为电动机从系统中吸收电能驱动水泵抽水。为了减少抽水时的能耗，抽水时用压缩空气将尾水管的水位压低使水轮机在空气中旋转。

（3）二机式

二机式则是在抽水蓄能电站厂房内仅装一套可逆式机组，即将兼作电动机用的发电机和兼作水泵用的水轮机装在一个立轴上，由一套机组来完成发电和抽水。可逆式抽水蓄能机组与常规水电站机组相似，目前还只能用于 600 m 以下水头的蓄能电站。

25.3 抽水蓄能电站枢纽及其建筑物

25.3.1 抽水蓄能电站枢纽

抽水蓄能电站枢纽由上水库（或称为上水池）、下水库（或称为下水池）、输水管道系统及厂房和开关站等组成。蓄能电站仅进行日或周调节，所需调节库容不大，有条件时可利用已建水利工程水库兼作上水库或下水库，从而减少抽水蓄能电站的工程量；也有抽水蓄能电站不设下水库的，如西藏羊湖抽水蓄能电站从水量充足的萨河抽水，没有设下水库。

25.3.2　抽水蓄能电站枢纽建筑物

（1）上下水库（水池）

抽水蓄能电站为了蓄能需要上、下水库。有条件时，可利用已建水利水电工程的水库或天然湖泊作为上水库或下水库，以节省工程投资。需单独修建上、下水库时，上水库或下水库必须有水源保证。为了工程的安全，在上、下水库需设置泄水建筑物。上、下水库的坝和泄水建筑物与常规水电站的坝和泄水建筑物没有什么差别。

（2）输水系统及其水工建筑物

抽水蓄能电站输水系统的建筑物由上进（出）水口、上输水隧洞、上输水管道、下输水管道、下输水隧洞和下进（出）水口等组成。当上、下输水隧洞及管道较长时，在上、下输水管道中还需设置调压室。抽水蓄能电站输水系统的水工建筑物隧洞和压力钢管与常规水电站类同，与常规水电站的不同之处是抽水蓄能电站的输水建筑物具有双相流动的特点。抽水蓄能电站发电进水口也是抽水时的出水口；发电尾水出口也是抽水时的进口。发电和抽水的流量是不相同的，输水系统设计上要同时满足发电和抽水两种工况运行要求。

抽水蓄能电站的输水系统建筑物布置及结构形式与蓄能电站机组形式有关。早期修建的四机式蓄能电站，抽水和发电是由单独的系统完成，抽水蓄能电站则是水电站与水泵组合而成。三机式抽水蓄能电站厂房安装水泵、水轮机和发电－电动机。这种蓄能电站的上、下输水道的管道发电与抽水是分开的，其他部分则发电与抽水是共用的。现代抽水蓄能电站厂房安装可逆式机组，发电与抽水完全结合，只不过输水系统中的水流具有双向流动特点。

（3）蓄能电站厂房

蓄能电站厂房包括主厂房和副厂房，厂房安装蓄能机组与辅助设备及其控制设备。厂房布置与结构形式与常规水电站厂房类似。蓄能电站为缩短输水管道长度，通常将主厂房布置在地下，也有将主厂房布置在地下，而将副厂房布置在地上的。为了防止水泵工况发生气蚀，机组安装高程较低，这也是抽水蓄能电站厂房选择布置在地下的主要原因之一。

25.4　抽水蓄能电站建设概况

25.4.1　国外抽水蓄能电站发展概况

世界上最早修建的抽水蓄能电站是 1882 年在瑞士苏黎世建造的抽水蓄能电站，抽水扬程 153 m，功率仅 515 kW。到 1930 年这种电站已建造 42 座，主要在瑞士和德国境内，其中抽水扬程在 300 m 以上的占到 25%。当时修建的目的是在汛期将多余水量从河流或下水库抽到位置高的水库中，供枯水期发电用。抽水蓄能电站在世界上发展很快，适应火电比重大的电力系统，特别是含有核电站的电力系统调峰和调频需要修建一批抽水蓄能电站。据英国《水力发电与大坝建设》杂志统计，截至 1991 年，世界上 40 个国家和地区已建成投入运行的抽水蓄能电站总装机容量为 8 356 万 kW；在建抽水蓄能电站 42 座，总装机容量为 2 485.7 万 kW。这些国家和地区抽水蓄能电站装机已占系统相当比重，名列前面的是美、日、意、法、德等国（日本的抽水蓄能电站主要是由现有水电站改造和扩建而成），其装机容量平均占系统最大负荷的 7%。

25.4.2　我国抽水蓄能电站建设概况

我国抽水蓄能电站建设主要集中在北京、广州和华东地区。我国最早修建的抽水蓄能电站是在密云和岗南水库上各 2 台单机容量为 1.1 万 kW 的蓄能机组。华北地区已建的大型抽水蓄能电站有十三陵（80 万 kW）。截至 2000 年，华北电网抽水蓄能电站所占比重为 9.2%（其中京、津、唐电网所占比重均为 11.25%）。广州首先修建广州抽水蓄能电站一期工程（120 万 kW），1994 年全部投产时，占广东省最大负荷的 10% 左右。1999 年建成广州抽水蓄能电站二期工程（120 万 kW），使广州抽水蓄能电站总装机容量达到 240 万 kW，成为世界上最大的抽水蓄能电站。华东地区已建多处抽水蓄能电站，其中规模最大的是 1998 年建成的天荒坪抽水蓄能电站（180 万 kW）。其他几处规模大的抽水蓄能电站有浙江省境内的桐柏抽水蓄能电站（120 万 kW）、江苏省境内的宜兴抽水蓄能电站（100 万 kW）、安徽省境内的响水涧抽水蓄能电站（100 万 kW）等。其他省已建规模较大的抽水蓄能电站有河南省境内的宝泉抽水蓄能电站（120 万 kW）、山东省境内的泰安抽水蓄能电站（100 万 kW）、吉林省境内的白山抽水蓄能电站（30 万 kW）等。除此之外，我国台湾省已建明湖抽水蓄能电站（100 万 kW），1985 年建成投产时，其装机容量占系统最大负荷的 8.1%；明潭抽水蓄能电站 1994 年投产后，其比重上升到 14%。我国大陆抽水蓄能电站装机容量占电力系统装机容量的比重还很低，约为 1.66%。我国电力结构与用电结构正处在大调整时期，为配合核电、风电、太阳能、生物能的利用，抽水蓄能电站还将有更大发展。

截至 2009 年，我国已建成抽水蓄能电站 25 座，装机容量达到 1 454.5 万 kW，位居世界第三，仅次于美国和日本。这 25 座抽水蓄能电站概况见表 25-1。

表 25-1　已投入运行抽水蓄能电站统计（截至 2009 年年底）

序号	电站名称	建设地点	开发方式	装机容量（万 kW）	首台机组投产时间
1	岗南	河北平山	混合式	1×1.0	1968 年 5 月
2	密云	北京密云	混合式	2×1.10	1973 年 1 月
3	潘家口	河北迁西	混合式	3×9.0	1991 年 9 月
4	寸塘口	四川彭溪	纯蓄能	2×1.0	1992 年 11 月
5	广州一期	广州从化	纯蓄能	8×30.0	1994 年 3 月
6	广州二期	广州从化	纯蓄能	4×30.0	1999 年 4 月
7	十三陵	北京昌平	纯蓄能	4×20.0	1995 年 12 月
8	羊卓雍湖	西藏贡嘎	纯蓄能	4×2.25	1997 年 5 月
9	溪口	浙江奉化	纯蓄能	2×4.0	1997 年 12 月
10	天荒坪	浙江吉安	纯蓄能	6×30.0	1998 年 9 月
11	响洪甸	安徽金寨	混合式	2×4.0	2000 年 1 月
12	天堂	湖北罗田	纯蓄能	2×3.5	2000 年 12 月
13	沙河	江苏溧阳	纯蓄能	2×5.0	2002 年 6 月
14	回龙	河南南阳	纯蓄能	2×6.0	2005 年 9 月
15	白山	吉林华甸	纯蓄能	2×15.0	2005 年 11 月

续表25－1

序号	电站名称	建设地点	开发方式	装机容量（万 kW）	首台机组投产时间
16	桐柏	浙江天台	纯蓄能	4×30.0	2005 年 12 月
17	泰安	山东泰安	纯蓄能	4×25.0	2006 年 7 月
18	琅琊山	安徽滁州	纯蓄能	4×15.0	2006 年 9 月
19	宜兴	江苏宜兴	纯蓄能	4×25.0	2008 年 5 月
20	宝泉	河南辉县	纯蓄能	4×30.0	2008 年 8 月
21	张河湾	河北井陉	纯蓄能	4×25.0	2008 年 12 月
22	西龙池	山西五台	纯蓄能	4×30.0	2008 年 12 月
23	惠州	广东惠州	纯蓄能	8×30.0	2009 年 5 月
24	黑麋峰	湖南望城	纯蓄能	4×30.0	2009 年 7 月
25	白莲河	湖北罗田	纯蓄能	4×30.0	2009 年 8 月

注：材料来源于国家能源局编写的《中国水电 100 年》。

第 26 章   电力系统

26.1   电力系统概述

26.1.1   电力系统及电网

发电厂所发的电不能直接为用户使用，需通过变电站（所）降压后才能供用户使用。水电站通常远离负荷中心，要经过长距离输送，为此需修建升压变电站。由输电线路，变电、配电站组成的网络称为电力网（或简称电网）。由发电厂，输电线路，变电、配电站和用户组成的网络系统称为电力系统。电力网是电力系统中的一部分，就电源方面说，不包括发电厂的发电机组及其附属设备（以发电厂的升压变压器为界）；就用电设备来说，不包括用户的用电设备。大用户的厂用变电所，由于它和电网的联系比较紧密，一般都视为电力网的组成部分。电力网内发电厂、变电所和开关站的布局，连接它们的各级电压等级、连接方式以及调频、调压的手段是决定电网结构的重要因素，关系到电网的安全稳定、供电质量和经济效益。电网的主干网络称为网架，网架电压等级达到 220 kV 的称为高压电网，高于 220 kV 又低于 750 kV 的称为超高压电网。

26.1.2   电力系统电源与电力用户

（1）电力系统电源

电力系统现阶段的供电电源主要是火电站（或称为火力发电厂）、水电站和核电站。目前核电站的发电容量和电量在电力系统中所占比重还不高，由于环保要求和煤源条件的限制，核电站将大力发展。特别是沿海地区，今后将主要靠发展核电和其他新能源电站。据 2010 年统计，我国在建核电站装机容量达 2 600 万 kW，居世界第一位。其他能源发电，有风力发电、太阳能发电、地热发电、潮汐发电、生物能发电等。新能源中的风力和太阳能属清洁可再生能源，对环境无污染，资源也较为丰富，是今后要大力开发的能源。风力发电近十年来发展很快，已在新疆、内蒙古和广东等地区建立风力发电基地。太阳能发电也得到大力推广应用，主要用于城市照明。

（2）电力用户与系统负荷

电力系统用户包括工业、农业、城镇商业与居民生活用电。工业用电在一年之内变化不大，在一天之内变化较大，重工业中的冶金工业瞬间负荷变化大。农业用电主要是农灌和排涝用电季节性强。城镇商业与居民生活用电过去主要是照明，随着人民生活水平的提高，家用电器的使用，在用电负荷中已占有较大比重。这类负荷年内和日内变化均较大。

电力系统负荷是指电力系统中所有各种用电设备，如电动机、电热、照明等消耗功率表现在供电环节总表上的总负荷。

有功负荷：电力系统中的有功负荷指可用于产生机械能、热能或其他形式能量的负荷。

电力负荷中、电热电炉、白炽灯照明等电力负荷完全是有功负荷。而异步电动机、同步电动机负载既消耗有功功率，也消耗无功功率，其中做功产生机械能的部分属于有功负荷，由发电机的有功功率来供应。

无功负荷：无功负荷是指交流电力负荷中所吸收的无功功率。交流电力负荷中，由于电流和电压的相位差异导致部分电流未能做功，这部分伏安习惯上称为无功功率，实质上应为无功伏安。无功电流在纯电抗和纯电容之间仅相互交换能量，其平均值为零，既不产生功率也不消耗功率。由滞后电流导致的无功功率称为感性无功，由超前电流导致的无功功率称为容性无功。电力负荷大多为感性负荷，各种感应型交流电动机既消耗有功功率也吸收无功功率。电力系统无功功率供应不足时，系统电压将下降，甚至可能造成系统不稳定或瓦解，故需无功补偿装置来补足，以求保持无功电力平衡，维持系统电压正常水平。常用无功补偿装置有电容、调相机和静止补偿器等，这些装置吸收容性无功，相当于输出感性无功。此外，水电站可利用空闲机组用压缩空气压低尾水管水位，让水轮机空转运行，此时水轮发电机组相当于一台交流电动机，也可起调相作用。因此，水电站也可担负系统调相任务。

26.2　火力发电厂

火力发电厂（或称火电站）是最早用来生产电力的发电厂，至今已有上百年的历史。由于中小火电厂单位能耗大，对环境污染严重，已逐步淘汰。取代中小型火电厂的是低耗能的高温高压火电机组，尤其是超临界大型火电机组（超临界机组机组最大单机容量国外已达130 万 kW）。国内已在葫芦岛电厂安装 2 台单机容量为 100 万 kW 的机组。火电厂不仅包括燃煤火电厂，也包括其他能源，如燃油、燃气、生物能及地热火电厂等。国外天然气在一次能源中现已占到 23%，我国仅占 4%。今后低耗能的高温高压火电厂在电力系统中仍将占较大比重，天然气将会更多用于发电。

26.2.1　火电厂发电设备及工作过程

近代燃煤式高温高压火电厂，蒸汽初压力为 90～165 绝对大气压，初温达 535℃。其主要发电设备包括锅炉、汽轮机及发电机。主要辅助设备有冷凝器、给水加热器、磨煤机、除氧器、各种水泵及烟囱等。这些主要设备和辅助设备构成火电厂的燃烧和水汽两大系统。火电厂的发电过程是煤由储煤场用输送机输送到制粉设备中加热干燥，并磨成煤粉，然后送进锅炉内与鼓风机吹进来的空气混合燃烧，将所产生的热量传给炉中的水，使其产生蒸汽。燃烧系统所产生的蒸汽送到汽轮机后逐级（压力级）膨胀做功，驱动发电机发电，再经输电设备供给电力系统。蒸汽在汽轮机内膨胀做功过程中，压力和温度都逐渐降低，最后进入冷凝器凝结成低温、低压的水，然后用水泵抽送到低压给水加热器，最终被送到锅炉中再使用。在冷凝过程中，蒸汽要把从锅炉中吸取热量的约 60% 释放给冷却水。这就是近代新式火电站最高热效率不能超过 40% 的主要原因。燃煤式火电厂工作过程中所用的煤和冷却水的量是相当大的，发电容量为 60 万 kW 的机组，每天要消耗 6 000 t～7 000 t 煤，冷凝器每天所用的水达 200 万 m³ 以上。另一种采用燃气轮机的火电站与燃煤式火电站有很大的不同，它以石油和天然气为燃料，并要用高压空气助燃。燃气轮机火电厂设备主要由压气机、燃烧室、燃轮机和发电机组成。运行过程是将空气吸入压气机，加以压缩后送进燃烧室，同时向燃烧室注入石油或天然气使其燃烧。再把燃烧后的高温（1 000℃）送进燃气轮机内膨胀做功，从而推动发电机发电。燃气轮机发电厂的优点是设备结构简单而紧凑，单位千瓦设备重量很轻，因而投资省，不需要大量冷却水。缺点是热效率低，一般只有16%，最高也只有28%，因而耗油耗气量大，电能成本高。

26.2.2　火电厂类型

火电厂所利用的燃料主要是煤、燃油和天然气，其中以煤作燃料的火电厂所占比重最大，也有利用生物能和地热发电的火电厂。我国已建燃烧天然气和液化天然气的火电厂装机规模相对较小。我国地热资源不多，已查明的有西藏羊八井和云南腾冲两处。在西藏已建有羊八井火电厂，装机规模很小。火电厂按功用及其选用的汽轮机形式可分为以下几种类型：

（1）凝汽式火电厂站

凝汽式火电厂是纯粹为发电的火电厂，它只向电力系统输送出力和发电量，常采用凝汽式汽轮机。

（2）供热式火电厂

供热式火电厂是发电兼供热的火电厂，既能向电力系统输送出力和发电量，又能向用户供热。供热式火电厂采用的汽轮机有背压式汽轮机和抽气式汽轮机两种。背压式汽轮机是既能发电又能供热的汽轮机，蒸汽在蒸汽机内膨胀做功驱动发电机后，在蒸汽压力仍高于大气压力情况下，全部被直接输送到工厂或其他企业单位供工业生产或取暖。抽气式汽轮机是背压式汽轮机的改进形式，它基本上是凝汽式汽轮机，只是中间有1～2级可供抽汽。抽汽量可根据用热单位的需要进行调整，而不影响电厂发出额定出力。

26.2.3　火电厂运行过程及特点

凝汽式火电厂的特点是只要发电设备不发生故障，总可全部利用。但凝汽式火电厂有技术最小出力的限制，即其最小出力不能低于其额定出力的70%左右。装有背压式汽轮机的供热式火电厂，其出力必须按供热的蒸汽消耗量来定。火电厂以额定出力运行煤耗最小，所以火电厂最佳运行方式是以额定出力不变方式运行。对于新型高温高压凝汽式大机组，为确保机组运行安全可靠，只能以固定不变的额定出力运行。因此，火电厂在电力系统中通常是担负系统基荷，只有在缺少水电站的地方，电力系统才安排火电厂担负变动负荷（系统的峰荷和腰荷）。燃轮机发电厂的运行特点与水电站相似，启动至满负荷只需几分钟时间，适合于担任电力系统备用和峰荷。

26.3　核电厂

1939年原子核裂变现象的发现，为人类找到了新的能源。从1956年世界上第一座核电站建成以来，无论核电站的装机规模和核电站个数都有很大发展。英国是发展核电较早的国家之一，长期以来反对核电的声音很强，但现在为了搞低碳经济，又把发展核电提上了议事日程，准备更新和新建核电站。目前的核能利用，尽管在核废料上还是一个难题，但还是较经济可行的。从安全角度看，核电大国——法国就没有发生过核事故。我国也在大力发展核电，继在沿海地区修建秦山核电站、大亚湾核电站后，现正向内地延伸，核电站在电力系统中的比重也逐步增加。我国发展核电存在的问题是所需铀矿资源缺乏，大力发展核电所需铀矿，要从铀矿资源丰富的国家如澳大利亚、加拿大及中亚国家进口。

26.3.1　核电厂发电装置

核电站发电装置主要由反应堆、蒸汽发生器（也称热交换器）、汽轮机及发电机等四部分组成。反应堆的核心部分称为堆芯。堆芯是存放核燃料铀 235（^{235}U）或钚 239（^{239}U）并用中子轰击原子核产生裂变发出热能的中枢，也称为活性区。核电站中的反应堆和蒸汽发生器的作用，相当于燃煤式火电厂的锅炉，锅炉中热能的产生是燃煤所引起的化学反应，燃烧过程需供应大量空气。反应堆内热能的来源是核燃料铀或钚的原子核受中子轰击引起的核反应，裂变所释放出的热能。反应堆裂变所释放出的热能使堆芯内产生极高的温度，需用冷却剂（也称载热剂）加以吸收。待用冷却剂吸热增温后，经过一次回路流到蒸汽发生器，把热量传给二次回路管道中流过的水，使其在高压情况下产生蒸汽。冷却剂最后用冷却剂泵抽回到反应堆，蒸汽从二次回路流进汽轮机的高压汽缸和低压汽缸做功驱动发电机发出电力。所需注意的是，一次回路内的冷却剂因流经堆芯是具有放射性的。二次回路内的水和蒸汽，在蒸汽发生器内是和冷却剂隔开的，因而不具有放射性。蒸汽在汽轮机内的膨胀做功过程，除初参数和火电厂的蒸汽不同外，其他现象与火电厂无任何差异。反应堆内，除冷却剂外，还必须有减速剂（也称慢化剂），将核裂变所产生的大多数高能快中子（其动能接近于百万电子伏级），慢化为低能的热中子（其动能已降至只有 0.025 eV），热中子轰击燃料核时可使裂变机会增加。反应堆内用做冷却剂的普通水（H_2O）或重水（D_2O），同时也可作减速剂。除普通水和重水外，用做冷却剂的还有二氧化碳、液态钠、石墨及铍等。

26.3.2　反应堆类型

因反应堆所用冷却剂和减速剂的材料不同，目前已发展有十几种反应堆类型，它们也代表核电站的类型。其中常用的动力反应堆有以下四种：

（1）石墨气冷堆

石墨气冷堆是用二氧化碳作冷却剂，石墨作减速剂。这种反应堆采用双回路循环系统。一次回路内的二氧化碳冷却剂，在蒸汽发生器内将热能传递给二次回路中的水汽系统。这种类型的反应堆可使用天然铀（未加浓缩的铀）作燃料。二氧化碳比较价廉而且安全，但传热性能差，反应堆尺寸会比较大。20 世纪 60 年代核电站发展初期，这种类型的反应堆在英国得到普遍应用。现在已有改进型的石墨气冷堆，其冷却剂的压力和温度都比以前增高，但仍需要用 3% 的浓缩铀作燃料。

（2）沸水堆

沸水堆用普通水作冷却剂和减速剂。沸水堆可只采用一次回路布置，不需要蒸汽发生器。当冷却剂在堆芯吸收热量达到沸点，即产生饱和蒸汽时，可直接传送到汽轮机膨胀做功。因为单回路内水和蒸汽都具有放射性，所以要求反应堆有非常严格的生物防护措施。沸水堆也有设计为双回路的。

（3）压水堆

压力堆用加压水作为冷却剂和减速剂。这种反应堆采用双回路循环系统。为了避免水在压水堆堆芯内沸腾，损坏核燃料包壳，在一次回路内增设加压器，将堆内的冷却剂加压到约 140 个标准大气压[①]。冷却剂在堆芯内增热后，导入蒸汽发生器，将热量传递给二次回路内

---

① 1 个标准大气压＝101.325 kPa。

的循环水，使其产生饱和蒸汽或过热度不大的蒸汽。如蒸汽发生器内进行过热，可提高汽轮机的效率与可靠性。压水堆需要 2.5%～4.0% 的浓缩铀作燃料，堆内的中子流密度大，因而反应堆的尺寸可减小。从目前核电站发展趋向判断，压水堆将成为核电站广泛采用的反应堆。

（4）重水堆

重水堆用加压的重水作为冷却剂和减速剂。重水堆采用双回路循环系统。一次回路内压力约为 100 个标准大气压。重水堆其他情况与压水堆相似。重水堆所用重水价格较贵，但可采用天然铀作燃料，这是它与压水堆的不同之处。

除以上四种常用的动力反应堆外，还有一种称为"快中子增殖反应堆"的新型反应堆。这种反应堆所形成的核燃料闭合循环可使铀利用率提高到 60% 以上，可大大减少核燃料使用量。中国已自主研发成功，成为继美、法、俄、日后掌握这种快堆技术的国家。这种第四代核反应堆要应用到核电站建设上还需要 10～20 年时间。现在建设的核电站属于二、三代核反应堆。核电站的关键是安全。美国科学家认为真正安全可靠的反应堆是堆芯不被熔化，应发展"小型模块式反应堆"。俄罗斯正在建造一种漂浮核电站（预计 2012 年完成），用以解决海边偏远地区的供热供电问题，其投资仅为陆上核电站的 1/10。

26.3.3　核电站的布置及运行过程

核电站反应堆的堆芯由燃料组件和控制体组件组成，置放在一个用锰合金钢铸成的反应堆压力容器中。容器上下端均做成半圆形壳体结构，其内径为 3.92 m，堆芯高 3.09 m，全部高度为 10.5 m。压力容器能承受 750 kN 的压力，堆芯的周围镶砌有热屏，使压力容器受辐射的损害减小，从而使压力容器由于受辐射所引起的外壁热应力不超过一定限度。压力容器的堆芯顶部设有冷却剂进口和出口管嘴连接一次回路冷却剂管道。反应堆堆芯上部设置的控制棒，可向堆芯插入或曳出以控制堆芯内引起核裂变的中子数量，从而维持反应堆的功率稳定。每 20 根控制棒构成一个控制体组件。所列举的反应堆共有 45 个控制体组件，其中 16 个组件是用特种材料制成的，称为安全棒。当反应堆运行发生故障时，它可自动迅速全部插入堆芯内，使反应堆立刻停堆（即停止运行）。反应堆中心部分的堆芯是产生核裂变的关键部件，其有效尺寸为直径 3.04 m，高 3.09 m，内中存放燃料棒。燃料棒是用不锈钢制成的钢壳空心棒，中间充放浓缩过的二氧化铀压块，每块直径 0.94 cm，长 1.52 cm。每 15 个×15 个燃料棒构成一个方形的燃料组件，共 34 000 根燃料棒。棒的间隙由流动的冷却剂充满。如前所述，压水堆的冷却剂同时也用做中子减速剂。密封间是核电站安放反应堆和蒸汽发生器的特殊厂房，涉及放射物质的设备如压水反应堆的一次回路及冷却剂泵均布置在其中，并设有起吊设备供设备吊装之用。反应堆布置在密封间的最低处，而蒸汽发生器则安放在比反应堆高很多的位置。这样布置是为了当冷却剂管道或阀门发生事故时冷却剂可自流回到反应堆内，使反应堆能够冷却。密封间的要求是：核电站正常运行时能起适当的辐射屏蔽作用，以保护发电站工作人员不受放射性物质的危害；当反应堆出现冷却剂严重事故时，所泄出的放射性物质可存留在密封间内，基本上不泄漏到周围大气中，使核电站周围附近的农村或城镇居民不受放射性物质的危害。出于安全考虑，反应堆密封间修建成顶部为半圆形、底部为平底的圆柱形壳体结构，用钢筋混凝土整体浇筑而成。高 57.6 m、直径 43.9 m、厚 1.35 m 的密封间外壳称为"反应堆安全壳"。密封间外壳内镶砌有 9.5 mm 的钢板，可承受密封压力约 30 kN。压水堆采用双回路，一次回路中的冷却剂经压力容器进出管嘴流进和流出反应堆压力容器。一次回路中的冷却剂，当其从蒸汽发生器中被冷却剂泵抽送流回堆芯内时，其流动是沿堆芯周围由上向下流到堆芯底部后，再由下向上进入燃料组件的空隙，吸收燃料核裂变所释放出的热能。增加温度后的冷却剂将再流到蒸汽发生器内，把热能传给从二次回路流来的补给水，使其加热产生蒸汽送到汽轮机，驱动汽轮发电机组发电。在汽轮机汽缸内膨胀做功后的蒸汽在冷凝器内凝结为水，用水泵抽送经过一系列给水加热器升温后再由给水泵抽回到蒸汽发生器。该压水型核电站补给水从二次回路返回蒸汽发生器前，曾经过 6 级加热器将水温升高（其中 4 级加热器的热源是由汽轮机低压汽缸抽汽，最后 2 级则是从高压汽缸抽汽到加热器）。

26.3.4　中国核电站建设概况

核电站已成为我国电力系统除火电、水电外主要的电源，总装容量已超过 1 000 万 kW。

我国已建成发电的核电站有秦山一期核电厂（装机容量 30 万 kW）、秦山二期核电厂（装机容量 120 万 kW）、秦山三期核电厂（装机容量 140 万 kW）、大亚湾核电厂（装机容量 180 万 kW）、广东第二核电厂（岭澳，装机容量 200 万 kW）。在建核电站有辽宁核电厂（装机容量 200 万 kW）和山东核电厂一期工程（装机容量 200 万 kW）。此外，台湾省已建 4 座核电站，装机容量分别为 127.2 万 kW、197 万 kW、190.2 万 kW 和 200 万 kW。

受碳排放量限制，核电今后还将大力发展。中国 2009 年提出了在 2020 年单位 GDP 碳排放量下降 40%～45% 的目标。为此，到 2020 年我国非石化能源将占一次能源消费的15%，其中核电将贡献 4% 的比重。到 2020 年核电站装机容量将超过 4 000 万 kW。

26.4　新能源发电站

在新技术基础上，系统开发利用的可再生能源，如核能、风能、太阳能、生物能、地热能、海洋能、氢能等，统称为新能源。利用新能源修建的发电站，统称为新能源发电站。新能源利用技术与新能源建电站建设，近十年来发展很快。除核电外，目前修建较多的有风力发电站和太阳能发电站，其设备已向国外出口。

26.4.1　风力发电站

风能是一种清洁、可再生能源，对环境没有污染。风力发电对环境的影响仅仅是改变了风的流向，从而影响候鸟的栖息。早在 19 世纪中期，丹麦人保罗·拉库就研制出世界上第一台风力发电机。但由于风力发电的特点是分散和不稳定，风力发电站的出力随风的大小而定，必须和其他能提供稳定出力的电站或抽水蓄能电站配合运行才能满足用户的用电要求。加之风力发电站叶轮转速低，要用变频装置提高转速才能带动发电机发电。风力发电机组价格较高，致使风力发电发展缓慢。截至 1994 年，全世界风力发电站总装机容量约 300 万 kW，以美国最多，约 170 万 kW，其次是丹麦、德国，装机容量分别约为 50 万 kW 和 35 万 kW。20 世纪末，随着限制炭排放和科技进步，可用永磁发电机取代体积庞大的常规发电机，风力发电站才得到快速的发展。现在最大风力发电机组单机容量已达到 1 200kW。

我国风能资源较为丰富。国家气象局风能资源评价阶段性成果表明：我国陆上离地面10 m 高度层的风能资源总储量约为 3 000 万 MW，可开发的风能资源量约为 250 万 MW；近海（水深不超过 10 m）区域，离地面 10 m 高度层的风能储量约为 750 万 MW。我国风力发电起步较晚,直到 1985 年才有风电场建设,到 1995 年我国风电装机容量不过 3.54 万 kW。我国已建有新疆达坂城、内蒙古朱日、广东南澳、辽宁平潭和福建等几处风场,到 2000 年风电装机容量已达到 34.29 万 kW,并与丹麦公司合作生产 600 kW 的风机。到 2010 年风电装机容量已接近 4 000 万 kW,发展迅猛。

风力发电机组主要由叶片、主发电机组成。除此之外,还有自动迎风转向、叶片自动转向控制及监控保护装置。

26.4.2 太阳能发电站

按国家能源局 2010 年"能源发展报告",我国 2/3 国土面积的年日照小时数在 2 200 以上,年辐射总量大于 5 000 MJ/m 的资源总量,相当于 12 000 亿 kW·h 年电量。

太阳能是一种清洁、可再生能源,对环境没有污染。用太阳能供热已得到较广泛的应用。用太阳能发电,目前还主要是分散的单独向用户提供照明用电。太阳能是一种不稳定的能源,只有参加电力系统供电才能更好地满足用户的用电要求。但由于太阳能发电成本太高,上网电价 10 倍于常规电源,目前规模还不大。

太阳能发电,是利用电池组件将太阳能转换为电能供用户使用。太阳能发电系统包括太阳能电池组件、控制器、逆变器和用户照明负荷等。太阳能电池组件包括太阳能电池和蓄电池。单一电池发电有限,需将太阳能电池串、并接起来,并将所发直流电储存起来。控制器的功能是使太阳能发电系统始终处于最大功率附近,从而获得最高效率。逆变器的功能是使蓄电池直流电变为交流电供用户使用。

26.4.3 其他新能源发电

(1)生物能发电

我国是农业大国,生物能十分丰富,生物能发电具有很大发展前景。现在美国利用玉米来提炼乙醇(所谓第一代生物燃料——玉米乙醇)和利用土地种植生物燃料(从动物和植物体中提取燃料——第二代生物燃料),资源丰富,可供修建较大规模的发电厂。我国生物能发电,目前主要是利用焚烧秸秆发电。截至 2009 年,全国已投产电站 50 多个,总装机容量 100 多万 kW。由于生物能发电对保护生态环境和保障能源安全具有十分重要的意义,今后必将大力发展。

(2)地热发电

地热发电是把净化的地下蒸汽直接引入汽轮机发电。也可用温度较高的温泉水及不到 100℃ 的地下水通过减压扩容法产生蒸汽推动汽轮机发电。地热发电厂是将地热能转换为电能的发电厂。由于地热发电所需蒸汽直接来自地热,所以省去了燃煤锅炉。地热发电分为以下几种:

干蒸汽地热发电:干蒸汽地热发电是利用地热井喷出的干蒸汽发电。地热井喷出的流体是温度很高的干蒸汽,只要增加一套净化分离器,把干蒸汽从地热中引出,经过分离器除去固体杂质后就可送入汽轮机发电。

背压式汽轮机地热发电:背压式汽轮机地热发电是将干蒸汽从蒸汽井中引出,并经过分离器分离出固体杂质后,将蒸汽引入就可送入背压式汽轮机发电。发电后的蒸汽直接排入大气,或用于手工业生产中的加热过程。适用于地热蒸汽中不凝结气体含量特别高或能综合利用排汽来为当地工农业服务的场合。

　　凝汽式汽轮机地热发电：凝汽式汽轮机地热发电是将地热产生的蒸汽引入凝汽式汽轮机做功，并驱动发电机发电。由于蒸汽在汽轮机中能够膨胀到很低的压力，因此能做更多的功。做功后的蒸汽排入混合式凝汽器，并在其中被循环水泵打入的冷却水冷却凝结为水，然后排走。在凝汽器中为了保持很低的冷凝压力（真空状态），设有两台具有冷却器的抽气器来抽气，把由地热蒸汽带来的各种不凝结气体和外界漏入的空气从凝结器中抽走。

　　（3）沼气发电

　　沼气发电是利用有机物（酒糟液、人畜粪便、垃圾等），在沼气池中在隔绝空气条件下发酵所产生的沼气（主要成分为甲烷），然后用燃烧沼气所产生的热能，驱动沼气发电机组发电供用户使用。由于沼气发电可在农村就近修建沼气发电站，故在我国边沿山区农村得到推广使用。

　　（4）城市垃圾发电

　　城市垃圾发电是利用燃烧城市垃圾所产生的热能驱动火力发电机组发电。我国已修建一些利用城市垃圾发电的火力发电厂，为满足城市垃圾处理和供电需求，必将大力发展。

　　（6）波浪发电

　　利用海面波浪的垂直运动、水平运动和海浪中水的压力变化产生的能量来发电是波浪发电。一般是利用波浪的推力，使波浪能转化为空气的流动（原理与风箱一样，只是用波浪作动力，水面代替活塞），气流再推动空气涡轮机叶片旋转而带动发电机发电。利用这种方式可制作灯塔或航标灯用的 100 W 左右的波浪发电机。

26.5　电力系统电力电量平衡

26.5.1　电力系统负荷

　　电力系统工业、农业、市政及交通等用户的用电都随时间发生不同程度的变化。因此，电力系统的负荷既呈现出月、周、日的平均变化，也呈现出瞬间的变化。

　　电力系统的有功负荷在一年 365 天都在变化，但呈现出春、夏、秋、冬四季的变化，周变化、日变化和瞬间变化的规律。设计水平年电力系统负荷年变化用年负荷曲线表示，春、夏、秋、冬四季各用一个典型日负荷图来表示其平均负荷的日变化规律。在系统日负荷图上，最低负荷以下部分不变的负荷称为基本负荷，简称"基荷"。担负基荷的电站连续不断工作，所发电量最多，耗能也最多。最低负荷与平均负荷之间的负荷称为"腰荷"，平均负荷与最高负荷之间的负荷称为"峰荷"。担负峰荷和腰荷的电站，每天只有部分时间发电，所发出力随系统负荷而变。电力系统典型日负荷如图 26-1 所示。

26.5.2　电力系统装机容量

　　电力系统电力生产要求电力系统中发电机发出的功率（包括有功功率和无功功率）与电力系统负荷（包括有功负荷和无功负荷）必须始终保持平衡。若两者不平衡：发出的有功功率小于有功负荷，则系统频率降低，反之频率升高；发出的无功功率小于无功负荷，则系统电压降低，反之系统电压升高。现代化企业生产，为确保产品质量，对供电电压、频率要求极其严格。这就对电力系统的供电品质提出了更高的要求，要求系统的电压、频率变化在允许的范围之内。

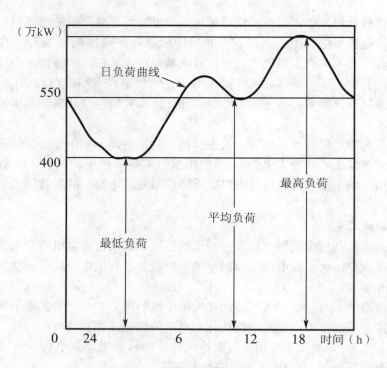

图 26—1　电力系统典型日负荷

电力系统中各类发电站全部机组容量的总和，即电力系统中全部机组铭牌出力的总和，称为电力系统总装机容量。电力系统中机组容量按其所担负的任务不同，可分为工作容量、备用容量和重复容量。为担任系统最大日平均负荷而设置的容量，称为最大工作容量。备用容量又分为事故备用容量、负荷备用容量和检修备用容量。事故备用容量是当工作机组发生故障，为顶替故障机组工作而设置的容量。负荷备用容量是承担电力系统瞬时变化负荷而设置的备用容量。检修备用容量是为机组检修而设置的备用容量。水电站可以利用不发电的空闲机组进行设备检修，无须设置专门的检修备用容量，系统中其他类型电站机组无法利用系统空闲机组进行设备检修时才需在系统中设置检修备用容量。工作容量和备用容量是电力系统维持正常供电所必需装设的容量，故称为必需容量。电力系统中，水电站为了减少弃水，增发季节性电能，以节省火电燃料消费而增设的容量，称为重复容量。通过系统电力平衡确定得出的各类电站工作容量为各类电站的最大工作容量。

26.5.3　各类电站在系统中承担的任务

（1）各类电站承担的任务

如前所述，火电站以额定出力运行煤耗最少，所以火电站最佳运行方式是以额定出力不变方式运行。对于新型高温高压凝汽式大机组，为确保机组运行安全可靠，只能以固定不变的额定出力运行。因此，火电厂在电力系统中通常是担负系统基荷，只有在缺少水电站的地方电力系统才安排火电站担负变动负荷（系统的峰荷和腰荷）。燃轮机发电站的运行特点与水电站相似，启动至满负荷只需几分钟时间，适合于担任系统备用和峰荷，但这类火电站装机规模不大，只能承担系统小部分变动负荷。核电站主要设备和辅助设备极其复杂，要求在非常稳定情况下工作，并且以额定出力继续不断工作的单位能耗最少，所以核电站在电力系统中只能承担基荷。风力发电站和太阳能发电站所依靠的能源是风能和太阳能，其共同特点是不能连续发电，只有和其他能源电站配合运行才能适应用户的用电要求。潮汐发电站虽然可连续发电，但投资大，不经济。合理的运行方式是加入电力系统或修建小型抽水蓄能电站配合运行。径流式水电站缺乏调节能力，只能担负基荷；坝式水库电站有调节径流能力，适合担负系统变动负荷。具有调节能力的大型水电站适合担负系统变动负荷，并可担负系统的事故备用和负荷备用。缺少水电站的电力系统，只能靠修建抽水蓄能电站来担负电力系统的变动负荷。不仅如此，抽水蓄能电站与水电站配合运行也有利于改善电力系统的运行条件。因此，现在世界各国都在大力发展抽水蓄能电站。在无抽水蓄能电站的电力系统，峰荷总是由水电站担负；有抽水蓄能电站的电力系统，峰荷则由抽水蓄能电站担负。应当指出，电力系统中电站的工作位置安排在一年中是有变化的，如在洪水期，为了多发电少弃水，水电站的工作位置要下移担负腰荷乃至基荷。

（2）电力系统调频及调频电站

电力系统负荷除呈现日变化外，由于每时每刻有用户进入或退出，有的用户如炼钢厂的负荷瞬间变化很大，使得电力系统负荷呈现瞬间的波动，其波动幅度为最大负荷的 2%～5%。为了维持电力系统运行稳定和保证供电的质量，系统需要有电站承担这部分瞬间变化的负荷。承担这部分负荷的电站称为负荷备用电站（或称为调频电站）。承担调频任务的电站，要求运行灵活，即能迅速投入和切除，以适应系统负荷的瞬时变化。担任调频任务的电站只能是水电站和燃气轮机火电站和抽水蓄能电站。现代电力系统缺少具有调节能力的大型水电时，主要靠修建抽水蓄能电站担负电力系统调峰调频任务。

参考文献

［1］中国水力发电年鉴编委会．中国水力发电年鉴（1949—1983）［M］．北京：水力发电杂志社，1985.

［2］中国水力发电年鉴编辑部．中国水力发电年鉴（1984—1988）［M］．北京：学术书刊出版社，1985.

［3］中国水力发电年鉴编辑部．中国水力发电年鉴（1989—1991）［M］．北京：水利电力出版社，1992.

［4］中国水力发电年鉴编辑部．中国水力发电年鉴（1992—1994）［M］．北京：中国电力出版社，1995.

［5］中国水力发电年鉴编辑部．中国水力发电年鉴（1995—1997）［M］．北京：中国电力出版社，1998.

［6］中国水力发电年鉴编辑部．中国水力发电年鉴（1995—1997）［M］．北京：中国电力出版社，2001.

［7］王杰，王保畲，罗正齐．长江大辞典［M］．武汉：武汉出版社，1997.

［8］国家能源局．中国水电100年［M］．北京：中国电力出版社，2010.

［9］潘家铮，何璟．中国大坝50年［M］．北京：水利水电出版社，2000.

［10］中国水利学会，水利部科技教育司、外事司．国外水利水电考察报告选编（上册）［M］．北京：水利电力出版社，1993.

［11］中国水利学会，水利部科技教育司、外事司．国外水利水电考察报告选编（下册）［M］．北京：水利电力出版社，1993.

［12］中国三峡总公司．中国三峡建设年鉴［M］．中国三峡出版社，1994—1998.

［13］邹广严．能源大辞典［M］．成都：四川科学技术出版社，1997.

［14］天津大学．水工建筑物［M］．北京：水利出版社，1981.

［15］华东水利学院，华北水利水电学院．水电站［M］．北京：水利出版社，1980.

［16］华东水利学院，天津大学，清华大学．水文及水利水电规划［M］．北京：水利出版社，1981.

［17］董增川．水资源规划与管理［M］．北京：中国水利水电出版社，2008.

［18］何斌．都江堰史话［M］．成都：四川人民出版社，1993.

［19］梅祖彦．抽水蓄能发电技术［M］．北京：机械工业出版社，2000.

［20］姜乃昌．水泵及水泵站［M］．4版．北京：中国建筑工业出版社，1998.

编 后 语

笔者在编写本书的过程中，学习水利水电建设方针、政策和阅读水利、水电工程相关资料，有如下认识和体会：

1. 水资源应合理充分利用

水资源是人类赖以生存的环境生态资源和物质文明建设的基础资源。按河川径流量计，全国多年平均年径流总量约为 2.712 万亿 m^3，折合年径流深为 284 mm，全球陆地平均年径流深为 315 mm。我国年径流量低于全球陆地平均值，我国水资源并不富裕。若按人均天然河川径流量计算，按 2000 年资料计算，我国人均天然河川径流量为 2 100 m^3，约为世界人均天然河川径流量的 1/4，属于水资源较少的国家，水资源应合理充分利用。

2. 河流治理与水资源利用

河流治理与水资源利用，首先是做好河流规划。党和政府对河流治理极为重视，新中国成立之初，对各大江河都编制出了河流规划报告。河流规划要统筹兼顾，综合利用，因地制宜，大中小结合，尽可能地满足各用水部的用水需求，以获得最大的社会效益。河流梯级开发，采取在上游修建调节性能好的龙头水库电站，中下游则采用低坝河床式或引水式开发方式，尽量减少水库淹没损失，是符合我国国情的。采取大中小结合，修建小型水利工程包括塘堰水池，既满足了山区用水需要，也能有效防止水土流失。

3. 河流治理是一个长期过程

由于河流治理的复杂性，人们对河流认识有个不断深化的过程，加之所采取的工程措施需要大量人力、物力和投资，大江大河的治理都经历了一个长期过程。在河流治理过程中，总结经验教训，深化对河流综合治理的认识，不断完善河流规划，使之更加符合实际。

4. 重视生态环境保护

河流治理与水资源利用，应高度重视生态环境保护。新中国水电建设前期，对生态环境保护重视不够，后有较大改进，国家也出台了一些生态环境保护政策，如退耕还林、山区发展小水电以电代柴、保护森林防止水土流失、重视工程建设后对生态环境及时修复等，都取得了较好的效果。生态环境保护，减少水土流失，从而使进入水库和河道的泥砂减少，也延长水库及水电站使用寿命。生态环境保护应是长远战略方针，对生态环境保护应贯彻始终。

5. 水能是我国重要能源

我国常规能源由煤炭、水能、石油和天然气组成。根据有关资料，截至 2007 年年底，我国常规能源资源剩余探明储量为：煤炭 1 145 亿 t，石油 21 亿 t，天然气 1.88 亿 m^3，水能 175 亿 $kW \cdot h$（按经济可开发量使用 100 年计），折合成标准煤分别为 818.87 亿 t、30 亿 t、25 亿 t、581 亿 t（水电按 2007 年全国火电平均发电标准煤折算）。煤炭、石油、天然气、水能资源分别占常规能源资源剩余探明储量的 56.2%、2.1%、1.7%和 40%。我国是世界上水能资源最丰富的国家，水电装机容量已超过 2 亿 kW，成为世界上第一水电大国。截至 2007 年年底，我国水能资源开发利用程度，按技术可开发量计为 27.3%，按经济可开发量计为 36.9%，低于发达国家水平（平均为 60%以上，美国、日本、法国、挪威、瑞士均在 80%以上），具有很大开发潜力。水电是一种清洁可再生能源，在控制碳排放，火电发展受到限制的情况下，尽管水电经济可开发量减少，为满足国家电力需要，势必还是要发展水电。

6. 水电站预留机组与扩机增容改造

对调节性能好的水电站采取预留机组，待地区负荷发展后再增加装机，既满足了系统调峰需要，也可在丰水期增加发电量。低水头河床式水电站和引水式水电站机电设备投资所占工程总投资比重较大。随着国家经济发展与技术进步，对这类水电站的老机组进行增容改造是合适的，既增加了水电站的效益，也有利于减少碳排放。

7. 水火互补与水电站群统一调度

随着大型水电站的兴建和远距离输电，地区电网之间的联网和电力系统扩大，使水火电能够互补和水电站群统一调度，从而获得电力、水文及库容补偿效益。这就要求对电力系统中的水火电站群实行统一调度和现代化的管理。三峡水利枢纽的建成，使建立以三峡水利枢纽为中心的全国电网成为可能，从而获得很大的联网效益。

8. 水电站的改造重建已提上日程

新中国成立初期所修建的水利水电工程已运行 60 年，其中有不少病害工程。病害工程已得到处理，接近使用年限工程的重建已提上日程。在一条河流上重建水利水电工程比当初修建更复杂，难度更大。工程重建涉及对原有工程建筑物的拆除，多砂河流坝式水电站重建尤为复杂，不仅涉及原有建筑物的拆除，还涉及新坝址的选择，乃至影响到整个梯级规划。加强这方面的研究，为水利水电工程重建做准备十分必要。

最后，笔者要感谢所参考文献的作者以及从网上所查阅文章的作者。编写过程中，四川大学水利水电学院热动系鞠小明、刘华、张昌兵、杜敏等曾提供资料和帮助，在此一并致谢。